CB026312

O LIVRO DA CIÊNCIA

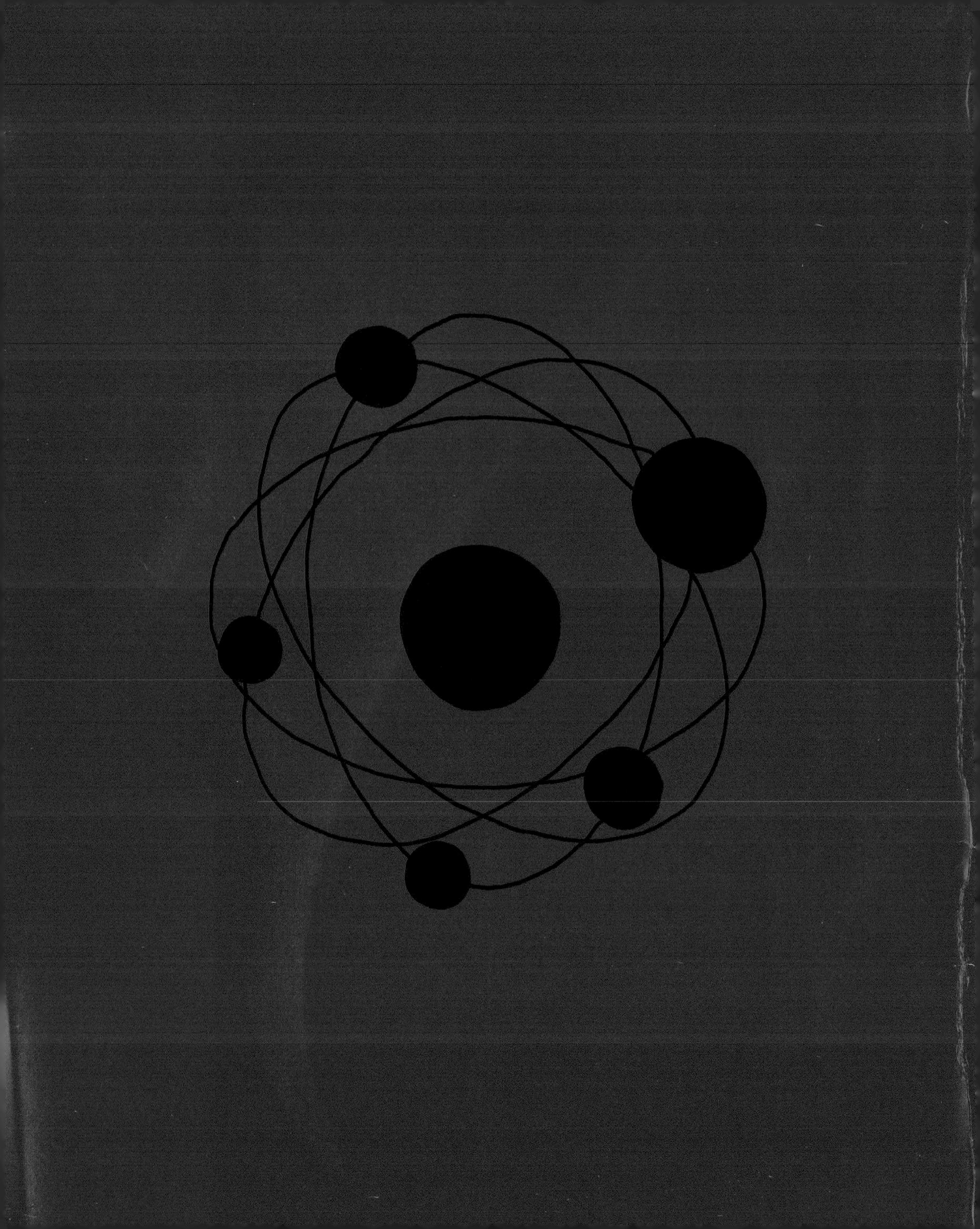

O LIVRO DA CIÊNCIA

GLOBO LIVROS

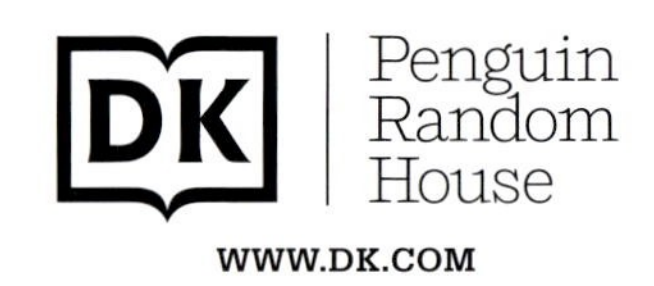

WWW.DK.COM

GLOBOLIVROS

DK LONDRES

EDITOR DE ARTE
Katie Cavanagh

EDITOR SÊNIOR
Georgina Palffy

GERENTE DE ARTE
Lee Griffiths

GERENTE EDITORIAL
Stephanie Farrow

DIRETOR DE PUBLICAÇÃO
Jonathan Metcalf

DIRETOR DE ARTE
Phil Ormerod

PUBLISHER
Andrew Macintyre

DESIGNER DE CAPA
Laura Brim

EDITOR DE CAPA
Maud Whatley

GERENTE DE DESENVOLVIMENTO
DO DESIGN DE CAPA
Sophia MTT

PRODUTOR DE PRÉ-PRODUÇÃO
Adam Stoneham

PRODUTOR
Mandy Inness

ILUSTRAÇÕES
James Graham, Peter Liddiard

projeto original
STUDIO 8

EDITORA GLOBO

EDITORA RESPONSÁVEL
Camila Werner

EDITORES ASSISTENTES
Sarah Czapski Simoni
Lucas de Sena Lima

TRADUÇÃO
Alice Klesck

REVISÃO DE TEXTO
Laila Guilherme e Isabel Cury

EDITORAÇÃO ELETRÔNICA
Duligraf Produção Gráfica Ltda.

Editora Globo S/A
Rua Marquês de Pombal, 25 – 20.230-240
Rio de Janeiro – RJ – Brasil
www.globolivros.com.br

Texto fixado conforme as regras do Novo
Acordo Ortográfico da Língua Portuguesa
(Decreto Legislativo nº 54, de 1995)

Título original: *The Science Book*

2ª edição, 2016 – 10ª reimpressão, 2025
Impressão e acabamento: Coan

CIP-BRASIL. CATALOGAÇÃO NA PUBLICAÇÃO
SINDICATO NACIONAL DOS EDITORES DE LIVROS, RJ

L761

O livro da ciência / colaboradores Adam Hart-Davis ... [et al.]. ; tradução Alice Klesck.
- 2. ed. - São Paulo : Globo, 2016.
il.

Tradução de: The science book
ISBN 978-85-250-6248-2

1. Ciência - Filosofia. 2. Ciência - História. I. Hart-Davis, Adam. II. Título.

16-31683

CDD: 501
CDU: 501

COLABORADORES

ADAM HART-DAVIS, EDITOR CONSULTOR

Adam Hart-Davis estudou química nas universidades de Oxford e York, e em Alberta, no Canadá. Passou cinco anos editando livros científicos e há mais de 30 faz programas de rádio e televisão sobre ciência, tecnologia, matemática e história, nas funções de produtor e apresentador. Ele escreveu 30 livros sobre ciência, tecnologia e história.

JOHN FARNDON

John Farndon é um escritor de ciências cujos livros foram selecionados quatro vezes para o prêmio da Royal Society, na categoria de livro de ciência júnior, e também para o prêmio Society of Authors Education. Seus livros incluem *The Great Scientists* e *The Oceans Atlas*. Ele foi colaborador de *Science* e *Sciencia by Year*, ambos da DK.

DAN GREEN

Dan Green é escritor de ciências. Tem mestrado em ciências naturais pela Universidade de Cambridge e já escreveu mais de 40 títulos. Em 2013 recebeu duas indicações distintas para o prêmio Royal Society Young People's Book, e sua série *Basher Science* já vendeu mais de 2 milhões de cópias.

DEREK HARVEY

Derek Harvey é um ambientalista com interesse específico em biologia evolutiva e autor de títulos que incluem *Science* e *The Natural History Book*, da DK. Ele cursou zoologia na Universidade de Liverpool, lecionou para uma geração de biólogos e liderou expedições à Costa Rica e Madagascar.

PENNY JOHNSON

Penny Johnson começou como engenheira aeronáutica, trabalhando em aeronaves militares por 10 anos, antes de se tornar professora de ciências e, posteriormente, editora, produzindo cursos didáticos sobre o assunto. Há mais de 10 anos Penny dedica-se em tempo integral à escrita educacional.

DOUGLAS PALMER

Douglas Palmer, escritor de ciências baseado em Cambridge, Grã-Bretanha, já publicou mais de 20 livros nos últimos 14 anos – mais recentemente, um aplicativo (NHM Evolution) para o Museu de História Natural de Londres e *WOW Dinosaur*, livro infantil da DK. Ele também é palestrante da University of Cambridge of Continuing Education.

STEVE PARKES

Steve Parker é autor e editor de mais de 300 livros informativos especializados em ciência, particularmente biologia e ciências da vida. Tem licenciatura em zoologia, é membro sênior da Zoological Society of London e autor de livros para diversas faixas etárias e editoras. Steve já foi agraciado com inúmeros prêmios, mais recentemente o UK School Library Association Information Book Award de 2013, por *Science Crazy*.

GILES SPARROW

Giles Sparrow estudou astronomia na University College London e comunicação científica no Imperial College, em Londres, e é autor *best-seller* de livros de ciência e astronomia. Seus títulos incluem *Cosmos, Speceflight, The Universe in 100 Key Discoveries* e *Physics in Minutes*, além de contribuições à DK, em livros como *Universe* e *Space*.

SUMÁRIO

O COMEÇO DA CIÊNCIA
600 A.C.-1400 d.C.

REVOLUÇÃO CIENTÍFICA
1400-1700

EXPANDINDO HORIZONTES
1700-1800

UM SÉCULO DE PROGRESSO
1800-1900

UMA MUDANÇA DE PARADIGMA
1900 - 1945

PILARES FUNDAMENTAIS
1945 - PRESENTE

INTRODU

ÇÃO

A ciência é uma busca contínua pela verdade – uma luta perpétua para descobrir como o universo funciona desde as primeiras civilizações. Movida pela curiosidade humana, ela se fia no raciocínio, na observação e na experimentação. O mais conhecido dos antigos filósofos gregos, Aristóteles, escreveu amplamente sobre assuntos científicos e formou a base para grande parte do trabalho que se seguiu. Ele era um bom observador da natureza, mas confiava inteiramente no pensamento e argumento, sem fazer experimentações. Como resultado, interpretou muitas coisas equivocadamente. Afirmava, por exemplo, que objetos grandes caem mais depressa que os pequenos e que, se um objeto tivesse o dobro do peso de outro, cairia duas vezes mais rápido. Embora isso esteja errado, ninguém duvidou até que o astrônomo italiano Galileu Galilei contradisse a ideia, em 1590. Enquanto hoje parece óbvio que um bom cientista deva se basear em prova empírica, isso nem sempre foi evidente.

O método científico

Um sistema lógico para o processo científico foi primeiro apresentado pelo filósofo inglês Francis Bacon, no início do século XVII. Atuando em cima do trabalho do cientista árabe Alhazen, de 600 anos antes, e logo reforçado pelo filósofo francês René Descartes, o método científico de Bacon exige que os cientistas façam observações, formem uma teoria para explicar o que se passa e, em seguida, realizem um teste para verificar se a teoria funciona. Se parecer verdadeira, os resultados podem ser enviados para revisão dos colegas, quando pessoas do mesmo campo ou campo afim são convidadas a encontrar falhas e, assim, prová-la falsa, ou repetir a experimentação assegurando a precisão dos resultados.

Elaborar uma hipótese ou previsão testável é sempre útil. Ao observar o cometa de 1682, o astrônomo inglês Edmond Halley percebeu que ele era semelhante aos cometas relatados em 1531 e 1607, e afirmou que os três eram o mesmo objeto em órbita ao redor do Sol. Ele previu seu regresso, em 1758, e estava certo, embora por pouco – foi avistado em 25 de dezembro. Hoje o cometa é conhecido como Halley. Como os astrônomos são raramente capazes de realizar experimentações, a prova só pode vir pela observação.

As experimentações podem testar uma teoria ou ser puramente especulativas. Quando o físico neozelandês Ernest Rutherford observou seus alunos disparar partículas alfa em ouro em folha buscando deflexão, sugeriu que colocassem o detector ao lado da fonte, e, para o espanto deles, algumas das partículas alfa ricochetearam na folha laminada. Rutherford disse que foi como se uma cápsula de bala tivesse ressaltado de um lenço de papel – e isso o levou a uma nova ideia sobre a estrutura do átomo.

Um experimento é ainda mais atrativo se o cientista, ao propor uma nova teoria, puder fazer uma previsão de seu desfecho. Se a experiência resultar no previsto, então o cientista tem a prova como respaldo. Ainda assim, a ciência jamais pode provar que uma teoria esteja correta; como frisou Karl Popper, no século XX, filosofando sobre a ciência, ela pode apenas desmentir coisas. Cada experimentação que resulta na

> Todas as verdades são fáceis de entender, uma vez que sejam descobertas; a questão é descobri-las.
> **Galileu Galilei**

resposta prevista é uma prova de embasamento, mas um teste fracassado pode derrubar uma teoria.

Ao longo dos séculos, conceitos há muito mantidos, como a geocentricidade do universo, os quatro líquidos orgânicos, o flogisto de elemento fogo e o misterioso meio chamado éter foram todos desmentidos e substituídos por novas teorias. Estas, no entanto, são apenas teorias e ainda podem ser refutadas, apesar de, em muitos casos, isso ser improvável, dada a prova que as respalda.

Progressão de ideias

A ciência raramente avança em passos lógicos, simples. Descobertas podem ser feitas, simultaneamente, por cientistas trabalhando de forma independente, porém quase todos os avanços dependem de trabalho e teorias anteriores. Um motivo para construir o vasto aparato chamado Grande Colisor de Hádron, ou LHC (Large Hadron Collider), foi a busca pela partícula Higgs, cuja existência foi prevista 40 anos antes, em 1964. Aquela previsão resultou em décadas de trabalho teórico sobre a estrutura do átomo, voltando a Rutherford e ao trabalho do físico dinamarquês Niels Bohr, nos anos 1920, que dependeu da descoberta do elétron, em 1897, que, a seu turno, contara com a descoberta dos raios catódicos, em 1869. Aqueles não teriam sido descobertos sem a bomba a vácuo, e, em 1799, a invenção da bateria – de modo que a corrente retrocede, por décadas e séculos. O grande físico inglês Isaac Newton disse, notoriamente: "Se vi mais longe, foi por estar de pé sobre ombros de gigantes". Ele se referiu, principalmente, a Galileu, mas é provável que também tenha lido uma edição de *Ótica*, de Alhazen.

Os primeiros cientistas

Os primeiros filósofos com uma visão científica atuaram na Grécia antiga, durante os séculos VI e V a.C.; Pitágoras montou uma escola matemática onde agora ficava o sul da Itália 50 anos depois, e Xenófanes, após encontrar conchas do mar numa montanha, concluiu que, um dia, a Terra inteira teria sido coberta pelo mar.

Na Sicília, no século IV a.C., Empédocles afirmou que terra, ar, fogo e água são "as raízes quádruplas de tudo". Ele também levou seus seguidores à cratera do vulcão Etna e pulou lá dentro, aparentemente para mostrar que era imortal – e, assim, nos lembramos dele até hoje.

Observadores de estrelas

Enquanto isso, na Índia, na China e no Mediterrâneo, as pessoas tentavam entender o sentido dos corpos celestes. Elas faziam mapas estelares – em parte, como auxiliares na navegação – e batizavam estrelas e grupos estelares. Também notaram que alguns traçavam caminhos irregulares, quando vistos em contraste com as "estrelas fixas". Os gregos chamavam essas estrelas errantes de "planetas". Os chineses avistaram o cometa Halley em 240 a.C. e, em 1054, uma supernova conhecida como Nebulosa do Caranguejo.

Casa da Sabedoria

No final do século VIII d.C., o califado Abbasid montou a Casa da Sabedoria, uma biblioteca magnífica, em sua nova capital, Bagdá. Isso inspirou rápidos avanços na ciência e na tecnologia »

Se quiser buscar realmente a verdade, é preciso que pelo menos uma vez na vida você duvide, o máximo que puder, de todas as coisas.

René Descartes

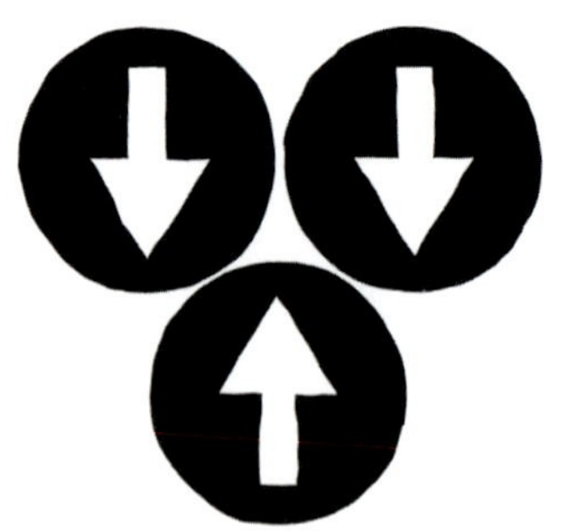

islâmicas. Muitos dispositivos mecânicos geniais foram inventados junto com o astrolábio, um aparelho de navegação que utilizava o posicionamento das estrelas. A alquimia floresceu, e surgiram técnicas como a destilação. Estudiosos da biblioteca colecionavam todos os livros mais importantes da Grécia e da Índia e os traduziam para o árabe, modo como o Ocidente mais tarde redescobriu os trabalhos dos antigos e aprendeu os algarismos indo-arábicos, incluindo o zero, importados da Índia.

Nascimento da ciência moderna

Como o monopólio da Igreja sobre a verdade científica começou a enfraquecer no mundo ocidental, o ano de 1543 viu a publicação de dois livros inovadores. O anatomista belga Andreas Vesalius produziu *De humani corporis fabrica*, que descrevia suas dissecações de cadáveres humanos com ilustrações extraordinárias. No mesmo ano, o físico polonês Nicolau Copérnico publicou *Das revoluções das esferas celestes*, que afirmava firmemente que o Sol é o centro do universo, derrubando o modelo da Terra centralizada, calculado por Ptolomeu de Alexandria um milênio antes.

Em 1600, o físico inglês William Gilbert publicou *De Magnete*, no qual explicava que os ponteiros de uma bússola apontam ao norte, porque a Terra é um ímã. Ele chegou a argumentar que o âmago da Terra é composto de ferro. Em 1623, outro físico inglês, William Harvey, descreveu pela primeira vez como o coração age como uma bomba e conduz o sangue pelo corpo, desse modo aniquilando teorias prévias que datavam de 1.400 anos antes, do físico greco-romano Galen. Nos anos 1660, o químico anglo-irlandês Robert Boyle produziu uma série de livros, incluindo *O químico cético*, no qual definia um elemento químico. Isso marcou o nascimento da química como ciência, de forma distinta da alquimia mística, da qual ela se originou.

Robert Hooke, que trabalhou como assistente de Boyle, produziu o primeiro *best-seller* científico, *Micrographia*, em 1665. Suas ilustrações soberbas de cobaias, como uma pulga e o olho de uma mosca, abriram um mundo microscópico jamais visto. Então, em 1687, veio o que muitos consideraram o mais importante livro de ciências de todos os tempos, *Princípios matemáticos da filosofia natural*, mais comumente conhecido como *Principia*. Suas leis de movimento e o princípio universal da gravidade formam a base da física clássica.

Elementos, átomos, evolução

No século XVIII, o químico francês Antoine Lavoisier descobriu o papel do oxigênio na combustão, desbancando a antiga teoria de flogisto. Não tardou para que inúmeros gases e suas propriedades fossem investigados. Pensar nos gases da atmosfera levou o meteorologista britânico John Dalton a sugerir que cada elemento consistia em átomos ímpares e propor a ideia de pesos atômicos. Então o químico alemão August Kekulé desenvolveu a base da estrutura molecular, enquanto o inventor russo Dmitri

Parece que eu era apenas um menino, brincando na praia e me divertindo, ao encontrar uma pedra mais lisa... enquanto o grande oceano da verdade se estendia desconhecido à minha frente.

Isaac Newton

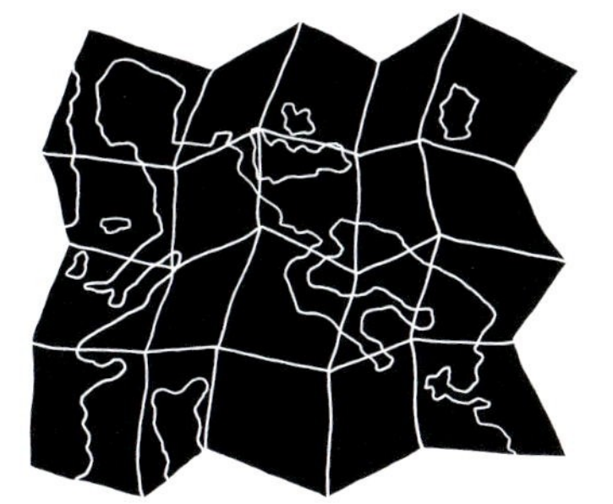

Mendeleev expôs a primeira tabela periódica dos elementos.

A invenção da bateria elétrica por Alessandro Volta, na Itália, em 1799, abriu novos campos de ciência iniciados pelos físicos Hans Christian Orsted, dinamarquês, e seu contemporâneo britânico, Michael Faraday, descobrindo novos elementos e o eletromagnetismo, que resultou na invenção do motor elétrico. Nesse ínterim, as ideias de física clássica eram aplicadas à atmosfera, às estrelas, à velocidade da luz e à natureza do calor, que se desenvolveram formando a ciência da termodinâmica.

Geólogos que estudavam o *stratum* rochoso começaram a reconstruir o passado da Terra. A paleontologia virou moda, à medida que os restos de criaturas extintas começaram a aparecer. Mary Anning, uma menina britânica autodidata, tornou-se famosa mundialmente remontando restos fósseis. Com os dinossauros vieram as ideias de evolução, mais notoriamente do naturalista britânico Charles Darwin, e novas teorias das origens e da ecologia.

Incerteza e infinito

Na virada do século XX, um jovem alemão chamado Albert Einstein propôs sua teoria de relatividade, sacudindo a física clássica e acabando com a ideia de tempo e espaço absolutos. Novos modelos do átomo foram propostos; a luz foi mostrada atuando tanto como partícula quanto em onda; e outro alemão, Werner Heisenberg, demonstrou que o universo era incerto.

No entanto, o mais impressionante no último século foi como os avanços tecnológicos possibilitaram o progresso da ciência a uma velocidade sem precedentes, com ideias saltando à frente com precisão cada vez maior. Aceleradores de partículas ainda mais potentes revelaram novas unidades básicas de matéria. Telescópios mais poderosos mostraram que o universo está em expansão iniciada com o *Big Bang*. A ideia de buracos negros começou a se enraizar. Matéria escura ou buracos negros, independentemente do que fossem, pareciam preencher o universo, e os astrônomos começaram a descobrir novos mundos – planetas em órbita de astros distantes, alguns que talvez até abriguem vida. O matemático britânico Alan Turing pensou na máquina universal de computação, e em 50 anos tínhamos computadores pessoais, a rede mundial de navegação e os *smartphones*.

A realidade é meramente uma ilusão, apesar de muito persistente.
Albert Einstein

Segredos da vida

Na biologia, os cromossomos foram expostos como base da hereditariedade, e foi decodificada a estrutura química do DNA. Apenas 40 anos depois isso levou ao projeto do genoma humano, tarefa de perspectiva aparentemente assustadora que, auxiliada pela computação, assumiu um ritmo de avanço cada vez mais acelerado. Hoje a sequência de DNA é um procedimento laboratorial quase rotineiro, a terapia genética passou de esperança a realidade, e o primeiro mamífero foi clonado.

Enquanto os cientistas atuais evoluem nessas e outras realizações, prossegue a busca inexorável pela verdade. Parece provável que sempre haverá mais perguntas do que respostas, mas as descobertas futuras certamente continuarão a impressionar. ■

O COM
DA CIÊ
600 A.C - 1400 D.C.

EÇO

NCIA

585 A.C.

Tales de Mileto prevê o **eclipse do Sol**, que põe fim à Batalha de Halys.

C. 530 A.C.

Pitágoras funda a **escola de matemática** em Crotone, hoje sul da Itália.

C. 500 A.C.

Xenófanes encontra conchas marinhas nas montanhas e calcula que **a Terra inteira já tenha sido submersa na água**.

C. 450 A.C.

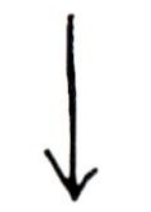

Empédocles sugere que tudo na Terra é feito de combinações de **terra, ar, fogo e água**.

C. 325 A.C.

Aristóteles escreve uma série de livros sobre assuntos que incluem **física, biologia e zoologia**.

C. 300 A.C.

Teofrasto escreve *Investigações sobre as plantas* e *As causas das plantas*, instituindo **a disciplina da botânica**.

C. 250 A.C.

Aristarco de Samos sugere que **o Sol é o centro do universo**, não a Terra.

C. 240 A.C.

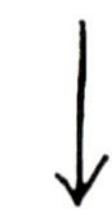

Arquimedes descobre que a coroa de um rei não é de ouro puro, **ao medir a impulsão da água**.

O estudo científico do mundo tem suas raízes na Mesopotâmia. Em seguida à invenção da agricultura e da escrita, as pessoas tinham tempo para se dedicarem ao estudo e os meios para transmitir os resultados para a geração seguinte. A ciência inicial foi inspirada pela admiração do céu noturno. Desde o quarto milênio a.C., os sacerdotes sumerianos estudavam as estrelas e registravam os resultados em tabuletas de barro. Eles não deixaram registros de seus métodos, mas uma tabuleta datada de 1800 a.C. demonstra o conhecimento das propriedades de triângulos retângulos.

A Grécia antiga

Os antigos gregos não viam a ciência como um assunto separado da filosofia, mas é provável que a primeira figura cujo trabalho é reconhecidamente científico seja Tales de Mileto. Platão disse que Tales passara tanto tempo sonhando e olhando as estrelas que uma vez teria caído num poço. Em 585 a.C., possivelmente utilizando dados dos primeiros babilônios, Tales previu um eclipse solar, demonstrando a força da abordagem científica.

A Grécia antiga não era um país único, mas uma série de cidades-Estado avulsas. Mileto (hoje na Turquia) foi o local de nascimento de vários filósofos notáveis. Muitos outros filósofos da Grécia estudaram em Atenas. Ali, Aristóteles foi um observador sagaz, mas não realizava experimentações; ele acreditava que, se pudesse juntar um número suficiente de homens inteligentes, a verdade surgiria. O engenheiro Arquimedes, que viveu em Siracusa, na Sicília, pesquisou as propriedades dos fluidos. Um novo centro de aprendizado se desenvolveu em Alexandria, fundado na boca do Nilo por Alexandre, o Grande, em 331 a.C. Ali, Eratóstenes mediu o tamanho da Terra, Ctesíbio elaborou relógios precisos, e Hero inventou o motor a vapor. À época, os bibliotecários de Alexandria colecionavam os melhores livros que encontravam para montar a melhor biblioteca do mundo, que foi incendiada quando romanos e cristãos tomaram a cidade.

Ciência na Ásia

A ciência floresceu de maneira independente na China. Os chineses inventaram a pólvora – e, com ela, fogos de artifício, foguetes e armas – e fizeram os foles para trabalhar metais. Eles inventaram o primeiro sismógrafo e a primeira bússola. Em 1054,

129

Eratóstenes, amigo de Arquimedes, calcula **a circunferência da Terra** a partir das sombras do Sol, ao meio-dia, em meados do verão.

c. 240 a.C.

c. 230 a.C.

Ctesíbio constrói as clepsidras – **relógios de água** –, que há séculos são os mais precisos marcadores de tempo do mundo.

Hiparco descobre **a precessão dos equinócios** e compila o primeiro catálogo de estrelas do mundo.

c. 129 a.C.

c. 120 d.C.

Na China, Zhang Heng discute a natureza dos eclipses e compila **um catálogo com 2.500 astros**.

Almagesto, de Cláudio Ptolomeu, torna-se o **texto oficial sobre astronomia** no Ocidente, apesar de conter muitos erros.

c. 150 d.C.

628

O matemático indiano Brahmagrupta esboça as primeiras regras para o uso do **número zero**.

O astrônomo persa Abd al-Rahman al-Sufi atualiza *Almagesto* e **batiza muitas estrelas com nomes árabes** usados até hoje.

964

1021

Alhazen, um dos primeiros cientistas experimentais, conduz a pesquisa original sobre **visão e ótica**.

astrônomos chineses observaram uma supernova que, em 1731, foi identificada como a Nebulosa do Caranguejo.

Boa parte da mais avançada tecnologia do primeiro milênio a.C., incluindo a roda, foi desenvolvida na Índia, e missões chinesas foram enviadas para estudar as técnicas agrícolas indianas. Os matemáticos indianos desenvolveram o que hoje chamamos de sistema numérico de algarismos indo-arábicos, incluindo os números negativos e o zero, e instituíram definições às funções trigonométricas de seno e cosseno.

A Era de Ouro do Islã

Em meados do século VIII, o califado islâmico Abbasid transferiu a capital de seu império de Damasco para Bagdá. Guiado pelo princípio do Alcorão que diz "A tinta da pena de um sábio é mais sagrada que o sangue de um mártir", o califa Harun al-Rashid fundou a Casa da Sabedoria em sua nova capital, com a intenção de que ela fosse uma biblioteca e um centro de pesquisa. Estudiosos colecionavam livros das antigas cidades-Estado gregas e da Índia e os traduziam para o árabe. Era assim que muitos textos antigos acabariam chegando ao Ocidente, onde eram desconhecidos na Idade Média. Até meados do século IX, a biblioteca de Bagdá crescera e se tornara uma digna sucessora da biblioteca de Alexandria.

Dentre os que foram inspirados pela Casa da Sabedoria estavam vários astrônomos, destacando-se Al-Sufi, que prosseguiu enriquecendo o trabalho de Hiparco e Ptolomeu. A astronomia era uma prática habitual dos nômades árabes para a navegação, quando eles conduziam seus camelos pelas travessias noturnas no deserto. Alhazen, nascido em Basra e educado em Bagdá, foi um dos primeiros cientistas experimentais, e seu livro sobre ótica tem recebido importância semelhante à do trabalho de Isaac Newton. Os alquimistas árabes inventaram a destilação e outras técnicas novas, bem como cunharam palavras como alcalemia, aldeído e álcool. O físico Al-Razi apresentou o sabão (sal de ácido graxo) e distinguiu, pela primeira vez, a varíola do sarampo. Ele escreveu, em um de seus inúmeros livros: "O objetivo do médico é fazer o bem, até para seus inimigos". Al-Khwarizmi e outros matemáticos inventaram a álgebra e os algoritmos; e o engenheiro Al-Jarazi inventou o sistema de biela corrente que ainda é usado em bicicletas e carros. Só depois de vários séculos os cientistas europeus se atualizariam nesses avanços. ■

ECLIPSES DO SOL PODEM SER PREVISTOS

TALES DE MILETO (624-546 A.C.)

EM CONTEXTO

FOCO
Astronomia

ANTES
c. 2000 a.C. Monumentos europeus como o Stonehenge podem ter sido usados para calcular eclipses.

c. 1800 a.C. Na antiga Babilônia, os astrônomos fazem a primeira descrição matemática registrada do movimento dos corpos celestes.

2º milênio a.C. Astrônomos babilônios desenvolvem métodos para prever eclipses, mas estes são baseados nas observações da Lua, não em ciclos matemáticos.

DEPOIS
c. 140 a.C. O astrônomo grego Hiparco desenvolve um sistema para prever eclipses usando o ciclo de Saros, de movimentos do Sol e da Lua.

Nascido em uma colônia grega da Ásia Menor, Tales de Mileto é geralmente visto como o iniciador da filosofia ocidental, mas também foi uma figura-chave no desenvolvimento inicial da ciência. Em vida, teve grande reconhecimento por suas ideias em relação à matemática, física e astronomia.

Talvez a mais famosa realização de Tales tenha sido também a mais controversa. Segundo o historiador grego Heródoto ao escrever sobre o feito após mais de um século, acreditava-se que Tales teria previsto um eclipse solar, datado de 28 de maio de 585 a.C., que notoriamente causou o término da batalha entre lídios e medas.

... o dia virou noite, e essa mudança do dia tinha sido prevista por Tales de Mileto...
Heródoto

História contestada

O feito de Tales não seria repetido por vários séculos, e os historiadores da ciência há muito argumentam como ele teria conseguido isso – se é que conseguiu. Alguns argumentam que o relato de Heródoto é impreciso e vago, mas a façanha de Tales parece ter sido amplamente conhecida e adotada como fato por vários escritores posteriores, que souberam ter cautela com a palavra de Heródoto. Presumindo-se como verdadeira, é provável que Tales tenha descoberto um ciclo de 18 anos nos movimentos do Sol e da Lua, conhecido como ciclo de Saros, usado depois por astrônomos gregos na previsão de eclipses.

Independentemente do método usado, a previsão de Tales teve efeito drástico na Batalha do Rio Halys, na Turquia da era moderna. O eclipse não só pôs fim à batalha, mas também a uma guerra de 15 anos, entre os medas e os lídios. ■

Veja também: Zhang Heng 26-27 ▪ Nicolau Copérnico 34-39 ▪ Johannes Kepler 40-41 ▪ Jeremiah Horrocks 52

AGORA OUÇA AS QUATRO RAÍZES DE TUDO

EMPÉDOCLES (490-430 A.C.)

EM CONTEXTO

FOCO
Química

ANTES
c. 585 a.C. Tales sugere que o mundo inteiro é feito de água.

c. 535 a.C. Anaxímenes acha que tudo é feito de ar, do qual, posteriormente, se originam as rochas e a água.

DEPOIS
c. 400 a.C. O pensador grego Demócrito diz que o mundo é feito de partículas invisíveis minúsculas – átomos.

1661 Em seu trabalho *Químico cético*, Robert Boyle fornece a definição de elementos.

1808 A teoria atômica de Dalton afirma que cada elemento tem átomos de massas distintas.

1869 Dmitri Mendeleev propõe uma tabela periódica, organizando os elementos em grupos, segundo suas propriedades compartilhadas.

A natureza da matéria preocupava muitos dos antigos pensadores gregos. Tendo visto água líquida, gelo sólido e névoa gasosa, Tales de Mileto acreditava que tudo devia ser feito de água. Aristóteles achava que "a fomentação de todas as coisas é umedecida e até o calor é originado do molhado e vive segundo este". Duas gerações depois de Tales, Anaxímenes disse que o mundo é feito de ar, argumentando que, quando o ar é condensado, ele produz névoa, depois chuva e pedras.

Nascido em Agrigento, na Sicília, o físico e poeta Empédocles compôs uma teoria mais complexa: tudo é feito de quatro raízes – ele não usava a palavra *elementos* –, terra, ar, fogo e água. Misturar essas raízes resultaria na obtenção de calor e umidade para fazer terra, pedra e todas as plantas e animais. Originalmente, as quatro raízes formavam uma esfera perfeita, sustentada pelo amor, a força centrípeta. Porém, aos poucos, a discórdia, força centrífuga, começou a desmembrá-las.

Empédocles via as quatro raízes de matéria como dois pares de opostos: fogo/água e ar/terra, que juntos produzem tudo o que vemos.

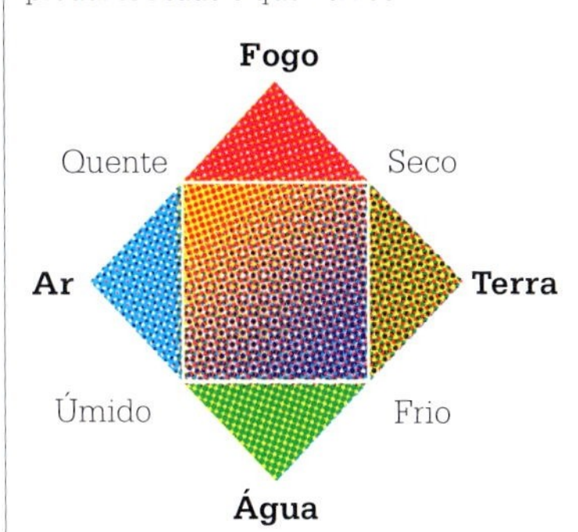

Para Empédocles, o amor e a discórdia são duas forças que moldam o universo. Neste mundo, a discórdia tende a predominar, por isso a vida é tão difícil.

Essa teoria relativamente simples dominou o pensamento europeu – que se referia aos "quatro humores" – com pouco refino, até o desenvolvimento da química moderna, no século XVII. ■

Veja também: Robert Boyle 46-49 ▪ John Dalton 112-13 ▪ Dmitri Mendeleev 174-79

MEDINDO A CIRCUNFERÊNCIA DA TERRA

ERATÓSTENES (276-194 A.C.)

EM CONTEXTO

FOCO
Geografia

ANTES
Século VI a.C. Pitágoras, o matemático grego, sugere que a Terra pode ser esférica, não plana.

Século III a.C. Aristarco de Samos é o primeiro a colocar o Sol no centro do universo conhecido e usar um método trigonométrico para estimar o tamanho relativo do Sol e da Lua e sua distância da Terra.

Final do século III a.C. Eratóstenes introduz os conceitos de paralelos e meridianos em seus mapas (equivalentes à longitude e à latitude modernas).

DEPOIS
Século XVIII A circunferência e o formato verdadeiros da Terra são descobertos, através de enormes esforços dos cientistas franceses e espanhóis.

O astrônomo e matemático grego Eratóstenes é mais lembrado como a primeira pessoa a medir o tamanho da Terra, mas ele também é considerado o criador da geografia – não apenas cunhando a palavra, mas também estabelecendo muitos de seus princípios básicos para a medição de locais de nosso planeta. Nascido em Cirene (atual Líbia), Eratóstenes viajou muito pelo mundo grego, estudando em Atenas e Alexandria, e acabou se tornando o bibliotecário da Grande Biblioteca de Alexandria.

Foi em Alexandria que Eratóstenes ouviu um relato de que na cidade de Swenet, sul de Alexandria, o Sol passou diretamente acima, no verão, durante o solstício (o dia mais longo do ano, quando o Sol se levanta ao ponto mais alto do céu). Pressupondo que o Sol estivesse tão distante que seus raios fossem quase paralelos, uns aos outros, ao refletirem na Terra, ele usou uma haste vertical ou um "gnômon" para projetar a sombra do Sol no mesmo instante, em Alexandria.

Ele concluiu que, ali, o Sol estava a 7,2° ao sul do zênite – que é 1/50 da circunferência de um círculo. Assim, pensou ele, a separação de duas cidades, ao longo de um meridiano norte-sul, tem de ser 1/50 da circunferência da Terra. Isso permitiu que ele calculasse o tamanho de nosso planeta em 230.000 stadias, ou 39.690 km – um erro de menos de 2%. ■

A luz do Sol bateu em Swenet em ângulos corretos, mas lançou sombra em Alexandria. O ângulo da sombra lançada pelo gnômon permitiu que Eratóstenes calculasse a circunferência da Terra.

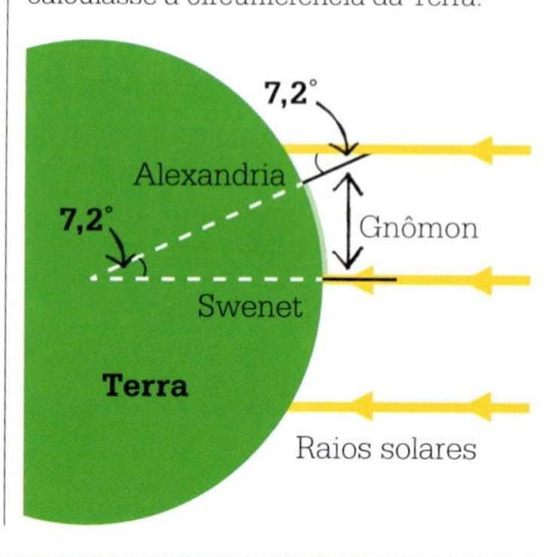

Veja também: Nicolau Copérnico 34-39 ▪ Johannes Kepler 40-41

O HUMANO É RELACIONADO AOS SERES INFERIORES

AL-TUSI (1201-1274)

EM CONTEXTO

FOCO
Biologia

ANTES
c. 550 a.C. Anaximandro de Mileto propõe que a vida animal tenha começado na água e evoluído a partir daí.

c. 340 a.C. A teoria das formas de Platão argumenta que as espécies são imutáveis.

c. 300 a.C. Epicuro diz que muitas outras espécies foram criadas no passado, mas somente as mais bem-sucedidas sobrevivem para procriar.

DEPOIS
1377 Em *Muqaddimah*, Ibn Khaldun escreve que os humanos evoluíram dos macacos.

1809 Jean-Baptiste Lamarck propõe uma teoria de evolução das espécies.

1858 Alfred Russel Wallace e Charles Darwin sugerem uma teoria de evolução através da seleção natural.

Estudioso persa nascido em Bagdá em 1201, durante a Era de Ouro do Islã, Nazir al-Din al-Tusi era poeta, filósofo, matemático e astrônomo e foi um dos primeiros a propor um sistema de evolução. Ele sugeriu que houve um tempo em que o universo continha elementos idênticos que gradualmente se separaram e alguns se tornaram minerais e outros, mudando mais depressa, se transformaram em plantas e animais.

Em *Akhalaq-i-Nasri*, trabalho sobre ética, Al-Tusi expôs uma hierarquia de formas de vida na qual os animais eram superiores às plantas e os humanos, superiores aos outros animais. Ele via a vontade consciente dos animais como um passo em direção à consciência humana. Animais conseguem se deslocar conscientemente, em busca de alimento, e podem aprender coisas novas. Nessa habilidade de aprendizado, Al-Tusi via uma capacidade de raciocínio: "O cavalo treinado ou o falcão de caça estão no ponto mais alto de desenvolvimento do mundo animal", disse ele, acrescentando: "Os primeiros passos da perfeição humana começam a partir dali".

Os organismos que podem ganhar novas funções mais depressa são mais variáveis. Como resultado, ganham vantagem sobre outras criaturas.
Al-Tusi

Al-Tusi acreditava que os organismos mudavam com o tempo e via nessa mudança uma progressão à perfeição. Ele via os humanos "num grau mediano na escala evolutiva", potencialmente capazes, através da própria vontade, de alcançar um nível mais alto de desenvolvimento. Foi o primeiro a sugerir que os organismos não apenas mudam com o tempo, mas que toda a cadeia vital evoluiu quando originalmente não havia vida alguma. ■

Veja também: Carl Lineu 74-75 ▪ Jean-Baptiste Lamarck 118 ▪ Charles Darwin 142-49 ▪ Barbara McClintock 271

UM OBJETO IMERSO DESLOCA SEU PRÓPRIO VOLUME EM LÍQUIDO

ARQUIMEDES (287-212 A.C.)

EM CONTEXTO

FOCO
Física

ANTES
3º milênio a.C. Trabalhadores descobrem que derreter metais e misturá-los produz uma liga mais forte que os metais originas.

600 a.C. Na Grécia antiga, as moedas são feitas de uma liga de ouro e prata chamada *electrum*.

DEPOIS
1687 Em seu *Principia Mathematica*, Isaac Newton descreve sua teoria da gravidade, explicando a existência de uma força que puxa tudo em direção ao centro da Terra – e vice-versa.

1738 O matemático suíço Daniel Bernoulli desenvolve sua teoria cinética de fluidos, explicando a pressão que exercem, em outros objetos, pelo movimento aleatório de suas moléculas.

O escritor romano Vitruvius relata, no século I a.C., a história talvez forjada de um incidente ocorrido dois séculos antes. Hero II, rei da Sicília, ordenara uma nova coroa de ouro. Quando a coroa foi entregue, Hero desconfiou que o ourives houvesse substituído parte do ouro por prata, fundindo os dois para que a cor parecesse com a de ouro puro. O rei pediu ao seu cientista-chefe, Arquimedes, que investigasse.

Arquimedes ficou intrigado com o problema. A nova coroa era preciosa e de forma alguma poderia ser danificada.

Ele foi a uma casa pública de banhos, em Siracusa, para pensar

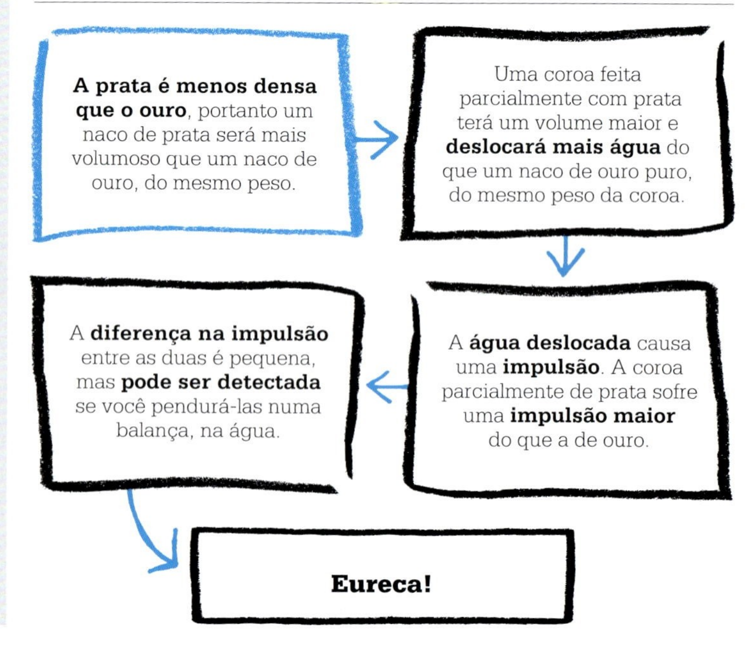

Veja também: Nicolau Copérnico 34-39 ▪ Isaac Newton 62-69

sobre o problema. As banheiras estavam cheias até a borda, e ao entrar ele notou duas coisas: o nível da água subiu, a fez transbordar, e ele se sentiu sem peso. Ele gritou "Eureca!" (encontrei a resposta!) e correu para casa, nu em pelo.

Medindo volume

Arquimedes percebeu que, se colocasse a coroa num balde cheio de água até a borda, ela deslocaria um pouco de água – exatamente o mesmo volume de seu próprio peso – e ele poderia medir quanta água havia transbordado. Isso lhe diria o volume da coroa. Prata é menos densa que ouro, portanto uma coroa de prata, do mesmo peso, seria maior que a coroa de ouro e deslocaria mais água. Assim, uma coroa adulterada deslocaria mais água do que uma de ouro puro – e mais que um naco de ouro do mesmo peso. Na prática, o efeito seria pequeno e difícil de medir. Mas Arquimedes também percebeu que qualquer objeto submerso em líquido sofre uma impulsão (força de impulso ao alto) igual ao peso do líquido por ele deslocado.

Arquimedes provavelmente solucionou a charada pendurando a coroa e algo de seu peso, em ouro puro, em lados opostos de uma vareta, que ele depois ergueu pelo centro, para que os dois pesos se equilibrassem. Então ele baixou tudo na água de uma banheira. Se a coroa fosse de ouro puro, ela e o naco de ouro sofreriam a mesma impulsão, e a vareta ficaria horizontal. Mas, se houvesse prata na coroa, seu volume seria maior que o volume no naco de ouro – a coroa deslocaria mais água, e a vareta seria inclinada.

A ideia de Arquimedes tornou-se conhecida como o princípio de Arquimedes, que afirma que a impulsão de um objeto em fluido é igual ao peso de fluido que o objeto desloca. Esse princípio explica como objetos feitos de material denso ainda podem flutuar. Um navio de ferro de uma tonelada irá afundar até que tenha deslocado uma tonelada de água, porém, depois, não afunda mais. Seu casco fundo e oco tem um volume bem maior e desloca mais água que um naco de ferro do mesmo peso e, portanto, boia por uma impulsão maior.

Vitruvius nos conta que a coroa de Hero tinha, de fato, um pouco de prata, e o ourives foi devidamente punido. ■

Algo sólido mais pesado que um fluido, se colocado dentro deste, irá afundar totalmente e o sólido dentro do fluido será mais leve que seu peso verdadeiro, por causa do peso do fluido deslocado.

Arquimedes

Arquimedes

Arquimedes provavelmente foi o maior matemático do mundo antigo. Nascido em cerca de 287 a.C., ele foi morto por um soldado quando sua cidade, Siracusa, foi tomada pelos romanos, em 212 a.C. Elaborou inúmeras armas temíveis para manter os navios romanos de guerra a distância, quando atacaram Siracusa – uma máquina de arremesso, um cabo para içar a proa de um barco da água e um conjunto de espelhos letais para focar os raios de sol e atear fogo nos navios. Durante uma temporada no Egito, ele provavelmente inventou a rosca de Arquimedes, ainda usada em irrigação.

Arquimedes também calculou uma aproximação do *Pi* (a relação entre a circunferência de um círculo e seu diâmetro) e escreveu as leis de alavancas e roldanas.

A façanha da qual Arquimedes mais se orgulhava era uma prova matemática de que o menor cilindro capaz de abrigar qualquer esfera tem exatamente uma vez e meia o volume da esfera. Uma esfera e um cilindro estão talhados no túmulo de Arquimedes.

Obra-chave

c. 250 a.C. *Dos corpos flutuantes*

O SOL É COMO FOGO, A LUA É COMO ÁGUA

ZHANG HENG (78-139)

EM CONTEXTO

FOCO
Física

ANTES
140 a.C. Hiparco descobre como prever eclipses.

150 d.C. Ptolomeu aprimora o trabalho de Hiparco e produz tabelas práticas para calcular futuras posições dos corpos celestes.

DEPOIS
Século XI Shen Kuo escreve *Ensaio do tesouro dos sonhos*, no qual utiliza o quarto minguante e o quarto crescente da Lua para demonstrar que todos os corpos celestes são esféricos (não demonstra a Terra).

1543 Nicolau Copérnico publica *Das revoluções das esferas celestes*, no qual descreve um sistema heliocêntrico.

1609 Johannes Kepler explica o movimento dos planetas e os corpos de flutuação livre descrevendo eclipses.

Durante o dia a **Terra** é **iluminada**, com **sombras**, por causa da **luz do sol**.

↓

A **Lua**, às vezes, é **iluminada** e tem **sombras**.

↓

A Lua só pode ser **iluminada** por causa da **luz do sol**.

↓

Portanto, o Sol é como fogo, a Lua é como água.

Por volta do ano 140 a.C., o astrônomo grego Hiparco, provavelmente o melhor astrônomo do mundo antigo, compilou um catálogo com mais de 850 astros. Ele também explicou como prever os movimentos do Sol e da Lua e a data dos eclipses. Em seu trabalho *Almagesto*, em torno de 150 a.C., Ptolomeu de Alexandria listou mil estrelas e 48 constelações. A maior parte de seu trabalho foi uma versão atualizada do que Hiparco havia escrito, porém de forma mais prática. No Ocidente, *Almagesto* se tornou o texto-padrão de astronomia, ao longo da Idade Média. Suas tabelas incluíam todas as informações necessárias para calcular as futuras posições do Sol e da Lua, dos planetas e das principais estrelas, bem como os eclipses do Sol e da Lua.

Em 120 d.C., o polímata chinês Zhang Heng produziu um trabalho intitulado *Ling Xian*, ou *A constituição espiritual do universo*, no qual escreveu que "o céu é como um ovo de ave e redondo como bala de arco, e a Terra é como a gema de um ovo, sozinha, no centro. O céu é grande, e a Terra é pequena". Seguindo Hiparco e Ptolomeu, esse era um universo com a Terra em seu centro. Zhang catalogou 2.500

Veja também: Nicolau Copérnico 34-39 ▪ Johannes Kepler 40-41 ▪ Isaac Newton 62-69

A Lua e os planetas são Yin; eles têm forma mas não têm luz.
Jing Fang

"estrelas brilhantes" e 124 constelações e acrescentou que, "das estrelas bem pequeninas, há 11.520".

Eclipses da Lua e planetas

Zhang era fascinado por eclipses. Ele escreveu: "O Sol é como fogo, a Lua é como água. O fogo dá a luz, e a água o reflete. Assim, a luminosidade da Lua é produzida pelo esplendor do Sol, e a escuridão da Lua é devida à obstrução da luz do Sol. A face virada para o Sol é inteiramente acesa, e o lado contrário é escuro". Zhang também descreveu um eclipse lunar, no qual a luz do sol não consegue alcançar a Lua, porque a Terra está no caminho. Ele reconheceu que os planetas também eram "como água", refletindo luz, e também sujeitos a eclipses: "Quando (um efeito semelhante) acontece com um planeta, nós podemos chamar a isso de ocultação; quando a Lua passa pelo caminho do Sol, há um eclipse solar".

No século XI, outro astrônomo chinês, Shen Kuo, estendeu-se com base no trabalho de Zhang, em um sentido muito importante. Ele mostrou que as observações dos quartos crescente e minguante da Lua provavam que os corpos celestes eram esféricos. ■

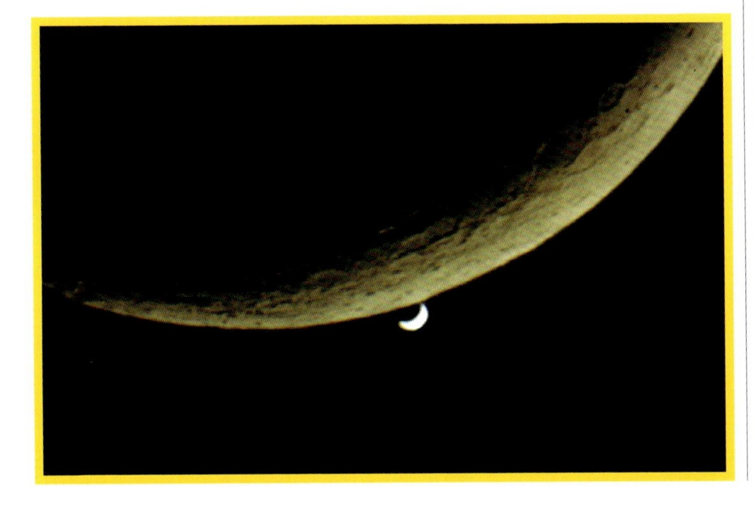

O contorno crescente de Vênus está prestes a ser encoberto pela Lua. As observações de Zhang o levaram a concluir que, assim como a Lua, os planetas não produziam sua própria luz.

Zhang Heng

Zhang Heng nasceu em 78 d.C., na cidade de Xi'e, no que hoje é a província de Henan, na China da Dinastia Han. Aos 17 anos, ele saiu de casa para estudar literatura e se instruir para ser escritor. Com 20 e tantos anos, Zhang tinha se tornado um matemático habilidoso e foi chamado à corte do imperador An-ti, que, em 115, o tornou astrólogo-chefe.

Zhang viveu numa época de rápidos avanços da ciência. Assim como seu trabalho astronômico, elaborou uma esfera armilar movida a água (um modelo dos objetos celestes) e inventou o primeiro sismômetro do mundo, que foi ridicularizado até que, em 138, registrou com êxito um terremoto a 400 km de distância. Ele também inventou o primeiro velocímetro, para medir as distâncias percorridas em veículos, e uma bússola não magnética, apontando ao sul, em forma de carruagem. Zhang era um poeta talentoso cujos trabalhos nos dão *insights* vivos da vida cultural de seu tempo.

Obras-chave

c. 120 a.C. *A constituição espiritual do universo*
c. 120 a.C. *O Mapa do Ling Xian*

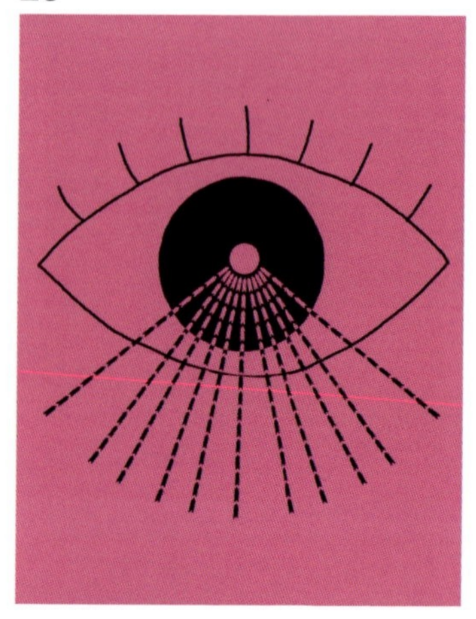

A LUZ PERCORRE LINHAS RETAS ADENTRANDO NOSSOS OLHOS

ALHAZEN (c. 965-1040)

EM CONTEXTO

FOCO
Física

ANTES
350 a.C. Aristóteles argumenta que a visão deriva de formas físicas que adentram o olho, originadas de um objeto.

300 a.C. Euclides afirmou que o olho emite fachos que ricocheteiam.

Anos 980 Ibn Sahl investiga a refração de luz e deduz as leis de refração.

DEPOIS
1240 O bispo inglês Robert Grosseteste usa a geometria em testes óticos e descreve precisamente a natureza da cor.

1604 A teoria de Johannes Kepler sobre a imagem da retina é diretamente baseada no trabalho de Alhazen.

Anos 1620 As ideias de Alhazen influenciam Francis Bacon, que defende um método científico baseado em experimentos.

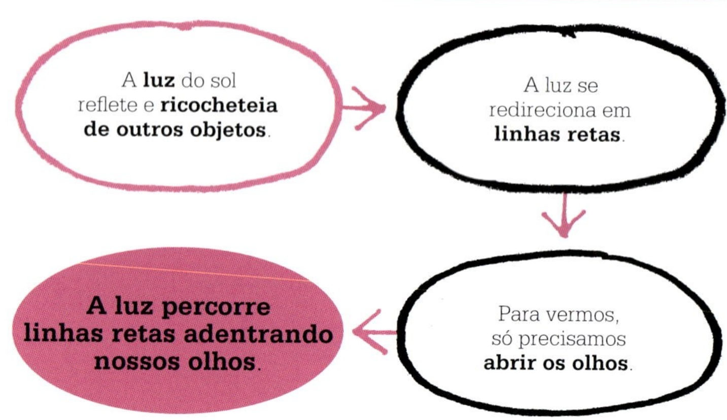

O astrônomo e matemático árabe Alhazen, que viveu em Bagdá, no atual Iraque, durante a Era de Ouro da civilização islâmica, foi supostamente o primeiro cientista experimental do mundo. Embora os antigos pensadores gregos e persas tenham descrito o mundo natural de várias formas, eles tiraram suas conclusões de pensamentos abstratos, não de experimentações concretas. Alhazen, trabalhando numa cultura de curiosidade e investigação, foi o primeiro a usar o que hoje chamamos de método científico: estabelecer uma hipótese e metodicamente testá-la com experimentos. Ele observou: "O que busca a verdade não é o que estuda os escritos dos antigos e confia; é o que suspeita da própria fé e questiona o que dos outros compila, é o que se submete ao argumento e à demonstração".

Entendendo a visão

Alhazen hoje é lembrado como criador da ciência ótica. Seus trabalhos mais importantes foram estudos da estrutura do olho e do processo da visão. Os estudiosos gregos Euclides e, mais tarde, Ptolomeu acreditavam que a visão derivava de "raios" emitidos do

Veja também: Johannes Kepler 40-41 ▪ Francis Bacon 45 ▪ Christiaan Huygens 50-51 ▪ Isaac Newton 62-69

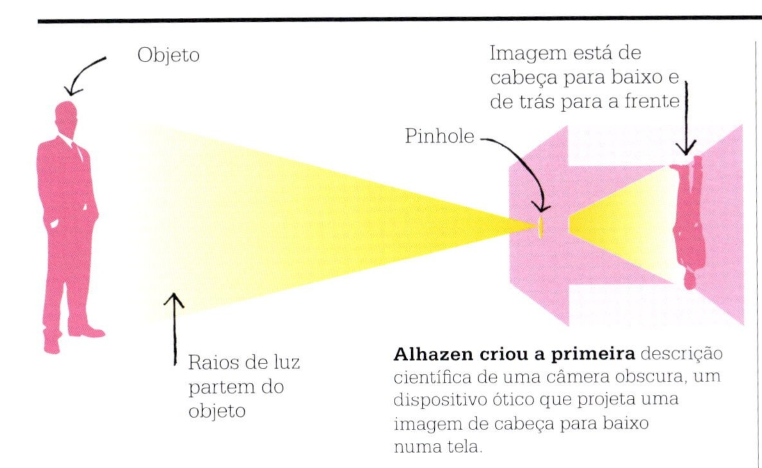

Alhazen criou a primeira descrição científica de uma câmera obscura, um dispositivo ótico que projeta uma imagem de cabeça para baixo numa tela.

olho e ricocheteados daquilo para que a pessoa estivesse olhando. Ao observar as sombras e os reflexos, Alhazen mostrou que essa luz ricocheteia dos objetos e percorre linhas retas adentrando nossos olhos. A visão era um fenômeno passivo, não ativo, ao menos até atingir a retina.

Ele notou que "cada ponto de todo corpo colorido iluminado por qualquer luz emite luz e cor de todas as linhas retas que podem partir daquele ponto". Para enxergar, só precisamos abrir os olhos e deixar a luz entrar. Os olhos não precisariam emitir raios, mesmo que pudessem fazê-lo.

Alhazen também descobriu, através de suas experiências com olhos de boi, que a luz entra por um pequeno orifício (a pupila) e é focada por uma lente, sobre uma superfície sensível (a retina), no fundo do olho. No entanto, embora tenha reconhecido o olho como uma lente, ele não explicou como o olho ou o cérebro formam a imagem.

Experimentos com a luz

Book of Optics, obra monumental de sete volumes de Alhazen, apresentou sua teoria sobre a visão. A obra permaneceu como a maior autoridade no assunto até a publicação de *Principia*, de Newton, 650 anos depois. O livro aborda a interação da luz com as lentes e descreve o fenômeno de refração (mudança de direção) da luz – 700 anos antes da lei de refração do cientista holandês Willebrord van Roijen Snell. Ele também discorre sobre a refração de luz pela atmosfera e descreve as sombras, os arco-íris e os eclipses. Mais tarde, *Optics* influenciou os cientistas ocidentais, incluindo Francis Bacon, um dos cientistas responsáveis pelo renascer do método científico de Alhazen durante a Renascença, na Europa. ■

Se descobrir a verdade for o objetivo do homem que investiga os escritos dos cientistas, é seu dever se tornar inimigo de tudo o que lê.
Alhazen

Alhazen

Abu Ali al-Hassan al-Haytham (conhecido no Ocidente como Alhazen) nasceu em Basra, atual Iraque, e estudou em Bagdá. Ainda jovem, foi-lhe dado um emprego no governo de Basra, mas ele logo se entediou. Há uma história que diz que ao ouvir os problemas resultantes das inundações do Nilo, no Egito, ele escreveu ao califa Al-Hakim se oferecendo para construir um dique e conter o dilúvio e foi recebido com honras, no Cairo. No entanto, ao viajar ao sul da cidade e ver a dimensão do rio, que tem quase 1,6 km de largura, em Aswan, ele percebeu que com a tecnologia disponível à época a tarefa seria impossível. Para evitar o castigo do califa, fingiu insanidade e permaneceu em prisão domiciliar por 12 anos, período em que realizou seu trabalho mais importante.

Obras-chave

1011-21 – *Book of Optics*
c. 1030 *Um discurso sobre a luz*
c. 1030 *Sobre a luz da lua*

REVOLU CIENTÍF

1400-1700

ÇÃO

ÇA

Nicolau Copérnico publica *Das revoluções das esferas celestes*, descrevendo um **universo heliocêntrico**.

1543

1600

O astrônomo William Gilbert publica *De Magnete*, um estudo sobre o magnetismo, e sugere que a **Terra é um ímã**.

Johannes Kepler sugere que Marte possui uma **órbita elíptica**.

1609

1610

Galileu observa as **luas de Júpiter** e faz experimentos com bolas rolando colina abaixo.

Francis Bacon publica *Novum Organum Scientarum* e *Nova Atlântida*, descrevendo o **método científico**.

Anos 1620

1639

Jeremiah Horrocks observa o **trânsito de Vênus**.

Evangelista Torricelli inventa o **barômetro**.

1643

Anos 1660

Robert Boyle publica *New Experiments Physico--Mechanical: Touching the Spring of the Air, and its Effects*, investigando a **pressão do ar**.

A Era de Ouro islâmica foi um grande desabrochar de ciências e artes que começou na capital do califado Abbasid, Bagdá, em meados do século VIII e durou cerca de 500 anos. Ela preparou o caminho para a experimentação e o método científico. No entanto no mesmo período, na Europa, vários anos passariam até que o pensamento científico superasse as restrições do dogma religioso.

Pensamento perigoso

Durante séculos, a visão da Igreja Católica quanto ao universo foi baseada na ideia de Aristóteles de que a Terra estava no centro da órbita de todos os corpos celestes. Então, em 1532, após anos de debate com sua matemática complexa, o físico polonês Nicolau Copérnico concluiu seu modelo herético do universo que tinha o Sol como centro. Ciente da heresia, ele foi cauteloso e afirmou que isso era apenas um modelo matemático e esperou até perto de sua morte para publicar, mas o modelo Copérnico rapidamente ganhou muitos defensores. O astrólogo alemão Johannes Kepler refinou a teoria de Copérnico usando observações de seu mentor dinamarquês Tycho Brahe e calculou que as órbitas de Marte e, por consequência, os outros planetas eram elipses. Telescópios mais modernos permitiram que o polímata Galileu Galilei identificasse quatro luas em Júpiter, em 1610. O novo poder explicativo da cosmologia se tornava inegável.

Galileu também demonstrou o poder da experimentação científica, investigando a física de objetos em queda e projetando o pêndulo como um eficaz medidor de tempo, que o holandês Christiaan Huygens usou para construir o primeiro relógio com pêndulo, em 1657. O filósofo inglês Francis Bacon escreveu dois livros expondo suas ideias para um método científico, e foi desenvolvido o princípio fundamental teórico para a ciência moderna, baseado em experimentos, observação e medições.

Novas descobertas não tardaram. Robert Boyle usou uma bomba de ar para investigar as propriedades do ar, enquanto Huygens e o físico inglês Isaac Newton surgiram com teorias opostas sobre o deslocamento da luz, estabelecendo a ciência ótica. O astrônomo dinamarquês Ole Romer reconheceu discrepâncias na tabela de eclipses das luas de Júpiter, e utilizou-as para calcular o valor aproximado da velocidade da luz.

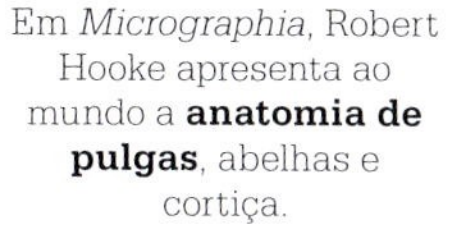

Em *Micrographia*, Robert Hooke apresenta ao mundo a **anatomia de pulgas**, abelhas e cortiça.

1665

Jan Swammerdam descreve como os **insetos se desenvolvem em estágios**, em *Historia Insectorum Generalis*.

1669

Ole Romer usa as luas de Júpiter para mostrar que a **luz tem uma velocidade finita**.

1676

John Ray publica *Historia Plantarum*, uma **enciclopédia do reino vegetal**.

1686

1669

Nicolas Steno escreve sobre sólidos (fósseis e cristais) **contidos em sólidos**.

Anos 1670

Antonie van Leeuwenhoek observa os **organismos de célula única**, esperma e até bactérias, com microscópicos simples.

1678

Christiaan Huygens anuncia, pela primeira vez, sua **teoria de onda de luz**, que mais tarde vai contrastar com a ideia de Isaac Newton de luz corpuscular.

1687

Isaac Newton define suas **leis de movimento**, em *Philosophiae Naturalis Principia Mathematica*.

O bispo Nicolas Steno, compatriota de Romer, era cético em relação à sabedoria antiga e desenvolveu ideias próprias, tanto em anatomia quanto em geologia. Ele instituiu os princípios de estratigrafia (estudo das camadas rochosas), estabelecendo uma nova base científica para a geologia.

Micromundos

Ao longo do século XVII, o desenvolvimento da tecnologia conduziu a descoberta científica em menor escala. No início dos anos 1600, os fabricantes holandeses de óculos desenvolveram os primeiros microscópios, e mais tarde, naquele século, Robert Hooke construiu o seu próprio e fez lindos desenhos de suas descobertas, revelando pela primeira vez a estrutura complexa de insetos minúsculos como pulgas. O negociante Antonie van Leeuwenhoek, talvez inspirado nos desenhos de Hooke, fez centenas de seus próprios microscópios e encontrou diminutas formas de vida, em lugares nos quais ninguém jamais pensara em procurar, como a água. Leeuwenhoek descobrira formas de vida de célula única, como protistas e bactérias que chamou de "animálculos".

Quando relatou suas descobertas à British Royal Society, ela enviou três padres para se certificar de que ele realmente vira tais coisas. O microscopista holandês Jan Swammerdam mostrou que óvulo, larva, pupa e adulta, são fases de desenvolvimento de um inseto, e não animais distintos criados por Deus.

Velhas ideias datando da época de Aristóteles foram derrubadas por essas novas descobertas. Nesse ínterim, o biólogo inglês John Ray compilou uma enorme enciclopédia botânica, que marcou a primeira tentativa séria de classificação sistemática.

Análise matemática

Introduzindo o Iluminismo, essas descobertas abriram caminho para as modernas disciplinas científicas de astronomia, química, geologia, física e biologia. A coroação de realizações do século veio com o estudo de Newton *Philosophiae Naturalis Principia Mathematica*, expondo suas leis de movimento e gravidade. Por mais de dois séculos, a física newtoniana permaneceria como a melhor descrição do mundo físico e, junto com as técnicas analíticas de cálculo, desenvolvidas independentemente por Newton e Gottfried Wilhelm Leibniz, seria uma ferramenta poderosa para futuros estudos científicos. ■

O SOL

ESTÁ NO CENTRO DE TUDO

NICOLAU COPÉRNICO (1473-1543)

EM CONTEXTO

FOCO
Astronomia

ANTES
Século III a.C. Em um trabalho chamado *O contador de areia*, Arquimedes relata as ideias de Aristarco de Samos, que propunha que o universo era muito maior do que se acreditava e que o Sol era seu centro.

150 d.C. Ptolomeu de Alexandria usa a matemática para descrever um modelo geocêntrico de universo (com a Terra no centro).

DEPOIS
1609 Johannes Kepler resolve os conflitos notórios no modelo heliocêntrico (com o Sol ao centro) do Sistema Solar, ao propor órbitas elípticas.

1610 Depois de observar as luas de Júpiter, Galileu fica convencido de que Copérnico estava certo.

O pensamento inicial do Ocidente era moldado por uma ideia de universo que colocava a Terra no centro de tudo. Esse "modelo geocêntrico", a princípio, parecia enraizado nas observações diárias e no bom senso – não sentimos movimento algum no solo que pisamos, e, superficialmente, tampouco parece haver prova de que nosso planeta esteja em movimento. Certamente a explicação mais simples era de que o Sol, a Lua, os planetas e os astros estavam girando ao redor da Terra em ritmos diferentes? Esse sistema parece ter sido amplamente aceito no mundo antigo e ficou entranhado na filosofia clássica, através dos trabalhos de Platão e Aristóteles, no século IV a.C.

No entanto, quando os gregos antigos mediram o movimento dos planetas, ficou claro que o sistema geocêntrico tinha problemas. As órbitas dos planetas conhecidos – cinco luzes vagueando no céu – seguiam percursos complexos. Mercúrio e Vênus eram sempre vistos no céu matinal e noturno, traçando arcos próximos, ao redor do Sol.

Enquanto isso, Marte, Júpiter e Saturno levavam 780 dias, 12 anos e 30 anos, respectivamente, para contornar as estrelas ao fundo, com movimentos complicados e círculos "retrógrados", nos quais eles desaceleravam e temporariamente revertiam a direção de seu movimento.

Se Deus Todo-Poderoso tivesse me consultado antes de embarcar na criação, eu teria recomendado algo mais simples.
Afonso X,
rei de Castela

Sistema ptolomaico

Para explicar essas complicações, os astrônomos gregos introduziram a ideia de epiciclos – "subórbitas" ao redor das quais os planetas circulavam enquanto os pontos-pivô centrais das subórbitas eram conduzidos ao redor do Sol. Esse

A Terra parece estacionária, com o Sol, a Lua, os planetas e as estrelas girando ao seu redor.

No entanto, um **modelo** de **universo** com a **Terra no centro** só pode descrever o **movimento dos planetas** com um sistema muito complicado.

Colocar o **Sol no centro** produz um **modelo bem mais elegante**, com a Terra e os planetas em órbita ao redor do Sol e as estrelas a uma imensa distância.

O Sol está no centro de tudo.

Veja também: Zhang Heng 26-27 ▪ Johannes Kepler 40-41 ▪ Galileu Galilei 42-43 ▪ William Herschel 86-87 ▪ Edwin Hubble 236-41

sistema foi mais refinado pelo astrônomo greco-romano e geógrafo Ptolomeu de Alexandria, no século II d.C.

Até no mundo clássico, no entanto, havia divergência de opiniões – o pensador grego Aristarco de Samos, por exemplo, usou medições trigonométricas engenhosas para calcular as distâncias relativas do Sol e da Lua, no século III a.C. Ele descobriu que o Sol era imenso, e isso o inspirou a sugerir que o Sol era mais provavelmente o ponto-pivô de movimento do cosmos.

O sistema ptolomaico, no entanto, acabou ganhando as teorias rivais, com implicações de maior alcance. Enquanto o Império Romano definhava, nos séculos seguintes, a Igreja Cristã herdava muitas de suas suposições. A ideia de que a Terra era o centro de tudo e o homem era o apogeu da criação de Deus, com domínio da Terra, se tornou um princípio central do cristianismo e manteve o controle da Europa até o século XVI.

Isso não significa, no entanto, que a astronomia tenha estagnado por um milênio e meio depois de Ptolomeu. A capacidade de prever precisamente o movimento dos planetas não era apenas uma charada filosófica e científica, mas também tinha motivos supostamente práticos, graças às superstições da astrologia. Os observadores de astros de todas as convicções tinham bons motivos para tentar medições cada vez mais precisas dos movimentos planetários.

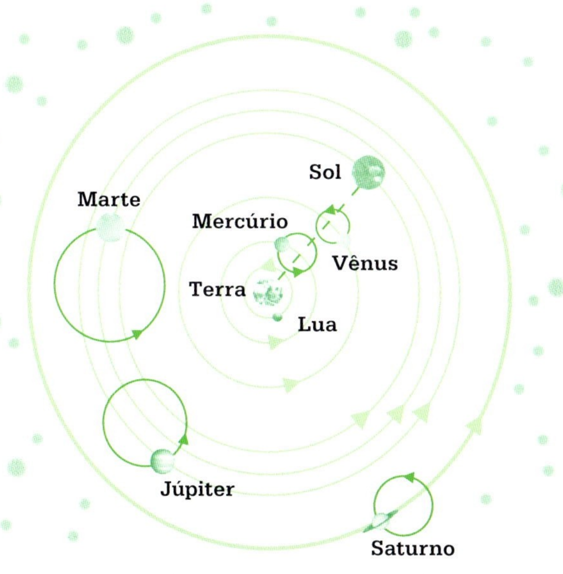

O modelo de universo de Ptolomeu tem a terra imóvel no centro, com o Sol, a Lua e os cinco planetas conhecidos fazendo órbitas circulares em volta dela. Para fazer com que as órbitas concordassem com as obsevações, Ptolomeu acrescentou epiciclos menores para o movimento de cada planeta.

Erudição árabe

Os últimos séculos do primeiro milênio corresponderam ao primeiro grande vicejo da ciência árabe. A rápida disseminação do Islã pelo Oriente Médio e norte da África, a partir do século VII, colocou os pensadores árabes em contato com os textos clássicos, incluindo os escritos astronômicos de Ptolomeu e outros.

A prática da "astronomia posicional" – calcular a posição dos corpos celestes – chegou ao apogeu na Espanha, que se tornara um caldeirão dinâmico do pensamento islâmico, judaico e cristão. No fim do século XIII, o rei Afonso X, de Castela, patrocinou a compilação das *Tábuas alfonsinas*, que mesclavam novas observações com séculos de registros islâmicos, para trazer uma nova precisão ao sistema ptolomaico e fornecer dados aos cálculos de posições planetárias até o começo do século XVII.

Questionando Ptolomeu

A essa altura, no entanto, o modelo ptolomaico estava se tornando absurdamente complicado, com epiciclos adicionais para manter a previsão de acordo com a observação.

Em 1377, o filósofo francês Nicole Oresme, bispo de Lisieux, abordou esse problema diretamente, no trabalho *Livre du Ciel et du Monde* (Livro do céu e da terra). Ele demonstrou a falta de provas observacionais de que a Terra era estática e argumentou não haver motivos para supor que não estivesse em movimento. Mas, apesar de derrubar as provas do sistema ptolomaico, Oresme concluiu que ele próprio não acreditava numa Terra em movimento. »

Até o início do século XVI, a situação era diferente. As forças paralelas da Renascença e da Reforma Protestante viram muitos dogmas religiosos antigos sendo abertos ao questionamento. Foi nesse contexto que Nicolau Copérnico, um católico cônego da província de Vármia, apresentou a primeira teoria heliocêntrica moderna, mudando o centro do universo da Terra para o Sol.

Copérnico publicou suas ideias, pela primeira vez, em um pequeno panfleto conhecido como *Commentariolus*, que circulava entre amigos, por volta de 1514. Sua teoria era essencialmente semelhante ao sistema proposto por Aristarco e, embora superasse muitos dos fracassos de modelos anteriores, ele permanecia profundamente ligado a determinados pilares do pensamento ptolomaico – destacando-se a ideia de que as órbitas de corpos celestes eram montadas em esferas cristalinas que giravam em rotações perfeitas. Como resultado, Copérnico teve de introduzir seus próprios "epiciclos", para regular a velocidade dos movimentos planetários de partes de suas órbitas.

Uma implicação importante desse modelo foi o fato de aumentar vastamente o tamanho do universo.

Já que o Sol permanece estacionário, o que parece um movimento do Sol é decorrente do movimento da Terra.
Nicolau Copérnico

Esta ilustração do século XVII, do sistema copernicano, mostra os planetas em órbitas circulares ao redor do Sol. Copérnico acreditava que os planetas eram anexados a esferas celestes.

Se a Terra se movia ao redor do Sol, isso se dá através dos efeitos paralaxes causados pela mudança de nosso ponto de vista: as estrelas deveriam parecer mudar de lugar no céu, ao longo do ano. Como isso não ocorria, elas deviam estar muito longe.

Um modelo copernicano logo provou ser bem mais preciso que qualquer aprimoramento do antigo sistema ptolomaico, e o assunto se espalhou em meio aos círculos intelectuais da Europa. Chegou até Roma, onde, ao contrário da crença popular, o modelo foi acolhido em alguns círculos católicos. O novo modelo causou uma agitação tamanha que fez o matemático Georg Joachim Rheticus viajar até Vármia e se tornar pupilo e assistente de Copérnico, a partir de 1539.

Foi Rheticus quem publicou o primeiro relato do sistema copernicano, com ampla circulação, conhecido como *Narratio Prima*, em 1540. Rheticus incitou o sacerdote, já envelhecendo, a publicar seu trabalho na íntegra – algo que Copérnico já vinha considerando havia anos mas só concordou em fazer em 1543, em seu leito de morte.

Ferramenta matemática

Publicado postumamente, *Das revoluções das esferas celestes* (De Revolutionibus Orbitum Coelestium) não foi recebido com fúria, embora qualquer sugestão de que a Terra estivesse em movimento contradissesse diretamente várias passagens das *Escrituras* e, portanto, fosse considerada herética, tanto pelos teólogos católicos quanto pelos protestantes. Para evitar o problema, foi inserido um prefácio explicando que o modelo heliocêntrico era apenas uma ferramenta matemática de previsão, não uma descrição do universo físico. No entanto, em sua vida, o próprio Copérnico não demonstrara tais reservas. Apesar das implicações de heresia, o modelo copernicano foi usado para cálculos relativos à grande reforma do calendário, introduzida pelo papa Gregório XIII, em 1582.

Contudo, novos problemas com a precisão do modelo prognóstico logo começaram a surgir, graças às observações meticulosas do astrônomo dinamarquês Tycho Brahe (1546-1601), que mostrou que o modelo copernicano não descrevia adequadamente os movimentos planetários. Brahe tentou resolver essas contradições com um modelo próprio, no qual os planetas circundavam o Sol, mas o Sol e a Lua permaneciam em órbita ao redor da Terra. A solução real – de órbitas elípticas – só seria encontrada por seu pupilo, Johannes Kepler.

Passariam seis décadas até que o copernicanismo se tornasse realmente emblemático na divisão causada na Europa pela Reforma da Igreja, graças, em grande parte, à controvérsia cercando o cientista italiano Galileu Galilei. Em 1610, as observações de Galileu sobre as fases mostradas por Vênus e a presença das luas orbitando Júpiter o convenceram de que a teoria heliocêntrica estava correta, e seu apoio fervoroso a ela, no coração da Itália católica, acabou sendo expresso em seu *Diálogo sobre os dois principais sistemas do mundo* (1632). Isso levou Galileu a um conflito com o papado que, dentre outros resultados, levou à censura de passagens controversas de *Das revoluções*, em 1616. Essa proibição só seria suspensa depois de mais de dois séculos. ■

Como se estivesse sentado num trono real, o Sol governa a família de planetas que giram ao seu redor.
Nicolau Copérnico

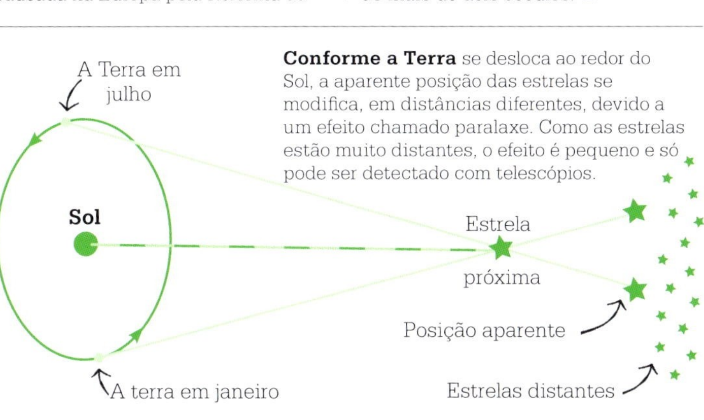

Conforme a Terra se desloca ao redor do Sol, a aparente posição das estrelas se modifica, em distâncias diferentes, devido a um efeito chamado paralaxe. Como as estrelas estão muito distantes, o efeito é pequeno e só pode ser detectado com telescópios.

Nicolau Copérnico

Nascido na cidade polonesa de Torun, em 1473, Nicolau Copérnico era o caçula de quatro filhos de um negociante abastado. Seu pai morreu quando ele tinha 10 anos. Um tio o acolheu e supervisionou sua educação, na Universidade de Cracóvia. Ele passou vários anos na Itália, onde estudou medicina e direito, regressando à Polônia em 1503, quando ingressou no clericato seguindo o tio, que agora era príncipe-bispo de Vármia.

Copérnico era mestre nas duas línguas e em matemática, traduziu diversos trabalhos importantes e desenvolveu ideias sobre economia, além de trabalhar em suas teorias astronômicas.

A teoria que apresenta em *Das revoluções* tinha uma complexidade matemática intimidadora, portanto, embora muitos reconhecessem sua importância, ela não foi amplamente adotada pelos astrônomos para uso prático no dia a dia.

Obras-chave

1514 *Commentariolus*
1543 *Das revoluções das esferas celestes (De Revolutionibus Orbitum Coelestium)*

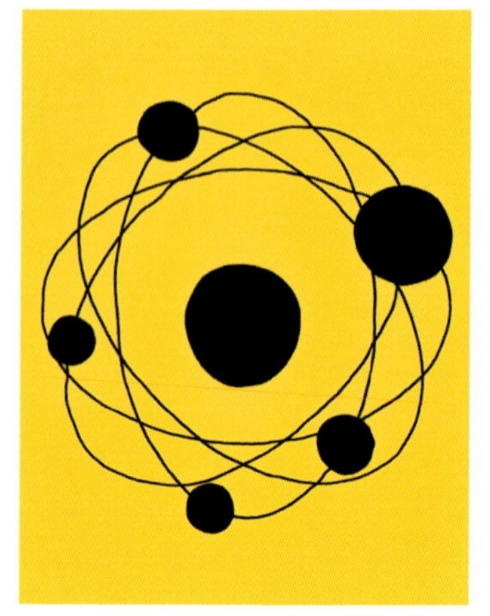

A ÓRBITA DE TODO PLANETA É UMA ELIPSE

JOHANNES KEPLER (1571-1630)

EM CONTEXTO

FOCO
Astronomia

ANTES
150 d.C. Ptolomeu de Alexandria publica *Almagesto*, um modelo de universo tendo a Terra em seu centro e o Sol, a Lua, planetas e estrelas girando ao redor dela, em órbitas circulares, fixadas em esferas celestes.

Século XVI A ideia de uma cosmologia centrada no Sol começa a ganhar seguidores, através das ideias de Nicolau Copérnico.

DEPOIS
1639 Jeremiah Horrocks usa as ideias de Kepler para prever e analisar o trânsito de Vênus atravessando a face solar.

1687 As leis de movimento e gravitação de Isaac Newton revelam os princípios físicos que dão origem às leis de Kepler.

Embora o trabalho de Nicolau Copérnico, sobre as órbitas celestes, publicado em 1543, tenha sido convincente para um modelo universal heliocêntrico (centrado no Sol), seu sistema continha problemas relevantes. Sem conseguir se libertar das ideias antigas de que os corpos celestes eram fixados em esferas cristalinas, Copérnico afirmara que os planetas orbitavam o Sol em traçados circulares perfeitos e foi forçado a introduzir complexidades em seu modelo, para esclarecer suas irregularidades.

Supernova e cometas

Na segunda metade do século XVI, o nobre dinamarquês Tycho Brahe (1546-

O nascimento de uma nova estrela em uma constelação mostra que **o céu** além dos planetas **não é imutável**.

Observações de **cometas** mostram que eles **se deslocam em meio aos planetas**, atravessando sua órbita.

Isso sugere que os corpos celestes **não estão fixados** em esferas **celestiais**.

Se os planetas não estão fixados às esferas, uma **órbita elíptica** ao redor do Sol é o que **melhor explica** o **movimento observado**.

A órbita de todo planeta é uma elipse.

Veja também: Nicolau Copérnico 34-39 ▪ Jeremiah Horrocks 52 ▪ Isaac Newton 62-69

-1601) fez observações que se provariam vitais para resolver os problemas. Uma explosão radiante de uma supernova vista na constelação de Cassiopeia, em 1572, minou a ideia copernicana de que o universo além dos planetas era imutável. Em 1577, Brahe representou o movimento de um cometa. Achava-se que os cometas eram um fenômeno local, mais próximo que a Lua, mas as observações de Brahe mostraram que o cometa tem de estar muito além da Lua e estava, na verdade, se movendo em meio aos planetas. Essa prova golpeou a ideia de "esferas celestes". No entanto, Brahe permaneceu ligado à ideia de órbitas circulares, em seu modelo geocêntrico (centrado na Terra).

Em 1597, Brahe foi convidado a Praga, onde passou seus últimos anos como matemático imperial do imperador Rodolph II. Ali, ele foi acompanhado pelo astrólogo alemão Johannes Kepler, que prosseguiu o trabalho de Brahe, após sua morte.

Rompendo com os círculos

Kepler já tinha começado a calcular uma nova órbita para Marte a partir das observações de Brahe, e por volta dessa época concluiu que sua órbita só podia ser oval (forma ovalada) e não circular. Kepler formulou um modelo heliocêntrico com órbitas ovais, mas isso ainda não era compatível com os dados observacionais. Em 1605, ele concluiu que Marte só podia orbitar o Sol em elipse – um "círculo alongado" tendo o Sol como um de seus dois pontos focais.

Em seu *Nova astronomia*, de 1609, ele descreveu duas leis de movimentos planetários. A primeira afirmava que a órbita de todo planeta é uma elipse. A segunda lei afirmava que uma linha unindo um planeta ao Sol percorre áreas iguais, durante períodos iguais de tempo. Isso significa que quanto mais perto os planetas estão do Sol, a velocidade deles aumenta. Uma terceira lei, de 1619, descrevia a relação do ano de um planeta com sua distância do Sol: o valor ao quadrado do período de órbita (ano) de um planeta é proporcional ao cubo de sua distância do Sol. Portanto, um planeta que está a duas vezes a distância do Sol terá um ano com quase três vezes a duração em relação a outro planeta.

A natureza da força que mantém os planetas em órbita era desconhecida. Kepler acreditava que era magnética, mas só em 1687 Newton mostraria o que é a gravidade. ■

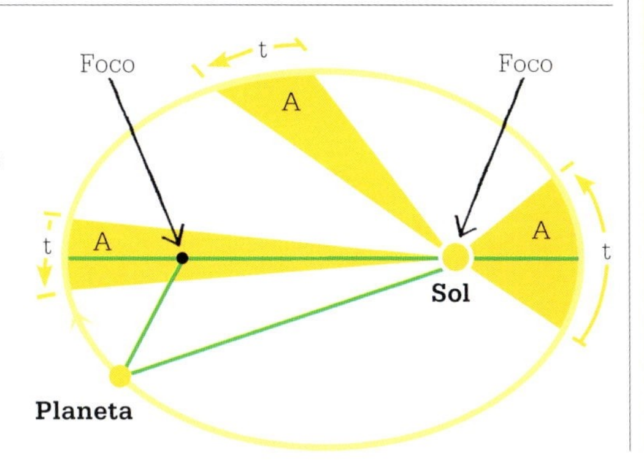

As leis de Kepler afirmam que os planetas seguem órbitas elípticas tendo o Sol como um dos dois focos da elipse. Em qualquer tempo (t), uma linha unindo os planetas ao Sol percorre áreas (A) iguais na elipse.

JOHANNES KEPLER

Nascido na cidade de Weil der Stadt, perto de Stuttgart, sul da Alemanha, em 1571, Johannes Kepler testemunhou o Grande Cometa de 1577 ainda criança, marcando o início de seu fascínio pelo céu. Enquanto estudava na Universidade de Tübingen, ele desenvolveu uma reputação de matemático e astrólogo brilhante. Correspondia-se com inúmeros astrônomos de vanguarda da época, incluindo Tycho Brahe, e acabou se mudando para Praga em 1600, para se tornar aluno de Brahe e seu herdeiro acadêmico.

Em seguida à morte de Brahe, em 1601, Kepler assumiu o posto de matemático imperial, com uma encomenda real para concluir o trabalho de Brahe, nas então chamadas *Rudolphine Tables*, para prever os movimentos planetários. Ele concluiu seu trabalho em Linz, Áustria, onde trabalhou de 1612 até sua morte, em 1630.

Obras-chave

1596 *O mistério cosmográfico*
1609 *Nova astronomia*
1619 *A harmonia do mundo*
1627 *Tábuas rudolfinas*

UM OBJETO EM QUEDA ACELERA UNIFORMEMENTE

GALILEU GALILEI (1564-1642)

EM CONTEXTO

FOCO
Física

ANTES
Século IV a.C. Aristóteles desenvolve ideias sobre forças e movimento, mas não faz experimentações.

1020 O estudioso persa Ibn Sina (Avicenna) escreve que objetos em movimento possuem um "ímpeto" inato, desacelerado apenas por fatores externos, como a resistência do ar.

1586 O engenheiro flamengo Simon Stevin solta duas bolas de chumbo do mesmo peso, da torre de uma igreja, em Delft, para mostrar que elas caem na mesma velocidade.

DEPOIS
1687 *Principia*, de Isaac Newton, formula as leis do movimento.

1971 O astronauta americano Dave Scott demonstra as ideias de Galileu sobre objetos em queda, ao mostrar que um martelo e uma pena caem na mesma velocidade na Lua, onde praticamente não há atrito atmosférico.

Por 2 mil anos, poucas pessoas desafiaram a afirmação de Aristóteles quanto a uma força externa manter o movimento das coisas e que objetos pesados caem mais depressa que os leves. Somente no século XVII o astrônomo e matemático italiano Galileu Galilei insiste que as ideias tinham de ser testadas. Ele elaborou experimentações para testar como e por que os objetos se movem e param, e foi o primeiro a decifrar o princípio da inércia – que os objetos resistem a uma mudança no movimento e precisam de força para iniciar o movimento, acelerar ou desacelerar. Ao cronometrar a queda dos objetos, Galileu mostrou que a velocidade da queda é a mesma para todos os objetos, percebendo o papel do atrito na desaceleração.

Com o equipamento disponível durante os anos 1630, não pôde medir diretamente a velocidade ou aceleração de objetos em queda livre. Ao rolar bolas descendo uma rampa e subindo outra, ele mostrou que a velocidade de uma bola no pé de uma inclinação dependia da altura inicial, não do grau de declive ou profundidade.

Galileu realizou suas experiências restantes com uma rampa de 5 m de comprimento, forrada de material liso para reduzir o atrito. Para a cronometragem, usou um grande recipiente de água, com um pequeno cano embaixo. Ele coletava a água durante o intervalo que estava medindo e

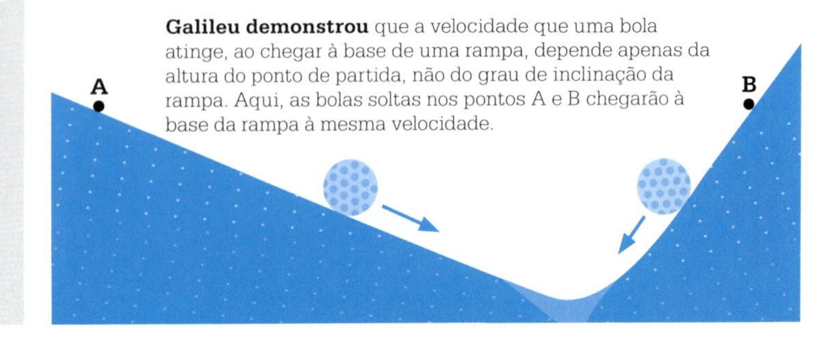

Galileu demonstrou que a velocidade que uma bola atinge, ao chegar à base de uma rampa, depende apenas da altura do ponto de partida, não do grau de inclinação da rampa. Aqui, as bolas soltas nos pontos A e B chegarão à base da rampa à mesma velocidade.

Veja também: Nicolau Copérnico 34-39 ▪ Isaac Newton 62-69

Conte o que pode ser contado, meça o que é possível medir, e o que não puder ser medido, torne mensurável.
Galileu Galilei

pesava a água recolhida. Ao soltar a bola de pontos diferentes da rampa, ele mostrou que a distância percorrida dependia do tempo ao quadrado que foi preciso – em outras palavras, a bola acelerou ladeira abaixo.

A lei de objetos em queda

A conclusão de Galileu é de que todos os corpos caem à mesma velocidade, em um vácuo, ideia mais desenvolvida por Isaac Newton. Há uma força gravitacional maior numa massa mais volumosa, mas a massa maior também precisa de uma força maior para acelerá-la. Os dois efeitos se anulam, portanto, na ausência de quaisquer outras forças; todos os objetos em queda vão acelerar na mesma proporção. Diariamente vemos coisas caindo em velocidades diferentes, dependendo de seu tamanho e formato.

Uma bola de praia e uma bola de boliche do mesmo tamanho, inicialmente, vão acelerar na mesma proporção. Uma vez em movimento, a mesma resistência ao ar atuará sobre elas, mas o tamanho dessa força será em proporção muito maior na bola de praia do que na bola de boliche, portanto a bola de praia vai desacelerar mais.

A insistência de Galileu em testar teorias com observação cautelosa e experimentos com medições o torna, assim como Alhazen, um dos criadores da ciência moderna. Suas ideias sobre forças e movimento prepararam o caminho para as leis de movimento de Newton, 50 anos depois, e sustentam nosso entendimento do movimento no universo, dos átomos às galáxias. ■

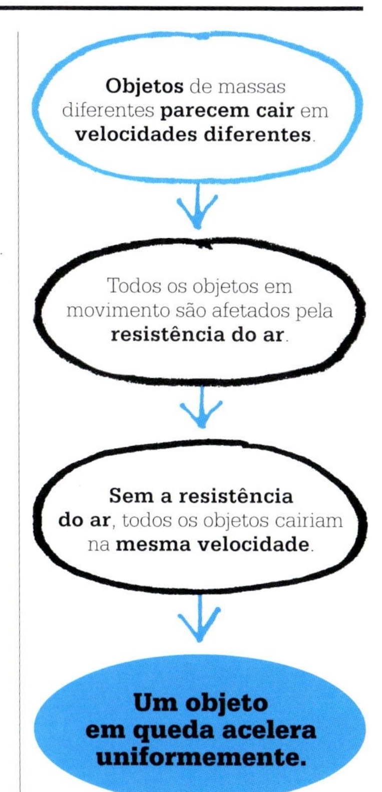

Galileu Galilei

Galileu nasceu em Pisa, depois se mudou com a família para Florença. Em 1581, ele se matriculou na Universidade de Pisa para cursar medicina, depois mudou para matemática e filosofia natural. Investigou muitas áreas da ciência e talvez seja mais famoso por sua descoberta das quatro maiores luas de Júpiter (ainda chamadas luas galileanas). As observações de Galileu o levaram a apoiar o Sistema Solar centrado no Sol, que, à época, era oposto aos ensinamentos da Igreja Católica Romana.

Em 1633, foi julgado e obrigado a desdizer essa e outras ideias. Foi condenado à prisão domiciliar, que durou o resto de sua vida. Durante seu confinamento, escreveu um livro resumindo seu trabalho sobre cinemática (a ciência do movimento).

Obras-chave

1623 *O Ensaiador*
1632 *Diálogos sobre os dois principais sistemas do mundo*
1638 *Discursos e demonstrações matemáticas acerca de duas novas ciências*

O GLOBO TERRESTRE É UM ÍMÃ

WILLIAM GILBERT (1544-1603)

EM CONTEXTO

FOCO
Geologia

ANTES
Século VI a.C. O pensador grego Tales de Mileto observa as rochas magnéticas, ou *magnetitas*.

Século I d.C. Os adivinhadores chineses fazem bússolas primitivas com ponteiros de chumbo que apontam para o sul.

1269 O estudioso francês Pierre de Maricourt apresenta as leis básicas de atração magnética, repulsão e os polos.

DEPOIS
1824 O matemático francês Siméon Poisson modela as forças num campo magnético.

Anos 1940 O físico norte-americano Walter Maurice Elsasser atribui o campo magnético da Terra ao ferro que gira em sua essência externa conforme o planeta gira.

1958 A missão espacial Explorer 1 mostra o campo magnético terrestre se estendendo espaço adentro.

Até o final dos anos 1500, os capitães de navios já recorriam às bússolas magnéticas para manter o percurso pelos oceanos. No entanto, ninguém sabia como elas funcionavam. Alguns achavam que o ponteiro da bússola era atraído pela Estrela do Norte, outros, que o ponteiro era atraído pelas montanhas magnéticas do Ártico. Foi o físico inglês William Gilbert que descobriu que a própria Terra é magnética.

Obtêm-se motivos mais fortes de experimentações concretas e argumentos demonstrados do que de conjecturas prováveis e opiniões de especuladores filosóficos.
William Gilbert

O avanço de Gilbert não veio num lampejo de inspiração, mas de 17 anos de experimentos meticulosos. Ele aprendeu tudo o que pôde dos capitães de navios e fabricantes de bússolas, depois fez um globo-modelo, ou "terrella", a partir de uma rocha magnética e, com ela, testou ponteiros de bússolas. Os ponteiros se deslocaram ao outro lado da terrella, assim como as bússolas dos navios faziam, em maior escala – mostrando os mesmos padrões de declinação (apontando com um ligeiro desvio do verdadeiro norte, no polo geográfico, que difere do norte magnético) e inclinação (inclinando da horizontal, na direção do globo).

Gilbert concluiu corretamente que o planeta inteiro é um ímã e tem uma essência de ferro. Ele publicou suas ideias no livro *De Magnete*, em 1600, causando grande sensação. Johannes Kepler e Galileu, em particular, foram inspirados por sua sugestão de que a Terra não é fixada em esferas celestes rotativas, como a maioria das pessoas ainda achava, mas feita para girar por uma força invisível de seu próprio magnetismo. ■

Veja também: Tales de Mileto 20 ▪ Johannes Kepler 40-41 ▪ Galileu Galilei 42-43 ▪ Hans Christian Orsted 120 ▪ James Clerk Maxwell 180-85

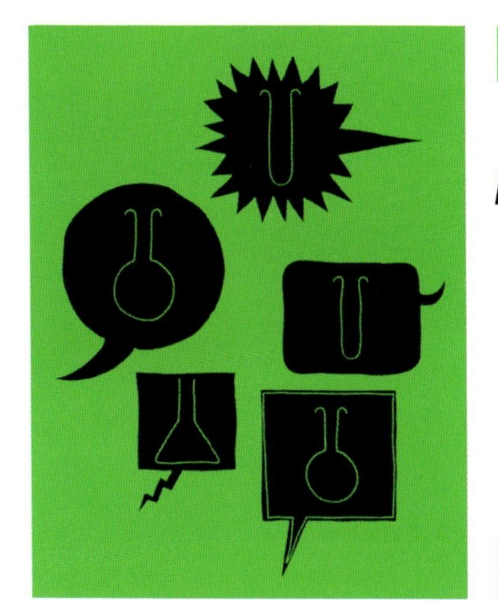

ARGUMENTANDO, NÃO; EXPERIMENTANDO

FRANCIS BACON (1561-1626)

EM CONTEXTO

FOCO
Ciência experimental

ANTES
Século IV a.C. Aristóteles deduz, argumenta e escreve, mas não testa com experimentos – seus métodos persistem pelo milênio seguinte.

c. 750-1250 Cientistas árabes realizam experimentos durante a Era de Ouro do Islã.

DEPOIS
Anos 1630 Galileu faz experimentos com objetos em queda.

1637 O filósofo francês René Descartes insiste em um ceticismo rigoroso e investigação, em seu *Discurso do método*.

1665 Isaac Newton usa um prisma para investigar a luz.

1963 Em *Conjecturas e refutações,* o filósofo austríaco Karl Popper insiste que a teoria pode ser testada e provada falsa, mas não pode ser conclusivamente provada correta.

O filósofo, estadista e cientista inglês Francis Bacon não foi o primeiro a realizar experimentos – Alhazen e outros cientistas os conduziram 600 anos antes –, mas foi o primeiro a explicar os métodos de raciocínio induzido e apresentar o método científico. Ele também via a ciência como um "salto de invenções que podem superar e, até certo ponto, reduzir nossas necessidades e misérias".

Prova do experimento

Segundo o filósofo grego Platão, a verdade era descoberta através da expertise e do argumento – se um número suficiente de homens inteligentes discutir sobre algo, pelo tempo necessário, a verdade virá à tona. Seu aluno Aristóteles não via necessidade de experimentações. Bacon parodiava tais "especialistas" como aranhas que giram nas teias de sua própria substância. Ele insistia em provas do mundo real, particularmente através dos experimentos.

Dois trabalhos-chave de Bacon apresentavam a investigação científica. Em *Novum Organum* (1620), ele mostra seus três pilares para o método científico: observação, dedução para formular uma teoria que possa explicar o que foi observado e uma experimentação para testar se a teoria está correta. Em *Nova Atlântida* (1623), Bacon descreve uma ilha fictícia e sua Casa de Salomão – uma instituição de pesquisa onde os estudiosos realizam pesquisas puramente centradas em experimentações e fazem invenções. Compartilhando esses objetivos, a *Royal Society* foi fundada em 1660, em Londres, com Robert Hooke como seu primeiro curador de experimentos. ■

Só se pode saber se algo será descoberto pela experimentação, não pelo argumento.
Francis Bacon

Veja também: Alhazen 28-29 ▪ Galileu Galilei 42-43 ▪ William Gilbert 44 ▪ Robert Hooke 54 ▪ Isaac Newton 62-69

TOCANDO O SALTO DO AR

ROBERT BOYLE (1627-1691)

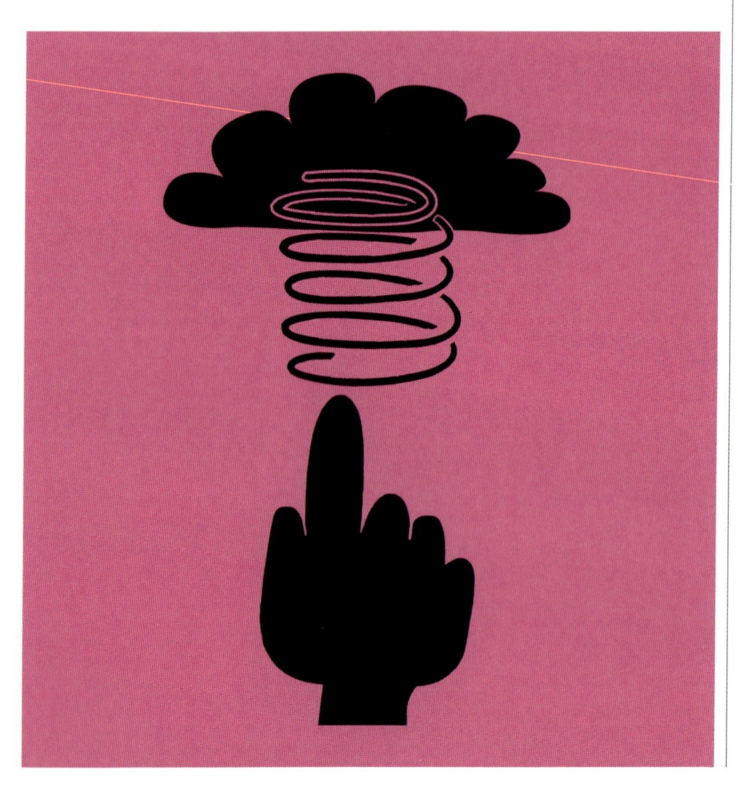

EM CONTEXTO

FOCO
Física

ANTES
1643 Evangelista Torricelli inventa o barômetro, usando um tubo de mercúrio.

1648 Blaise Pascal e seu cunhado demonstram que a pressão do ar diminui com o aumento da altitude.

1650 Otto von Guericke realiza experimentos com o ar e vácuos, publicados pela primeira vez em 1657.

DEPOIS
1738 O físico suíço Daniel Bernoulli publica *Hydrodynamica*, descrevendo a teoria cinética dos gases.

1827 O botânico escocês Robert Brown explica o movimento do pólen na água, como resultado das colisões com moléculas de água que se movem aleatoriamente.

No século XVII, vários cientistas da Europa investigavam as propriedades do ar, e seus trabalhos levaram o cientista anglo-irlandês Robert Boyle a produzir suas leis matemáticas descrevendo a pressão em um gás. Esse trabalho foi ligado a um debate mais amplo sobre a natureza do espaço entre as estrelas e planetas. Os "atomistas" sustentavam que havia espaço vazio entre os corpos celestes, enquanto os cartesianos (seguidores do filósofo francês René Descartes) afirmavam que o espaço entre as partículas era preenchido com uma substância desconhecida chamada *éter*, e que era impossível produzir um vácuo.

Veja também: Isaac Newton 62-69 ▪ John Dalton 112-13 ▪ Robert FitzRoy 150-55

Vivemos submersos no fundo de um mar do elemento ar, que possui peso, constatado por experimentos inquestionáveis.
Evangelista Torricelli

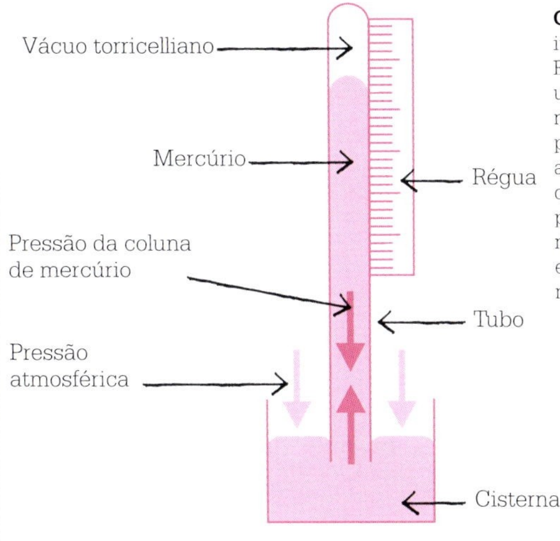

O barômetro inventado por Evangelista Torricelli usava uma coluna de mercúrio para medir a pressão do ar. Torricelli analisou corretamente que era o ar, pressionando para baixo o mercúrio na cisterna, que equilibrava a coluna de mercúrio no tubo.

Barômetros

Na Itália, o matemático Gasparo Berti realizou experimentos para calcular por que uma bomba de sucção não conseguia elevar a água a mais de 10 m de altura. Berti pegou um tubo comprido, lacrou um lado e o encheu de água. Depois inverteu o tubo, virando o lado aberto para dentro de uma banheira com água. O nível de água do tubo caiu até que a coluna ficasse com cerca de 10 m. Em 1642, seu conterrâneo Evangelista Torricelli, ouvindo falar sobre o trabalho de Berti, construiu um aparato semelhante, mas usou mercúrio, em lugar de água. O mercúrio é 13 vezes mais denso que a água, portanto sua coluna de líquido tinha somente cerca de 76 cm de altura. A explicação de Torricelli para isso era que o peso do ar acima do mercúrio da cisterna estava pressionando para baixo e que isso equilibrava o peso do mercúrio dentro da coluna.

Ele dizia que o espaço no tubo, acima do mercúrio, era um vácuo. Isso hoje é explicado em termos de pressão (força em determinada área), mas a ideia básica é a mesma. Torricelli tinha inventado o primeiro barômetro a mercúrio.

O cientista francês Blaise Pascal ouviu falar do barômetro de Torricelli em 1646, o que o levou a começar seus próprios experimentos. Um deles, realizado por seu cunhado, Florin Périer, foi demonstrar que a pressão do ar mudava conforme a altitude. Um barômetro foi montado no terreno de um mosteiro, em Clermont, e observado por um monge durante o dia. Périer levou o outro ao alto do Puy de Dôme, a cerca de 1.000 m acima da cidade. A coluna de mercúrio estava mais de 8 cm mais curta, no topo da montanha, do que no jardim do mosteiro. Como há menos ar acima de uma montanha do que acima do vale abaixo, isso mostrou que de fato era o peso do ar que mantinha o líquido nos tubos de mercúrio ou água. Por esse e outros trabalhos, a unidade moderna de pressão é batizada com o nome de *pascal*.

Os experimentos de Blaise Pascal com barômetros mostraram como a pressão do ar variava com a altitude. Além da física, Pascal também fez contribuições significantes à matemática.

Bombas a ar

Outra descoberta importante foi feita pelo cientista prussiano Otto von Guericke, que fez uma bomba capaz de bombear parte do ar para fora de um contêiner. Ele realizou sua demonstração em 1654, quando »

Os homens estão tão acostumados a julgar as coisas por seus sentidos que, pela invisibilidade do ar, eles lhe atribuem pouco valor.
Robert Boyle

juntou dois hemisférios metálicos, unindo-os com um lacre a ar e bombeou o ar para fora – dois grupos de cavalos não conseguiram separar os hemisférios. Antes que todo o ar fosse bombeado para fora, a pressão dentro dos hemisférios lacrados era a mesma do ar de fora. Sem o ar interno, a pressão do ar externo mantinha os hemisférios unidos.

Robert Boyle aprendeu com os experimentos de Von Guericke, quando esses foram publicados, em 1657. Para realizar as próprias experiências, Boyle contratou Robert Hooke (p. 54), para desenhar e construir uma bomba de ar. A bomba de ar de Hooke consistia num receptor (contêiner) de vidro cujo diâmetro era de quase 40 cm, um cilindro com um pistão abaixo e uma combinação de plugues intercalados por válvulas. Movimentos sucessivos do pistão extraíam cada vez mais ar do receptor. Ao desacelerar os vazamentos nos lacres do equipamento, o semivácuo dentro do receptor só podia ser mantido por um breve tempo. Contudo, a máquina foi um grande avanço em relação a qualquer coisa já feita, um exemplo de importância tecnológica para aprofundar investigações científicas.

Resultados das experiências

Boyle realizou inúmeras experimentações com a bomba de ar, descritas em seu livro *Novas experiências físico-mecânicas*, de 1660. No livro, ele se empenha em frisar que todos os resultados descritos derivam de experimentos, já que, à época, até notórios experimentadores como Galileu geralmente relatavam resultados de "experiências idealizadas".

Muitos dos experimentos de Boyle eram diretamente relacionados à pressão atmosférica. O receptor podia ser modificado para conter um barômetro de Torricelli, com um tubo

Otto von Guericke montou a primeira bomba a ar. Suas experimentações com a bomba se provaram contra a ideia de Aristóteles de que "a natureza abomina o vácuo".

Robert Boyle

Robert Boyle nasceu na Irlanda, sendo o 14º filho do conde de Cork. Teve aulas particulares antes de estudar na Eton College, na Inglaterra, e depois viajar pela Europa. Seu pai morreu em 1643, deixando-lhe dinheiro suficiente para bancar seu interesse pela ciência em tempo integral. Boyle se mudou de volta para a Irlanda, por alguns anos, mas viveu em Oxford, de 1654 a 1668, para melhor desenvolver seu trabalho; depois se mudou para Londres.

Boyle fazia parte de um grupo de homens estudando assuntos científicos chamado "Invisible College", que se reuniam em Londres e Oxford para discutir ideias. Em 1663, esse grupo se tornou a Royal Society, e Boyle foi um de seus primeiros membros conselheiros.

Além de seu interesse por ciência, Boyle fazia experimentos de alquimia e escreveu sobre teologia e a origem das diferentes raças humanas.

Obras-chave

1660 *Novas experiências físico-mecânicas concernentes à elasticidade do ar e seus efeitos*
1661 *O químico cético*

para fora do topo do receptor e fixado com cimento. À medida que a pressão no receptor era reduzida, o nível de mercúrio caía. Ele também realizou o experimento oposto e descobriu que, ao elevar a pressão dentro do receptor, o nível de mercúrio subia. Isso confirmou as descobertas anteriores de Torricelli e Pascal.

Boyle percebeu que ia ficando mais difícil bombear o ar para fora do receptor conforme diminuía a quantidade de ar restante e também mostrou que um balão meio inflado no receptor aumentava em volume conforme o ar à sua volta era removido. Um efeito semelhante no balão podia ser obtido ao segurá-lo diante do fogo. Ele deu duas explicações possíveis para o salto de ar que causava esses efeitos: cada partícula de ar era compressível como uma mola, e toda a massa de ar lembrava um manto de lã, ou o ar consistia de partículas em movimento aleatório.

Essa era uma visão semelhante à dos cartesianos, embora Boyle não concordasse com a ideia do éter, mas sugeria que os "corpúsculos" se moviam no espaço vazio. Sua explicação é incrivelmente

Se a altura da coluna de mercúrio é menor no alto de uma montanha do que em sua base, o peso do ar só pode ser a causa do fenômeno.
Blaise Pascal

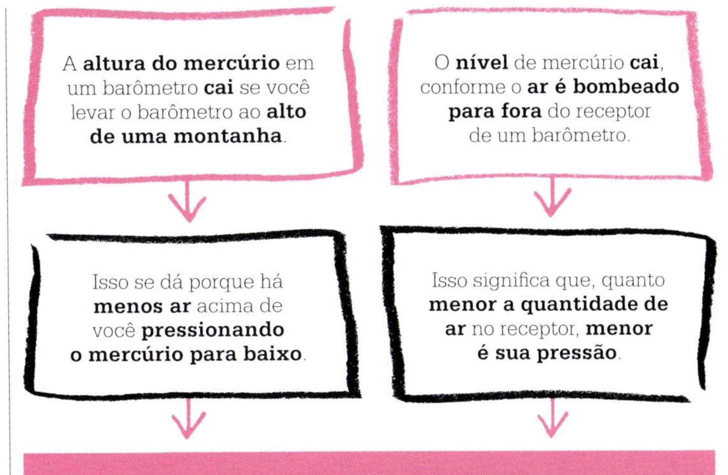

semelhante à teoria cinética moderna que descreve as propriedades da matéria em termos de partículas em movimento.

Alguns dos experimentos de Boyle eram fisiológicos, investigando os efeitos em pássaros e ratos da redução da pressão do ar e especulando como o ar entra e sai dos pulmões.

A Lei de Boyle

A Lei de Boyle afirma que a pressão de um gás multiplicada por seu volume é uma constante, contanto que a quantidade de gás e a temperatura sejam mantidas iguais. Em outras palavras, se você diminuir o volume de um gás, sua pressão aumenta. É essa pressão aumentada que produz a mola de ar. Você pode sentir esse efeito usando uma bomba de bicicleta, ao cobrir a ponta com o dedo e bombear o ar.

Embora leve seu nome, essa lei inicialmente foi proposta não por Boyle, mas pelos cientistas ingleses Richard Towneley e Henry Power, que realizaram uma série de experimentos com um barômetro de Torricelli e publicaram os resultados de seus trabalhos em 1663. Boyle viu um primeiro esboço do livro e discutiu os resultados com Towneley. Ele os confirmou com experimentos e publicou "A hipótese do sr. Towneley", em 1662, como parte de uma resposta à crítica de seus testes originais.

O trabalho de Boyle com gases foi particularmente expressivo por sua esmerada técnica de experimentação e também pelo seu relato integral de todos os seus testes e possíveis fontes de erro, chegando ou não aos resultados esperados. Isso levou muitos a buscar estender seu trabalho. Hoje, a Lei de Boyle foi combinada com leis descobertas por outros cientistas para formar a "Lei do Gás Ideal", que aproxima o comportamento de gases verdadeiros sob mudanças de temperatura, pressão ou volume. Suas ideias também acabariam levando ao desenvolvimento da *teoria cinética*. ■

A LUZ É UMA PARTÍCULA OU UMA ONDA?

CHRISTIAAN HUYGENS (1629-1695)

EM CONTEXTO

FOCO
Física

ANTES
Século XI Alhazen mostra que a luz se desloca em linha retas.

1630 René Descartes propõe a descrição da luz em onda.

1660 Robert Hooke afirma que a luz é uma vibração do meio, através do qual ela se propaga.

DEPOIS
1803 Thomas Young descreve os experimentos que demonstram que a luz se porta como onda.

1864 James Clerk Maxwell prevê a velocidade da luz e conclui que a luz é uma forma de onda eletromagnética.

Anos 1900 Albert Einstein e Max Planck mostram que a luz é tanto uma partícula quanto uma onda. Os quanta de radiação eletromagnética que eles reconhecem se tornam conhecidos como "fótons".

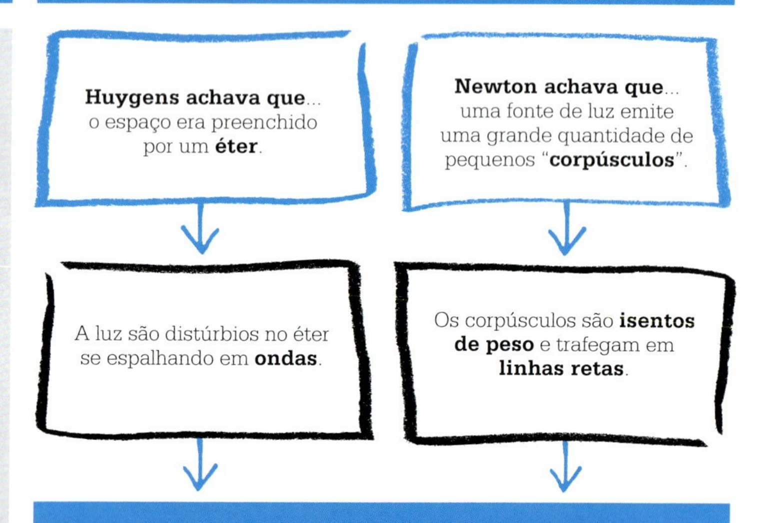

No século XVII, Isaac Newton e o astrônomo holandês Christiaan Huygens analisaram a verdadeira natureza da luz e chegaram a conclusões muito diferentes. O problema que enfrentavam era que qualquer teoria sobre a natureza da luz tinha de explicar reflexo, refração, difração e cor. *Refração* é a curva da luz, quando esta passa de uma substância para outra e é o motivo para que as lentes possam focar a luz. *Difração* é a difusão da luz quando passa por um nicho bem estreito.

Antes dos experimentos de Newton era amplamente aceito que a luz ganhava suas características coloridas por interagir com a matéria

Veja também: Alhazen 28-29 ▪ Robert Hooke 54 ▪ Isaac Newton 62-69 ▪ Thomas Young 110-11 ▪ James Clerk Maxwell 180-85 ▪ Albert Einstein 214-21

– que o efeito "arco-íris" visto quando a luz atravessa um prisma é produzido porque o prisma, de alguma forma, manchou a luz. Newton demonstrou que a luz "branca" que vemos é uma mistura de cores diferentes de luz e estas são separadas por um prisma porque todas são refratadas por quantidades ligeiramente diferentes.

Assim como muitos filósofos da época, Newton acreditava que a luz era feita de um facho de partículas ou "corpúsculos". Essa ideia explicava como a luz trafegava em linhas retas e "ricocheteava" de superfícies reflexivas. Ela também explicava a refração, em termos de força, nos limites entre materiais diferentes.

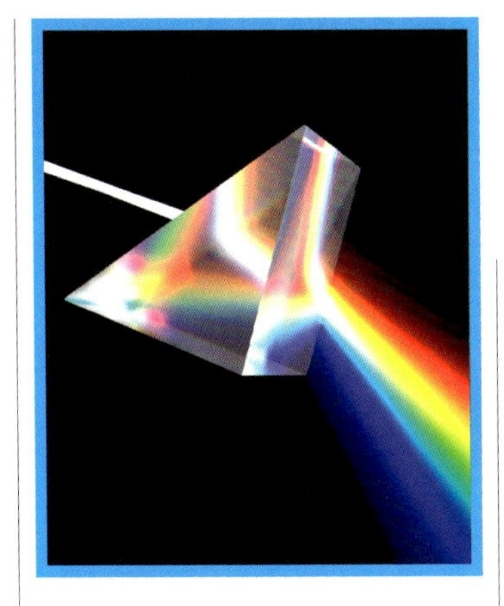

Quando a luz branca atravessa um prisma, ela é refratada para dentro de suas partes componentes. Huygens explicou que isso se deve às ondas de luz que trafegam em velocidades diferentes, através de materiais distintos.

Reflexão parcial

A teoria de Newton, no entanto, não conseguia explicar como, quando a luz bate em muitas superfícies, parte é refletida e parte é refratada. Em 1678, Huygens argumentou que o espaço era preenchido com partículas sem peso (o éter) e que a luz causava distúrbios no éter que difundia as ondas. Assim se explicava a refração em materiais diferentes (fosse o éter, a água ou vidro) fazendo as ondas de luz viajar em velocidades distintas. A teoria de Huygens causou pouco impacto na época. Isso se deu, em parte, devido ao gigantismo que Newton já tinha como cientista. No entanto, um século depois, em 1803, Thomas Young mostrou que a luz de fato se porta como uma onda, e os experimentos no século XX mostraram que ela se porta tanto como onda quanto como partícula, embora haja uma grande diferença entre as "ondas esféricas" de Huygens e nossos modernos modelos de luz. Huygens disse que as ondas de luz eram longitudinais ao atravessarem uma substância – o éter. Ondas de som também são ondas longitudinais, nas quais as partículas da substância que a onda atravessa vibram na mesma direção que a onda está seguindo. Nossa visão moderna das ondas de luz é que são ondas transversas que se portam mais como ondas de água. Elas não precisam de matéria para se propagar (difundir), enquanto as partículas vibram nos ângulos certos (acima e abaixo) em direção à onda. ■

Christiaan Huygens

O matemático e astrônomo holandês Christiaan Huygens nasceu em Haia, em 1629. Ele estudou direito e matemática na universidade, depois dedicou algum tempo para suas próprias pesquisas, inicialmente em matemática, mas depois também em ótica, trabalhando com telescópios e fazendo as próprias lentes.

Huygens visitou a Inglaterra várias vezes e conheceu Isaac Newton em 1689. Além de seu trabalho com a luz, Huygens estudou força e movimento, mas não aceitava a ideia de Newton de "ação a determinada distância" para descrever a força da gravidade. O imenso leque de realizações de Huygens inclui alguns dos mais precisos relógios da época, resultado de seu trabalho com pêndulos. Seu trabalho astronômico, realizado com seus próprios telescópios, incluiu as descobertas de Titã, a maior lua de Saturno, e a primeira descrição correta dos anéis de Saturno.

Obras-chave

1656 *Das novas observações das luas de Saturno*
1690 *Tratado sobre a luz*

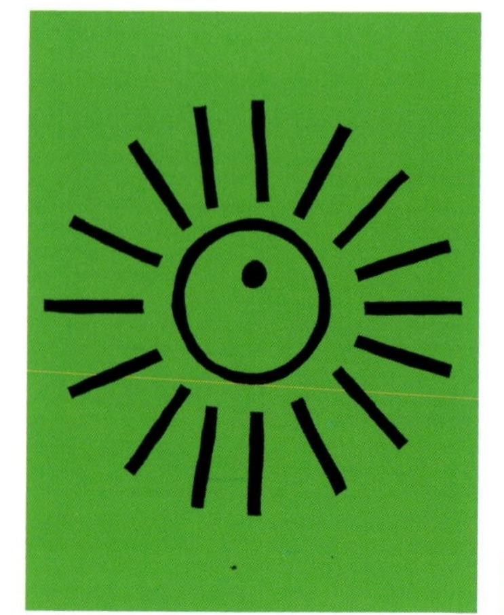

A PRIMEIRA OBSERVAÇÃO DO TRÂNSITO DE VÊNUS

JEREMIAH HORROCKS (1618-1641)

EM CONTEXTO

FOCO
Astronomia

ANTES
1543 Nicolau Copérnico faz o primeiro argumento completo de um universo centrado no Sol (heliocêntrico).

1609 Johannes Kepler propõe um sistema de órbitas elípticas – a primeira descrição completa do movimento planetário.

DEPOIS
1663 O matemático escocês James Gregory elabora um meio de medir a distância exata da Terra ao Sol usando observações do trânsito de Vênus, de 1631 e 1639.

1769 O explorador britânico capitão James Cook observa e registra o trânsito de Vênus no Taiti, no Pacífico Sul.

2012 Astrônomos observam o último trânsito de Vênus no século XXI.

O trânsito planetário ofereceu uma oportunidade de testar a primeira das três leis de Kepler, do movimento planetário – que os planetas orbitam o Sol em um trajeto elíptico. As breves passagens de Vênus e Marte pelo disco do Sol – na época, previstas pelas tábuas rudolfinas, de Kepler – viriam revelar que a teoria intrínseca estava correta.

O primeiro teste – um trânsito de 1631, de Mercúrio, observado pelo astrônomo francês Pierre Gassendi – se provou encorajador. No entanto, sua tentativa de avistar o trânsito de Vênus, um mês depois, falhou devido às imprecisões dos cálculos de Kepler. Esses mesmos números previram um "quase acidente" entre Vênus e o Sol, em 1639, mas o astrônomo inglês Jeremiah Horrocks calculou que realmente ocorreria o trânsito.

Ao amanhecer, em 4 de dezembro de 1639, Horrocks montou seu melhor telescópio, focando o disco solar num cartão. Por volta de 15h15 as nuvens se dissiparam, revelando um "ponto de magnitude incomum" – Vênus – se aproximando do Sol. Enquanto Horrocks marcava sua progressão no cartão, cronometrando cada intervalo, um amigo media o trânsito e outro, a localização. Usando os dois conjuntos de medições, de pontos diferentes, e recalculando o diâmetro de Vênus em relação ao Sol, Horrocks pôde então estimar a distância entre a Terra e o Sol com a maior precisão já realizada. ■

Recebi minha primeira sugestão da notável junção de Vênus com o Sol... isso me induziu a observar, com atenção maior, um espetáculo tão grandioso.
Jeremiah Horrocks

Veja também: Nicolau Copérnico 34-39 ▪ Johannes Kepler 40-41

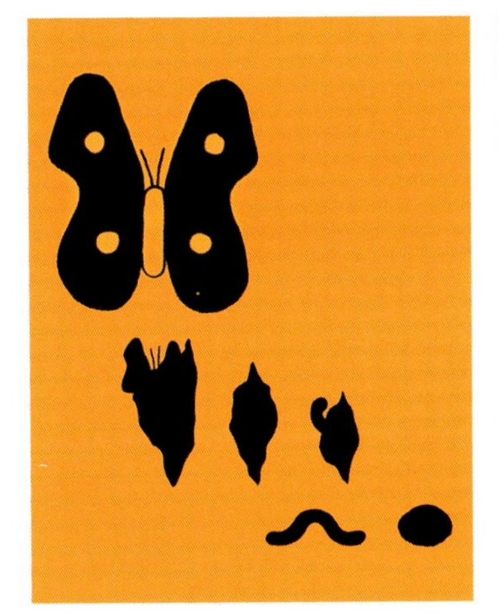

OS ORGANISMOS SE DESENVOLVEM NUMA SÉRIE DE PASSOS

JAN SWAMMERDAM (1637-1680)

EM CONTEXTO

FOCO
Biologia

ANTES
c. 320 a.C. Aristóteles declara que minhocas e insetos surgem por geração espontânea.

1651 O físico inglês William Harvey considera a larva de inseto um "ovo rastejante" e a pupa como um "segundo ovo" com pouco desenvolvimento interno.

1668 O italiano Francesco Redi produz as primeiras provas refutando a geração espontânea.

DEPOIS
1859 Charles Darwin explica como cada estágio da vida de um inseto é adaptado a sua atividade e seu ambiente, naquele estágio.

1913 O zoólogo Antonio Berlese propõe que a larva de um inseto incuba um estágio prematuro de desenvolvimento do embrião.

Anos 1930 O entomologista Vincent Wigglesworth descobre que os hormônios controlam os ciclos de vida.

A metamorfose de uma borboleta, do ovo à lagarta ao casulo e ao inseto adulto, hoje é um processo familiar para nós, porém no século XVII a reprodução era vista de maneira muito diferente. Seguindo o filósofo grego Aristóteles, a maioria das pessoas acreditava que a vida – principalmente das criaturas "inferiores", como insetos – surgia por geração espontânea de matéria não vivente. A teoria de "performismo" sustentava que um organismo "superior" chegava à sua forma inteiramente madura em seu início minúsculo, mas que os animais "inferiores" eram simples demais para terem vísceras complexas. Em 1669, o pioneiro microscopista holandês Jan Swammerdam desdisse Aristóteles ao dissecar insetos sob o microscópio, incluindo borboletas, libélulas, abelhas, vespas e formigas.

Na anatomia de um piolho, você encontrará um milagre atrás do outro e verá a sabedoria de Deus claramente manifesta em pontos minúsculos.
Jan Swammerdam

Uma nova metamorfose

O termo "metamorfose" já significou a morte de um indivíduo seguida pelo surgimento de outro, a partir de seus restos. Swammerdam mostrou que os ciclos de vida de um inseto – fêmea adulta, ovo, larva e pupa (ou ninfa), adulto – são formas diferentes da mesma criatura. Cada estágio de vida tem seus órgãos internos inteiramente formados, assim como versões iniciais dos órgãos de estágios posteriores. Vistos sob esse novo aspecto, os insetos claramente justificavam estudos científicos adicionais. Swammerdam foi o pioneiro na classificação de insetos, baseado em sua reprodução e desenvolvimento, antes de morrer de malária aos 43 anos. ■

Veja também: Robert Hooke 54 ▪ Antonie van Leeuwenhoek 56-57 ▪ John Ray 60-61 ▪ Carl Lineu 74-75 ▪ Louis Pasteur 156-59

TODAS AS COISAS VIVAS SÃO COMPOSTAS DE CÉLULAS

ROBERT HOOKE (1635-1703)

EM CONTEXTO

FOCO
Biologia

ANTES
c. 1600 O primeiro microscópio composto é desenvolvido nos Países Baixos, provavelmente por Hans Lippershey ou Hans e Zacharius Janssen.

1644 O padre italiano e cientista autodidata Giovanni Battista Odierna produz a primeira descrição de tecido vivo, usando um microscópio.

DEPOIS
1674 Antonie van Leeuwenhoek é o primeiro a ver organismos unicelulares no microscópio.

1682 Leeuwenhoek observa o núcleo dentro das células sanguíneas do salmão.

1931 A invenção do microscópio elétron pelo físico húngaro Leó Szilárd permite imagens de resoluçao bem maioı.

O desenvolvimento do microscópio composto, no século XVII, abriu um novo mundo de estruturas nunca vistas. Um microscópio simples consiste em apenas uma lente enquanto o microscópio composto, desenvolvido pelos fabricantes de lentes holandeses, usa duas ou mais lentes e geralmente fornece uma ampliação maior.

O cientista inglês Robert Hooke não foi o primeiro a observar coisas vivas usando um microscópio. No entanto, com a publicação de seu *Micrographia* em 1665, ele se tornou o primeiro autor popular *best-seller*, estarrecendo os leitores com a nova ciência da microscopia. Desenhos precisos feitos pelo próprio Hooke mostravam objetos que o público jamais vira – a anatomia detalhada de piolhos e pulgas; os olhos compostos de uma mosca; as asas delicadas de um mosquito. Ele também desenhou alguns objetos feitos pelo homem – a ponta afiada de uma agulha surgia sob o microscópio – e usava suas observações para explicar como os cristais se formam e o que acontece quando a água congela. O jornalista inglês Samuel Pepys disse sobre *Micrographia*: "O livro mais genial que eu já vi na vida".

Descrevendo as células

Um dos desenhos de Hooke era uma fatia fina de cortiça. Na estrutura da cortiça, ele frisava o que pareciam paredes dividindo cubículos de monges num mosteiro. Esses foram os primeiros descrições e desenhos registrados de células, unidades básicas das quais todas as coisas vivas são feitas. ■

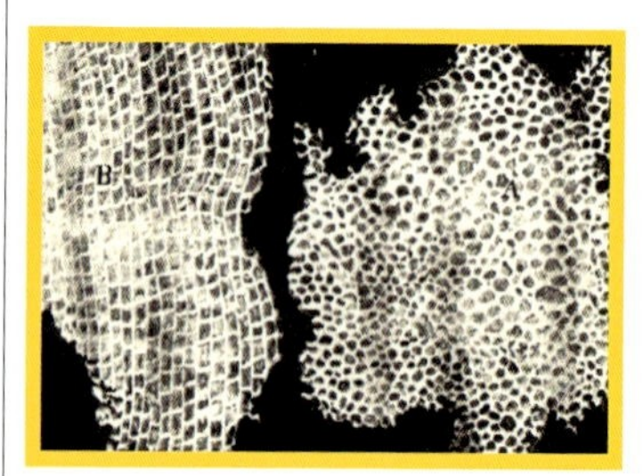

Os desenhos de Hooke de células mortas de cortiça mostram espaços vazios – as células vivas contêm citoplasma. Ele calculou que havia mais de 1 bilhão de células em 16 cm^3 de cortiça.

Veja também: Antonie van Leeuwenhoek 56-57 ▪ Isaac Newton 62-69 ▪ Lynn Margulis 300-01

CAMADAS ROCHOSAS SE FORMAM, UMAS SOBRE AS OUTRAS

NICOLAS STENO (1638-1686)

EM CONTEXTO

FOCO
Geologia

ANTES
Final do séc. XV Leonardo da Vinci escreve sobre suas observações da ação erosiva e depositária do vento e da água em paisagens e superfícies.

DEPOIS
Anos 1780 James Hutton menciona os princípios de Steno, em um processo geológico contínuo e cíclico que se estende ao passado.

Anos 1810 Georges Cuvier e Alexandre Brongniart, na França, e William Smith, na Grã-Bretanha, aplicam os princípios de estratigrafia de Steno ao mapeamento geológico.

1878 O primeiro Congresso Internacional de Geologia de Paris estabelece os procedimentos para a produção de uma escala estratigráfica--padrão.

O estrato sedimentário de rochas que forma boa parte da superfície terrestre também forma a base da história geológica da Terra, normalmente descrita como uma coluna de camadas com o estrato mais antigo embaixo e o mais recente em cima. O processo depositário de rochas por água e gravidade é conhecido há séculos, mas o bispo e cientista dinamarquês Nicolas Steno foi o primeiro a descrever os princípios da base do processo. Suas conclusões, publicadas em 1669, foram tiradas das observações do estrato geológico na Toscana, Itália.

A Lei de Superposição de Steno afirma que qualquer depósito sedimentário, ou estrato, é mais jovem do que a sequência de estrato sobre a qual repousa e mais velho que o estrato que repousa sobre ele. Os princípios de Steno de continuidade horizontal e lateral afirmam que o estrato é depositado horizontalmente em camadas contínuas e, se são encontrados inclinados, curvos ou quebrados, só podem ter passado por alguma alteração depois de terem sido depositados. Finalmente, seu princípio de cruzar os relacionamentos afirma que, "se um corpo ou descontinuidade cortam um estrato, ele só pode ter se formado após aquele estrato".

Todo estrato rochoso, como Steno percebeu, inicia sua vida como camada horizontal que posteriormente é deformada e torcida, ao longo do tempo, pela ação de forças imensas.

As visões de Steno permitiram posteriores mapeamentos geológicos de estratos por William Smith, na Grã-Bretanha, e Georges Cuvier e Alexandre Brongniart, na França. Elas também possibilitaram a subdivisão de estrato em unidades relativas ao tempo que puderam ser correlacionadas umas com as outras ao redor do mundo. ■

Veja também: James Hutton 96-101 ▪ William Smith 115

OBSERVAÇÕES MICROSCÓPICAS DE ANIMÁLCULOS

ANTONIE VAN LEEUWENHOEK (1632-1723)

EM CONTEXTO

FOCO
Biologia

ANTES
2000 a.C. Cientistas chineses fazem um microscópio aquático, com lentes de vidro e um tubo cheio de água, para ver coisas bem pequenas.

1267 O filósofo inglês Roger Bacon sugere a ideia do telescópio e do microscópio.

c. 1600 O microscópio é inventado nos Países Baixos.

1665 Robert Hooke observa células vivas e publica *Micrographia*.

DEPOIS
1841 O anatomista Albert von Kölliker descobre que cada esperma e cada óvulo são uma célula com um núcleo.

1951 O físico alemão Wilhelm Müller inventa o microscópio de campos de íons e vê os átomos, pela primeira vez.

Antonie van Leeuwenhoek raramente se aventurava longe de sua casa, acima da tecelagem, em Delft, Holanda. Porém, trabalhando sozinho no quarto dos fundos, ele descobriu um mundo inteiramente novo – o mundo da vida microscópica jamais vista, incluindo esperma humano, células sanguíneas e, o mais impressionante, as bactérias.

Antes do século XVII, ninguém desconfiava que houvesse vida tão pequena a ser vista a olho nu. Pensava-se que pulgas eram a menor forma de vida. Então, por volta de 1600, o microscópio foi inventado pelos holandeses fabricantes de óculos, que colocaram duas lentes juntas para aumentar a ampliação (p. 54). Em 1665, o cientista inglês Robert Hooke fez o primeiro desenho de minúsculas células vivas que ele vira numa fatia de cortiça através de um microscópio.

Nunca ocorrera a Hooke ou a outro microscopista da época procurar vida em algum lugar que não vissem com os próprios olhos. Leeuwenhoek, por outro lado, mirou suas lentes em lugares onde parecia não haver vida alguma, particularmente em líquidos. Estudou gotas de chuva, placa dentária, fezes, esperma, sangue e muito mais. Foi nessas substâncias

Quando os desenhos de Leeuwenhoek, do esperma humano, foram publicados pela primeira vez, em 1719, muita gente não aceitou que minúsculos “animálculos” pudessem existir, nadando no sêmen.

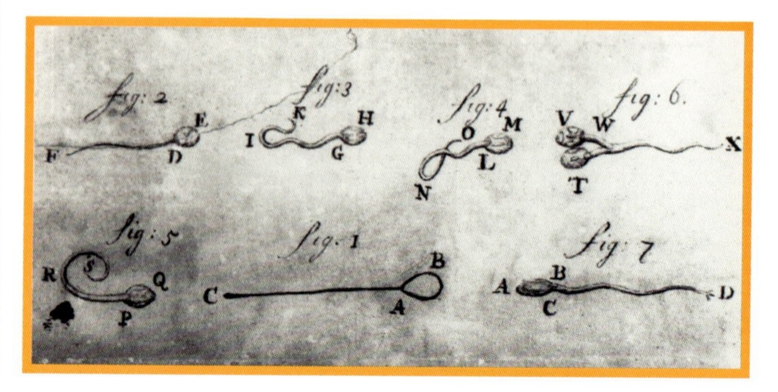

Veja também: Robert Hooke 54 ▪ Louis Pasteur 156-59 ▪ Martinus Beijerinck 196-97 ▪ Lynn Margulis 300-01

Microscópios podem ser voltados para lugares onde **não há formas visíveis de vida**.

Microscópios de lente única e **alta ampliação** revelam **minúsculos "animálculos"** em água e outros líquidos.

O mundo está fervilhando com **formas unicelulares de vidas microscópicas**.

aparentemente sem vida que Leeuwenhoek descobriu a riqueza da vida microscópica.

Ao contrário de Hooke, Leeuwenhoek não usou um microscópio composto de duas lentes mas uma lente única, de altíssima qualidade – na verdade, uma lupa. À época, era mais fácil produzir imagens nítidas com microscópios simples. Uma ampliação de mais de trinta vezes era impossível com um microscópio composto, já que a imagem embaçava. Leeuwenhoek fazia seus próprios microscópios de lente única e, depois de anos aperfeiçoando sua técnica, conseguiu uma ampliação de mais de 200 vezes. Seus microscópios eram dispositivos pequenos, com lentes miúdas, de apenas alguns milímetros (frações de polegada) de diâmetro. A amostra era colocada num alfinete, de um lado da lente, e Leeuwenhoek aproximava o olho do lado oposto.

Vida unicelular

A princípio, Leeuwenhoek não encontrou nada de incomum, mas em 1674 relatou ter visto pequenas criaturas, mais finas que um cabelo humano, em uma amostra da água do lago. Eram algas verdes *Spirogyra*, uma amostra de simples formas de vida que hoje são conhecidas como protistas. Leeuwenhoek chamava essas criaturinhas de "animálculos". Em outubro de 1676, ele descobriu bactérias unicelulares ainda menores em gotas de água. No ano seguinte, descreveu como seu próprio sêmen estava impregnado de criaturinhas que hoje chamamos de espermatozoides. Ao contrário das criaturas que ele encontrara na água, os animálculos no sêmen eram idênticos. Cada um dos muitos milhares que ele olhava tinha o mesmo rabinho e a mesma cabecinha, e mais nada, e ele podia vê-los nadando no sêmen como girinos.

Leeuwenhoek relatou suas descobertas em centenas de cartas à Royal Society, em Londres. Enquanto publicava as descobertas, mantinha suas técnicas de confecção das lentes em segredo. É provável que tenha feito suas pequenas lentes ao fundir filetes de vidro, mas não se sabe ao certo. ■

Antonie van Leeuwenhoek

Filho de um fabricante de cestos, Antonie van Leeuwenhoek nasceu em Delft, em 1632. Depois de trabalhar na tecelagem de linho do tio, estabeleceu sua própria loja de tecidos, aos 20 anos, e ali permaneceu pelo resto de sua longa vida.

O comércio de Leeuwenhoek permitia que ele mantivesse seu *hobby* como microscopista, que ele assumiu por volta de 1668, após uma visita a Londres, onde talvez tenha visto uma edição de *Micrographia*, de Robert Hooke. A partir de 1673, relatava suas descobertas em cartas para a Royal Society, em Londres, escrevendo mais relatos que qualquer outro cientista da história. A Royal Society inicialmente ficou cética quanto aos relatos do amador, mas Hooke repetiu muitos de seus experimentos e confirmou suas descobertas. Leeuwenhoek fez mais de 500 microscópios, muitos desenhados para observar objetos específicos.

Obras-chave

1673 *CARTA 1 – a primeira carta de Leeuwenhoek à Royal Society*
1676 *CARTA 18 – revelando sua descoberta da bactéria*

MEDINDO A VELOCIDADE DA LUZ

OLE ROMER (1644-1710)

EM CONTEXTO

FOCO
Astronomia e física

ANTES
1610 Galileu Galilei descobre as quatro maiores luas de Júpiter.

1668 Giovanni Cassini publica as primeiras tabelas precisas prevendo o eclipse das luas de Júpiter.

DEPOIS
1729 James Bradley calcula uma velocidade da luz de 301.000 km/s, baseado nas variações de posições das estrelas.

1809 Jean-Baptiste Delambre usa o equivalente a 150 anos de observação das luas de Júpiter para calcular a velocidade da luz a 300.300 km/s.

1849 Hippolyte Fizeau mede a velocidade da luz em um laboratório, em vez de usar dados astronômicos.

Eclipses das luas de Júpiter **nem sempre** são **compatíveis com as previsões**.

A **distância** entre a Terra e Júpiter **muda à medida que os planetas orbitam o Sol**.

Se a **luz não se propaga instantaneamente**, isso explica as discrepâncias.

A velocidade da luz pode ser calculada a partir das diferenças de tempo e distância no Sistema Solar.

Júpiter tem muitas luas, mas somente as quatro maiores (Io, Europa, Ganymede e Callisto) eram visíveis num telescópio, à época em que Ole Romer observava o céu do norte da Europa, no final do século XVII. Essas luas passam por um eclipse quando atravessam a sombra lançada por Júpiter, e há momentos em que podem ser observadas entrando ou saindo da sombra, dependendo da posição relativa da Terra e de Júpiter ao redor do Sol. Por quase meio ano o eclipse das luas não pode ser observado, porque o Sol está entre a Terra e Júpiter.

Giovanni Cassini, diretor do Observatoire Royal, em Paris, quando Romer iniciou seu trabalho lá no final dos anos 1660, publicou um conjunto de tabelas prevendo o eclipse das luas. Conhecer os momentos desses eclipses forneceu um novo meio de trabalhar a longitude. A medição da longitude depende do conhecimento da diferença entre o horário num determinado local e o horário num meridiano referencial (nesse caso, Paris). Finalmente em terra, agora era possível calcular a longitude, observando o horário de um eclipse

Veja também: Galileu Galilei 42-43 ▪ John Michell 88-89 ▪ Léon Foucault 136-37

de uma das luas de Júpiter e comparando com a hora prevista do eclipse em Paris. Era impossível segurar um telescópio com firmeza a bordo de um barco para observar os eclipses, e medir a longitude ao mar permaneceu impossível até que, nos anos 1730, John Harrison construiu os primeiros cronômetros náuticos – relógios que marcavam a hora no mar.

Velocidade finita ou infinita?

Romer estudou as observações de eclipses da lua Io registradas durante um período de dois anos e comparou-as às previsões das tabelas de Cassini. Ele encontrou uma discrepância de 22 minutos entre as observações feitas quando a Terra estava mais perto de Júpiter e as feitas quando ela estava mais distante. Essa discrepância não podia ser explicada por nenhuma das irregularidades nas órbitas da Terra, Júpiter ou Io. Tinha de ser o tempo que a luz levava para percorrer o diâmetro da órbita terrestre. Conhecendo esse diâmetro, Romer chegou ao resultado de 214.000 km/s. O valor atual é de 299.792 km/s, portanto ele errou por aproximadamente 25%.

Isaac Newton prontamente aceitou a hipótese de Romer de que a luz não trafegava instantaneamente. No entanto, nem todos concordaram com o raciocínio de Romer. Cassini frisou que as discrepâncias nas observações das outras luas não tinham sido consideradas, e se recusou a aceitar que a luz teria uma velocidade finita.

Após a morte de Romer, em 1710, foram feitas medições cada vez mais precisas. Em 1728, James Bradley alcançou o resultado de 298.000 km/s, ou seja, apenas 1% de erro, ao medir a paralaxe de estrelas (p.39). De 1728 em diante, meio século após a descoberta de Romer, a dúvida sobre a velocidade da luz ser ou não finita estava resolvida. ■

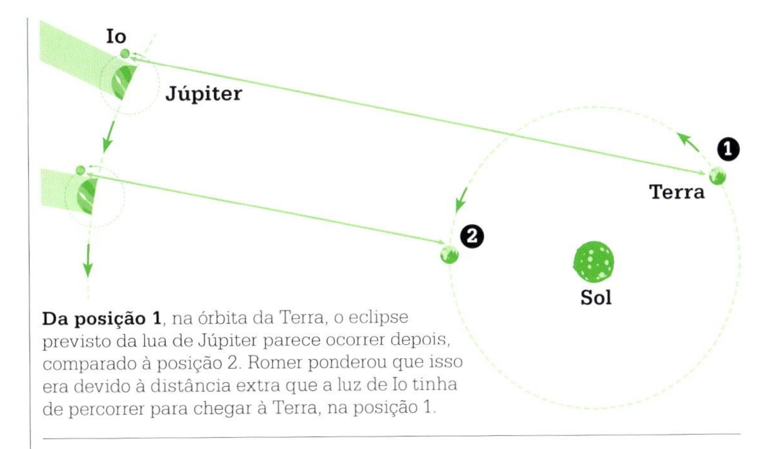

Da posição 1, na órbita da Terra, o eclipse previsto da lua de Júpiter parece ocorrer depois, comparado à posição 2. Romer ponderou que isso era devido à distância extra que a luz de Io tinha de percorrer para chegar à Terra, na posição 1.

Para percorrer uma distância de cerca de 20 mil km, que é quase igual ao diâmetro da Terra, a luz não precisa nem de um segundo de tempo.
Ole Romer

Ole Romer

Nascido na cidade dinamarquesa de Aarthus em 1644, Ole Romer estudou na Universidade de Copenhague. Ao deixar a universidade, ajudou a preparar as observações astronômicas de Tycho Brahe para publicação. Romer também fez suas próprias observações, registrando os horários dos eclipses das luas de Júpiter, do antigo observatório de Brahe, em Uraniborg, perto de Copenhague. Dali se mudou para Paris, onde trabalhou no Observatoire Royal sob o comando de Giovanni Cassini. Em 1679, visitou a Inglaterra e conheceu Isaac Newton.

Regressando à Universidade de Copenhague em 1681, Romer se tornou professor de astronomia. Ele participou da modernização de pesos e medidas, do calendário e da elaboração de códigos e até do suprimento de água. Infelizmente suas observações astronômicas foram destruídas num incêndio, em 1728.

Obra-chave

1677 *On the Motion of Light*

UMA ESPÉCIE JAMAIS BROTA DA SEMENTE DE OUTRA

JOHN RAY (1627-1705)

EM CONTEXTO

FOCO
Biologia

ANTES
Século IV a.C. Os gregos usam os termos "gênero" e "espécie" para descrever grupos de coisas semelhantes.

1583 O botânico italiano Andrea Cesalpino classifica plantas com base em sementes e frutos.

1623 O botânico suíço Caspar Bauhin classifica mais de 6 mil plantas em seu *Illustrated Exposition of Plants*.

DEPOIS
1690 O filósofo inglês John Locke argumenta que as espécies são construções artificiais.

1735 Carl Lineu publica *Systema Naturae*, o primeiro de seus muitos trabalhos classificando plantas e animais.

1859 Charles Darwin propõe a evolução das espécies através da seleção natural em *A origem das espécies*.

O conceito moderno de uma espécie de planta ou animal baseia-se na reprodução. Uma espécie inclui todos os indivíduos que podem eventualmente brotar e produzir outras mudas que, por sua vez, podem fazer o mesmo. Esse conceito, apresentado primeiro pelo historiador inglês John Ray em 1686, ainda sustenta a *taxonomia* – ciência da classificação, na qual a genética hoje tem importante papel.

Abordagem metafísica

Durante esse período, o termo "espécie" era de uso comum mas complexamente ligado à religião e à metafísica – uma abordagem que persistia desde a antiga Grécia. Os filósofos gregos Platão, Aristóteles e Teofrasto haviam discutido sobre classificação e usado termos como "gênero" e "espécie" para descrever grupos e subgrupos de todas as coisas, vivas ou inanimadas. Ao fazê-lo, haviam invocado qualidades vagas como "essência" e "alma". Portanto, membros pertenciam a uma espécie porque compartilhavam da mesma "essência", em lugar de compartilhar a mesma aparência ou capacidade de procriar uns com os outros.

Até o século XVII, existiam incontáveis classificações. Muitas eram organizadas em ordem alfabética

Veja também: Jan Swammerdam 53 ▪ Carl Lineu 74-75 ▪ Christian Sprengel 104 ▪ Charles Darwin 142-49 ▪ Michael Syvanen 318-19

Nada é inventado e aperfeiçoado ao mesmo tempo.
John Ray

ou por grupos derivados do folclore, tais como agrupar plantas segundo o tipo de praga que elas poderiam curar. Em 1666 Ray voltou de uma turnê de três anos pela Europa com uma grande coleção de plantas e animais que ele e seu colega Francis Willughby pretendiam classificar de modo mais científico.

Natureza prática

Ray introduziu uma abordagem nova e prática de observação. Ele examinava todas as partes das plantas, desde a raiz, o caule e as pontas e flores. Incentivou os termos "pétala" e "pólen" no uso geral e decidiu que os tipos florais mereciam ênfase na classificação, assim como o tipo de semente. Também introduziu distinção entre *monocotiledôneas* (plantas com uma única folha de semente) e *dicotiledôneas* (plantas com duas folhas de semente). No entanto, recomendava um limite no número de características, para evitar a multiplicação incontrolável no número de espécies. Seu maior trabalho foi *Historia Plantarum (Tratado das plantas)*, publicado em três volumes em 1686, 1688 e 1704 com mais de 18 mil registros.

Para Ray, a reprodução era a chave para definir uma espécie. Sua própria definição vinha de sua experiência reunindo as espécies, semeando sementes e observando sua germinação: "Não há critério mais certo para determinar a espécie (da planta) que tenha me ocorrido do que distinguir os traços que se perpetuam na propagação da semente... Os animais que se diferem, preservam suas espécies permanentemente; uma espécie nunca brota da semente de outra, e vice-versa". Ray estabeleceu a base de um grupo de linhagem verdadeira pelo qual uma espécie ainda é definida hoje. Ao fazê-lo, ele tornou a botânica e a zoologia atividades científicas. Religioso devoto, Ray via seu trabalho como um meio de expor as maravilhas de Deus. ■

O trigo é uma monocotiledônea (uma planta cuja semente contém uma única folha). Cerca de 30 espécies dessa planta evoluíram a partir de 10 mil anos de cultivo e todas elas pertercem ao gênero *Triticum*.

John Ray

Nascido em 1627 em Black Notley, Essex, Inglaterra, John Ray era filho do ferreiro da vila e da herborista local. Aos 16 anos ingressou na Universidade de Cambridge, onde estudou e lecionou matérias variando do grego à matemática, antes de entrar para o sacerdócio, em 1660. Para se recuperar de uma doença, em 1650 ele passara a dar caminhadas pela mata e a se interessar pela botânica.

Acompanhado por seu aluno abastado e apoiador Francis Willughby, Ray viajou pela Grã-Bretanha e pelo continente, nos anos 1660, estudando e coletando plantas e animais.

Ele se casou com Margaret Oakley em 1673 e, depois de deixar a casa de Willughby, viveu tranquilamente em Black Notley, até os 77 anos. Passou seus últimos anos estudando espécimes, de modo a compilar catálogos cada vez mais ambiciosos sobre plantas e animais. Ray escreveu mais de 20 trabalhos sobre plantas e animais e sua taxonomia, forma e função, bem como sobre teologia e suas viagens.

Obra-chave

1686-1704 *Historia Plantarum*

A GRAVIDADE AFETA TUDO NO UNIVERSO

ISAAC NEWTON (1642-1727)

EM CONTEXTO

FOCO
Física

ANTES
1543 Nicolau Copérnico argumenta que os planetas orbitam ao redor do Sol, não da Terra.

1609 Johannes Kepler afirma que os planetas se movem livremente, nas órbitas elípticas, ao redor do Sol.

1610 As observações astronômicas de Galileu respaldam as de Copérnico.

DEPOIS
1846 Johann Galle descobre Netuno, depois que o matemático francês Urbain Le Verrier usa as leis de Newton para calcular sua posição.

1859 Le Verrier relata que a órbita de Mercúrio não é explicada pela mecânica newtoniana.

1915 Com sua teoria geral da relatividade, Albert Einstein explica a gravidade em termos de curvatura e espaço-tempo.

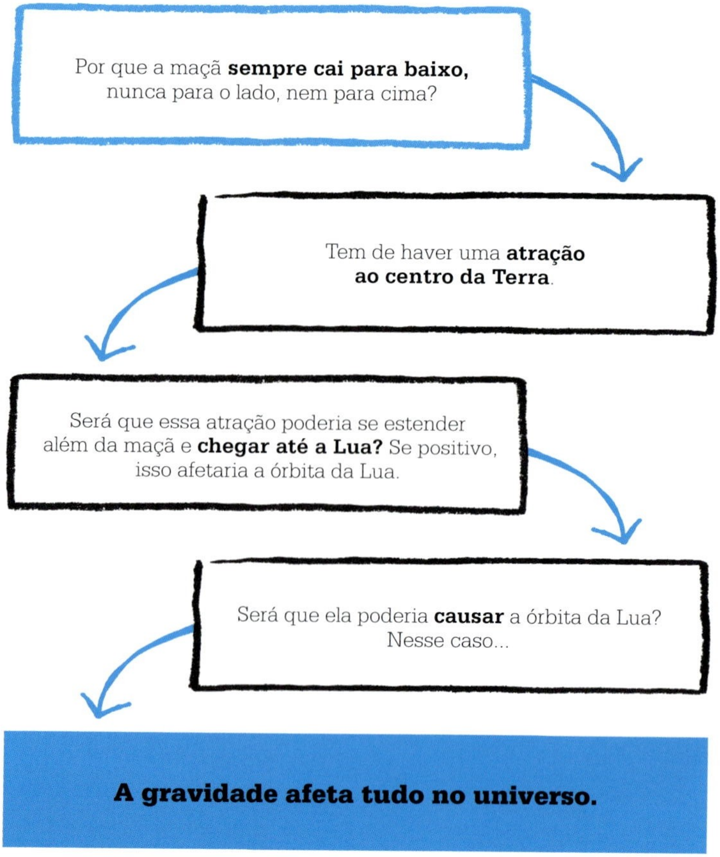

Por que a maçã **sempre cai para baixo,** nunca para o lado, nem para cima?

Tem de haver uma **atração ao centro da Terra**.

Será que essa atração poderia se estender além da maçã e **chegar até a Lua?** Se positivo, isso afetaria a órbita da Lua.

Será que ela poderia **causar** a órbita da Lua? Nesse caso...

A gravidade afeta tudo no universo.

À época em que Isaac Newton nasceu, o modelo heliocêntrico do universo, no qual a Terra e outros planetas orbitam o Sol, era a explicação aceita para os movimentos observados de Sol, Lua e planetas. Esse modelo não era novo, mas tinha voltado à proeminência quando Nicolau Copérnico publicou suas ideias ao final da vida, em 1543. No modelo de Copérnico, a Lua e cada um dos planetas giram ao redor de sua própria esfera cristalina, em volta do Sol, com uma esfera externa segurando os astros "fixos". Esse modelo foi suplantado quando Johannes Kepler publicou suas leis de movimento planetário, em 1609. Kepler dispensou as esferas cristalinas de Copérnico e mostrou que as órbitas dos planetas eram elipses, com o Sol num dos focos de cada elipse. Também descreveu como a velocidade de um planeta muda com seu deslocamento.

O que faltava em todos esses modelos do universo era uma explicação do motivo para que os planetas se movessem da forma como fazem. Foi aí que Newton entrou. Ele percebeu que a força que puxava uma maçã para o centro da Terra era a mesma que mantinha os planetas em órbita ao redor do Sol e demonstrou, matematicamente, como essa força mudava com a distância. A matemática que ele usava envolvia as três Leis de Movimento de Newton e sua Lei Universal de Gravidade.

Transformando ideias

Durante séculos o pensamento científico havia sido dominado pelas ideias de Aristóteles, que chegara às suas conclusões sem realizar experimentos para testá-las. Aristóteles ensinou que objetos em

Veja também: Nicolau Copérnico 34-39 ▪ Johannes Kepler 40-41 ▪ Galileu Galilei 42-43 ▪ Christiaan Huygens 50-51 ▪ William Herschel 86-87 ▪ Albert Einstein 214-21

movimento só continuam se movendo se forem empurrados e que objetos pesados caem mais depressa que os leves. Explicou que objetos pesados caem na Terra porque estão se movendo ao seu local natural. Também disse que corpos celestes, sendo perfeitos, só podem se mover em círculos, em velocidade constante.

Galileu Galilei surgiu com um conjunto diferente de ideias, alcançado por meio de experimentações. Ele observou bolas descendo em rampas e demonstrou que todos os objetos caem ao mesmo tempo se a resistência de ar for mínima. Também concluiu que objetos em movimento continuam a se mover a menos que uma força, como um atrito, atue para desacelerá-los. O Princípio de Inércia, de Galileu, viria a fazer parte da Primeira Lei de Newton. Como o atrito e a resistência do ar atuam em todos os objetos em movimento que encontramos na vida diária, o conceito de atrito não fica imediatamente óbvio. Somente pelo experimento cauteloso Galileu pôde mostrar que a força que mantém algo em movimento, numa velocidade constante, era necessária apenas para contrapor o atrito.

Leis de movimento

Newton fez experimentos em muitas áreas de interesse, mas nenhum registro de seus testes sobre movimento sobrevive. No entanto, suas três leis têm sido verificadas em muitas experiências, mantendo a verdade para velocidades, bem abaixo da velocidade da luz. Newton afirmou sobre sua Primeira Lei: "Todo corpo permanece em estado de repouso ou em movimento uniforme, em linha reta, a menos que seja compelido a mudar esse estado por forças aplicadas sobre ele". Em outras palavras, ele só começa a se mover se uma força atuar sobre ele, e um objeto em movimento continua a se mover, com velocidade constante, a menos que uma força atue sobre ele. Ali, a velocidade significa tanto a direção de um objeto em movimento quanto sua velocidade. Portanto, um objeto só mudará de velocidade ou direção se uma força agir sobre ele. A força importante é a força resultante. Um carro em movimento tem muitas forças sobre ele, incluindo o atrito e a resistência do ar e também o motor guiando as rodas. Se as forças que empurram o carro à frente equilibram as forças que tentam desacelerá-lo, não há força resultante, e o carro manterá uma velocidade constante.

A Segunda Lei de Newton afirma que a mudança de movimento é proporcional à força motora atuante sobre ele e é escrita geralmente assim: $F = ma$, em que F é a força, m é a massa e a é a aceleração. Isso também mostra que a aceleração depende da »

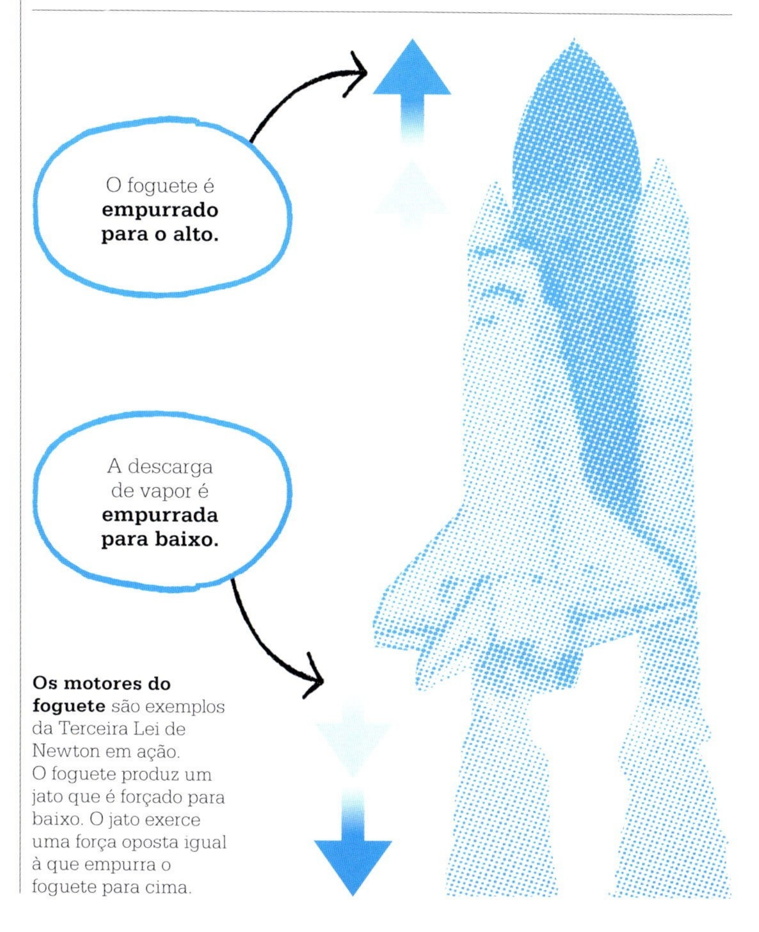
O foguete é **empurrado para o alto.**
A descarga de vapor é **empurrada para baixo.**

Os motores do foguete são exemplos da Terceira Lei de Newton em ação. O foguete produz um jato que é forçado para baixo. O jato exerce uma força oposta igual à que empurra o foguete para cima.

massa de um objeto. Para uma determinada força, um objeto com pouca massa vai acelerar mais que um com mais massa.

A Terceira Lei de Newton diz: "Para toda ação há sempre uma reação oposta de igual intensidade". Isso significa que todas as forças existem em pares: se um objeto exerce uma força num segundo objeto, então o segundo objeto simultaneamente exerce uma força no primeiro, e ambas as forças são iguais e opostas. Apesar do termo "ação", não se exige movimento para que isso seja verdade. Está ligado às ideias de Newton quanto à gravidade, já que um exemplo dessa Terceira Lei é a atração gravitacional entre os corpos. Significa que a Terra não está apenas puxando a Lua, mas a Lua puxa a Terra com a mesma força.

Não consegui descobrir a causa dessas propriedades gravitacionais do fenômeno e não tenho hipóteses.
Isaac Newton

Atração universal

Newton começou a pensar em gravidade no fim dos anos 1660, quando ele se retirou à vila de Woolsthorpe por alguns anos, para evitar a Grande Praga que assolava Cambridge. À época, várias pessoas sugeriram que havia uma força atrativa do Sol e que a intensidade dessa força era inversamente proporcional ao quadrado da distância. Ou seja, se a distância entre o Sol e outro corpo é dobrada, a força entre eles é apenas um quarto da força original. No entanto, achava-se que essa regra não podia ser aplicada perto da superfície de um corpo volumoso como a Terra.

Newton, vendo uma maçã cair de uma árvore, ponderou que a Terra só podia atrair a maçã e, como a maçã sempre caía em linha perpendicular ao solo, sua direção de queda era guiada ao centro da Terra. Portanto, a força de atração entre a Terra e a maçã tinha de atuar como se originada do centro da Terra. Essas ideias abriram caminho para tratar o Sol e os planetas como pequenos pontos com grandes massas, o que facilitou os cálculos na medição a partir de seu centro. Newton não via motivo para achar que a força que fazia uma maçã cair diferisse da força que mantinha os planetas em sua órbita. Portanto, a gravidade era uma força universal.

Se a teoria de gravidade de Newton é aplicada aos objetos em queda, M_1 é a massa da Terra e M_2 é a massa do objeto em queda. Assim, quanto maior a massa de um objeto, maior é a força que o atrai para baixo. No entanto, a Segunda Lei de Newton nos diz que uma massa maior não acelera com a mesma rapidez que uma menor, de força igual. Portanto, é necessária uma força maior para acelerar uma massa maior, e todos os objetos caem à mesma velocidade, contanto que não haja outras forças para complicar as coisas, como a resistência do ar. Sem resistência do ar, um martelo e uma pena caem na mesma velocidade – fato finalmente demonstrado em 1971 pelo astronauta Dave Scott, que realizou a experiência na superfície da Lua durante a missão Apollo 15.

Newton descreveu uma experiência idealizada para explicar as órbitas num primeiro esboço de *Philosophiae Naturalis Principia Mathematica*. Ele imaginou um canhão numa montanha muito alta disparando balas, horizontalmente, em velocidades cada vez maiores. Quanto maior a velocidade da bala disparada, mais longe ela vai aterrissar. Se for lançada com

A Lei da Gravidade de Newton produz a equação abaixo, que mostra como a força produzida depende da massa de dois objetos e o quadrado da distância entre eles.

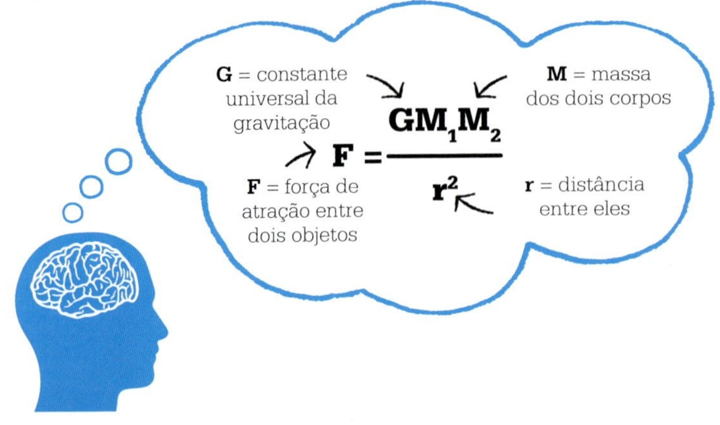

Se uma bala de canhão for disparada com velocidade insuficiente, a gravidade vai puxá-la para a Terra (A e B). Se disparada com velocidade suficiente, ela fará a órbita da Terra (C).

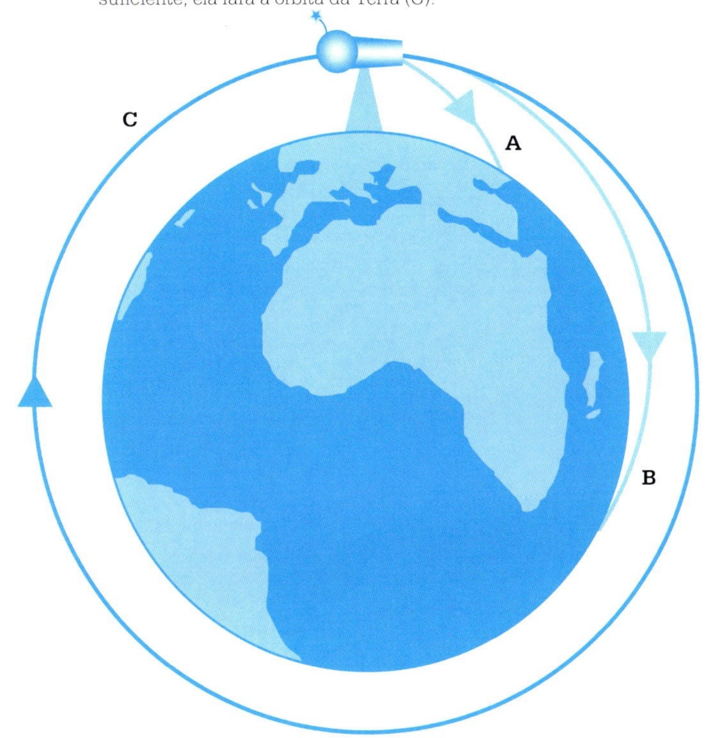

O experimento de Newton descrevia uma bala de canhão disparada horizontalmente de uma montanha alta. Quanto maior a força disparando a bala, mais distante é seu percurso até cair no chão. Se ela for disparada com bastante força, contornará a Terra inteira e voltará à montanha.

velocidade suficiente, nem vai aterrissar, mas seguirá seu percurso ao redor da Terra até que volte ao topo da montanha. Da mesma forma, um satélite lançado em órbita na velocidade correta vai prosseguir contornando a Terra. O satélite é continuamente acelerado pela gravidade da Terra. Ele se desloca em velocidade constante mas sua direção está sempre mudando, fazendo-o circundar o planeta, em vez de disparar rumo ao espaço em linha reta. Nesse caso, a gravidade da Terra só muda a direção da constante do satélite, não sua velocidade.

Publicando ideias

Em 1684, Robert Hooke gabou-se aos amigos Edmond Halley e Christopher Wren que ele havia descoberto as leis do movimento planetário. Halley era amigo de Newton e perguntou-lhe a respeito. Newton disse que ele já tinha resolvido o problema mas havia perdido suas anotações. Halley incentivou Newton a refazer o

Para mim, sou apenas uma criança brincando na praia, enquanto vastos oceanos de verdade repousam ocultos à minha frente.
Isaac Newton

trabalho, e, como resultado, Newton produziu *Sobre o movimento dos corpos em órbita*, um breve manuscrito enviado à Royal Society em 1684. Nesse estudo, Newton mostrava que o movimento elíptico dos planetas que Kepler descrevera resultaria de uma força puxando tudo em direção ao Sol, na qual a força era inversamente proporcional à distância entre os corpos. Newton expandiu esse trabalho, incluindo outros escritos sobre forças e movimento, em *Principia Mathematica*, que foi publicado em três volumes e continha, dentre outras coisas, a Lei Universal de Gravidade e as Três Leis de Movimento. Os volumes foram escritos em latim, e só em 1729 foi publicada a primeira tradução para o inglês, baseada na terceira edição de Newton de *Principia Mathematica*.

Hooke e Newton já tinham se desentendido sobre as críticas de Hooke a respeito da teoria da luz de Newton. Após a publicação de Newton, contudo, muito do trabalho de Hooke sobre o movimento planetário ficou desprezado. Entretanto, Hooke não tinha sido o único a sugerir tal lei e tampouco demonstrara seu funcionamento.

Newton havia mostrado que essa Lei Universal da Gravidade e as »

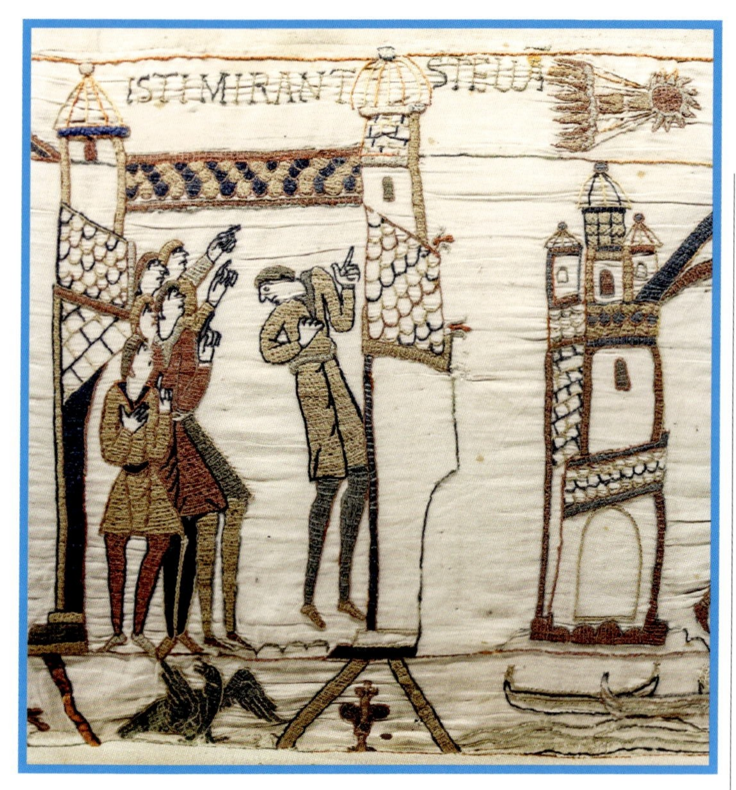

As leis de Newton forneceram as ferramentas para calcular as órbitas de corpos celestes, como o cometa Halley após sua aparição em 1066, mostrada aqui numa tapeçaria de Bayeux.

leis de movimento podiam ser usadas matematicamente para descrever as órbitas dos planetas e cometas e que essas descrições eram compatíveis com as observações.

Recepção cética

As ideias de Newton sobre a gravidade não foram bem recebidas em todo lugar. A "ação a distância" da força de gravidade de Newton, sem meios de explicar como ou por que ocorria, era vista como uma ideia "oculta". O próprio Newton se recusou a especular sobre a natureza da gravidade. Para ele, era suficiente ter mostrado que a ideia de uma atração de um inverso ao quadrado pudesse explicar os movimentos planetários, portanto a matemática estava correta. No entanto, as leis de Newton descreveram tantos fenômenos que logo passaram a ser amplamente aceitas e hoje a unidade de força usada internacionalmente leva seu nome.

Por que aquela maçã sempre cai em perpendicular ao solo, pensou ele...
William Stukeley

Edmond Halley usou as equações de Newton para calcular a órbita de um cometa visto em 1682 e mostrou que era o mesmo cometa observado em 1531 e em 1607, hoje chamado cometa Halley. Halley teve êxito ao prever que ele voltaria em 1758, o que ocorreu 16 anos após sua morte. Essa foi a primeira vez que ficou demonstrado que os cometas orbitavam o Sol. O cometa Halley passa perto da Terra a cada 75-76 anos e é o mesmo cometa visto em 1066, antes da Batalha de Hastings, no sul da Inglaterra.

As equações também foram usadas com sucesso para descobrir um novo planeta. Urano é o sétimo planeta do Sol e foi identificado como planeta por William Herschel, em 1781. Herschel descobriu o planeta casualmente, enquanto observava atentamente o céu noturno. Observações adicionais de Urano permitiram aos astrônomos calcular sua órbita e produzir tabelas prevendo onde ele poderia ser observado no futuro. Essas previsões nem sempre estavam corretas; no entanto levaram à ideia de que tinha de haver outro planeta, além de Urano, cuja gravidade estava afetando a órbita de Urano. Até 1845, os astrônomos haviam calculado onde esse oitavo planeta deveria estar no céu, e Netuno foi descoberto em 1846.

Problemas com a teoria

Para um planeta com uma órbita elíptica, o ponto mais próximo de aproximação do Sol é chamado de periélio. Se houvesse apenas um planeta orbitando o Sol, o periélio de sua órbita ficaria no mesmo lugar. No entanto, todos os planetas de nosso Sistema Solar afetam uns aos outros, e o periélio faz a precessão (rotação) ao redor do Sol. Como todos os outros planetas, o periélio de Mercúrio faz a precessão, mas esta não pode ser completamente justificada usando as equações de Newton. Isso foi reconhecido como um problema, em 1859. Mais de 50 anos depois, a teoria geral de relatividade de Einstein descreveu a gravidade como um efeito de curvatura no espaço-tempo, e os cálculos baseados nessa teoria confirmam a precessão da órbita de Mercúrio e outras observações não ligadas às leis de Newton.

As leis de Newton hoje

As leis de Newton formam a base do que se refere como "mecânica clássica" – um conjunto de equações usado para calcular os efeitos das forças e movimento. Embora essas leis tenham sido substituídas por equações baseadas nas teorias de relatividade de Einstein, os dois conjuntos de leis concordam, contanto que qualquer movimento seja pequeno comparado à velocidade da luz. Portanto, para os cálculos usados na elaboração de aeronaves ou carros ou para calcular a força necessária para os componentes de um arranha-céu, as equações de mecânica clássica são bem precisas e muito mais simples de usar. A mecânica newtoniana, embora não seja estritamente correta, ainda é amplamente usada. ■

A natureza e suas leis se escondem na noite escura; Deus disse "Que venha Newton" e tudo virou luz pura.
Alexander Pope

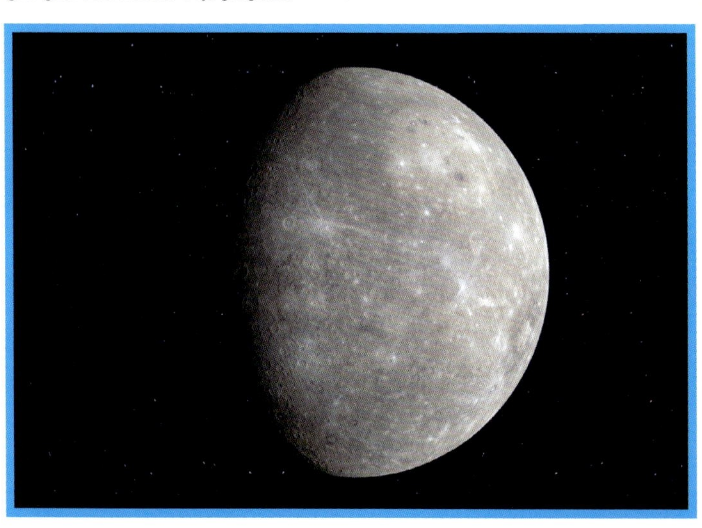

A precessão (mudança no eixo rotacional) da órbita de Mercúrio foi o primeiro fenômeno que não pôde ser explicado pelas leis de Newton.

Isaac Newton

Nascido no dia de Natal de 1642, Isaac Newton frequentou a escola em Grantham, antes de estudar na Trinity College, Cambridge, onde se formou em 1665. Durante sua vida, Newton foi professor de matemática em Cambridge, mestre da Royal Mint, membro do Parlamento, pela Universidade de Cambridge, e presidente da Royal Society. Além de sua disputa com Hooke, Newton se envolveu numa discussão com o matemático alemão Gottfried Leibniz sobre a prioridade no desenvolvimento de cálculo.

Além de seu trabalho científico, Newton passou um bom tempo fazendo investigações de alquimia e interpretações bíblicas. Cristão devoto mas não ortodoxo, ele conseguiu evitar ser ordenado no sacerdócio, algo geralmente exigido para alguns cargos que exerceu.

Obras-chave

1684 *Sobre o movimento dos corpos em órbita*
1687 *Philosophiae Naturalis Principia Mathematica*
1704 *Opticks*

EXPAND HORIZO

1700-1800

NDO NTES

O clérigo inglês Stephen Hales publica *Vegetable Statick*, demonstrando a **pressão da raiz**.

1727

George Hadley explica o comportamento dos **ventos alísios**, num breve estudo que permaneceu desconhecido durante décadas.

1735

Georges-Louis Leclerc, mais tarde **conde de Buffon**, publica o primeiro volume de *Histoire Naturelle*.

1749

Henry Cavendish faz o hidrogênio, ou **ar inflamável**, reagindo zinco com ácido.

1766

1735

O botânico sueco Carl Lineu publica *Systema Naturae*, iniciando sua **classificação da flora e fauna**.

Daniel Bernoulli publica *Hidrodynamica*, que abre caminho para a **teoria cinética de gases**.

A tese de doutorado de Joseph Black sobre carboidratos é um trabalho pioneiro em **química quantitativa**.

O diplomata e cientista americano Benjamin Franklin publica um gráfico da **Corrente do Golfo**.

Ao final do século XVII, Isaac Newton instituíra as leis de movimento e gravidade, tornando a ciência mais precisa e matemática do que jamais fora. Cientistas de vários campos identificaram os princípios intrínsecos regendo o universo, e os diversos ramos da pesquisa científica ficaram cada vez mais especializados.

Dinâmica de fluidos

Nos anos 1720 Stephen Hales, curador inglês, realizou uma série de experimentos com plantas, descobrindo a pressão da raiz – através da qual a seiva mina nas plantas –, e inventou uma gamela, aparato de laboratório para coletar gases, que depois se provou útil para identificar componentes do ar.

Daniel Bernoulli, o mais brilhante de uma família de matemáticos suíços, formulou o Princípio Bernoulli – que é a queda da pressão de um fluido quando este está em movimento. Isso lhe permitiu medir a pressão sanguínea. Também é o princípio que permite a uma aeronave voar.

Em 1754, o químico escocês Joseph Black, que depois formularia a teoria do calor latente, produziu uma notável tese de doutorado sobre a decomposição de carboidrato de cálcio e a geração do "ar fixo", ou dióxido de carbono. Foi a centelha para uma reação em cadeia de pesquisas e descobertas químicas. Na Inglaterra, o gênio recluso Henry Cavendish isolou gás de hidrogênio e demonstrou que a água é feita de duas partes de hidrogênio e uma de oxigênio. O ministro dissidente Joseph Priestley isolou o oxigênio e vários outros gases. O holandês Jan Ingenhousz começou onde Priestley parou e mostrou como as plantas verdes emanam oxigênio, sob a luz solar, e dióxido de carbono no escuro. Nesse ínterim, na França, Antoine Lavoisier mostrava que muitos elementos, incluindo carbono, enxofre e fósforo, queimam quando combinados com oxigênio, para formar o que hoje chamamos de *óxidos*, desbancando assim a teoria de que os materiais combustíveis contêm uma substância chamada *flogisto* que os faz queimar (infelizmente, os revolucionários franceses condenaram Lavoisier à guilhotina).

Em 1793, o químico francês Joseph Proust descobriu que elementos químicos quase sempre se misturam em proporções definidas. Esse foi um passo vital rumo à descoberta da fórmula de compostos simples.

Joseph Priestley faz oxigênio ao aquecer óxido de mercúrio, usando a luz solar e uma lupa; ele chama isso de ***ar desflogistocado***.

1774

Nevil Maskelyne calcula a **densidade da Terra**, medindo a atração gravitacional de uma montanha.

1774

James Hutton publica sua teoria sobre a **idade da Terra**.

1788

Thomas Malthus produz seu primeiro ensaio sobre a **população humana**, que viria a influenciar Charles Darwin e Alfred Russel Wallace.

1798

1774

Antoine Lavoisier, depois de aprender a técnica de Priestley, faz o mesmo gás e o chama de **oxygène**.

1779

Jan Ingenhousz descobre que plantas verdes, sob a luz solar, emanam oxigênio; é a **fotossíntese**.

1793

Christian Sprengel descreve a **sexualidade das plantas**, em seu livro sobre polinização.

1799

Alessandro Volta inventa a **bateria elétrica**.

Ciências terrestres

Do outro lado da balança, a compreensão dos processos terrestres fazia grandes avanços. Nas Américas, Benjamin Franklin, além de realizar uma experiência perigosa para provar que o raio é uma forma de eletricidade, demonstrou a existência de correntes marítimas de grande escala, investigando a Corrente do Golfo. George Hadley, advogado inglês e meteorologista amador, publicou um breve relato explicando a ação dos ventos alísios na rotação da Terra, enquanto Nevil Maskelyne adotou uma ideia de Newton e passou vários meses acampado, num clima horrendo, para medir a atração gravitacional de uma montanha escocesa. Ao fazê-lo, calculou a densidade da Terra. James Hutton passou a se interessar por geologia, depois de herdar uma fazenda na Escócia, e percebeu que a Terra era muito mais velha do que jamais se pensara.

Entendendo a vida

Enquanto os cientistas descobriam a idade extrema da Terra, surgiam novas ideias sobre a origem e a evolução da vida. Georges-Louis Leclerc, conde de Buffon, um magnânimo escritor, ambientalista e matemático, deu os primeiros passos em direção à teoria da evolução. O teólogo alemão Christian Sprengel passou boa parte de sua vida estudando a interação de plantas e insetos e notou que flores bissexuais produzem flores macho e fêmea em épocas distintas e por isso não podem fertilizar a si mesmas. O pastor inglês Thomas Malthus voltou sua atenção à demografia e escreveu *Ensaio sobre a população*, prevendo catástrofes com o crescimento populacional. O pessimismo de Malthus se provou infundado (até agora), mas sua ideia de que o crescimento populacional sem controle esgotará os recursos influenciaria profundamente Charles Darwin.

Ao final do século, o físico italiano Alessandro Volta abriu um novo mundo ao inventar a bateria elétrica, que viria acelerar os avanços nas décadas seguintes. O progresso ao longo do século XVIII havia sido tamanho que o filósofo inglês William Whewell propôs a criação de uma nova profissão distinta do filósofo: "Nós precisamos muito de um nome para descrever um cultivador de ciência em geral. Estou inclinado a chamá-lo de cientista". ■

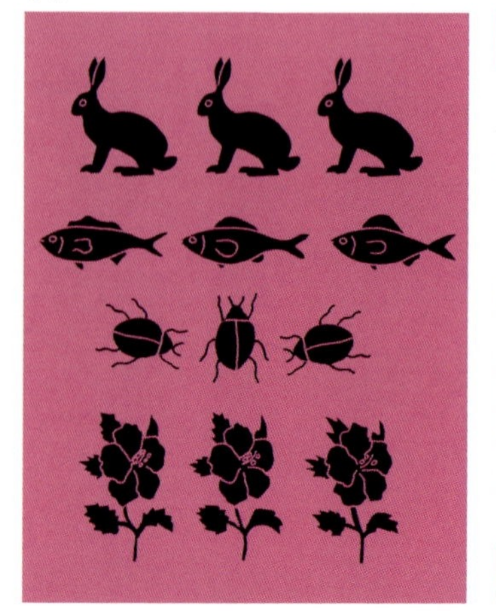

A NATUREZA NÃO AVANÇA A PASSOS LARGOS

CARL LINEU (1707-1778)

EM CONTEXTO

FOCO
Biologia

ANTES
c. 320 a.C. Aristóteles agrupa organismos semelhantes em uma escala de complexidade crescente.

1686 John Ray define uma espécie biológica em seu *Historia Plantarum*.

DEPOIS
1817 O zoólogo francês Georges Cuvier estende a hierarquia lineana ao seu estudo de fósseis e de animais vivos.

1859 *Sobre a origem das espécies*, de Charles Darwin, explica em sua teoria da evolução como as espécies surgem e se relacionam.

1866 O biólogo alemão Ernst Haeckel é pioneiro no estudo de evolução de linhagens, conhecidas como *filogenética*.

1950 Willi Hennig compõe um novo sistema de classificação de filogenéticos, que busca elos evolutivos.

A classificação do mundo natural em uma hierarquia de grupos de organismos descritos e especificados é a pedra fundamental da ciência biológica. Esses agrupamentos ajudam a entender o sentido da diversidade da vida, permitindo aos cientistas a comparação e a identificação de milhões de organismos individuais. A taxonomia moderna – ciência de identificação, denominação e classificação dos organismos – começou com o naturalista sueco Carl Lineu. Ele foi o primeiro a compor uma hierarquia sistemática baseada em seu amplo e detalhado estudo sobre as características físicas de plantas e animais. Também foi pioneiro na forma de nomear organismos diferentes que ainda está em uso.

A maior influência inicial foi a do filósofo grego Aristóteles. Em seu *História dos animais*, ele agrupou animais semelhantes em gênero, distinguiu as espécies em cada grupo e as classificou em uma *scala naturae*, ou "escada da vida", com 11 graus de complexidade ascendente, em forma e propósito, com as plantas na base e os humanos no topo.

Ao longo dos séculos, surgiu uma multiplicidade caótica de nomes e descrições de plantas e animais. Até o século XVII, os cientistas se empenhavam para montar um sistema mais coerente e consistente. Em 1686, o botânico inglês John Ray introduziu o conceito de espécies biológicas, definidas pela capacidade reprodutiva de plantas e animais que ainda hoje permanece como a definição mais aceita.

Em 1735, Lineu produziu um livreto classificatório de 12 páginas que cresceu e se transformou num

O sistema de Lineu agrupa os organismos segundo características compartilhadas. Um tigre pertence à família felina Felidae, que, por sua vez, pertence à ordem Carnivora, na classe Mammalia.

Veja também: Jan Swammerdam 53 ▪ John Ray 60-61 ▪ Jean-Baptiste Lamarck 118 ▪ Charles Darwin 142-49

multivolume com 12 edições, em 1778, desenvolvendo a ideia de gênero e hierarquia dos agrupamentos, com base em características físicas compartilhadas. No topo estavam os três reinos: animal, vegetal e mineral. Os reinos eram divididos em filos, classes, ordens, famílias, gêneros e espécies. Ele também estabeleceu o nome das espécies usando um nome latim composto, um nome para o gênero e outro para a espécie dentro daquele gênero, como *Homo sapiens* – Lineu foi o primeiro a definir humanos como animais.

A classificação lineana agrupa por semelhança.

Para Lineu, a ordem da vida reflete a **criação de Deus**.

A natureza não avança a passos largos.

A classificação cladística agrupa os organismos com um ancestral comum.

A ordem da vida reflete a **evolução cronológica**.

O DNA é usado para **mapear os relacionamentos evolutivos**.

Ordem divina

Para Lineu, a classificação revelava que "a natureza não anda a passos largos", mas segundo a ordem divina. Seu trabalho foi fruto de inúmeras expedições por Suécia e pelo resto da Europa em busca de novas espécies.

Seu sistema classificatório preparou o caminho para Charles Darwin, que via a importância evolutiva dessa "hierarquia natural" com todas as espécies em um gênero ou família, relacionados por descendência e divergência de um ancestral comum. Um século depois de Darwin, o biólogo alemão Willi Hennig desenvolveu uma nova abordagem de classificação, chamada *cladística*. Para refletir os elos evolutivos, os organismos são agrupados em "clades" com uma ou mais características compartilhadas herdadas do último ancestral comum que não sejam encontradas em ancestrais mais distantes. O processo de classificação por clades prossegue até hoje, com espécies recebendo novas posições à medida que novas provas, geralmente genéticas, são encontradas. ■

Carl Lineu

Nascido em 1707 na região rural da Suécia, Carl Lineu estudou medicina e botânica, nas universidades de Lund e Uppsala, e recebeu o diploma de medicina na Holanda, em 1735. Mais tarde, naquele ano, publicou um livreto de 12 páginas intitulado *Systema Naturae*, que descrevia um sistema de classificação para organismos vivos.

Depois de viagens adicionais pela Europa, em 1738, Lineu regressou à Suécia para exercer a medicina, antes de ser nomeado professor de medicina e botânica na Universidade de Uppsala. Seus alunos, mais notoriamente Daniel Solander, viajavam pelo mundo coletando plantas. Com sua vasta coleção, Lineu expandiu seu *Systema Naturae* em 12 edições em trabalho de vasto volume, com mais de mil páginas englobando mais de 6 mil espécies de plantas e 4 mil animais. Até a época de sua morte, em 1778, Lineu foi um dos mais aclamados cientistas da Europa.

Obras-chave

1753 *Species Plantarum*
1778 *Systema Naturae, 12ª edição*

O CALOR QUE DESAPARECE NA CONVERSÃO DA ÁGUA EM VAPOR NÃO SE PERDE

JOSEPH BLACK (1728-1799)

EM CONTEXTO

FOCO
Química e física

ANTES
1661 Robert Boyle é pioneiro no isolamento de gases.

Anos 1750 Joseph Black pesa materiais antes e depois das reações químicas – primeira química quantitativa – e descobre o dióxido de carbono.

DEPOIS
1766 Henry Cavendish isola o hidrogênio.

1774 Joseph Priestley isola o oxigênio e outros gases.

1798 Nascido nos Estados Unidos, o físico britânico Benjamin Thompson sugere que o calor é produzido pelo movimento de partículas.

1845 James Joule estuda a conversão de movimento em calor e mede o equivalente mecânico do calor, afirmando que determinada quantidade de trabalho mecânico gera o mesmo volume de calor.

O calor geralmente **eleva a temperatura da água**.

Mas, quando a água ferve, **a temperatura para de subir**.

É necessário **calor adicional** para **transformar o líquido em vapor**. Esse calor latente dá ao vapor uma **incrível força escaldante**.

O calor que desaparece na conversão da água em vapor não se perde.

Professor de medicina na Universidade de Glasgow, Joseph Black também palestrava sobre química. Embora tenha sido um cientista notável, era raro publicar seus resultados formalmente, mas os anunciava em suas palestras; seus alunos tinham acesso à ciência de ponta.

Alguns deles eram filhos de destiladores de uísque escocês, preocupados com os custos na administração dos negócios. Eles lhe perguntaram o motivo de ser tão custosa a destilação do uísque, já que simplesmente ferviam o líquido e condensavam o vapor.

Uma ideia que botou para ferver

Em 1761, Black investigava os efeitos do calor nos líquidos e descobriu que, se uma panela de água for aquecida no fogão, a temperatura aumenta continuamente até chegar a 100 °C. Então a água começa a

Veja também: Robert Boyle 46-49 ▪ Joseph Priestley 82-83 ▪ Antoine Lavoisier 84 ▪ John Dalton 112-13 ▪ James Joule 138

ferver, mas a temperatura não muda, embora o calor ainda esteja percorrendo a água. Black percebeu que o calor é necessário para transformar o líquido em vapor – ou, em termos atuais, dar às moléculas energia suficiente para escapar do líquido. Esse calor não altera a temperatura e parece desaparecer – Black o chamou de *calor latente* (do latim para "escondido"). Mais precisamente, é o calor latente da evaporação da água. Essa descoberta foi o começo da ciência de termodinâmica – estudo do calor, sua relação com a energia e a conversão da energia do calor em movimento, para realizar o trabalho mecânico.

A água possui um calor latente estranhamente alto, significando que água líquida ferve por um bom tempo antes de se transformar em gás. É por isso que o vapor é tão eficiente no cozimento de legumes, possui incrível poder escaldante e também é usado em sistemas de aquecimento.

Derretendo gelo

Da mesma forma que o calor é necessário para transformar a água em vapor, ele é necessário para transformar o gelo em água. O calor latente do gelo derretendo significa que o gelo refresca uma bebida. Derreter o gelo exige calor, e esse calor é extraído da bebida na qual ele flutua, consequentemente refrescando o líquido.

Black explicou tudo isso aos destiladores, embora não tenha conseguido ajudá-los a economizar dinheiro. Ele também explicou a um colega chamado James Watt, que estava tentando descobrir por que os motores a vapor eram tão ineficientes. Em seguida, Watt surgiu com a ideia do *condensador isolado*, que condensava o vapor sem esfriar o pistão e o cilindro. Isso tornou o motor a vapor muito mais eficaz e fez de Watt um homem rico. ■

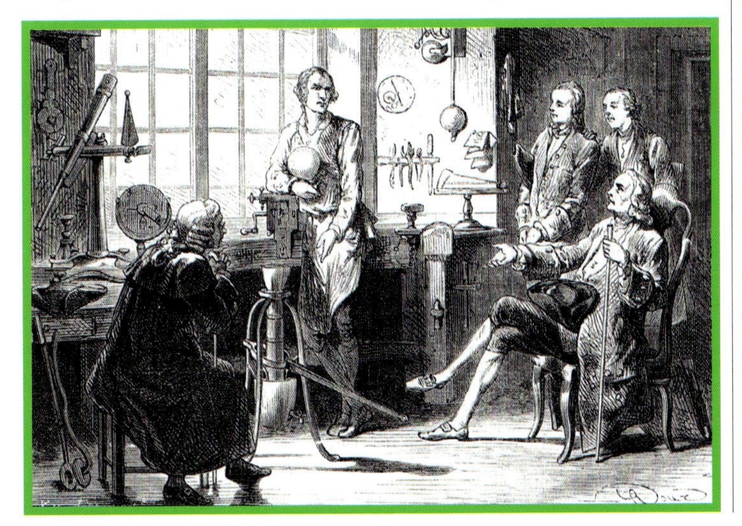

Aqui, Black está visitando o engenheiro James Watt, em seu laboratório, em Glasgow. Watt demonstra um de seus instrumentos movidos a vapor.

Joseph Black

Nascido em Bordeaux, França, Joseph Black estudou medicina nas universidades de Glasgow e Edimburgo, conduzindo experimentos químicos no laboratório de seu professor. Em sua tese de doutorado, em 1754, Black mostrou que, quando giz (carboidrato de cálcio) é aquecido e se torna cal viva (óxido de cálcio), ele não absorve o princípio do fogo como se acreditava, mas perde peso. Black percebeu que essa perda devia ser um gás, já que nenhum líquido ou sólido era produzido, e o chamou de "ar fixo", porque era um ar (gás) que havia se fixado no giz. Também mostrou que o ar fixo (que hoje conhecemos como dióxido de carbono) estava entre os gases que exalamos.

Enquanto professor de medicina em Glasgow a partir de 1756, Black conduziu sua pesquisa sobre calor, seu grande marco. Embora não tenha publicado os resultados, seus alunos divulgaram suas descobertas. Depois de se mudar para Edimburgo em 1766, ele abriu mão das pesquisas para se concentrar nas palestras e – conforme a Revolução Industrial ganhou ritmo – dar consultoria sobre inovações químicas para a indústria e a agricultura escocesas.

AR INFLAMÁVEL

HENRY CAVENDISH (1731-1810)

EM CONTEXTO

FOCO
Química

ANTES
1661 Robert Boyle define um elemento, instituindo a base da química moderna.

1754 Joseph Black identifica um gás, o dióxido de carbono, que chama de "ar fixo".

DEPOIS
1772-75 Joseph Priestley e (separadamente) o sueco Carl Scheele isolam oxigênio, seguidos por Antoine Lavoisier, que batiza o gás. Priestley também descobre o óxido nitroso e o ácido clorídrico, realiza experiências com oxigênio inalável e faz a água gasosa.

1799 Humphry Davy sugere que o óxido nitroso pode ser útil como analgésico em cirurgias.

1844 O óxido nitroso é usado como anestésico, pela primeira vez, pelo dentista americano Horace Wells.

Quando um metal como o zinco reage com ácido diluente, ele **produz bolhas**.

Essas bolhas podem ser um **novo ar**.

Elas **queimam rapidamente**, quando acesas.

Isso só pode ser um ar inflamável.

Em 1754, Joseph Black havia descrito o que hoje chamamos de dióxido de carbono (CO_2) como "ar fixo". Ele não foi apenas o primeiro cientista a identificar um gás, mas também demonstrou que havia diversos tipos de "ar", ou gases.

Doze anos depois, um cientista inglês chamado Henry Cavendish relatou à Royal Society, em Londres, que os metais zinco, ferro e latão "geram ar inflamável através de soluções ácidas". Ele chamou seu novo gás de "ar inflamável" devido a sua combustão instantânea, ao contrário do ar comum, ou "ar fixo". Hoje, o chamamos de hidrogênio (H_2). Esse foi o segundo gás a ser identificado e o primeiro elemento gasoso a ser isolado. Cavendish se propôs a calcular o peso de uma amostra de gás, medindo a perda de peso da mistura de zinco com ácido durante a reação, coletando todo o gás produzido num balão e pesando-o – primeiro cheio de gás, depois vazio. Sabendo o volume, pôde calcular sua densidade. Ele descobriu que o ar inflamável era 11 vezes mais denso que o ar comum.

A descoberta de gás de baixa densidade levou aos balões aeronáuticos, mais leves que o ar. Na França, em 1783, o inventor Jacques Charles lançou o primeiro balão a hidrogênio, menos de duas semanas depois que os irmãos Montgolfier

Veja também: Empédocles 21 ▪ Robert Boyle 46-49 ▪ Joseph Black 76-77 ▪ Joseph Priestley 82-83 ▪ Antoine Lavoisier 84 ▪ Humphry Davy 114

Por essas experiências, parece que esse ar, assim como outras substâncias inflamáveis, não pode queimar sem o auxílio do ar comum.
Henry Cavendish

lançaram o primeiro balão a ar quente tripulado por um homem.

Descobertas explosivas

Cavendish também mesclou amostras medidas de seu gás com volumes conhecidos de ar em garrafas e acendeu a mistura tirando a tampa e colocando pedaços acesos de papel. Descobriu que, com nove partes de ar e uma parte de hidrogênio, havia uma combustão lenta e tranquila; com o aumento proporcional do hidrogênio, a mistura explodia com voracidade cada vez maior; mas o hidrogênio 100% puro não entrava em ignição.

O pensamento de Cavendish ainda era limitado por uma noção obsoleta de alquimia, de que um elemento semelhante ao fogo ("flogisto") era liberado durante a combustão. No entanto, ele foi preciso em seus experimentos e relatos: "Parece que 423 medidas de ar inflamável são quase suficientes para causar o flogisto em proporção de 1.000 do ar comum; e o ar restante após a explosão é pouco mais de quatro quintos do ar comum empregado. Podemos concluir que... quase todo o ar inflamável e cerca de um quinto de ar comum são condensados no orvalho que cobre o vidro".

Definindo a água

Embora Cavendish tenha usado o termo "flogisticar", ele conseguiu demonstrar que o único material novo produzido era água, e deduziu que dois volumes do ar inflamável haviam se mesclado com um volume de oxigênio. Ou seja, mostrou que a composição de água é H_2O. Embora tenha relatado suas descobertas a Joseph Priestley, Cavendish era tão acanhado em publicar os resultados que seu amigo, o engenheiro escocês James Watt, foi o primeiro a anunciar a fórmula, em 1783.

Dentre suas muitas contribuições à ciência, Cavendish depois calculou a composição de ar como "parte deflogisticada" do ar (oxigênio), misturada com quatro partes de flogisto (nitrogênio) – os dois gases hoje formam 99% da atmosfera da Terra. ■

O primeiro balão de hidrogênio, inspirado em Cavendish, foi saudado por uma multidão. Como o hidrogênio é muito explosivo, os balões hoje usam hélio.

Henry Cavendish

Um dos mais estranhos e brilhantes pioneiros da física e da química do século XVIII, Henry Cavendish nasceu em 1731 em Nice, França. Seus avôs eram duques, e ele era muito rico. Após seus estudos na Universidade de Cambridge, viveu e trabalhou sozinho em sua casa, em Londres. Homem de poucas palavras e tímido com as mulheres, dizem que pedia suas refeições deixando bilhetes aos seus empregados.

Cavendish frequentou as reuniões da Royal Society por cerca de 40 anos e também auxiliou Humphry Davy na Royal Institution. Ele fez uma pesquisa original expressiva da química e da eletricidade, descreveu com precisão a natureza do calor e mediu a densidade da Terra – ou, como diziam, "pesou o mundo". Morreu em 1810. Em 1874, a Universidade de Cambridge batizou seu novo laboratório de física em sua homenagem.

Obras-chave

1766 *Three Papers Containing Experiments on Factitious Air*
1784 *Experiments on Air (Philosophical Transactions of the Royal Society of London)*

QUANTO MAIS OS VENTOS SE APROXIMAM DA LINHA DO EQUADOR, MAIS PARECEM VIR DO LESTE

GEORGE HADLEY (1685-1768)

EM CONTEXTO

FOCO
Meteorologia

ANTES
1616 Galileu Galilei indica os ventos alísios como prova da rotação da Terra.

1686 Edmond Halley propõe que o Sol, ao rumar para oeste atravessando o céu, faz com que o ar suba e seja substituído por ventos do leste.

DEPOIS
1793 John Dalton publica *Meteorological Observations and Essays*, que respalda a teoria de Hadley.

1835 Gustave Coriolis trabalha em cima das ideias de Hadley, descrevendo "a força centrífuga composta" que desvia o vento.

1856 O meteorologista norte-americano William Ferrel identifica uma célula de circulação em latitudes medianas (30-60°) nos quais o ar sugado a um centro de baixa pressão cria os ventos do oestes.

Em 1700, era sabido que ventos de superfície, ou "ventos alísios", sopram de uma direção norte-leste, entre a latitude de 30°N e o equador, a 0°. Galileu sugeriu que as rotações da Terra rumo ao leste faziam com que ela "se adiantasse" do ar nos trópicos, portanto os ventos vêm do leste.

Mais tarde o astrônomo inglês Edmond Halley percebeu que o calor do Sol, em sua máxima acima do equador, faz o ar subir e essa elevação do ar é substituída por ventos soprando de latitudes mais altas.

Em 1735, o físico inglês George Hadley publicou sua teoria dos ventos alísios. Ele concordava que o Sol fazia o ar subir, mas elevar o ar perto do equador só faria os ventos soprar em direção a ele, vindo do norte e do sul, não do leste. Como o ar gira com a Terra, o ar que se desloca de 30°N rumo ao equador teria sua cinética em direção ao leste. No entanto, a superfície da Terra se move mais depressa no equador do que em latitudes mais altas, portanto a velocidade da superfície se torna maior que a velocidade do ar, e o vento parece vir de uma direção cada vez mais oriental, ao se aproximar do equador.

A ideia de Hadley estava no rumo da compreensão dos padrões do vento, mas continha erros. A chave para o desvio da direção do vento é, na verdade, que a cinética angular do vento (causando sua rotação) é mantida, não sua cinética linear (em linha reta). ■

A Terra gira em direção ao leste
60°N
30°N
0°
30°S
60°S
Ventos alísios
Ventos do oeste de latitude média
Ventos polares

Os padrões dos ventos resultam da rotação da Terra combinada com "células" circulares, à medida que o ar quente sobe, esfria e cai em células polares (cinza), Ferrel (azuis) e Hadley (rosa).

Veja também: Galileu Galilei 42-43 ▪ John Dalton 112-13 ▪ Gaspard-Gustave de Coriolis 126 ▪ Robert FitzRoy 150-55

UMA CORRENTE VIGOROSA EMANA DO GOLFO DA FLÓRIDA

BENJAMIN FRANKLIN (1706-1790)

EM CONTEXTO

FOCO
Oceanografia

ANTES
c. 2000 a.C. Marujos polinésios usam as correntes para se deslocar entre as ilhas do Pacífico.

1513 Juan Ponce de Léon é o primeiro a descrever as fortes Correntes do Golfo, no oceano Atlântico.

DEPOIS
1847 O oficial Matthew Maury, da Marinha americana, publica seu mapa de ventos e correntes, compilado através do estudo de diários de bordo de navios e mapas dos arquivos navais.

1881 O príncipe Albert de Mônaco percebe que a Corrente do Golfo é uma rotação (circular) e se divide em duas – uma seguindo ao norte passando pelo Reino Unido, e a outra ao sul, para Espanha e África.

1942 O oceanógrafo norueguês Harald Sverdrup desenvolve uma teoria geral de navegação oceânica.

A quente Corrente do Golfo que flui rumo ao leste atravessando o Atlântico Norte é um dos maiores movimentos de água da Terra. Ela é conduzida ao leste pelos ventos do leste predominantes e é parte de um grande balão que volta a cruzar o Atlântico, no Caribe. A corrente é conhecida desde 1513, quando o desbravador espanhol Juan Ponce de Léon viu seu navio voltando para o norte, a partir da Flórida, apesar dos ventos que sopravam para o sul. Mas ela só foi apropriadamente mapeada em 1770, pelo estadista e cientista americano Benjamin Franklin.

Vantagem local

Como membro representante das colônias britânico-americanas, Franklin ficou fascinado pelo que obrigava os navios britânicos de carga postal a levar duas semanas a mais que os navios americanos para atravessar o Atlântico.

Já famoso por sua invenção do condutor elétrico, ele perguntou ao capitão Timothy Folger qual seria o motivo. Folger explicou que os capitães americanos sabiam da corrente oeste-leste. Eles conseguiam avistá-la pelas migrações das baleias, pelas diferenças de temperatura e pela cor e velocidade das bolhas da superfície, e assim atravessavam acima da corrente para evitá-la, enquanto os navios britânicos, seguindo para oeste, lutavam contra ela por todo o percurso.

Com a ajuda de Folger, Franklin mapeou o curso da corrente, em seu fluxo ao longo da costa leste da América do Norte desde o golfo do México até a Terra Nova, depois atravessando o Atlântico. Ele também deu esse nome à Corrente do Golfo. ■

O mapa de Franklin foi publicado em 1770, mas levaria anos até que os capitães britânicos aprendessem a usar a Corrente do Golfo para reduzir o tempo de navegação.

Veja também: George Hadley 80 ▪ Gaspard-Gustave de Coriolis 126 ▪ Robert FitzRoy 150-55

AR DESFLOGISTICADO

JOSEPH PRIESTLEY (1733-1804)

EM CONTEXTO

FOCO
Química

ANTES
1754 Joseph Black isola o primeiro gás, o dióxido de carbono.

1766 Henry Cavendish prepara o hidrogênio.

1772 Carl Scheele isola o oxigênio dois dias antes de Priestley, mas não publica suas descobertas até 1777.

DEPOIS
1774 Em Paris, Priestley demonstra seu método para Antoine Lavoisier, que faz um novo gás e publica seus resultados em maio de 1775.

1779 Lavoisier dá ao gás o nome de "oxygène".

1783 A empresa Schweppes, de Genebra, começa a fazer a água gasosa que Priestley inventou.

1877 O químico suíço Raoul Pictet produz oxigênio líquido, que será usado em combustível de foguetes, na indústria e na medicina.

Em seguida à descoberta de Joseph Black do "ar fixo", ou dióxido de carbono (CO_2), um pároco inglês chamado Joseph Priestley se interessa pela investigação de vários outros "ares" ou gases e identifica vários outros – mais notoriamente o oxigênio.

Como pastor de Leeds, Priestley visitou a cervejaria perto de sua estalagem. A camada de ar acima dos tonéis já era conhecida como ar fixo. Ele descobriu que, ao abaixar uma vela sobre o tonel, a vela apagava a cerca de 30 cm acima da espuma, onde a chama entrava na camada de ar fixo que flutuava ali. A fumaça se deslocava acima do ar fixo, tornando visível e revelando a linha divisória entre os dois tipos de ar. Ele também notou que o ar fixo fluía acima da lateral do tonel e descia ao chão, porque era mais denso que o ar "comum". Quando Priestley experimentou com ar fixo dissolvendo em água fria, espalhando-o de um vaso para outro, descobriu que aquilo resultava numa bebida refrescante e

Conforme Priestley descobre, o **oxigênio é separado** do "ar fixo" (dióxido de carbono).

→ **Oxigênio não queima**, portanto não pode conter o **flogisto**, elemento do fogo.

→ **O oxigênio é ar *desflogisticado*.**

→ Mas Lavoisier mostra que outros gases e materiais **queimam prontamente** no oxigênio.

→ Portanto, a combustão é um processo de **combinação com o oxigênio**.

→ **O flogisto não existe.**

Veja também: Joseph Black 76-77 ▪ Henry Cavendish 78-79 ▪ Antoine Lavoisier 84 ▪ John Dalton 112-13 ▪ Humphry Davy 114

efervescente, que depois levou à loucura pela água gasosa.

Liberando oxigênio

Em 1º de agosto de 1774, Priestley isolou seu novo gás – que agora conhecemos como oxigênio (O_2) – do óxido de mercúrio, num frasco de vidro lacrado, ao aquecê-lo com a luz solar e uma lente de aumento. Depois, descobriu que esse novo gás mantinha ratos vivos por muito mais tempo que o ar comum, era agradável de respirar e mais energizante que o ar comum, além de suportar a combustão de várias substâncias que ele queimava com combustível. Também mostrou que as plantas produzem o gás sob a luz do sol – primeira pista do processo que chamamos de *fotossíntese*. Na época, no entanto, achava-se que a combustão envolvia a liberação de um material misterioso chamado flogisto. Porque esse novo gás não queimava e, portanto, não podia conter flogisto, ele o chamou de "ar desflogisticado".

Priestley isolou diversos outros gases nessa época, depois saiu em viagem pela Europa e não publicou seus resultados até o final do ano seguinte. O químico sueco Carl Scheele tinha preparado oxigênio dois anos antes de Priestley, mas só publicou seus resultados em 1777.

O mais incrível, dentre todos os tipos de ar que eu produzi... é cinco ou seis vezes melhor que o ar comum, para respiração.
Joseph Priestley

Enquanto isso, em Paris, Antoine Lavoisier ouviu falar do trabalho de Scheele, Priestley lhe fez uma demonstração, e ele prontamente produziu seu próprio oxigênio. Seus experimentos sobre combustão e respiração provaram que a combustão é um processo de mistura com o oxigênio, não liberando o flogisto. Na respiração, o oxigênio absorvido do ar reage com glicose e libera dióxido de carbono, água e energia. Batizou o novo gás de *oxygène*, ou "produtor de ácido", ao descobrir que ele reage com alguns materiais – como enxofre, fósforo e nitrogênio – para fazer ácidos.

Isso levou muitos cientistas a abandonar o flogisto, porém Priestley, apesar de grande experimentador, se ateve à antiga teoria para explicar suas descobertas e deu poucas contribuições adicionais à química. ■

O aparato de Priestley, para suas experimentações com gás, estão em seu livro sobre suas descobertas. Na frente, um rato é mantido no oxigênio, embaixo de um vidro; à direita, uma planta libera oxigênio em um tubo.

Joseph Priestley

Nascido em uma fazenda em Yorkshire, Joseph Priestley foi criado como cristão dissidente e foi intensamente religioso e político por toda a vida.

Priestley se interessou pelos gases quando morou em Leeds no começo dos anos 1770, mas seu melhor trabalho foi feito depois que se mudou para Wiltshire, como bibliotecário do conde de Shelburne. Suas tarefas eram leves, e sobrava tempo para desenvolver sua pesquisa. Mais tarde se desentendeu com o conde – sua visão política talvez fosse radical demais – e em 1780 se mudou para Birmingham. Ali, ingressou na Lunar Society, grupo informal, porém influente, de livres-pensadores, engenheiros e industrialistas.

O apoio de Priestley à Revolução Francesa o tornou malquisto. Em 1791 sua casa e seu laboratório foram incendiados, forçando-o a se mudar para Londres, depois para os Estados Unidos. Ele se estabeleceu na Pensilvânia e lá morreu, em 1804.

Obras-chave

1767 *The History and Present State of Electricity*
1774-77 *Experiments and Observations on Different Kinds of Air*

NA NATUREZA NADA SE CRIA, NADA SE PERDE, TUDO SE TRANSFORMA

ANTOINE LAVOISIER (1743-1794)

EM CONTEXTO

FOCO
Química

ANTES
1667 O alquimista alemão Johann Joachim Becher propõe que as coisas são feitas para queimarem por um elemento de fogo.

1703 O químico alemão Georg Stahl rebatiza o flogisto.

1772 O químico sueco Carl-Wilhelm Scheele descobre o "ar de fogo" (mais tarde chamado de oxigênio), mas só publica suas descobertas em 1777.

1774 Joseph Priestley isola o "ar *desflogisticado*" (mais tarde chamado de oxigênio) e conta a Lavoisier sobre suas descobertas.

DEPOIS
1783 Lavoisier confirma suas ideias sobre combustão com experimentos de hidrogênio, oxigênio e água.

1789 *Elementary Treatise on Chemistry*, de Lavoisier, identifica 33 elementos.

O químico francês Antoine Lavoisier deu um novo nível de precisão à ciência, dando o nome do oxigênio e quantificando seu papel na combustão. Ao medir a massa nas reações químicas que ocorrem durante a combustão, ele demonstrou a conservação da massa – a massa total de todas as substâncias participantes é igual à massa total de todos os seus produtos.

Lavoisier aqueceu várias substâncias em recipientes lacrados e descobriu que a massa que um metal ganhava quando estava aquecido era exatamente igual à massa de ar perdida. Ele também descobriu que a queima parava quando a parte "pura" do ar (oxigênio) havia esgotado. O ar que permanecia (quase todo nitrogênio) não alimentava a combustão. Ele percebeu que essa combustão envolvia, portanto, uma combinação de calor, combustível (material de queima) e oxigênio.

Publicados em 1778, os resultados de Lavoisier não apenas demonstraram a conservação da massa, mas também, ao identificar o papel do oxigênio na combustão, derrubaram a teoria de um elemento de fogo chamado flogisto. Ao longo do século passado, os cientistas acharam que as substâncias inflamáveis continham flogisto e o liberavam quando queimavam. A teoria explicava por que substâncias como madeira perdiam massa ao queimar, mas não explicava por que outras, como magnésio, ganhavam massa na queima. As medições meticulosas de Lavoisier mostraram que o oxigênio era a chave, em um processo durante o qual nada era acrescentado ou perdido, mas tudo era transformado. ■

Considero a natureza um vasto laboratório de química, no qual todos os tipos de composição e decomposição são formados.
Antoine Lavoisier

Veja também: Joseph Black 76-77 ▪ Henry Cavendish 78-79 ▪ Joseph Priestley 82-83 ▪ Jan Ingenhousz 85 ▪ John Dalton 112-13

A MASSA DAS PLANTAS VEM DO AR

JAN INGENHOUSZ (1730-1799)

EM CONTEXTO

FOCO
Biologia

ANTES
Anos 1640 O químico flamengo Jan Baptista van Helmont deduz que uma árvore plantada em vaso ganha peso absorvendo a água da terra.

1699 O naturalista inglês John Woodward mostra que a água tanto é absorvida quanto eliminada pelas plantas, então seu crescimento precisa de outra fonte de matéria.

1754 O naturalista suíço Charles Bonnet nota que as folhas da planta quando iluminadas produzem bolhas de ar sob a água.

DEPOIS
1796 O botânico suíço Jean Sénébier mostra que são as partes verdes da planta que liberam oxigênio e absorvem dióxido de carbono.

1882 O cientista alemão Théodore Engelman localiza os cloroplastos como as partes emissoras de oxigênio nas plantas.

Nos anos 1770, o cientista holandês Jan Ingenhousz se dispôs a descobrir por que as plantas ganham peso, como observado anteriormente por outros cientistas. Tendo ido para a Inglaterra, ele estava realizando sua pesquisa em Bowood House – onde Joseph Priestley descobriu o oxigênio em 1774 – e estava prestes a descobrir as chaves para a fotossíntese: a luz solar e o oxigênio.

Plantas borbulhantes

Ingenhousz tinha lido como as plantas na água produzem bolhas de gás, mas a origem e a composição precisa das bolhas eram incertas. Numa série de experimentos, ele viu que as folhas iluminadas pelo sol emitiam mais bolhas do que as folhas no escuro. Coletou o gás produzido e descobriu que este reacendeu um graveto incandescente – isso era o oxigênio. O gás emitido pelas plantas no escuro apagava a chama – isso era o dióxido de carbono.

Ingenhousz sabia que as plantas ganham peso com pouca mudança na terra onde crescem. Em 1779, ele corretamente ponderou que a troca de gás com a atmosfera, sobretudo a absorção do dióxido de carbono, foi pelo menos parcialmente a fonte do aumento de matéria orgânica da planta – ou seja, essa massa extra vinha do ar.

Bolhas das espigas-d'água, à noite, mostram a respiração conforme as plantas convertem glicose em energia, absorvendo oxigênio e liberando dióxido de carbono.

Como sabemos, as plantas fazem seu alimento através da fotossíntese – convertendo a energia da luz do sol em glicose, na reação da água e do dióxido de carbono que as plantas absorvem, e liberando oxigênio como refugo. Como resultado, as plantas suprem o oxigênio vital para a vida e – como alimento para os outros – a energia. Num processo reverso chamado *respiração*, as plantas usam a glicose como alimento e liberam dióxido de carbono, dia e noite. ■

Veja também: Joseph Black 76-77 ▪ Henry Cavendish 78-79 ▪ Joseph Priestley 82-83 ▪ Joseph Fourier 122-23

DESCOBRINDO NOVOS PLANETAS

WILLIAM HERSCHEL (1738-1822)

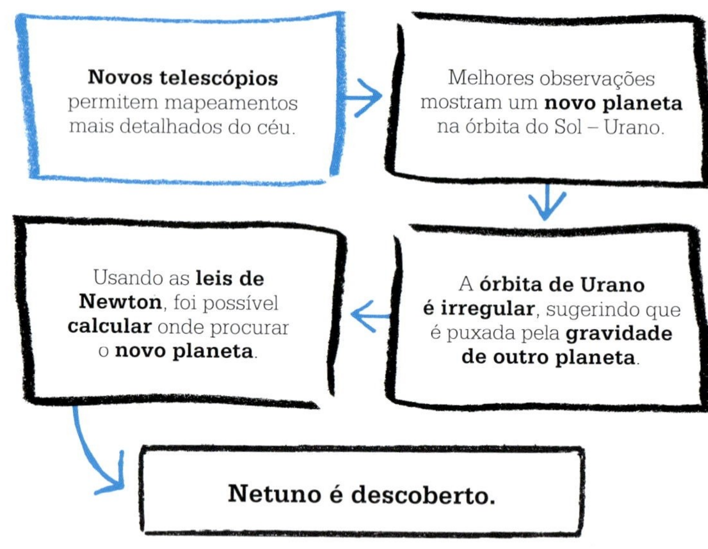

EM CONTEXTO

FOCO
Astronomia

ANTES
Início dos anos 1600 É inventado o telescópio de refração com lente-base, mas os telescópios com espelho-base só são desenvolvidos nos anos 1600, por Isaac Newton e outros.

1774 O observador francês Charles Messier publica sua pesquisa, inspirando Herschel a começar a trabalhar em sua própria.

DEPOIS
1846 Mudanças inexplicadas na órbita de Urano levam o matemático francês Urbain Le Verrier a prever a existência e a posição de um oitavo planeta – Netuno.

1930 O astrônomo americano Clyde Tombaugh descobre Plutão, inicialmente reconhecido como um nono planeta, mas agora visto como o membro mais brilhante do Cinturão de Kuiper nos pequenos mundos gélidos.

Em 1781, o cientista alemão William Herschel identificou o primeiro novo planeta a ser visto desde os tempos antigos, embora o próprio Herschel inicialmente tivesse achado tratar-se de um cometa. Sua descoberta também levaria a encontrar outro planeta, como resultado de previsões baseadas nas leis de Newton.

No século XVIII, os instrumentos astronômicos tinham avançado muito – pelo menos na construção de telescópios refletores que usavam espelhos, em lugar de lentes, para captar a luz, evitando muitos problemas associados com as lentes, à época. Essa foi a era das primeiras grandes pesquisas, conforme os astrônomos exploravam o céu e identificavam uma imensa variedade de objetos "não estelares" – grupos estelares e nebulosas que pareciam nuvens amorfas de gás ou bolas densas de luz. Auxiliado por sua irmã

Veja também: Ole Romer 58-59 ▪ Isaac Newton 62-69 ▪ Nevil Maskelyne 102-3 ▪ Geoffrey Marcy 327

Nos anos 1780, Herschel construiu seu telescópio de 12 m, com um espelho de 1,2 m de largura e uma lente focal de 12 m. Ele permaneceu como o maior telescópio do mundo por 50 anos.

Caroline, Herschel sistematicamente vasculhava o céu, gravando curiosidades como o número inesperado de estrelas duplas e triplas. Ele até tentou compilar um mapa da Via Láctea baseado no número de estrelas que contou, em diferentes direções.

Em 13 de março de 1781, Herschel estava observando a constelação de Gêmeos quando percebeu um disco verde fraco que ele suspeitava ser um cometa. Ele voltou a observá-lo algumas noites depois e descobriu que havia se movido, confirmando que não se tratava de uma estrela. Ao olhar para a descoberta de Herschel, Nevil Maskelyne percebeu que o movimento do novo objeto era lento demais para ser o de um cometa, e que poderia ser um planeta em uma órbita distante. O sueco-russo Anders Johan Lexell e o alemão Johann Elert Bode calcularam de forma independente a órbita da descoberta de Herschel, confirmando que ele era de fato um planeta, distante cerca de duas vezes a distância de Saturno. Bode sugeriu nomeá-lo como o pai mitológico de Saturno, o antigo deus grego do céu, Urano.

Órbita irregular

Em 1821, o astrônomo francês Alexis Bouvard publicou uma tabela detalhada descrevendo a órbita de Urano, conforme deveria ser, segundo as leis de Newton. No entanto, suas observações do planeta logo mostraram discrepâncias substanciais em relação às previsões de sua tabela. As irregularidades de sua órbita sugeriam uma tração gravitacional de um oitavo planeta, mais distante.

Em 1845, dois astrônomos – o francês Urbain Le Verrier e o britânico John Couch Adams – estavam usando independentemente, os dados de Bouvard, para calcular em que lugar do céu procurar pelo oitavo planeta. Os telescópios estavam voltados para a área prevista, e em 23 de setembro de 1846 Netuno foi descoberto com apenas um grau de diferença do local onde Le Verrier havia previsto. Sua existência confirmou a teoria de Bouvard e forneceu uma prova poderosa da universalidade das leis de Newton. ■

Eu procurei por um cometa ou uma nebulosa e descobri que era um cometa, pois havia mudado de lugar.
William Herschel

William Herschel

Nascido em Hannover, Alemanha, Frederick William Herschel emigrou para a Grã-Bretanha aos 19 anos, para seguir uma carreira musical. Seus estudos de harmonia e matemática levaram a um interesse em ótica e astronomia, e ele passou a montar seus próprios telescópios.

Em seguida à sua descoberta de Urano, Herschel descobriu duas novas luas de Saturno e as duas maiores luas de Urano. Também provou que o Sistema Solar tem um movimento relativo ao restante da galáxia. Enquanto estudava o Sol, em 1800, Herschel descobriu uma nova forma de radiação. Ele realizou uma experiência usando um prisma e um termômetro para medir a temperatura das diferentes cores da luz solar e descobriu que a temperatura continuava a subir, na região além da luz vermelha visível. Herschel concluiu que o Sol emitia uma forma invisível de luz que classificou como "raios térmicos" e que, hoje, nós chamamos de *raios infravermelhos*.

Obras-chave

1781 *Account of a Comet*
1786 *Catalogue of 1.000 New Nebulae and Clusters of Stars*

A DIMINUIÇÃO DA VELOCIDADE DA LUZ

JOHN MICHELL (1724-1793)

EM CONTEXTO

FOCO
Cosmologia

ANTES
1686 Isaac Newton formula sua lei universal de gravidade, na qual a força da atração gravitacional entre os objetos é proporcional às suas massas.

DEPOIS
1796 Pierre-Simon Laplace teoriza, independentemente, sobre a possibilidade de buracos negros.

1915 Albert Einstein mostra que a gravidade é uma distorção do espaço-tempo *continuum*, motivo pelo qual os fótons de luz sem peso são afetados pela gravidade.

1916 Karl Schwarzschild propõe o horizonte de eventos, além do qual nenhum dado sobre o buraco negro pode ser recebido.

1974 Stephen Hawking prevê que os efeitos do quantum no horizonte de eventos irão emitir radiação infravermelha.

Newton mostra que a **atração gravitacional** de um objeto é **proporcional à sua massa**.

Se a luz é afetada pela gravidade, um objeto **suficientemente sólido** terá um campo gravitacional do qual **nenhuma luz conseguirá escapar**.

A velocidade da luz parecerá diminuir.

Einstein explica a gravidade como uma **distorção do espaço-tempo**, significando que a luz isenta de massa é **afetada pela gravidade**.

Numa carta de 1783 a Henry Cavendish na Royal Society, o polímata John Michell expõe suas ideias sobre o efeito da gravidade. A carta foi redescoberta nos anos 1970, e descobriu-se que continha uma descrição notável dos buracos negros. A lei de gravidade de Newton afirma que a tração gravitacional de um objeto aumenta conforme sua massa. Michell considerou o que poderia acontecer à luz se afetada pela gravidade. Ele escreveu: "Se o semidiâmetro de uma esfera da mesma densidade do Sol excedesse o Sol em proporção de 500 por 1, um corpo em queda de uma altura infinita em direção a ele teria adquirido, em sua superfície, uma velocidade maior que a da luz, e, consequentemente, supondo que a luz é atraída pela mesma força... toda luz emitida por esse corpo seria forçada a retornar a ele". Em 1796, o matemático francês Pierre-Simon Laplace surgiu com uma ideia semelhante, em seu *Exposition du Système du Monde*.

A ideia do buraco negro, no entanto, permaneceria adormecida até o estudo de Albert Einstein, em 1915, sobre relatividade, que descrevia a

Veja também: Isaac Newton 62-69 ▪ Henry Cavendish 78-79 ▪ Albert Einstein 214-21 ▪ Subrahmanyan Chandrasekhar 248 ▪ Stephen Hawking 314

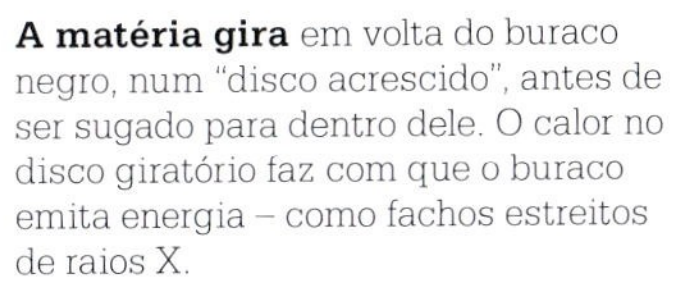

A matéria gira em volta do buraco negro, num "disco acrescido", antes de ser sugado para dentro dele. O calor no disco giratório faz com que o buraco emita energia – como fachos estreitos de raios X.

gravidade como resultado da curva de espaço-tempo. Einstein mostrou como a matéria pode se envolver no próprio espaço-tempo, fazendo um buraco negro dentro de uma região chamada raio de Schwarzschild, ou horizonte de eventos. Matéria – e também luz – pode adentrá-lo, mas não pode sair. Na foto acima, a velocidade da luz está inalterada. Em vez disso, é o espaço que a luz percorre que se modifica, porém agora a intuição de Michell tinha um mecanismo pelo qual a velocidade da luz ao menos pareceria diminuir.

Da teoria à realidade

O próprio Einstein duvidava da existência dos buracos negros. Só nos anos 1960 eles começaram a ganhar aceitação geral, conforme crescia a prova indireta de sua existência. Hoje, a maioria dos cosmólogos acha que os buracos negros se formam quando estrelas maciças desmoronam sob sua própria gravidade e aumentam, assimilando mais matéria, e um buraco negro gigante espreita, no centro de toda galáxia. Buracos negros sugam a matéria, mas nada sai, exceto uma fraca radiação infravermelha, conhecida como radiação Hawking, já que Stephen Hawking foi o primeiro que a expôs. Um astronauta caindo num buraco negro não sentiria nem notaria nada incomum ao se aproximar

Buracos negros não são tão negros.
Stephen Hawking

do horizonte de eventos, mas se derrubasse um relógio na direção do buraco negro, este provavelmente desaceleraria e se aproximaria do horizonte de eventos, gradualmente sumindo de vista, sem chegar a alcançá-lo.

Ainda existem problemas com a teoria, no entanto. Em 2013, o físico Joseph Polchinski sugeriu que os efeitos da escala quântica criariam um "muro de fogo" no horizonte de eventos que esturricaria qualquer astronauta que ali caísse. Em 2004, Hawking mudou de ideia e concluiu que, no fim das contas, buracos negros não existem. ■

John Michell

John Michell era um verdadeiro polímata. Tornou-se professor de geologia da Universidade de Cambridge em 1760, mas também lecionava aritmética, geometria, teologia, filosofia, hebraico e grego. Em 1767, ele se aposentou e virou sacerdote, concentrando-se na ciência. Michell especulou sobre as propriedades das estrelas, investigou terremotos e magnetismo e inventou um método para medir a densidade da Terra. Ele construiu um aparato para "pesar o mundo" – uma delicada balança de torção – mas morreu em 1793, antes de poder usá-la. Deixou isso por conta de seu amigo Henry Cavendish, que realizou a experiência em 1798 e obteve um valor próximo ao aceito atualmente. Desde então, essa tem sido conhecida injustamente como o "experimento Cavendish".

Obra-chave

1767 *An Inquiry into the Probable Parallax and Magnitude of the Fixed Stars*

ACIONANDO A CORRENTE ELÉTRICA

ALESSANDRO VOLTA (1745-1827)

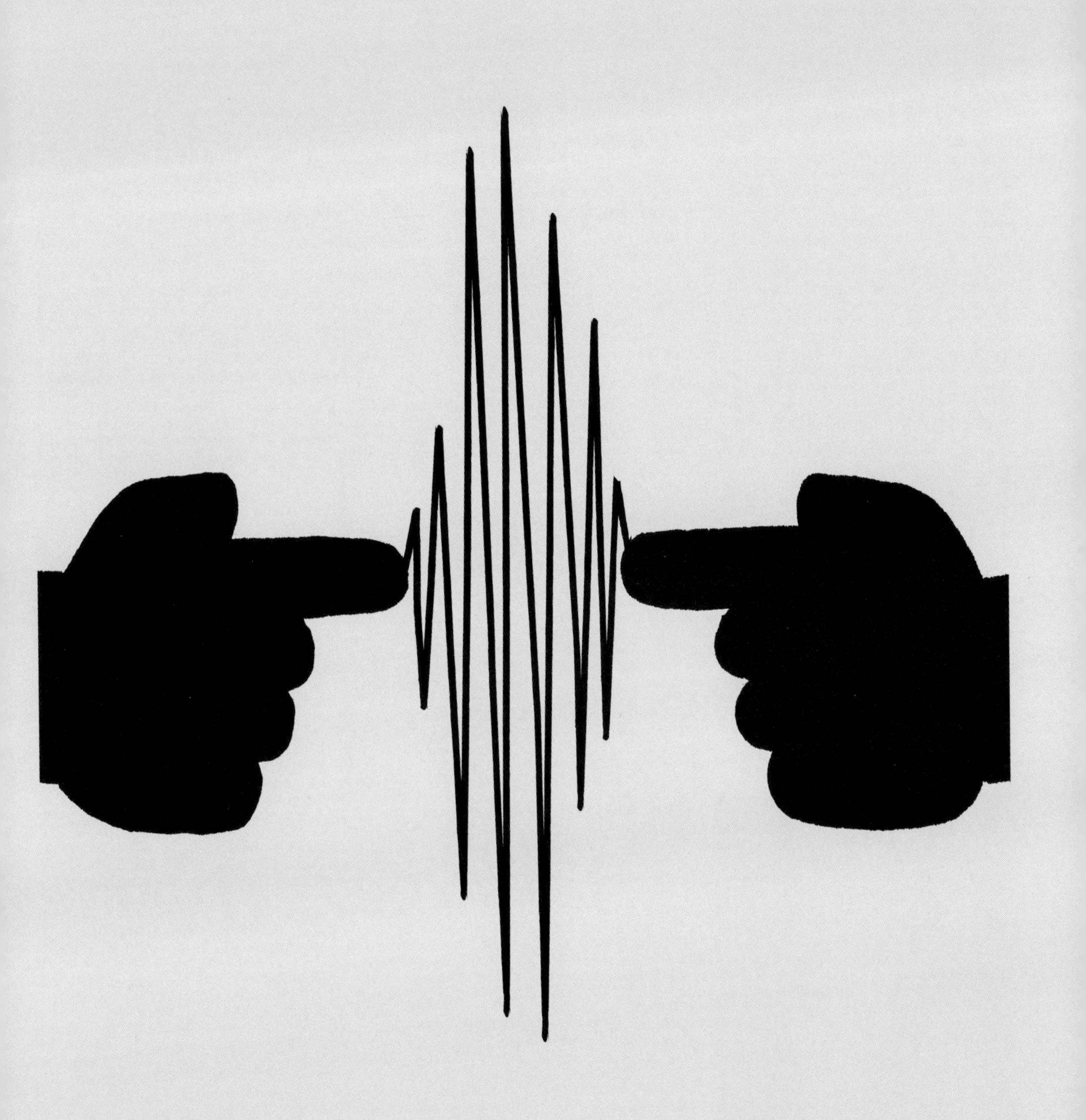

EM CONTEXTO

FOCO
Física

ANTES
1754 Com sua famosa experiência com a pipa, Benjamin Franklin prova que os raios têm eletricidade natural.

1767 Joseph Priestley publica um relato abrangente sobre a eletricidade estática.

1780 Luigi Galvani conduz seus experimentos de "eletricidade animal", com pernas de sapo.

DEPOIS
1800 Os químicos ingleses William Nicholson e Anthony Carlisle usam uma pilha voltaica, para dividir a água em dois elementos – oxigênio e hidrogênio.

1807 Humphry Davy isola os elementos potássio e sódio usando eletricidade.

1820 Hans Christian Orsted revela o elo entre o magnetismo e a eletricidade.

Luigi Galvani aqui é mostrado conduzindo seu famoso experimento com as pernas do sapo. Ele acreditava que os animais eram movidos por uma força elétrica que batizou como "eletricidade animal".

Durante séculos, os filósofos se maravilhavam com o poder aterrorizante dos raios e também com a forma como as faíscas podem ser atraídas por sólidos como âmbar quando esfregados com um pano de seda. A palavra grega para âmbar era "electron", e o fenômeno da faísca se tornou conhecido como *eletricidade estática*.

Em uma experiência de 1754, Benjamin Franklin soltou uma pipa numa tempestade e mostrou que esses dois fenômenos eram relacionados. Quando viu as centelhas voando de uma chave de bronze amarrada no fio da pipa, provou que as nuvens eram eletrizadas e que os raios também são uma forma de eletricidade. A experiência de Franklin inspirou Joseph Priestley a publicar o trabalho abrangente *A história e o atual estado da eletricidade*, em 1767. Mas foi o italiano Luigi Galvani, um palestrante de anatomia da Universidade de Bolonha, que, em 1780, deu os primeiros grandes passos para a compreensão da eletricidade, ao notar um espasmo na perna de um sapo.

Galvani estava investigando uma teoria de que animais são movidos por "eletricidade animal", independentemente do que isso fosse, e estava dissecando sapos em busca de provas. Observou que se ali perto houvesse uma máquina gerando eletricidade estática, a perna de um sapo próximo tinha um espasmo, mesmo que o sapo já estivesse morto muito tempo antes.

As pernas de um sapo morto têm um **espasmo**, quando ligadas a **dois pedaços diferentes de metal**.

↓

Quando os dois metais são **tocados com a língua**, isso produz uma **sensação curiosa**.

↓

Essa **força elétrica** só pode vir dos dois pedaços diferentes de metal presos à perna do sapo.

↓

A força pode ser multiplicada, ligando uma série desses metais numa coluna.

O mesmo ocorria quando a perna de um sapo estava pendurada num gancho de bronze em contato com uma cerca de ferro. Galvani acreditava que essa prova respaldava sua crença de que a eletricidade vinha do próprio sapo.

A descoberta de Volta

Alessandro Volta, colega mais jovem de Galvani e professor de filosofia natural, ficou intrigado com as observações de Galvani e inicialmente se convenceu de sua teoria.

Veja também: Henry Cavendish 78-79 ▪ Benjamin Franklin 81 ▪ Joseph Priestley 82-83 ▪ Humphry Davy 114 ▪ Hans Christian Orsted 120 ▪ Michel Faraday 121

O próprio Volta tinha um histórico notável em experimentos com eletricidade. Em 1775 ele havia inventado o "electrophorus", um dispositivo que fornecia uma fonte instantânea de eletricidade para um experimento (equivalente moderno do condensador). Consistia de um disco de resina com pelos de gato para dar a carga estática elétrica. Cada vez que o disco metálico era colocado acima da resina, uma descarga era transferida, eletrizando o disco metálico.

Volta alegou que a eletricidade animal de Galvani estava "entre as verdades demonstradas". Mas logo começou a ter dúvidas. Concluiu que a eletricidade que causava o espasmo na perna do sapo vinha do contato dos dois metais diferentes (bronze e ferro). Ele publicou suas ideias em 1792 e 1793 e passou a investigar o fenômeno.

Volta descobriu que uma única junção de dois metais diferentes não produzia muita eletricidade, embora houvesse o suficiente para que ele tivesse uma sensação curiosa na língua. Então teve a brilhante ideia de multiplicar o efeito fazendo uma série de junções ligadas por água salgada. Pegou um disquinho de cobre, colocou um disco de zinco em cima e acrescentou um pedaço de papelão encharcado de água salgada, depois outro disco de cobre, de zinco, papelão molhado em água salgada, cobre, zinco, e assim por diante, até formar uma coluna, ou uma pilha. Em outras palavras, ele criou uma pilha ou "bateria". O objetivo era fazer o papelão salgado transportar a eletricidade sem deixar que os metais entrassem em contato uns com os outros.

O resultado foi literalmente eletrizante. A bateria rudimentar de Volta provavelmente produziu só alguns volts (unidade elétrica batizada com seu nome), mas foi suficiente para gerar uma faisquinha quando as duas pontas foram ligadas por um pedaço de fio e também para lhe dar um choque brando.

Cada metal tem um determinado poder de acionar a corrente elétrica, que varia de metal para metal.
Alessandro Volta

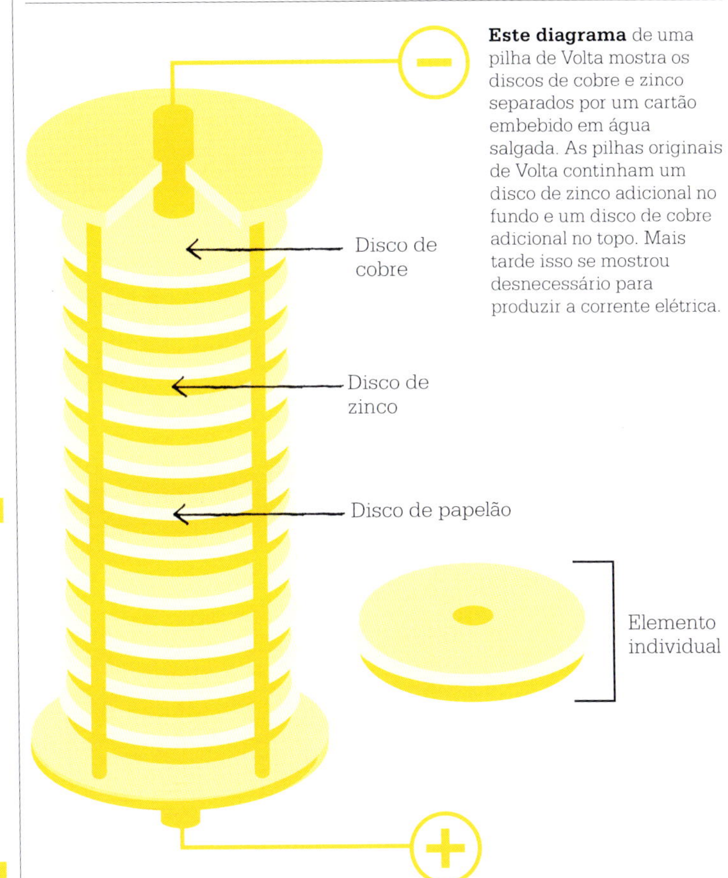

Este diagrama de uma pilha de Volta mostra os discos de cobre e zinco separados por um cartão embebido em água salgada. As pilhas originais de Volta continham um disco de zinco adicional no fundo e um disco de cobre adicional no topo. Mais tarde isso se mostrou desnecessário para produzir a corrente elétrica.

A novidade se espalha

Volta fez sua descoberta em 1799, e a novidade rapidamente se espalhou. Ele demonstrou o efeito a Napoleão Bonaparte em 1801, porém mais importante, em março de 1800, relatou seus resultados numa carta extensa a Sir Joseph Banks, presidente da Royal Society, na Inglaterra. A carta foi intitulada "Sobre a eletricidade estimulada pelo mero contato de substâncias condutoras de tipos diferentes", e nela Volta descreve seu aparato:

"Eu coloco as peças metálicas horizontalmente, sobre uma mesa ou qualquer plataforma, uma a uma, por exemplo, uma de prata, e acima da primeira adapto uma de zinco; sobre a segunda, coloco um dos discos umedecidos, depois outra placa de prata, seguida por outra de zinco... Continuo, formando uma coluna com altura máxima sem o risco de cair".

Sem um semicondutor para detectar a voltagem, Volta usou seu corpo como detector e não pareceu se importar em levar choques elétricos: "De uma coluna formada por vinte pares de peças (não mais), os choques que afetam meu dedo são de dor considerável". Então ele descreve um aparato mais elaborado, consistindo de uma série de copos de água salgada organizados em círculo. Cada par é ligado por um pedaço de metal mergulhado no líquido de cada copo. Uma ponta desse metal é de prata, a outra é de zinco, e esses metais podem ser soldados juntos ou ligados por um fio, ou qualquer metal, desde que somente a prata fique mergulhada no líquido de um copo e somente o zinco no copo seguinte. Ele explica que esse modelo é mais conveniente que a pilha sólida, apesar de mais trabalhoso.

Volta descreve detalhadamente as variadas sensações desagradáveis que resultam de se colocar a mão na vasilha, no fim da corrente, tocando um fio ligado à outra ponta na testa, na pálpebra ou na ponta do nariz: "Por alguns instantes não sinto nada, porém depois, na parte ligada à ponta do fio, há outra sensação, uma dor aguda (sem choque), limitada precisamente à ponta de contato, um tremor não somente contínuo, mas que em pouquíssimo tempo vai aumentando até determinado grau, torna-se insuportável e não para, até que o ciclo seja interrompido".

Mania de pilha

O fato de sua carta chegar a Banks é surpreendente, já que as guerras napoleônicas estavam em curso, mas

Volta demonstrou sua pilha elétrica a Napoleão Bonaparte no Instituto Nacional Francês, em Paris, em 1801. Napoleão ficou tão impressionado que, no mesmo ano, lhe concedeu o título de conde.

A linguagem do experimento é mais competente do que qualquer argumento: fatos podem destruir nosso raciocínio (argumento lógico) – mas não vice-versa.

Alessandro Volta

Banks imediatamente espalhou a ideia a quem se interessasse. Em algumas semanas, pessoas por toda a Inglaterra estavam fazendo baterias e investigando as propriedades da corrente elétrica. Antes de 1800, os cientistas tinham de trabalhar com eletricidade estática, algo difícil e nada compensador. A invenção de Volta permitiu-lhes descobrir como um leque de materiais – líquidos, sólidos e gasosos – reage a uma corrente elétrica.

Dentre os primeiros a trabalhar com a descoberta de Volta estavam William Nicholson, Anthony Carlisle e William Cruickshank, que, em maio de 1800, fez sua própria "pilha, com 36 meias-coroas com pedaços correspondentes de zinco e papelão" e passou a corrente por fios de platina, num tubo cheio de água. As bolhas de gás que surgiram foram identificadas como duas partes de hidrogênio e uma de oxigênio. Henry Cavendish tinha mostrado que a fórmula da água é H_2O, mas essa era a primeira vez que alguém dividia a água em elementos separados.

A pilha de Volta foi a ancestral de todas as baterias modernas, usadas em tudo, desde aparelhos de surdez até caminhões e aeronaves. Sem baterias, muitos de nossos dispositivos atuais não funcionariam.

Reclassificando metais

Além de dar a partida para o estudo das correntes elétricas e, desse modo, não apenas criar um novo segmento da física mas rapidamente avançar no desenvolvimento da tecnologia moderna, a pilha de Volta levou a uma nova classificação química dos metais, pois ele experimentou uma variedade de pares de metais em sua pilha e descobriu que alguns funcionavam bem melhor que outros. Prata e zinco formavam uma excelente combinação, assim como cobre e latão, mas se ele tentasse prata com prata ou latão com latão, não extraía eletricidade alguma; os metais tinham de ser diferentes. Ele mostrou que os metais poderiam ser organizados numa sequência de modo que cada um se tornasse positivo quando em contato com o que estava abaixo. Desde então essa série eletroquímica tem sido de valor inestimável para os químicos.

Quem estava certo?

Um aspecto irônico dessa história é que Volta começou a investigar o contato de metais diferentes só porque duvidou da hipótese de Galvani. No entanto, Galvani não estava inteiramente errado – nossos nervos de fato funcionam enviando impulsos elétricos ao corpo –, enquanto o próprio Volta não desenvolveu sua teoria de forma inteiramente correta. Ele acreditava que a eletricidade se originava apenas do contato de dois metais diferentes, mas Humphry Davy mostraria mais tarde que algo não pode vir do nada. Quando a eletricidade está sendo gerada, alguma outra coisa tem de estar sendo consumida. Davy sugeriu que havia uma reação química se desenrolando, e isso o levou a importantes descobertas adicionais sobre eletricidade. ■

Alessandro Volta

Nascido em 1745 em Como, norte da Itália, Alessandro Giuseppe Antonio Anastasio Volta foi criado numa família aristocrata e religiosa que esperava que se tornasse padre. Em vez disso ele passou a se interessar por eletricidade estática e, em 1775, fez um dispositivo aperfeiçoado para gerá-la, que chamou de "electrophorus". Descobriu o metano na atmosfera, no lago Maggiore em 1776, e investigou sua combustão através do novo método de ignição com a centelha elétrica dentro de um recipiente de vidro.

Em 1779, Volta foi nomeado professor de física da Universidade de Pavia, cargo que manteve por 40 anos. Mais para o fim da vida, foi pioneiro na pistola de controle remoto, através da qual uma corrente elétrica percorria 50 km de Como até Milão e disparava uma pistola. Isso foi o precursor do telégrafo, que usa eletricidade para se comunicar. A unidade de potencial elétrico, o volt, leva seu nome.

Obra-chave

1769 *On the Attractive Force of Electrical Fire*

NENHUM VESTÍGIO DO COMEÇO, NEM PERSPECTIVA DO FIM

JAMES HUTTON (1726-1797)

EM CONTEXTO

FOCO
Geologia

ANTES
Século X Al-Biruni usa provas fósseis para argumentar que a terra um dia teria sido submersa no mar.

1687 Isaac Newton argumenta que a idade da Terra pode ser calculada cientificamente.

1779 Experimentos do conde de Buffon sugerem uma idade de 74.832 anos para a Terra.

DEPOIS
1860 John Phillips calcula que a idade da Terra é de 96 milhões de anos.

1862 Lorde Kelvin calcula que o esfriamento da Terra produziu uma idade entre 20 milhões e 400 milhões de anos, mais tarde mantendo-a em 20-40 milhões.

1905 Ernest Rutherford usa a radiação para datar um mineral.

1953 Clair Patterson estipula a idade da Terra em 4,55 bilhões de anos.

Há milênios, as culturas humanas vêm ponderando sobre a idade da Terra. Antes do advento da ciência moderna, as estimativas se baseavam nas crenças em lugar das provas. Foi só no século XVII que o entendimento crescente da geologia terrestre forneceu meios para determinar a idade do nosso planeta.

Estimativas bíblicas

No mundo judaico-cristão, as ideias sobre a idade da Terra se baseavam nas descrições do Antigo Testamento. No entanto, como esses textos só apresentavam um breve resumo da criação, eram sujeitos a muita interpretação, principalmente sobre a cronologia genealógica complexa que se seguiu à aparição de Adão e Eva.

O mais conhecido desses cálculos bíblicos é de James Ussher, protestante da Irlanda. Em 1654, Ussher indicou a data de criação da Terra na véspera do domingo 23 de outubro de 4004 a.C. Essa data se tornou literalmente sagrada na cultura cristã, quando foi impressa em muitas bíblias como parte cronológica do Antigo Testamento.

Uma abordagem científica

Durante o século X d.C., estudiosos da Pérsia começaram a considerar a questão da idade terrestre de maneira mais empírica. Al-Biruni, pioneiro na ciência experimental, argumentou que, se fósseis marinhos foram encontrados em terra seca, então essa terra só podia ter sido submersa no mar. Ele concluiu que a Terra só podia estar evoluindo em longos períodos de tempo. Outro estudioso persa, Avicenna, sugeriu que as camadas rochosas tinham sido depositadas umas sobre as outras.

Todos os anos de criação do mundo resultam na soma de 5.698 anos.
Teófilo de Antioquia

Em 1687, uma abordagem científica da questão foi sugerida por Isaac Newton. Ele afirmou que um corpo volumoso como a Terra levaria cerca de 50 mil anos para esfriar, se fosse feito de ferro derretido. Newton obteve esse cálculo medindo o tempo de esfriamento de um "globo de ferro de uma polegada de diâmetro exposto ao ar quente". Newton havia aberto a porta para um desafio científico aos entendimentos anteriores sobre a formação da Terra.

Seguindo sua liderança, o naturalista francês Georges-Louis Leclerc, o conde de Buffon, experimentou com uma grande bola de ferro quente e mostrou que, se a Terra fosse feita de ferro derretido, ela levaria 74.832 anos para esfriar. Particularmente, Buffon achava que a Terra devia ser muito velha, já que seriam necessários eons de tempo para que as montanhas se formassem

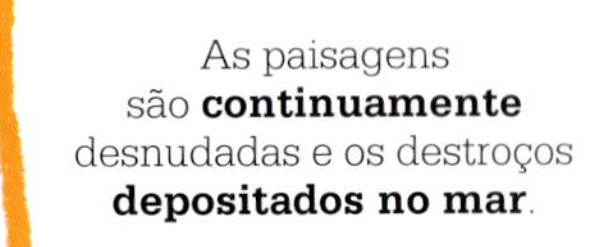

As paisagens são **continuamente** desnudadas e os destroços **depositados no mar**.

No entanto, esse processo não leva à **perda da superfície da terra**...

... porque novos continentes são formados dos materiais **derivados de continentes anteriores**, através dos mesmos processos infinitos.

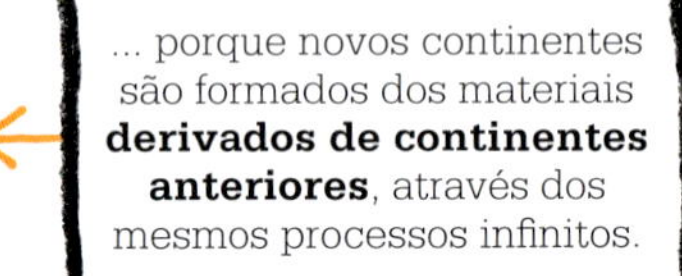

Não há vestígio de começo, nem perspectiva de fim.

Veja também: Isaac Newton 62-69 ▪ Louis Agassiz 128-29 ▪ Charles Darwin 142-49 ▪ Marie Curie 190-95 ▪ Ernest Rutherford 206-13

a partir das reminiscências de fósseis marinhos, mas ele não queria publicar essa visão sem provas.

Segredos das rochas

Na Escócia, uma abordagem bem diferente ao problema da idade da Terra estava sendo assumida por James Hutton, um dos filósofos naturais proe-minentes do Iluminismo escocês. Hutton foi um pioneiro em trabalho de campo geológico e usou provas para demonstrar seus argumentos à Royal Society de Edimburgo, em 1785.

Ele ficou impressionado pela aparente continuidade do processo pelo qual a paisagem era desnudada e seus resíduos depositados no mar. E, no entanto, todos esses processos não resultavam em perda da terra da superfície, como seria esperado. Talvez pensando no famoso motor a vapor construído por seu amigo James Watt, Hutton via a Terra como "uma máquina movimentando todas as suas peças", com um novo mundo constantemente remodelado e reciclado a partir das ruínas do antigo.

Hutton elaborou a teoria Terra--máquina antes de encontrar provas para respaldá-la, mas em 1787 descobriu as "inconformidades" que procurava – rupturas na continuidade de rochas sedimentárias. Ele viu que boa parte da terra havia sido leito litorâneo, onde camadas de sedimentos haviam sido depositadas e comprimidas. Em muitos locais, essas camadas tinham sido empurradas para cima, de modo que ficavam acima do nível do mar e frequentemente distorcidas, não horizontais. Ele repetidamente descobria materiais rochosos truncados na faixa mais antiga de estrato, incorporados à base de rochas mais jovens acima.

Tais inconformidades mostravam que houvera muitos episódios na história terrestre, quando a sequência de erosão, transporte e depósito de resíduos rochosos se repetia, e quando o estrato rochoso teria sido deslocado por atividades vulcânicas. Hoje isso é conhecido como *ciclo geológico*. Com essa prova, Hutton declarou que todos os continentes são formados por materiais derivados de continentes anteriores, pelo mesmo processo, e que esses processos ainda se desenrolam. Ele escreveu que "o resultado dessa averiguação, portanto, é que não encontramos nenhum vestígio do começo, nem perspectiva do fim".

A popularização das ideias de Hutton sobre o "tempo profundo" foi primordialmente devida a John Playfair, cientista escocês que publicou as observações de Hutton em um livro ilustrado, e ao geólogo britânico Charles Lyell, que transformou as ideias de Hutton em um sistema chamado *uniformitarianismo*. Isso sustentava que as leis da natureza sempre foram as mesmas e, portanto, as pistas do passado estão no presente. No entanto, embora os *insights* de Hutton sobre a antiguidade do planeta »

Em 1770, Hutton construiu uma casa com vista para Salisbury Crags, em Edimburgo, Escócia. Em meio às rochas, ele encontrou provas de penetração vulcânica nas pedras sedimentárias.

soassem verdadeiros para os geólogos, ainda não havia método satisfatório para determinar a idade do planeta.

Uma abordagem experimental

Desde o final do século XVIII, os cientistas reconheceram que a crosta terrestre contém camadas sucessivas de estrato sedimentário.

O mapeamento geológico desse estrato revelou que eles são cumulativamente muito grossos e muitos deles contêm fósseis remanescentes de organismos que viveram em seus respectivos ambientes. Até os anos 1850, a coluna geológica de estrato (também conhecida como coluna estratigráfica) havia sido entalhada adentrando mais ou menos oito sistemas identificados de estrato e fósseis, cada um representado por um período geológico.

Os geólogos ficaram impressionados com a grossura do estrato, estimada em 25-112 km. Eles haviam observado que os processos de erosão e depósito de materiais rochosos que compõem tal estrato

A mente pareceu ficar atordoada por olhar tão longe para o abismo do tempo
John Playfair

foram muito lentos – estimados em alguns centímetros a cada século. Em 1858, Charles Darwin fez uma estimativa um tanto equivocada, ao afirmar que teria levado 300 milhões de anos para que a erosão atravessasse as rochas dos períodos Terciário e Cretáceo, em Weald, no sul da Inglaterra. Em 1860, John Phillips, geólogo da Universidade de Oxford, estimou que a Terra tinha cerca de 96 milhões de anos.

Porém, em 1862, tais cálculos geológicos foram escarnecidos pelo eminente físico escocês William Thomson (lorde Kelvin), por não serem científicos. Kelvin era um sério empírico e argumentava que podia usar a física para determinar a idade precisa da Terra, que ele julgava restrita à idade do Sol. O entendimento das rochas terrestres, seus pontos de fusão e condutividade, tinha progredido vastamente desde a época de Buffon. Kelvin mediu a temperatura inicial da Terra em 3.900 °C e aplicou a observação de que a temperatura sobe à medida que desce da superfície – em cerca de 0,5 °C, a cada 15 m. A partir daí, Kelvin calculou que levara 98 milhões de anos para que a Terra esfriasse até o presente estado, que ele depois reduziu para 40 milhões de anos.

Lorde Kelvin afirmou que o mundo teria 40 milhões de anos em 1897, ano em que a radioatividade foi descoberta. Ele não sabia que o declínio da radioatividade na crosta terrestre produz o calor que desacelera enormemente a proporção do esfriamento.

Um "relógio" radioativo

O prestígio de Kelvin era tamanho que sua medição foi aceita pela maioria dos cientistas. No entanto, os geólogos sentiam que 40 milhões de anos simplesmente não era tempo suficiente para o grau observado de processos geológicos, depósitos acumulados e história. Contudo, eles não possuíam um método científico para contradizer Kelvin.

Nos anos 1890, a descoberta de elementos radioativos de ocorrência natural em alguns minerais e rochas da Terra forneceu a chave que resolveria o impasse entre Kelvin e os geólogos, já que a proporção de deterioração dos átomos é um cronômetro confiável. Em 1903, Ernest Rutherford previu taxas de decomposição radioativa e sugeriu que a radioatividade talvez pudesse ser usada como um "relógio" para datar os minerais e as rochas que a contivessem.

Em 1905, Rutherford obteve as primeiras datas radiométricas de formação de um mineral de Glastonbury, Connecticut: 497-500 milhões de anos. Ele alertou que essas eram datas mínimas. Em 1907, o radioquímico americano Bertram Boltwood aperfeiçoou a técnica de Rutherford para produzir as primeiras datas de minerais em rochas com um contexto geológico conhecido. Estas incluíam uma rocha de 2,2 bilhões de anos, do Sri Lanka, cuja idade aumentou as estimativas anteriores por ordem de magnitude. Em 1946, o geólogo britânico Arthur Holmes tinha feito

Uma inconformidade é uma superfície enterrada separando dois estratos rochosos de eras diferentes. Este diagrama mostra uma inconformidade angular semelhante àquelas descobertas por James Hutton, na costa leste da Escócia. Aqui, camadas de estrato rochoso foram inclinadas pela atividade vulcânica, ou movimentos na crosta terrestre, produzindo uma discordância angular sobreposta por camadas mais novas.

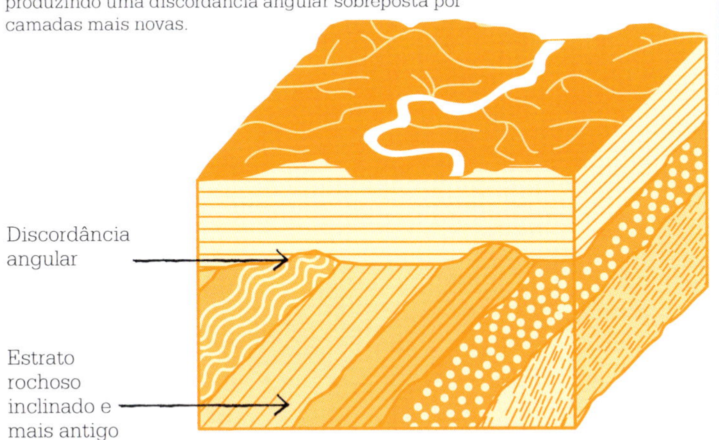

algumas medidas isótopas de rochas apresentando chumbo, da Groenlândia, que forneceram uma idade de 3,015 bilhões de anos. Essa foi uma das primeiras idades confiáveis da Terra. Holmes prosseguiu, estimando a idade do urânio, do qual o chumbo era derivado, obtendo uma data de 4,46 bilhões de anos, mas ele achava que tinha de haver a idade da nuvem gasosa, da qual a Terra teria se formado.

Finalmente, em 1953, o geoquímico americano Clair Patterson obteve a primeira idade radiométrica aceita, de 4,55 bilhões de anos, para a formação da Terra. Não há minerais ou rochas conhecidos datados da origem da Terra, mas muitos meteoritos são considerados do mesmo evento do Sistema Solar. Patterson calculou a data radiométrica para os minerais de chumbo, no meteorito Canyon Diablo, em 4,51 bilhões de anos. Comparando-a com a idade radiométrica média de 4,56 bilhões de anos, para rochas de granito e basalto na crosta da Terra, ele concluiu que a semelhança das datas era um indicativo da idade de formação da Terra. Em 1956, ele tinha feito medições adicionais que aumentaram sua confiança na precisão da data de 4,55 bilhões de anos. Esse permanece o número aceito pelos cientistas de hoje. ■

A história passada de nosso globo precisa ser explicada pelo que podemos ver acontecendo agora.
James Hutton

James Hutton

Nascido em 1726, filho de um respeitado comerciante de Edimburgo, Escócia, James Hutton estudou humanidades na Universidade de Edimburgo. Ele passou a se interessar por química, depois por medicina, mas não exerceu a profissão de médico. Em vez disso, estudou as novas técnicas agrárias usadas no leste de Anglia, Inglaterra, onde sua exposição à terra e rochas da qual derivavam levou ao interesse pela geologia. Isso o conduziu a expedições por toda a Inglaterra e a Escócia.

Regressando a Edimburgo em 1768, Hutton se tornou conhecido de algumas das maiores figuras do Iluminismo escocês, incluindo o engenheiro James Watt e o filósofo moral Adam Smith. Ao longo dos 20 anos seguintes, Hutton desenvolveu sua famosa teoria da idade da Terra e a discutiu com amigos, antes de finalmente publicar uma longa descrição, em 1788, e um livro bem mais longo, em 1795. Ele morreu em 1797.

Obra-chave

1795 *Teoria da Terra com provas e ilustrações*

A ATRAÇÃO DAS MONTANHAS

NEVIL MASKELYNE (1732-1811)

EM CONTEXTO

FOCO
Ciência terrestre e física

ANTES
1687 Isaac Newton publica *Principia*, no qual sugere experimentos para o cálculo da densidade da Terra.

1692 No empenho de explicar o campo magnético da Terra, Edmond Halley sugere que o planeta consiste de três esferas concêntricas ocas.

1738 Pierre Bouguer tenta o experimento de Newton, sem sucesso, em Chimborazo, um vulcão do Equador.

DEPOIS
1798 Henry Cavendish usa um método diferente para calcular a densidade da Terra, que descobre ser de 5.448 kg/m³.

1854 George Airy calcula a densidade da Terra usando pêndulos numa mina.

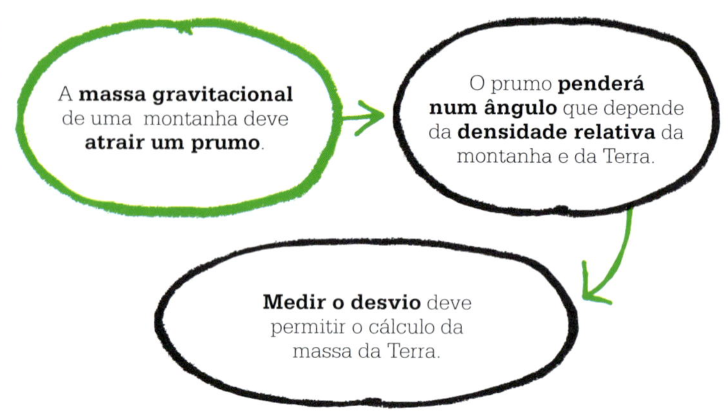

No século XVII, Isaac Newton havia sugerido métodos para "pesar a Terra" – ou calcular sua densidade. Um envolvia a medição do ângulo de um prumo em cada lado de uma montanha, para descobrir a que distância a tração gravitacional da montanha se afastaria da vertical. Esse desvio poderia ser medido comparando o prumo à posição vertical, usando métodos astronômicos. Se a densidade e o volume da montanha fossem apurados, então, a densidade da Terra também poderia ser. No entanto, o próprio Newton descartou a ideia, porque ele achava que o desvio seria pequeno demais para ser medido com instrumentos da época.

Em 1738, Pierre Bouguer, um astrônomo francês, tentou a experiência nas colinas de Chimborazo, no Equador. Contudo, o clima e a altitude causaram problemas, e Bouguer achou que suas medições estavam imprecisas.

Em 1772, Nevil Maskelyne afirmou à Royal Society, em Londres, que o experimento poderia ser conduzido na Inglaterra. A Society concordou e enviou um inspetor para selecionar uma montanha adequada. Ele escolheu

Veja também: Isaac Newton 62-69 ▪ Henry Cavendish 78-79 ▪ John Michell 88-89

Schiehallion foi escolhida como local para o experimento por seu formato assimétrico e por seu isolamento (menos afetado pela tração gravitacional de outras montanhas).

a Schiehallion, na Escócia, e Maskelyne passou quase quatro meses fazendo observações de ambos os lados da montanha.

A densidade das rochas

A orientação do prumo, comparado às estrelas, deveria ter sido diferente nas duas estações, mesmo sem efeitos gravitacionais, por causa da diferença na latitude. Mesmo levando isso em conta, havia uma diferença de 11,6 segundos de arco (pouco mais de 0,0003 grau).

Maskelyne usou uma avaliação do formato da montanha e uma medida da densidade de suas rochas, para calcular a massa da Schiehallion. Ele presumia que a Terra inteira tivesse a mesma densidade da Schiehallion, mas o desvio do prumo mostrou um valor de menos de metade do que ele esperava. Maskelyne percebeu que a suposição da densidade estava incorreta – a densidade da Terra era claramente muito maior que a densidade de suas rochas da superfície, provavelmente, pensou ele, porque o planeta tinha uma essência metálica. O ângulo observado foi usado para calcular que a densidade geral da Terra é aproximadamente o dobro da densidade das rochas de Schiehallion.

Esse resultado desmentiu uma teoria da época, defendida pelo astrônomo inglês Edmond Halley, que dizia que a Terra era oca. Ele também permitiu que a massa da Terra extrapolasse seu volume e sua densidade média. O valor de Maskelyne para a densidade geral da Terra era de 4.500 kg/m^3. Comparado ao valor aceito hoje, de 5.515 kg/m^3, ele calculou a densidade da Terra com um erro inferior a 20% e, ao fazê-lo, provou a lei gravitacional de Newton. ■

... a densidade da Terra é aproximadamente o dobro da densidade de sua superfície... a densidade das partes internas da Terra é muito maior próximo à superfície.
Nevil Maskelyne

Nevil Maskelyne

Nascido em 1732 em Londres, Nevil Maskelyne se interessou por astronomia na escola. Depois de se formar pela Universidade de Cambridge e ser ordenado padre, ele se tornou membro da Royal Society em 1758 e foi o astrônomo real de 1765 até sua morte.

Em 1761, a Royal Society enviou Maskelyne à ilha de Santa Helena, no Atlântico, para observar o trânsito de Vênus. As medições feitas conforme o planeta passava pelo arco do Sol permitiram que os astrônomos calculassem a distância entre a Terra e o Sol. Ele também passou muito tempo tentando resolver o problema da medição da longitude no mar – grande questão da época. Seu método envolvia medições cautelosas entre a Lua e uma determinada estrela, bem como a consulta a tabelas publicadas.

Obras-chave

1764 *Astronomical Observations Made at the Island of St. Helena*
1775 *An Account of Observations Made on the Mountain Schiehallion for Finding its Attraction*

O MISTÉRIO DA NATUREZA NA ESTRUTURA E NA FERTILIZAÇÃO DAS FLORES

CHRISTIAN SPRENGEL (1750-1816)

EM CONTEXTO

FOCO
Biologia

ANTES
1694 O botânico alemão Rudolph Camerarius mostra que as flores carregam as partes reprodutoras das plantas.

1753 Carl Lineu publica *Species Plantarum*, formulando um sistema classificatório pela estrutura da flor.

Anos 1760 Josef Gottlieb Kölreuter, botânico alemão, prova que os grãos de pólen são necessários para fertilizar uma flor.

DEPOIS
1831 O botânico escocês Robert Brown descreve como os grãos de pólen fazem germinar o estigma (parte fêmea da planta) em uma flor.

1862 Charles Darwin publica *Fertilisation of Orchids*, estudo detalhado do relacionamento entre as flores e os insetos polinizadores.

Em meados do século XVIII, o botânico sueco Carl Lineu percebeu que partes das flores fazem um paralelo com os órgãos reprodutivos animais. Quarenta anos depois, um botânico alemão chamado Christian Sprengel descobriu como os insetos tinham um importante papel na polinização e, portanto, na fertilização das plantas que florescem.

Benefício mútuo

No verão de 1787, Sprengel notou insetos visitando flores para se alimentarem do néctar ali inserido. Ele começou a pensar se o néctar estava sendo "anunciado" pelas cores especiais e pelo formato das pétalas, e deduziu que os insetos estavam sendo instigados às flores de modo que o pólen do estame (parte macho da planta) de uma flor colava no inseto e era levado ao pistilo (parte fêmea) de outra flor. A recompensa do inseto era beber do néctar rico em energia.

Sprengel descobriu que algumas plantas que dão flor, quando isentas de cor e aroma, recorrem ao vento para dispersar seu pólen. Ele também observou que muitas flores contêm tanto a parte macho quanto a fêmea e, nessas, as partes amadurecem em épocas distintas, evitando a autofertilização.

Publicado em 1793, o trabalho de Sprengel foi muito subestimado durante sua vida. No entanto, ele finalmente recebeu seu crédito quando Charles Darwin o utilizou como trampolim para seus próprios estudos sobre a coevolução de plantas que florescem e insetos específicos que as polinizam, assegurando a fertilização cruzada para benefício mútuo. ■

Uma abelha pousa nas partes sexuais do centro dessas pétalas coloridas. As abelhas são responsáveis por 80% de todas as polinizações por insetos e polinizam um terço de todas as safras.

Veja também: Carl Lineu 74-75 ▪ Charles Darwin 142-49 ▪ Gregor Mendel 166-71 ▪ Thomas Hunt Morgan 224-25

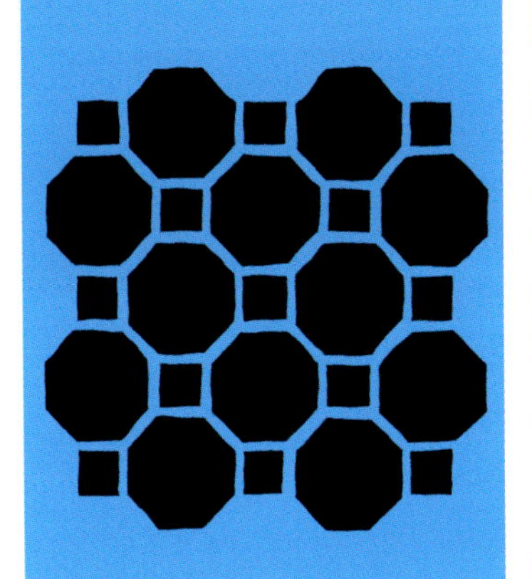

OS ELEMENTOS SEMPRE SE MESCLAM DA MESMA FORMA

JOSEPH PROUST (1754-1836)

EM CONTEXTO

FOCO
Química

ANTES
c. 400 a.C. O pensador grego Demócrito afirma que o mundo é feito de minúsculas partículas indivisíveis – átomos.

1759 O químico inglês Robert Dossie argumenta que as substâncias se mesclam quando estão na proporção correta, ao que ele chama de "proporção de saturação".

1787 Antoine Lavoisier e Claude Louis Berthollet elaboram o sistema moderno de classificação dos compostos químicos.

DEPOIS
1805 John Dalton mostra que elementos são feitos de átomos de uma massa específica que se mesclam para formar compostos.

1811 O químico italiano Amedeo Avogadro faz uma distinção entre átomos e as moléculas formadas pelos átomos para formar os compostos.

A Lei de Proporções Definidas, publicada pelo químico francês Joseph Proust em 1794, mostra que, independentemente de quantos elementos sejam combinados, as proporções de cada elemento num composto são precisamente as mesmas. Essa teoria foi uma das ideias fundamentais sobre os elementos que emergiram nesse período para formar a base da química moderna.

Ao fazer sua descoberta, Proust seguia uma tendência na química francesa que teve Antoine Lavoisier como pioneiro, defendendo a medição de pesos, proporções e porcentagens. Proust estudou as porcentagens nas quais os metais se fundiam ao oxigênio em óxidos metálicos. Ele concluiu que quando o óxidos metálicos se formavam, a proporção de metal e oxigênio era constante. Se o mesmo metal se misturasse com oxigênio, em proporção diferente, ele formava um composto diferente, com propriedades distintas.

Nem todos concordaram com Proust, porém em 1811 o químico sueco Jöns Jakob Berzelius percebeu que a teoria de

O ferro, assim como muitos outros metais, está sujeito à lei da natureza que preside toda combinação verdadeira, ou seja, que une com duas proporções constantes de oxigênio.
Joseph Proust

Proust se encaixava à nova teoria atômica de elementos de John Dalton, segundo a qual os elementos são todos feitos com seus próprios átomos. Se um composto é sempre feito da mesma combinação de átomos, o argumento de Proust quanto aos elementos sempre se mesclarem em proporções fixas só pode ser verdade. Isso agora é aceito como uma das leis-chave da química. ■

Veja também: Henry Cavendish 78-79 ▪ Antoine Lavoisier 84 ▪ John Dalton 112-13 ▪ Jöns Jakob Berzelius 119 ▪ Dmitri Mendeleev 174-79

UM SÉCU
DE PROG
1800-1900

O

RESSO

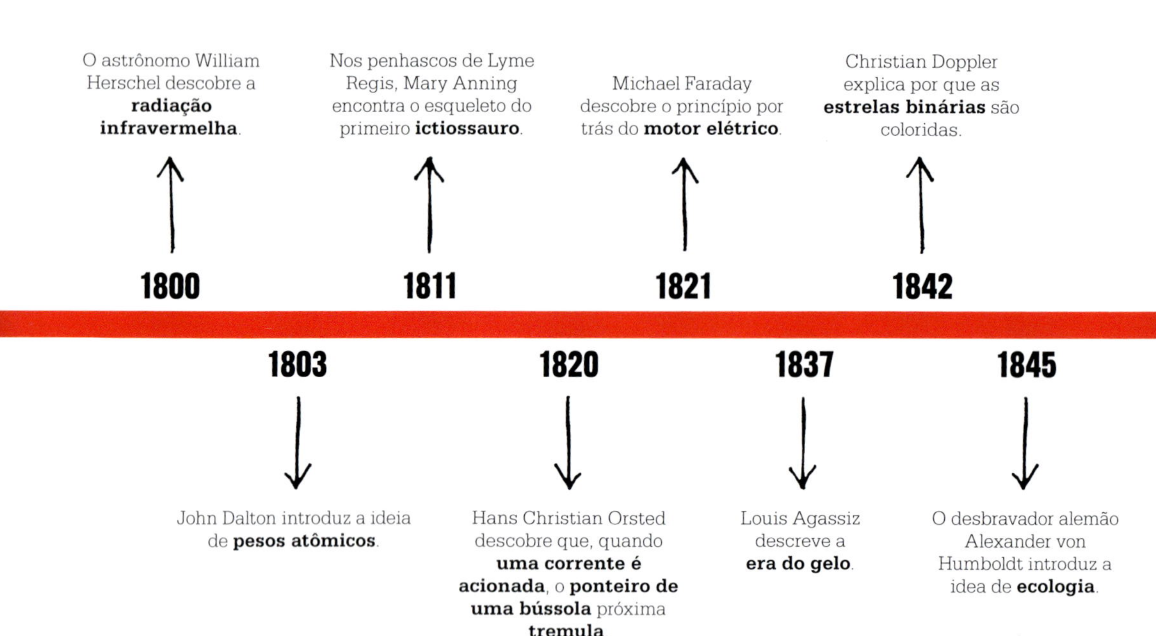

A invenção da bateria elétrica, em 1799, abriu novos campos de pesquisa científica. Na Dinamarca, Hans Christian Orsted acidentalmente descobriu uma ligação entre a eletricidade e o magnetismo. Na Royal Institution de Londres, Michael Faraday imaginou o formato de campos magnéticos e inventou o primeiro motor elétrico do mundo. Na Escócia, James Clerk Maxwell aproveitou as ideias de Faraday e decifrou a complexa matemática do eletromagnetismo.

Vendo o invisível

Formas invisíveis de ondas eletromagnéticas são descobertas antes de ser compreendidas, ou de as leis que governam seu comportamento serem decifradas. Trabalhando em Bath, Inglaterra, o astrônomo alemão William Herschel usou um prisma para separar as várias cores da luz solar e investigar sua temperatura; ele descobriu que seu termômetro mostrava uma temperatura maior além do fim do espectro vermelho visível. Herschel tinha se deparado com a radiação infravermelha, e a radiação ultravioleta foi descoberta no ano seguinte – provando que havia mais no espectro do que a luz visível. De uma forma acidentalmente parecida, Wilhelm Röntgen mais tarde descobriu os raios X em seu laboratório na Alemanha. O físico britânico Thomas Young elaborou um experimento de fendas duplas para determinar se a luz é realmente uma onda ou uma partícula. Sua descoberta da interferência da onda pareceu acabar com a discussão. Em Praga, o físico austríaco Christian Doppler explicou a cor de estrelas binárias usando a ideia de que a luz é uma onda com um espectro de várias frequências, mostrando o fenômeno agora conhecido como efeito Doppler. Enquanto isso, em Paris, os físicos Hippolyte Fizeau e Léon Foucault mediram a velocidade da luz e mostraram que ela se desloca mais lentamente na água do que através do ar.

Mudanças químicas

O meteorologista britânico John Falton sugeriu, hesitante, que os pesos atômicos talvez fossem um conceito útil para químicos e se aventurou a estimar alguns deles. Quinze anos depois, o químico sueco Jöns Jakob Berzelius montou uma lista bem mais completa dos pesos atômicos. Seu aluno, o químico alemão Friedrich Wöhler, transformou

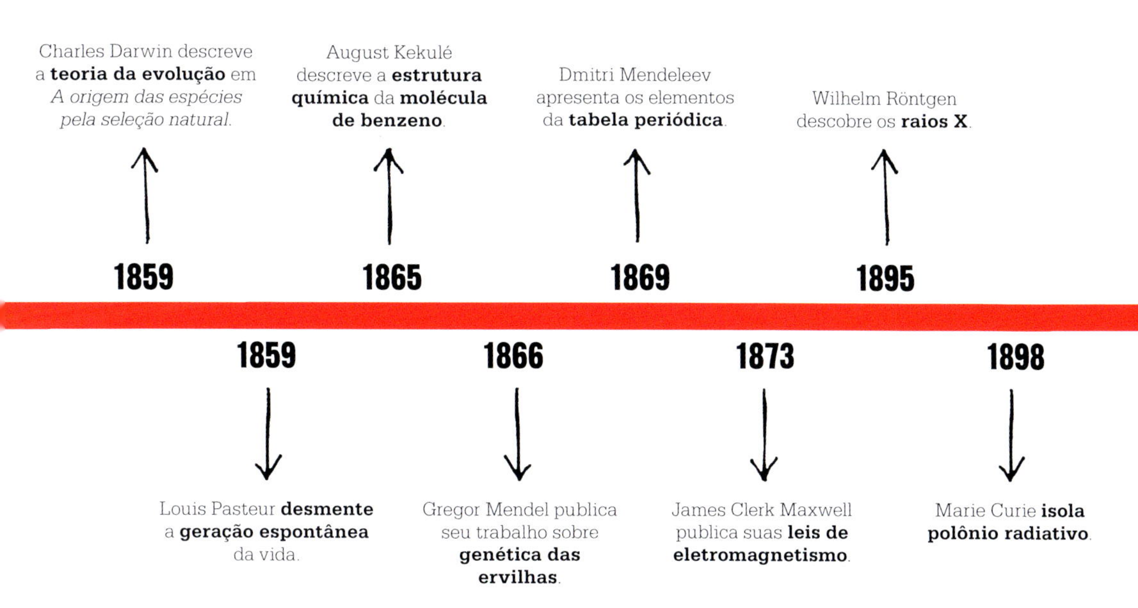

sal inorgânico em composto, desmentindo assim a ideia de que a química da vida operava por regras separadas. Em Paris, Louis Pasteur mostrou que a vida não pode ser gerada espontaneamente. Inspirações de novas ideias surgem de vários segmentos. A estrutura da molécula do benzeno ocorreu ao químico alemão August Kekulé quando ele ia pegando no sono, enquanto o químico russo Dmitri Mendeleev usou um pacote de cartões para decifrar o problema da tabela periódica dos elementos. Marie (Sklodowska) Curie isolou polônio e rádio e se tornou a única pessoa a ganhar o Prêmio Nobel tanto de Química como de Física.

Pistas do passado

O século viu nada menos que uma revolução no entendimento da vida. Na costa sul da Inglaterra, Mary Anning documentou uma série de fósseis de criaturas extintas que ela arrancou dos penhascos. Logo depois, Richard Owen cunhou o termo "dinossauro" para descrever os "terríveis lagartos" que um dia vagaram pelo planeta. O geólogo suíço Louis Agassiz sugeriu que grande parte da Terra já foi coberta de gelo, depois ampliou a ideia explicando que a Terra passou por condições muito distintas ao longo de sua história. Alexander von Humboldt usou visões interdisciplinares para descobrir as ligações na natureza e estabelecer o estudo da ecologia. Na França, Jean-Baptiste Lamarck descreveu uma teoria da evolução, erroneamente acreditando que a transmissão de características adquiridas era sua força motriz. Então, nos anos 1850, os naturalistas britânicos Alfred Russel Wallace e Charles Darwin discorreram sobre a ideia de evolução pela seleção natural. T. H. Huxley demonstrou que os pássaros podem muito bem ter evoluído dos dinossauros, e as provas de embasamento da evolução aumentaram. Enquanto isso, um alemão de sotaque silesiano chamado Gregor Mendel decifrou as leis básicas da genética ao estudar milhares de pés de ervilha. O trabalho de Mendel seria negligenciado por algumas décadas, mas sua redescoberta proveria o mecanismo genético para a seleção natural.

Em 1900, o físico britânico lorde Kelvin supostamente disse: "Agora não há nada novo a ser descoberto na física. Tudo o que resta são medições cada vez mais precisas". Mal poderíamos desconfiar que grandes choques estavam por vir. ■

EXPERIMENTOS PODEM SER REPETIDOS COM GRANDE FACILIDADE QUANDO O SOL BRILHA

THOMAS YOUNG (1773-1829)

EM CONTEXTO

FOCO
Física

ANTES
1678 Christiaan Huygens afirma, pela primeira vez, que a luz se desloca em ondas. Ele publica seu *Tratado sobre a luz* em 1690.

1704 Em seu livro *Opticks*, Isaac Newton sugere que a luz compreende partículas de luz, ou "corpúsculos".

DEPOIS
1905 Albert Einstein argumenta que a luz tem de ser interpretada como partículas, depois chamadas de fótons, assim como ondas.

1916 Através de um experimento, o físico americano Robert Andrews Millikan prova que Einstein estava correto.

1961 Claus Jönsson repete a experiência de dupla fenda de Young com elétrons e mostra que, assim como a luz, elétrons podem se portar como ondas ou partículas.

Se a **luz** é feita de **partículas** que **se deslocam em linhas retas**, então isso pode ser provado com uma experiência simples...

↓

Acenda uma luz através de duas fendas adjacentes focadas numa tela. Deveriam surgir **dois focos de luz** na tela.

↓

Mas, em vez disso, a luz cria **padrões de interferência de claro-escuro**, da mesma forma que ocorreria com a água se esta pudesse fluir através de duas fendas.

↓

A luz só pode se deslocar em ondas.

Na virada do século XIX, a opinião científica ficou dividida sobre a questão da natureza da luz. Isaac Newton argumentara que um facho de luz é feito de incontáveis e minúsculos "corpúsculos" velozes (partículas). Se a luz consiste nesses corpúsculos semelhantes a balas, dissera, isso explicaria por que se move em linhas retas e lança sombras.

Mas os corpúsculos de Newton não explicavam por que a luz se refrata (se curva, ao entrar no vidro) ou se divide nas cores do arco-íris – também um efeito de refração. Christiaan Huygens argumentara que a luz não contém partículas, mas ondas. Se a luz se desloca em ondas, dissera Huygens, é fácil explicar esses efeitos. No entanto, a estatura de Newton era tamanha que a maioria dos cientistas apoiou a teoria das partículas.

Então, em 1801, o médico e físico britânico Thomas Young elaborou uma experiência simples, porém genial, com a qual acreditava resolver a questão, de um jeito ou de outro. A ideia começou quando Young estava olhando os desenhos de luz lançados por uma vela acesa em meio a gotinhas de água. O desenho mostrava anéis coloridos ao redor do centro, e Young ficou imaginando se os anéis não seriam causados pela interação das ondas de luz.

Veja também: Christiaan Huygens 50-51 ▪ Isaac Newton 62-69 ▪ Léon Foucault 136-37 ▪ Albert Einstein 214-21

A experiência das fendas duplas

Young fez duas fendas num pedaço de papelão e iluminou-as com um facho de luz. Numa tela de papel colocada atrás das fendas, a luz criou um desenho que convenceu Young de que era em ondas. Se a luz fosse fachos de partículas, como Newton dissera, haveria simplesmente um filete de luz diretamente atrás de cada fenda. Em vez disso, Young viu faixas alternadas de claro-escuro, como um código de barras embaçado. Ele alegou que, conforme as ondas de luz se espalhavam além das fendas, elas interagiam. Se duas ondas subissem ou descessem ao mesmo tempo, formariam uma onda duas vezes maior (interferência construtiva) – criando as faixas claras. Se uma onda sobe enquanto a outra desce, elas se anulam (interferência destrutiva) – criando as faixas escuras. Young também mostrou que as cores diferentes de luz criam padrões de interferência diferentes. Isso demonstrou que a cor da luz depende do comprimento de sua onda.

Por um século o experimento de Young, de dupla fenda, convenceu cientistas de que a luz é uma onda, não uma partícula. Então, em 1905, Albert Einstein mostrou que a luz também se porta como se fosse um facho de partículas – ela pode se portar tanto como onda quanto como partícula. A experiência de Young foi tão simples que, em 1961, o físico alemão Claus Jönsson usou-a para mostrar que os elétrons de partículas subatômicas produzem interferência semelhante, portanto também só podem ser ondas. ■

Investigações científicas são um tipo de guerra contra seus contemporâneos e predecessores.
Thomas Young

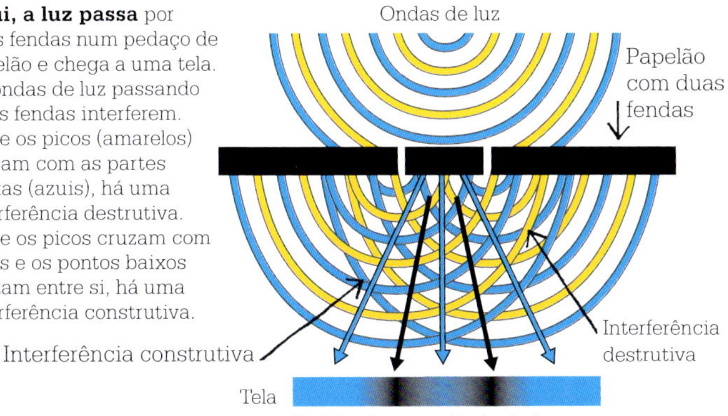

Aqui, a luz passa por duas fendas num pedaço de papelão e chega a uma tela. As ondas de luz passando pelas fendas interferem. Onde os picos (amarelos) cruzam com as partes baixas (azuis), há uma interferência destrutiva. Onde os picos cruzam com picos e os pontos baixos cruzam entre si, há uma interferência construtiva.

Thomas Young

O mais velho de dez irmãos e criado por pais protestantes em Somerset, Inglaterra, a mente brilhante de Thomas Young o tornou uma criança prodígio, e seu apelido era "Jovem Fenômeno". Aos 13 anos ele já lia cinco línguas fluentemente – e, quando adulto, fez a primeira tradução moderna dos hieróglifos egípcios.

Depois da escola de medicina, na Escócia, Young se estabeleceu como médico em Londres em 1799, mas era um verdadeiro polímata, que, nas horas vagas, conduzia pesquisas que variavam de teoria musical a linguística. No entanto, ele é mais famoso por seu trabalho com a luz. Além de estabelecer o princípio da interferência da luz, elaborou a primeira teoria moderna da visão colorida, argumentando que vemos cores como proporções variadas das três principais: azul, vermelho e verde.

Obras-chave

1804 *Experiments and Calculations Relative to Physical Optics*
1807 *Course of Lectures on Natural Philosophy and the Mechanical Arts*

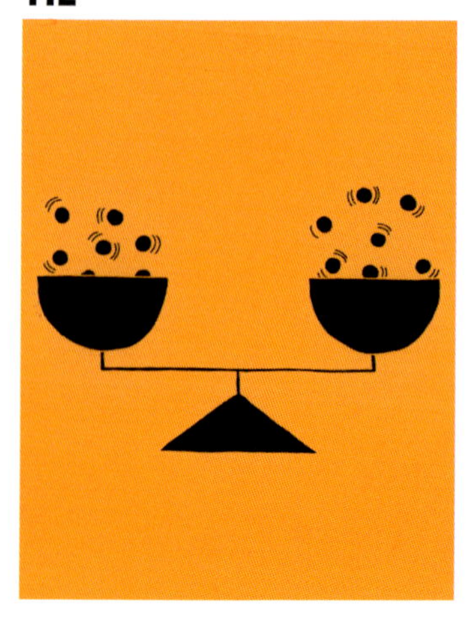

AVERIGUANDO O PESO RELATIVO DE PARTÍCULAS FINAIS

JOHN DALTON (1766-1844)

EM CONTEXTO

FOCO
Química

ANTES
c. 400 a.C Demócrito afirma que o mundo é feito de partículas indivisíveis.

Século VIII d.C. O polímata persa Jabir ibn Hayyan (ou Geber) classifica elementos como metais e não metais.

1794 Joseph Proust mostra que compostos são sempre feitos de elementos combinados nas mesmas proporções.

DEPOIS
1811 Amedeo Avogadro mostra que volumes iguais de gases diferentes contêm números iguais de moléculas.

1869 Dmitri Mendeleev elabora uma tabela periódica apresentando elementos segundo o peso atômico.

1897 Através de sua descoberta do elétron, J. J. Thomson mostra que os átomos não são as menores partículas possíveis.

Elementos se fundem para formar compostos em **proporções fixas** simples.

Essas proporções fixas têm de depender do **peso relativo dos átomos** de cada elemento.

Desse modo, o **peso atômico** de um elemento **pode ser calculado** pelo **peso de cada elemento** envolvido no **composto**.

As tabelas de elementos devem ser baseadas no peso de suas partículas finais.

Mais para o final do século XVIII, os cientistas haviam começado a perceber que o mundo é feito de um leque de substâncias básicas, ou elementos químicos. Mas ninguém tinha certeza do que era um elemento. Foi John Dalton, meteorologista inglês, que através de seu estudo do clima viu que cada elemento era feito inteiramente de seus próprios átomos, únicos e idênticos, e é esse átomo especial que distingue e define um elemento. Ao desenvolver a teoria atômica dos elementos, Dalton estabeleceu a base da química. A ideia de átomos vem da Grécia antiga, mas sempre se presumiu que todos os átomos fossem idênticos. A descoberta de Dalton foi entender que cada elemento é feito de átomos diferentes. Ele descreveu os átomos que compõem os elementos então conhecidos – incluindo hidrogênio, oxigênio e nitrogênio – como “partículas deslocáveis, impenetráveis, compactas e sólidas”.

As ideias de Dalton se originaram de seu estudo de como a pressão atmosférica afetava a quantidade de água que podia ser absorvida pelo ar. Ele se convenceu

Veja também: Joseph Proust 105 ▪ Dmitri Mendeleev 174–79

Uma investigação do peso relativo das partículas finais dos corpos é um assunto inteiramente novo, até onde eu sei.
John Dalton

de que o ar é uma mistura de gases diferentes. Ao fazer a experiência, observou que determinada quantidade de oxigênio puro vai absorver menos vapor de água do que a mesma quantidade de nitrogênio puro, chegando à incrível conclusão de que isso é porque os átomos do oxigênio são maiores e mais pesados que os do nitrogênio.

Questões de peso

Num lampejo perceptivo, Dalton notou que os átomos de elementos diferentes podiam ser distinguidos pela diferença de seu peso. Ele viu que os átomos ou "partículas finais" de dois ou mais elementos se fundiam para formar compostos em proporções muito simples, portanto pôde calcular o peso de cada átomo a partir do peso de cada elemento envolvido num composto. Ele rapidamente calculou o peso atômico de cada elemento então conhecido.

Dalton percebeu que o hidrogênio era o gás mais leve, então lhe designou o peso atômico de 1. Pelo peso do oxigênio combinado com hidrogênio na água, designou ao oxigênio o peso de 7. No entanto, havia uma falha no método de Dalton, pois ele percebeu que átomos do mesmo elemento podem se fundir. Ele sempre achou que um composto de átomos – uma molécula – só tinha um átomo de cada elemento, porém o trabalho de Dalton colocou os cientistas no caminho certo, e em uma década o físico italiano Amedeo Avogadro havia inventado um sistema de proporções moleculares para calcular pesos atômicos corretamente. Assim, a ideia básica da teoria de Dalton – que cada elemento tem seu próprio e único tamanho de átomo - provou ser verdade. ■

A tabela de Dalton mostra símbolos e pesos atômicos de elementos diferentes. Dalton foi atraído à teoria atômica através da meteorologia, quando perguntou a si mesmo por que partículas do ar e da água podiam se misturar.

John Dalton

Nascido numa família protestante em Lake District, Inglaterra, em 1766, John Dalton fazia observações regulares do tempo, a partir dos 15 anos. Essas observações deram origem a várias percepções, tais como a transformação de umidade atmosférica em chuva quando o ar esfria. Além de seus estudos meteorológicos, Dalton era fascinado por uma limitação que ele e o irmão tinham: a incapacidade de diferenciar as cores. Seu estudo científico sobre o assunto lhe rendeu a admissão na Manchester Literary and Philosophical Society, da qual foi eleito presidente em 1817. Ele escreveu centenas de artigos para a Sociedade, incluindo aqueles sobre sua teoria atômica. A teoria atômica foi rapidamente aceita, e Dalton se tornou uma celebridade de sua época – mais de 40 mil pessoas compareceram ao seu enterro em Manchester, em 1844.

Obras-chave

1805 *Experimental Enquiry into the Proportion of the Several Gases or Elastic Fluids, Constituting the Atmosphere*
1808-27 *New System of Chemical Philosophy*

OS EFEITOS QUÍMICOS PRODUZIDOS PELA ELETRICIDADE

HUMPHRY DAVY (1778-1829)

EM CONTEXTO

FOCO
Química

ANTES
1735 O químico sueco Georges Brandt descobre o cobalto, o primeiro de muito novos elementos metálicos a serem descobertos ao longo do século seguinte.

1772 O físico italiano Luigi Galvani percebe o efeito da eletricidade na perna de um sapo e acredita que a eletricidade é biológica.

1799 Alessandro Volta mostra que metais em contato produzem eletricidade e cria a primeira pilha.

DEPOIS
1834 Michael Faraday, ex-assistente de Davy, publica as leis da eletrólise.

1869 Dmitri Mendeleev organiza os elementos conhecidos numa tabela periódica, criando um grupo para metais alcalinos suaves que Davy havia sido o primeiro a identificar, em 1807.

Em 1800, Alessandro Volta inventou a "pilha voltaica", a primeira pilha elétrica do mundo, e não tardou para que muitos outros cientistas começassem a fazer experiências com pilhas.

O químico inglês Humphry Davy percebeu que a eletricidade da pilha é produzida por uma reação química. A descarga elétrica flui, conforme os dois metais diferentes da pilha (eletrodos) reagem, através do papel embebido em água salgada que há entre eles. Em 1807, Davy descobriu que podia usar a descarga elétrica de uma pilha para dividir compostos químicos, descobrindo novos elementos e sendo pioneiro no processo que mais tarde se chamaria *eletrólise*.

Davy usa um aparato semelhante a este em suas palestras na Royal Institution, em Londres, para mostrar como a eletrólise divide a água em seus dois elementos, hidrogênio e oxigênio.

Novos metais

Davy inseriu dois eletrodos no hidróxido de potássio, que ele umedeceu deixando exposto ao ar úmido de seu laboratório, para que pudesse conduzir eletricidade. Para seu deleite, os glóbulos metálicos começaram a se formar no eletrodo negativo. Os glóbulos eram um novo elemento: o metal potássio. Algumas semanas depois, eletrolisou hidróxido de sódio (soda cáustica) da mesma forma e produziu o metal sódio. Em 1808, usou a eletrólise para descobrir mais quatro elementos metálicos – cálcio, bário, estrôncio e magnésio – e boro metaloide. Assim como ocorreu com a eletrólise, o uso comercial desses metais provou ser altamente valioso. ▪

Veja também: Alessandro Volta 90-95 · Jöns Jakob Berzelius 119 · Hans Christian Orsted 120 · Michael Faraday 121 · Dmitri Mendeleev 174-79

MAPEANDO AS ROCHAS DE UMA NAÇÃO

WILLIAM SMITH (1769–1839)

EM CONTEXTO

FOCO
Geologia

ANTES
1669 Nicolas Steno publica os princípios da estratigrafia, que norteará o entendimento dos geólogos sobre o estrato rochoso.

Anos 1760 Na Alemanha, os geólogos Johann Lehmann e Georg Füchsel elaboram alguns dos primeiros mapas e seções medidas do estrato geológico.

1813 O geólogo inglês Robert Bakewell faz o primeiro mapa geognóstico de tipos rochosos na Inglaterra e no País de Gales.

DEPOIS
1835 É fundado o The Geological Survey of Great Britain, para desenvolver o mapeamento geológico sistemático do país.

1878 É realizado o Primeiro Congresso Geológico Internacional, em Paris. Desde então, os congressos acontecem a cada cinco anos.

Em meados do século XVIII, a necessidade de encontrar combustíveis e minério para abastecer a Revolução Industrial da Europa incitou um interesse crescente na produção de mapas geológicos. Os geólogos alemães Johann Lehmann e Georg Füchsel produziram imagens aéreas detalhadas mostrando a topografia e o estrato rochoso. Muitos mapas geológicos posteriores fizeram pouco mais que mostrar a distribuição superficial de tipos diferentes de rocha, até o trabalho pioneiro, na França, de Georges Cuvier e Alexandre Brongniart, que mapearam a geologia da bacia parisiense em 1811, e o de William Smith, na Grã-Bretanha.

Fósseis organizados são, para os naturalistas, como moedas para os antiquários.
William Smith

Primeiro mapa nacional

Smith era um engenheiro autodidata e pesquisador que produziu o primeiro mapa geológico nacional, em 1815, mostrando Inglaterra, País de Gales e parte da Escócia. Ao extrair amostras de minas, pedreiras, penhascos, canais, estradas e ferrovias, Smith estabeleceu a sucessão do estrato rochoso, usando os princípios de Steno de estratigrafia e identificando cada estrato através de seus fósseis característicos. Ele também desenhou seções verticais da sucessão de estrato e estruturas geológicas nas quais haviam sido formados pelos movimentos da terra.

Ao longo de algumas décadas seguintes, foram estabelecidas as primeiras pesquisas geológicas nacionais, que passaram a mapear metodicamente os países inteiros. A correlação de estrato de idade semelhante atravessando fronteiras nacionais foi alcançada através de acordo internacional na segunda metade do século XIX. ▪

Veja também: Nicolas Steno 55 · James Hutton 96-101 · Mary Anning 116-17 · Louis Agassiz 128-29

ELA SABE A QUE TRIBO OS OSSOS PERTENCEM

MARY ANNING (1799-1847)

EM CONTEXTO

FOCO
Paleontologia

ANTES
Século XI O estudioso persa Avicenna (Ibn Sina) sugere que as rochas podem se formar de fluidos petrificados, levando à formação de fósseis.

1753 Carl Lineu inclui fósseis em seu sistema de classificação biológica.

DEPOIS
1830 O artista britânico Henry de la Beche pinta uma das primeiras reconstruções paleontológicas de uma cena do "tempo profundo".

1854 Richard Owen e Benjamin Waterhouse Hawkins fazem as primeiras reconstruções, em tamanho real, de plantas e animais extintos.

Início do século XX O desenvolvimento das técnicas cronológicas radiométricas permite que os cientistas datem fósseis segundo o estrato rochoso no qual foram encontrados.

Fósseis são **restos preservados** de plantas e animais.

Foram encontrados fósseis de **grandes animais**, **que já não são mais vistos**.

No passado, **animais muito diferentes** viviam na Terra.

Até o final do século XVIII, concebia-se que os fósseis eram os restos de organismos que um dia viveram e foram petrificados conforme os sedimentos à sua volta se solidificaram. Tanto os fósseis quanto os organismos vivos foram classificados pela primeira vez, em hierarquia de espécie, gênero e família, por naturalistas como o taxonomista sueco Carl Lineu. No entanto, restos fósseis ainda eram vistos isolados de seu contexto biológico e ambiental.

No começo do século XIX, a descoberta de fósseis de grandes ossos, diferentes de qualquer animal vivo, levantou muitas perguntas. Onde eles se encaixavam nos sistemas classificatórios e quando foram extintos? Em meio à cultura judaico-cristã do mundo ocidental, geralmente se pensava que um Deus benevolente não deixaria que nenhuma de suas criações fosse aniquilada.

Monstros do abismo

Alguns dos primeiros desses fósseis imensos foram encontrados pela família Anning de colecionadores de fósseis perto de Lyme Regis, na costa sul da Inglaterra. Ali o calcário e o afloramento de estrato sofrem a erosão do mar e revelam restos abundantes de organismos marinhos antiquíssimos. Em 1811, Joseph Anning encontrou um crânio de 1,2 m de comprimento, com um

Veja também: Carl Lineu 74-75 ▪ Charles Darwin 142-49 ▪ Thomas Henry Huxley 172-73

bico e uma arcada dentária curiosamente alongados. Sua irmã Mary encontrou o resto do esqueleto, que eles venderam por 23 libras. Exposto em Londres, esse foi o primeiro esqueleto inteiro de um "monstro do abismo" extinto e atraiu grande atenção popular. Ele foi identificado como um réptil marinho extinto e batizado de ictiossauro, que significa "peixe-lagarto".

A família Anning depois achou mais ictiossauros e a primeira espécie de outro réptil marinho, o plesiossauro, além da primeira espécie britânica de um réptil voador, um novo fóssil de peixe e um crustáceo. Dentre os peixes estava o cefalópode conhecido como belemnite, alguns com a bolsa de tinta preservada. A família, principalmente Mary, tinha talento para caçar fósseis. Apesar de pobre, Mary era alfabetizada e foi autodidata em geologia e anatomia, o que a tornou uma caçadora de fósseis muito mais eficiente. Como observou lady Harriet Sylvester, em 1824, Mary Anning era "tão familiarizada com essa ciência que, no instante em que encontra qualquer osso, ela sabe a que tribo pertence". Ela se tornou uma autoridade em muitos tipos de fósseis, principalmente os coprólitos – fósseis de fezes.

O quadro da vida na antiga Dorset, revelado pelos fósseis de Anning, era da costa tropical, onde um dia viveu uma imensa variedade de animais hoje extintos. Em 1854, os fósseis de Anning serviram de modelo para a primeira reconstrução de um ictiossauro, feito para o Crystal Palace de Londres pelo escultor Benjamin Waterhouse Hawkins e pelo paleontólogo Richard Owen. Foi Owen quem cunhou a palavra "dinossauro", mas Anning possibilitara o primeiro vislumbre da riqueza da vida jurássica. ■

Em 1830, Henry de la Beche pintou esta reconstrução da vida nos mares jurássicos ao redor de Dorset, baseado nas descobertas dos fósseis de Anning.

Mary Anning

Várias biografias e romances foram escritos sobre a vida de Mary Anning, uma colecionadora de fósseis autodidata. Ela foi uma das duas crianças sobreviventes de dez irmãos de uma família pobre de Dorset, de dissidentes religiosos que viviam no vilarejo costeiro de Lyme Regis. A família tinha uma sobrevivência precária colecionando fósseis para vender a um número cada vez maior de turistas. No entanto, foi Mary quem encontrou e vendeu a relíquia mais preciosa que encontraram – fósseis de répteis jurássicos que vieram de 201 a 145 milhões de anos atrás.

Pela combinação de fatores como sexo feminino, sua humilde posição social e religiosidade não convencional, Anning recebeu pouco reconhecimento por seu trabalho em vida e, mais tarde, ela frisou numa carta: "O mundo me usou cruelmente e receio que isso tenha me tornado desconfiada de todos". Contudo, era amplamente conhecida nos círculos geológicos e vários cientistas buscavam sua *expertise*. Quando sua saúde ficou debilitada, Anning passou a receber uma pequena pensão anual de 25 libras como reconhecimento de sua contribuição à ciência. Ela morreu de câncer de mama, aos 47 anos.

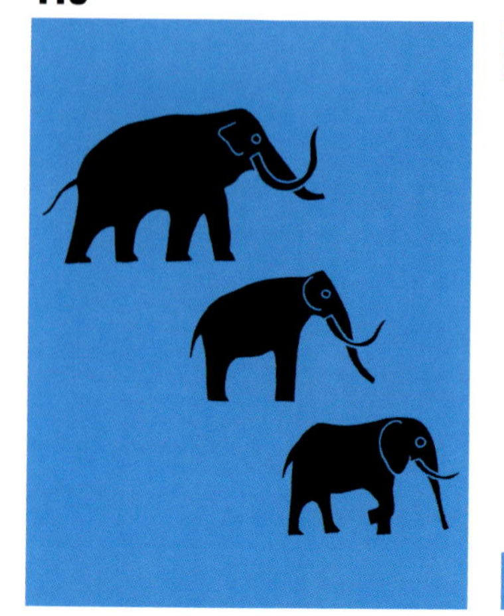

A HERANÇA DE CARACTERÍSTICAS ADQUIRIDAS

JEAN-BAPTISTE LAMARCK (1744-1829)

EM CONTEXTO

FOCO
Biologia

ANTES
c. 1495 Leonardo da Vinci sugere, em seu caderno, que fósseis são relíquias da vida antiga.

1796 Georges Cuvier prova que ossos fósseis pertencem a mastodontes extintos.

1799 William Smith mostra a sucessão de fósseis em estratos rochosos de eras distintas.

DEPOIS
1858 Charles Darwin introduz sua teoria da evolução pela seleção natural.

1942 A "síntese moderna" concilia a genética de Gregor Mendel com a seleção natural de Charles Darwin, paleontologia e ecologia para tentar explicar como surgem novas espécies.

2005 Eva Jablonka e Marion Lamb alegam que mudanças não genéticas, ambientais e comportamentais podem afetar a evolução.

Em 1809, o naturalista francês Jean-Baptiste Lamarck introduziu a primeira grande teoria de que a vida na Terra evoluiu com o tempo. O impulso de sua teoria foi a descoberta de fósseis de criaturas diferentes de quaisquer outras vivas atualmente. Em 1796, o naturalista francês Georges Cuvier havia mostrado que ossos fossilizados, semelhantes aos do elefante eram notadamente diferentes em anatomia dos ossos de elefantes modernos e só podiam vir de criaturas extintas, agora chamadas de mamutes e mastodontes.

Cuvier explicou as criaturas desaparecidas do passado como vítimas de catástrofes. Lamarck desafiou essa ideia, argumentando que a vida tinha "transmutado" ou evoluído de forma gradual e contínua, através do tempo, desenvolvendo-se a partir das formas mais simples até as mais complexas. Uma mudança no meio ambiente, segundo ele, poderia incitar uma mudança nas características de um organismo. Essas mudanças poderiam então ser herdadas com a reprodução. Características que fossem úteis se desenvolviam mais; as que não tinham utilidade talvez desaparecessem. Mais tarde, Darwin mostrou que as mudanças ocorrem porque mutações na concepção sobrevivem para ser repassadas através da seleção natural, e a ideia de "características adquiridas" foi ridicularizada. Porém, recentemente, os cientistas argumentaram que o ambiente – elementos químicos, luz, temperatura e alimento – pode, de fato, alterar os genes e sua expressão. ■

O que a natureza faz no curso de longos períodos nós fazemos todos os dias quando subitamente mudamos o meio ambiente no qual algumas espécies de plantas estão situadas.
Jean-Baptiste Lamarck

Veja também: William Smith 115 ▪ Mary Anning 116-17 ▪ Charles Darwin 142-49 ▪ Gregor Mendel 166-71 ▪ Thomas Hunt Morgan 224-25 ▪ Michael Syvanen 318-19

TODO COMPOSTO QUÍMICO TEM DUAS PARTES

JÖNS JAKOB BERZELIUS (1779-1848)

EM CONTEXTO

FOCO
Química

ANTES
1704 Isaac Newton afirma que os átomos são ligados por alguma força.

1800 Alessandro Volta mostra que o posicionamento de dois metais diferentes, juntos, produz energia e cria a primeira pilha.

1807 Humphry Davy descobre o sódio e outros elementos metálicos, separando sais com eletrólise.

DEPOIS
1857-58 August Kekulé e outros desenvolvem a ideia de valência – o número de ligações que um átomo pode formar.

1916 O químico norte-americano Gilbert Lewis propõe a ideia de ligação covalente, na qual os elétrons são compartilhados, enquanto o físico alemão Walther Kossel sugere a ideia de ligações iônicas.

Pela luz norteadora de uma geração de químicos inspirados na pilha criada por Alessandro Volta, o sueco Jöns Jakob Berzelius conduziu uma série de experimentos analisando o efeito da eletricidade em elementos químicos. Ele desenvolveu uma teoria chamada *dualismo eletroquímico*, publicada em 1819, que propunha que os compostos são criados pela junção de elementos com cargas elétricas opostas.

O hábito de uma opinião geralmente leva à convicção absoluta de sua verdade e nos torna incapazes de aceitar as provas contra ela.
Jöns Jakob Berzelius

Em 1803, Berzelius se unira a um dono de mineradora para fazer a pilha voltaica e ver como a eletricidade separa os sais. Metais alcalinos e alcalino-terrosos migraram ao polo negativo da pilha, enquanto o oxigênio, os ácidos e as substâncias oxidadas migraram ao polo positivo. Ele concluiu que compostos salinos combinam um óxido básico de carga positiva e um óxido ácido de carga negativa.

Berzelius desenvolveu sua teoria dualista para sugerir que os compostos são ligados pela atração de cargas elétricas opostas entre suas partes constituintes. Embora tenha ficado evidente que estava errada, a teoria deu origem a pesquisas adicionais sobre ligações químicas. Em 1916, descobriu-se que a ligação elétrica ocorre como uma ligação "iônica" na qual os átomos perdem ou ganham elétrons para se tornarem átomos de cargas mutuamente atraentes, ou íons. Na verdade, essa é apenas uma das várias maneiras pelas quais os átomos de um composto se unem – outra é a ligação de "covalência", na qual os elétrons são compartilhados entre os átomos. ■

Veja também: Isaac Newton 62-69 ▪ Alessandro Volta 90-95 ▪ Joseph Proust 105 ▪ Humphry Davy 114 ▪ August Kekulé 160-65 ▪ Linus Pauling 254-59

O FLUÍDO ELÉTRICO NÃO ESTÁ RESTRITO AO FIO CONDUTOR

HANS CHRISTIAN ORSTED (1777-1851)

EM CONTEXTO

FOCO
Física

ANTES
1600 William Gilbert conduz os primeiros experimentos sobre eletricidade e magnetismo.

1800 Alessandro Volta cria a primeira pilha elétrica.

DEPOIS
1820 André-Marie Ampère desenvolve uma teoria matemática de eletromagnetismo.

1821 Michael Faraday consegue mostrar a rotação eletromagnética em ação, criando o primeiro motor elétrico.

1831 Faraday e o cientista americano Joseph Henry descobrem, independentemente, a indução eletromagnética; Faraday a utiliza no primeiro gerador para converter movimento em eletricidade.

1864 James Clerk Maxwell formula um conjunto de equações para descrever as ondas eletromagnéticas – incluindo as ondas de luz.

A busca pela descoberta de uma unidade intrínseca para todas as forças e matérias é tão antiga quanto a própria ciência, porém a primeira grande revelação veio em 1820, quando o filósofo dinamarquês Hans Christian Orsted descobriu um elo entre o magnetismo e a eletricidade. Essa ligação lhe foi sugerida pelo químico e físico alemão Johann Wilhelm Ritter, que ele conheceu em 1801. Já influenciado pela ideia do filósofo Immanuel Kant, de que há uma unidade na natureza, Orsted dessa vez investigava a verdadeira possibilidade.

Parece que um conflito elétrico não está restrito ao fio condutor, mas tem uma esfera de atuação um tanto extensa ao seu redor.
Hans Christian Orsted

Descoberta casual

Palestrando na Universidade de Copenhague, Orsted quis mostrar aos seus alunos como a corrente elétrica de uma pilha voltaica (inventada por Alessandro Volta em 1800) pode aquecer um fio e fazê-lo acender. Ele notou que um ponteiro de bússola próximo do fio se movia toda vez que a corrente era ligada. Essa foi a primeira prova de um elo entre a eletricidade e o magnetismo. Estudos adicionais o convenceram de que a corrente produzia um campo magnético circular enquanto fluía pelo fio.

A descoberta de Orsted rapidamente incitou os cientistas da Europa a investigar o eletromagnetismo. Mais tarde, naquele ano, o físico francês André-Marie Ampère formulou uma teoria matemática para o novo fenômeno, e em 1821 Michael Faraday demonstrou que a força eletromagnética podia converter eletricidade em energia mecânica. ■

Veja também: William Gilbert 44 ▪ Alessandro Volta 90-95 ▪ Michael Faraday 121 ▪ James Clerk Maxwell 180-85

UM DIA, O SENHOR PODERÁ TAXÁ-LO

MICHAEL FARADAY (1791-1867)

EM CONTEXTO

FOCO
Física

ANTES
1800 Alessandro Volta inventa a primeira pilha elétrica.

1820 Hans Christian Orsted descobre que a eletricidade cria um campo magnético.

1820 André-Marie Ampère formula uma teoria matemática do eletromagnetismo.

DEPOIS
1830 Joseph Henry cria o primeiro eletroímã.

1845 Faraday demonstra a ligação entre a luz e o eletromagnetismo.

1878 Desenhada por Sigmund Schuckert, a primeira central elétrica gera energia para o palácio Linderhof, na Baviera, Alemanha.

1882 Thomas Edison constrói uma central elétrica para fornecer energia em Manhattan, cidade de Nova York.

A descoberta do cientista britânico Michael Faraday, dos princípios tanto do motor elétrico quanto do gerador elétrico, abriu caminho para a revolução elétrica que viria a transformar o mundo moderno, trazendo tudo, desde a lâmpada até as telecomunicações. O próprio Faraday previu o valor de suas descobertas – e o lucro em taxas que poderiam render ao governo.

Em 1821, alguns meses depois que Hans Christian Orsted descobriu o elo entre eletricidade e magnetismo, Faraday demonstrou como um ímã se desloca ao redor de um fio elétrico e um fio elétrico se move em volta de um ímã. O fio elétrico produz um campo magnético ao seu redor, que gera uma força tangencial no ímã, produzindo um movimento circular. Esse é o princípio por trás do motor elétrico. Um movimento giratório é programado com a alternação da direção da corrente, que por sua vez alterna a direção do campo magnético no fio.

Gerando eletricidade

Dez anos depois, Faraday fez uma descoberta ainda mais importante – que um campo magnético em movimento pode criar ou "induzir" uma corrente de eletricidade. Essa descoberta – que também foi feita de forma independente pelo físico americano Joseph Henry, na mesma época – é a base para a geração de toda a eletricidade. A indução eletromagnética converte a força cinética numa turbina giratória em corrente elétrica. ■

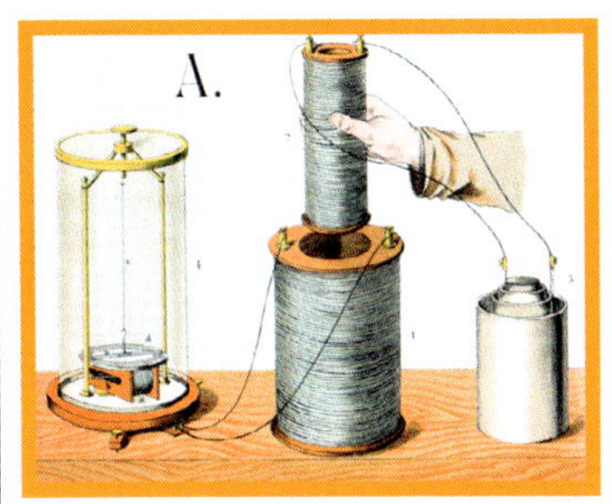

No aparato de Faraday para a demonstração da indução eletromagnética, uma corrente flui através de uma pequena espiral magnética, que é deslocada para dentro e fora da espiral grande, induzindo a passagem de uma corrente elétrica.

Veja também: Alessandro Volta 90-95 ▪ Hans Christian Orsted 120 ▪ James Clerk Maxwell 180-85

O CALOR PENETRA TODAS AS SUBSTÂNCIAS DO UNIVERSO

JOSEPH FOURIER (1777-1831)

EM CONTEXTO

FOCO
Física

ANTES
1761 Joseph Black descobre o calor latente – o calor assumido pelo gelo para derreter e fazer a água ferver, sem mudar de temperatura. Ele também estuda o calor específico – exigido por substâncias para elevar sua temperatura a um determinado grau.

1783 Antoine Lavoisier e Pierre-Simon Laplace medem o calor latente e o calor específico.

DEPOIS
1824 Ao desenvolver a primeira teoria de motores aquecidos que transformam a energia do calor em energia mecânica, Nicolas Sadi Carnot fornece a base para a teoria da termodinâmica.

1834 Émile Clapeyron mostra que energia precisa sempre ser mais difusa, formulando a segunda lei de termodinâmica.

O calor penetra todas as substâncias do universo.

↓

Há uma **variação de temperatura** entre locais mais quentes e mais frescos.

↓

O calor é transferido, através da variante de temperatura, **em um movimento ondulatório**.

↓

Matematicamente, **uma série de funções de senos e cossenos** pode ser usada para representar o movimento.

Hoje, uma das leis mais fundamentais da física é que a energia não é criada nem destruída, só muda de forma. O matemático francês Joseph Fourier foi pioneiro no estudo do calor e de como ele se desloca de locais aquecidos para locais frescos.

Fourier se interessava tanto pela forma de difusão do calor através dos sólidos quanto pela maneira como as coisas esfriam, perdendo calor. Seu compatriota Jean-Baptiste Biot tinha imaginado o espalhamento de calor como uma "ação a distância" na qual ele se espalha saltando de locais quentes para os frios. Biot representou um fluxo de calor em um sólido como uma série de fatias que permitiam que ele fosse estudado com equações convencionais, mostrando o calor saltando de uma fatia para a seguinte.

Variantes de temperatura

Fourier olhava o fluxo de calor de forma totalmente diferente. Ele focava as variações de temperatura – variações contínuas entre lugares aquecidos e frescos. Estas não podiam ser quantificadas com equações convencionais, portanto ele elaborou novas técnicas matemáticas.

Veja também: Isaac Newton 62-69 ▪ Joseph Black 76-77 ▪ Antoine Lavoisier 84 ▪ Charles Keeling 294-95

A matemática compara os mais diversos fenômenos e descobre as analogias secretas que os une.
Joseph Fourier

Fourier focava a ideia de ondas e buscava um meio de representá-las matematicamente. Ele viu que todo movimento em onda, que é uma variante de temperatura, pode ser aproximado matematicamente ao se adicionarem ondas mais simples, qualquer que seja o formato da onda a ser representada. As ondas mais simples a serem somadas são os senos e cossenos derivados da trigonometria e podem ser escritas matematicamente em uma série. Essas ondas individuais podem se mover uniformemente, do pico à base. Acrescentar cada vez mais dessas ondas produz uma complexidade cada vez maior que pode aproximar qualquer outro tipo de onda. Essas séries infinitas hoje são chamadas *séries Fourier*.

Fourier publicou sua ideia em 1807, mas ela foi criticada, e somente em 1822 seu trabalho foi finalmente aceito. Prosseguindo seu estudo do calor, em 1824, Fourier examinou a diferença entre o calor que a Terra ganha do Sol e o calor que ela perde para o espaço. Ele percebeu que o motivo para que a Terra seja agradavelmente aquecida, levando-se em conta sua distância do Sol, é que gases em sua atmosfera prendem calor e impedem que ele seja irradiado de volta ao espaço – o fenômeno hoje é chamado de *efeito estufa*.

Atualmente, a análise de Fourier é aplicada não só para a transferência de calor, mas também para inúmeros problemas na ciência de ponta, desde acústica, engenharia elétrica, até ótica e mecânica quântica. ■

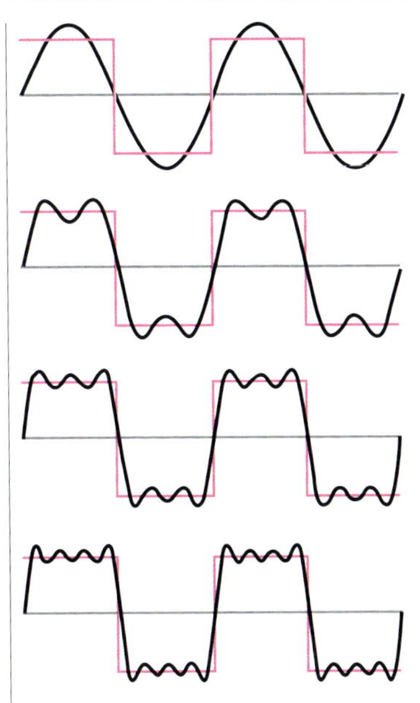

Uma série Fourier pode aproximar uma onda de qualquer formato – até uma onda quadrada (mostrada aqui em rosa). Acrescentar mais ondas de senos às séries dá uma aproximação cada vez maior da onda quadrada. Nas quatro primeiras aproximações das séries (mostradas em preto), cada uma incorpora uma onda de seno extra.

Joseph Fourier

Filho de um alfaiate, Joseph Fourier nasceu em Auxerre, França. Órfão aos 10 anos, ele foi levado a um convento, antes de ingressar no colégio militar, onde se distinguiu em matemática. A França estava em plena Revolução, e durante o Terror de 1794 ele foi brevemente aprisionado, após seu desentendimento com camaradas revolucionários.

Depois da Revolução, Fourier acompanhou Napoleão numa expedição ao Egito, em 1798. Ele foi nomeado governador do país e ficou encarregado do estudo das relíquias egípcias antigas. Ao regressar à França em 1801, Fourier foi nomeado governador de Isère, nos Alpes. Em meio aos deveres administrativos, supervisionando a construção de estradas e estruturas de saneamento, publicou um estudo inovador sobre o Egito antigo e começou seus estudos sobre o calor. Ele morreu em 1831, após tropeçar e cair numa escada.

Obras-chave

1807 *Da propagação do calor em corpos sólidos*
1822 *A teoria analítica do calor*

A PRODUÇÃO DE SUBSTÂNCIAS ORGÂNICAS A PARTIR DE SUBSTÂNCIAS INORGÂNICAS

FRIEDRICH WÖHLER (1800-1882)

EM CONTEXTO

FOCO
Química

ANTES
Anos 1700 Antoine Lavoisier e outros mostram como, após aquecimento, a água e o sal podem voltar ao estado original, mas o açúcar e a madeira não podem.

1807 Jöns Jakob Berzelius sugere uma diferença fundamental entre químicos orgânicos e inorgânicos.

DEPOIS
1852 O químico britânico Edward Franklin sugere a ideia de valência, a capacidade dos átomos de se mesclarem com outros átomos.

1858 O químico britânico Archibald Couper sugere a ideia de ligações entre os átomos, explicando o funcionamento da valência.

1858 Couper e August Kekulé propõem que os químicos orgânicos são feitos por cadeias de átomos de carbono ligados, com ramificações paralelas de outros átomos.

Em 1807, o químico sueco Jöns Jakob Berzelius sugeriu que existia uma diferença fundamental entre os elementos químicos em coisas vivas e todos os outros químicos. Berzelius argumentou que esses químicos ímpares e "orgânicos" só poderiam ser reunidos pelas próprias coisas vivas e, uma vez desmembrados, poderiam ser refeitos artificialmente. Sua ideia ecoava a teoria predominante conhecida como "vitalismo", que afirmava que a vida era especial e as coisas vivas eram dotadas de uma "força viva", além da compreensão dos químicos. Portanto, foi uma surpresa quando os experimentos pioneiros de um químico alemão chamado Friedrich Wöhler mostraram que os químicos orgânicos não tinham nada de ímpar, mas se portam segundo as mesmas regras básicas, como todos os químicos.

Hoje sabemos que químicos orgânicos contêm uma infinidade de moléculas baseadas no elemento carbono. Essas moléculas com base de carbono são, de fato, componentes essenciais da vida, mas muitas podem ser sintetizadas de químicos inorgânicos – como Wöhler descobriu.

Utilizada em fertilizantes, a ureia é rica em nitrogênio, essencial para o crescimento das plantas. A ureia sintética, criada por Wöhler, é hoje uma matéria-chave na indústria química.

Rivais químicos

A grande descoberta de Wöhler adveio de uma rivalidade científica. No começo dos anos 1820, Wöhler e o colega químico Justus von Liebig surgiram com análises químicas idênticas para o que pareciam ser substâncias muito diferentes – fulminato de prata, que é explosivo, e cianeto de prata, que não é. Ambos presumiram que o outro havia obtido resultados errados, porém, depois de se corresponderem, descobriram que estavam certos. Esse grupo de compostos levou os químicos a perceber que as substâncias não são

Veja também: Antoine Lavoisier 84 ▪ John Dalton 112-13 ▪ Jöns Jakob Berzelius 119 ▪ Leo Baekeland 140-41 ▪ August Kekulé 160-65

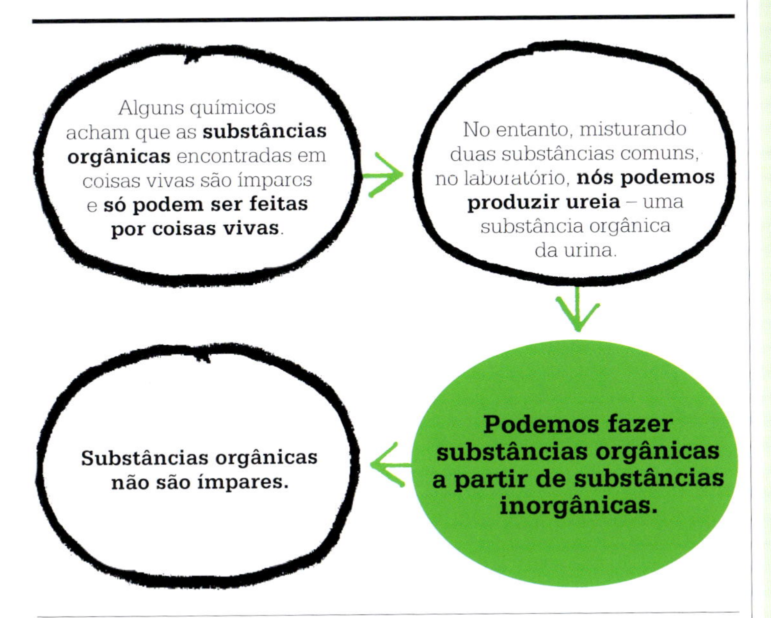

definidas apenas pelo número e pelo tipo de átomos na molécula, mas também pela organização dos átomos. A mesma fórmula pode ser aplicada a estruturas diferentes com propriedades diferentes – essas estruturas diferentes foram depois batizadas de *isômeros*, por Berzelius.

Wöhler e Liebig formaram uma parceria brilhante, mas foi Wöhler sozinho que, em 1828, se deparou com a verdade sobre as substâncias orgânicas.

A síntese Wöhler

Wöhler estava misturando cianeto de prata com cloreto de amônia, esperando obter cianeto de amônia. Em vez disso, obteve uma substância branca com propriedades diferentes das do cianeto de amônia. O mesmo pó surgiu quando ele misturou cianeto de chumbo com hidróxido de amônia. A análise mostrou que o pó branco era ureia – substância orgânica que é o componente-chave da urina e tem a mesma fórmula química que o cianeto de amônia. Segundo a teoria de Berzelius, a substância só poderia ser produzida por coisas vivas – no entanto, Wöhler a sintetizara a partir de químicos orgânicos. Wöhler escreveu a Berzelius: "Tenho de lhe dizer que consigo fazer ureia sem o uso de fígados", explicando que ureia era, de fato, um isômero de cianeto de amônia.

A importância da descoberta de Wöhler levou muitos anos para ser assimilada. Ainda assim, apontou o caminho para o desenvolvimento da química orgânica moderna, que não apenas revela como todas as coisas vivas dependem de processos químicos, mas possibilita a síntese artificial de valiosas substâncias orgânicas em escala comercial. Em 1907, um polímero sintético chamado *baquelita* foi produzido a partir de duas substâncias e trouxe a "era dos plásticos", que moldou o mundo moderno. ■

Friedrich Wöhler

Nascido em Eschersheim, perto de Frankfurt, na Alemanha, Friedrich Wöhler estudou obstetrícia na Universidade de Heidelberg. Mas química era sua paixão, e em 1823 ele foi estudar com Jöns Jakob Berzelius, em Estocolmo. Ao regressar à Alemanha, embarcou numa notável e variada carreira na pesquisa e inovação da química.

Além da primeira síntese artificial de uma substância orgânica, as inúmeras descobertas de Wöhler – geralmente em conjunto com Justus von Liebig – incluíram alumínio, berílio, ítrio, titânio e silício. Ele também ajudou a desenvolver a ideia de "radicais" – grupos moleculares básicos a partir dos quais outras substâncias são feitas. Embora posteriormente tenha sido desmentida, essa teoria abriu caminho para o atual entendimento de como as moléculas se agrupam. Anos depois, Wöhler se tornou uma autoridade na química de meteoritos e ajudou a montar uma fábrica para purificar níquel.

Obras-chave

1830 *Sumário da química inorgânica*

1840 *Sumário da química orgânica*

OS VENTOS NUNCA SOPRAM EM LINHA RETA

GASPARD-GUSTAVE DE CORIOLIS (1792-1843)

EM CONTEXTO

FOCO
Meteorologia

ANTES
1684 Isaac Newton introduz a ideia de força centrípeta, alegando que qualquer movimento tem de ser resultado de uma força agindo sobre ele.

1735 George Hadley sugere que os ventos alísios sopram em direção ao equador porque a rotação da Terra desvia as correntes de ar.

DEPOIS
1851 Léon Foucault mostra como o balanço de um pêndulo é desviado pela rotação da Terra.

1856 O meteorologista norte--americano William Ferrel mostra que os ventos sopram paralelos aos isóbaros – linhas que ligam pontos de pressão atmosférica idêntica.

1857 O meteorologista holandês Christophorus Buys Ballot formula uma regra alegando que, se o vento sopra em suas costas, há uma área de baixa pressão à sua esquerda.

Correntes atmosféricas e marítimas não fluem em linha reta. Conforme as correntes se deslocam, elas são desviadas à direita, no hemisfério Norte, e à esquerda, no hemisfério Sul. Nos anos 1830, o cientista francês Gaspard-Gustave de Coriolis descobriu o princípio por trás desse efeito, hoje conhecido como *efeito Coriolis*.

Desvio por rotação

Coriolis tirou suas ideias dos estudos das rodas-d'água, mas os meteorologistas depois perceberam que as ideias se aplicam à forma de movimentação das correntes atmosféricas e marítimas.

Coriolis mostrou como, quando um objeto se move sobre uma superfície rotativa, sua cinética parece se desenvolver num trajeto curvo. Imagine arremessar uma bola do centro de um carrossel. A bola parece se curvar – embora para alguém que esteja vendo de fora do carrossel ela esteja se deslocando em linha reta.

Os ventos na Terra em rotação são desviados da mesma forma. Sem o efeito Coriolis, os ventos simplesmente sopram diretamente de áreas de alta pressão para áreas de baixa pressão. A direção do vento é, na verdade, um equilíbrio entre a tração da baixa pressão e o desvio de Coriolis. É por isso que geralmente os ventos circulam em sentido anti-horário, em zonas de baixa pressão no hemisfério Norte, e em sentido horário, no hemisfério Sul. De modo semelhante, as correntes da superfície do mar circulam em grandes círculos ou giros em sentido horário, no hemisfério Norte, e anti--horário, no Sul. ■

A rotação da Terra desvia os ventos à direita, no hemisfério Norte, e à esquerda, no hemisfério Sul.

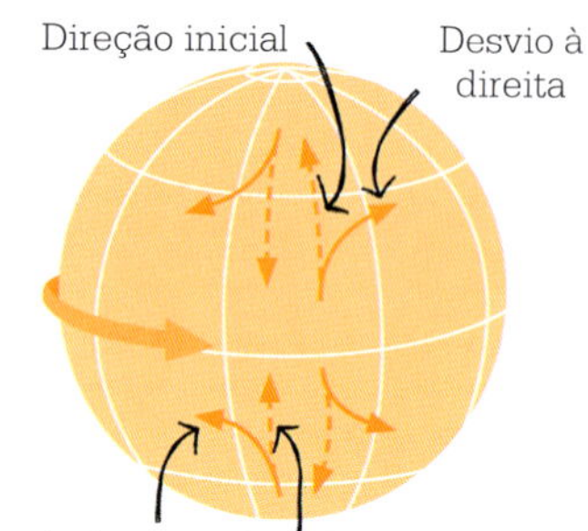

Veja também: George Hadley 80 ▪ Robert FitzRoy 150-55

SOBRE A LUZ COLORIDA DAS ESTRELAS BINÁRIAS

CHRISTIAN DOPPLER (1803-1853)

EM CONTEXTO

FOCO
Física

ANTES
1677 Ole Romer estima a velocidade da luz estudando as luas de Júpiter.

DEPOIS
Anos 1840 O meteorologista holandês Christophorus Buys Ballot aplica a mudança Doppler às ondas de som, assim como o físico francês Hippolyte Fizeau faz com as ondas eletromagnéticas.

1868 O astrônomo britânico William Huggins usa o *redshift* para descobrir a velocidade de uma estrela.

1929 Edwin Hubble correlaciona o *redshift* das galáxias à sua distância da Terra, mostrando a expansão do universo.

1988 É detectado o primeiro planeta extrassolar, com o uso da mudança Doppler, da luz da estrela que ele orbita – a estrela parece "oscilar", enquanto a tração gravitacional do planeta desorganiza sua rotação.

A cor da luz depende de sua frequência, que é o número de ondas por segundo. Se algo que se move em nossa direção emite ondas, a segunda onda terá uma distância mais curta que a primeira, portanto chegará mais depressa do que chegaria se a fonte estivesse estacionária. Assim, a frequência de ondas aumenta se a fonte e o receptor estiverem se aproximando e diminui se estiverem se afastando. Esse efeito se aplica a todos os tipos de onda, incluindo ondas sonoras, e é responsável pela mudança do som de uma sirene de ambulância quando ela passa.

A olho nu, a maioria das estrelas parece ser branca, porém, através de um telescópio, é possível ver que muitas são vermelhas, amarelas ou azuis. Em 1842, um físico austríaco chamado Christian Doppler afirmou que a cor vermelha de algumas estrelas é porque elas estão se distanciando da Terra, o que mudaria sua luz para ondas mais longas. Como a onda de comprimento mais longo de luz visível é a vermelha, isso passou a ser conhecido como *redshift* (deslocamento para o vermelho, como ilustrado na p. 241).

Agora se sabe que a cor das estrelas se deve primordialmente à sua temperatura (quanto mais quente, mais azul parece ser), mas o movimento de alguns astros pode ser detectado através das mudanças Doppler. Estrelas binárias são pares de estrelas que orbitam entre si. Sua rotação causa uma oscilação entre o *redshift* e o *blueshift*, na luz que elas emitem. ■

O céu mostrava um visual extraordinário, pois todas as estrelas diretamente atrás de mim agora eram de um vermelho profundo, enquanto todas as que estavam diretamente acima eram violeta. Havia rubis atrás de mim e, à minha frente, ametistas.

Olaf Stapledon,
de seu romance *Star Maker* (1937)

Veja também: Ole Romer 58-59 ▪ Edwin Hubble 236-41 ▪ Geoffrey Marcy 327

A GELEIRA FOI O GRANDE ARADO DE DEUS

LOUIS AGASSIZ (1807-1873)

EM CONTEXTO

FOCO
Ciência terrestre

ANTES
1824 O norueguês Jens Esmark sugere que as geleiras deram origem aos fiordes, rochas erráticas e blocos de morenas.

1830 Charles Lyell argumenta que as leis da natureza sempre foram as mesmas, portanto as pistas para o passado estão no presente.

1835 O geólogo suíço Jean de Charpentier argumenta que as rochas erráticas, perto do lago de Genebra, foram transportadas pelo gelo, na região de Mont Blanc, numa "glaciação alpina".

DEPOIS
1875 O cientista escocês James Croll argumenta que as variações na órbita da Terra poderiam explicar as mudanças climáticos que causam uma era do gelo.

1938 O físico sérvio Milutin Milankovic relaciona as mudanças climáticas às mudanças periódicas na órbita terrestre.

Geleiras que recuam deixam para trás **características específicas** na paisagem.

Essas características são encontradas em **áreas onde não há geleiras**.

Só pode ter havido **geleiras** nesses locais, em algum momento **do passado**.

Quando as geleiras se estendem por uma paisagem, elas deixam características próprias para trás. As geleiras podem achatar rochas ou deixá-las lisas e arredondadas, geralmente com estrias (nervuras) que mostram a direção para onde o gelo se deslocou. Elas também deixam para trás as rochas erráticas – blocos rochosos que foram arrastados pelo gelo por longas distâncias. Estas geralmente podem ser identificadas porque sua composição é diferente das pedras sobre as quais repousam. Muitas rochas erráticas são grandes demais para terem sido deslocadas por rios, modo habitual para o deslocamento de rochas de uma paisagem. Uma rocha diferente das que estão ao seu redor é um sinal de que um dia uma geleira passou por ali. Outra pista é a presença de blocos de morenas nos vales. Estas são pilhas de rochas que foram empurradas quando a geleira estava crescendo e deixadas para trás quando a geleira recuou.

O enigma das rochas

Geólogos do século XIX reconheceram características, como estrias e morenas, como provas de geleiras. O que não conseguiram explicar era o motivo para

Veja também: WIlliam Smith 115 ▪ Alfred Wegener 222–23

que essas características fossem encontradas em locais da Terra onde não havia geleiras. Uma teoria afirmava que as rochas foram deslocadas por inundações repetidas. Inundações poderiam explicar as "aluviões rochosas" (areias, argilas e cascalho que incluíam rochas erráticas) que cobrem boa parte da base rochosa da Europa. O material pode ter sido depositado quando a primeira inundação recuou. As maiores rochas erráticas podem ter ficado presas em icebergs que, ao derreterem, depositaram as rochas. Mas a teoria não conseguia explicar todas as características.

A era do gelo revelada

Durante os anos 1830, o geólogo suíço Louis Agassiz passou várias férias nos Alpes europeus, estudando as geleiras e seus vales. Ele percebeu que as feições glaciais em toda parte, não apenas nos Alpes, poderiam ser explicadas se a Terra houvesse sido coberta por muito mais gelo que o atual. As geleiras de hoje só podem ser remanescentes de lençóis de gelo que um dia cobriram a maior parte do globo. Mas, antes de publicar sua teoria, Agassiz quis convencer outros. Quando escavava fósseis de peixes nas rochas de Old Red Sandstone, nos Alpes, ele conhecera William Buckland, proeminente geólogo inglês. Quando Agassiz lhe mostrou a prova de sua teoria de eras de gelo, Buckland se convenceu e, em 1840, os dois excursionaram pela Escócia em busca de provas de glaciação por lá. Após a viagem, apresentou suas ideias na Sociedade Geológica de Londres. Embora ele tivesse convencido Buckland e Charles Lyell – dois dos geólogos mais respeitados da época –, outros membros da sociedade não se impressionaram. Uma glaciação quase global parecia tão improvável quanto uma inundação global.

No entanto, a ideia de eras de gelo aos poucos ganhou aceitação, e hoje há provas em, vários campos diferentes da geologia de que, no passado, muitas vezes o gelo cobriu grande parte da superfície terrestre. ■

Agassiz foi o primeiro a sugerir que grandes rochas erráticas como estas, em Caher Valley, na Irlanda, foram depositadas por geleiras antigas.

Louis Agassiz

Nascido num pequeno povoado suíço em 1807, Louis Agassiz estudou para ser médico, mas se tornou professor de história natural, na Universidade de Neuchâtel. Seu primeiro trabalho científico, subordinado ao naturalista Georges Cuvier, envolveu a classificação de peixes de água doce do Brasil, e Agassiz prosseguiu com um extenso trabalho sobre fósseis de peixes. No final dos anos 1830, seus interesses se ampliaram para as geleiras e a classificação zoológica. Em 1847, ele assumiu um posto na Universidade Harvard, nos Estados Unidos.

Agassiz nunca aceitou a teoria evolutiva de Darwin, acreditando que as espécies fossem "ideias na mente de Deus" e todas haviam sido criadas para as regiões que habitavam. Ele defendia a "poligenia", crença de que as diferentes raças humanas não compartilhavam do mesmo ancestral mas haviam sido separadamente criadas por Deus. Nos últimos anos, sua reputação foi maculada por sua aparente defesa de ideias racistas.

Obras-chave

1840 *Estudo das geleiras*
1842-46 *Nomenclator Zoologicus*

A NATUREZA PODE SER REPRESENTADA COMO UM IMENSO TODO

ALEXANDER VON HUMBOLDT (1769-1859)

EM CONTEXTO

FOCO
Biologia

ANTES
Séculos IV e V a.C. Antigos escritores gregos observam a rede de inter-relacionamentos entre as plantas e o meio ambiente.

DEPOIS
1866 Ernst Haeckel cunha a palavra "ecologia".

1895 Eugenius Warming publica o primeiro livro didático universitário sobre ecologia.

1935 Alfred Tansley cunha a palavra "ecossistema".

1962 Rachel Carson alerta para os perigos dos pesticidas, em *Primavera silenciosa.*

1969 O Friends of the Earth e o Greenpeace são fundados.

1972 A hipótese Gaia, de James Lovelock, apresenta a Terra como um organismo único.

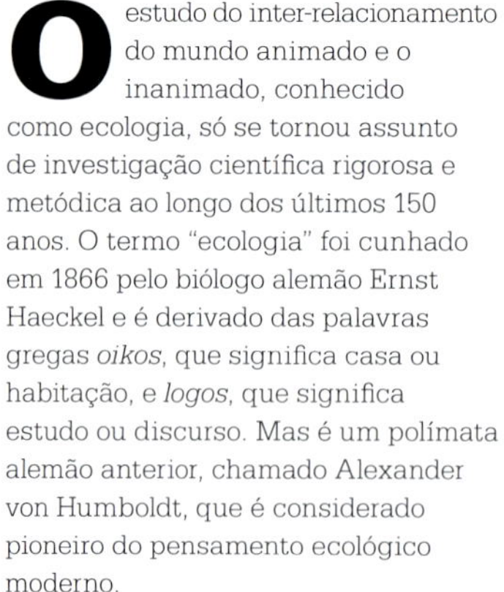

O estudo do inter-relacionamento do mundo animado e o inanimado, conhecido como ecologia, só se tornou assunto de investigação científica rigorosa e metódica ao longo dos últimos 150 anos. O termo "ecologia" foi cunhado em 1866 pelo biólogo alemão Ernst Haeckel e é derivado das palavras gregas *oikos*, que significa casa ou habitação, e *logos*, que significa estudo ou discurso. Mas é um polímata alemão anterior, chamado Alexander von Humboldt, que é considerado pioneiro do pensamento ecológico moderno.

Através de extensas expedições e escritos, Humboldt promoveu uma nova abordagem da ciência. Ele procurou entender a natureza como um todo unificado, pelo inter--relacionamento de todas as ciências físicas e empregando os mais avançados equipamentos científicos, observações exaustivas e análise meticulosa de dados, numa escala sem precedentes.

Dentes do crocodilo

Embora a abordagem holística de Humboldt fosse nova, o conceito de ecologia se desenvolveu a partir das primeiras investigações da história natural por antigos escritores gregos, tais como Heródoto, no século V a.C. Num dos primeiros relatos da interdependência, tecnicamente conhecida como *mutualismo*, ele descreve os crocodilos no rio Nilo, no Egito, abrindo a boca para deixar que pássaros bicassem e limpassem seus dentes.

Um século depois, observações do filósofo grego Aristóteles e seu pupilo Teofrasto sobre migração, distribuição e comportamento das espécies forneceu uma versão inicial do conceito do nicho ecológico – um lugar específico na natureza que molda e é moldado pelo modo de vida das espécies. Teofrasto estudou e escreveu extensivamente sobre plantas, percebendo a importância do clima e dos solos para seu crescimento e distribuição. Suas ideias influenciaram a filosofia, pelos próximos 2 mil anos.

O principal impulso que me conduziu foi o empenho sincero de compreender o fenômeno dos objetos físicos e sua ligação geral e representar a natureza como um grande todo, movido e animado por forças interiores.
Alexander von Humboldt

A equipe de Humboldt escalou o vulcão Jorullo, no México, em 1803, apenas 44 anos depois de seu primeiro surgimento. Humboldt ligava a geologia à meteorologia e à biologia, estudando os diversos habitats das plantas.

Veja também: Jean-Baptiste Lamarck 118 ▪ Charles Darwin 142-49 ▪ James Lovelock 315

Forças unificantes da natureza

A abordagem de Humboldt da natureza seguiu a tradição romana do século XVIII, que reagia ao racionalismo insistindo no valor dos sentidos, na observação e na experiência do entendimento do mundo como um todo. Como seus contemporâneos, os poetas Johann Wolfgang von Goethe e Friedrich Schiller, Humboldt promoveu a ideia de unidade (ou *Gestalt*, em alemão) da natureza – e da filosofia natural e das humanidades. Seus estudos variavam de anatomia e astronomia até mineralogia e botânica, comércio e linguística, e lhe forneceram o conhecimento necessário para sua exploração do mundo natural, além dos confins da Europa.

Como Humboldt explicava, "a visão de plantas exóticas, até de espécies secas, em uma estufa, despertava minha imaginação e eu desejava ver, com meus próprios olhos, a vegetação tropical dos países do hemisfério Sul". Sua exploração de cinco anos da América Latina com o botânico francês Aimé Bonpland foi sua expedição mais importante. Ao partir, em junho de 1799, ele declarou: "Hei de coletar plantas e fósseis e fazer observações astronômicas com os melhores instrumentos. No entanto, esse não é o principal propósito da minha jornada. Vou me empenhar para descobrir como as forças da natureza atuam, umas sobre as outras, e de que maneira o ambiente geográfico influencia animais e plantas. Resumindo, preciso descobrir sobre a harmonia da natureza". E foi exatamente isso que ele fez.

Dentre outros projetos, Humboldt mediu a temperatura dos mares e sugeriu o uso de "linhas iso", ou linhas isotérmicas, para juntar pontos de temperatura igual como meio de caracterizar e mapear o ambiente global, principalmente o clima, e depois comparar as condições climáticas de inúmeros países.

Humboldt também foi um dos primeiros cientistas a estudar como as condições físicas – tais como clima, altitude, latitude e solos – afetam a distribuição da vida. Com a ajuda de Bonpland, ele mapeou as mudanças da flora e da fauna entre o nível do mar e a elevada altitude dos Andes. Em 1805, um ano após o seu regresso das Américas, ele publicou um trabalho sobre geografia da área, atualmente enaltecido, sintetizando a interligação da natureza e ilustrando as zonas altitudinais de vegetação. Anos depois, em 1851, mostrou a aplicação global dessas zonas ao comparar as regiões andinas com os Alpes europeus, os Pireneus, Lapônia, Tenerife e Himalaias asiáticos.

Definindo a ecologia

Quando Haeckel cunhou a palavra "ecologia", ele também estava seguindo a tradição de ver uma *Gestalt* do mundo vivo e do inanimado. Evolucionista entusiasta, foi inspirado por Charles Darwin, cuja publicação de *A origem das espécies*, em 1859, baniu a ideia de que a Terra era um mundo imutável. Haeckel questionava o papel da seleção natural, mas acreditava que o meio ambiente tivesse um papel importante tanto na evolução quanto na ecologia.

Até o final do século XIX, o primeiro curso universitário de ecologia estava sendo ministrado pelo botânico dinamarquês Eugenius »

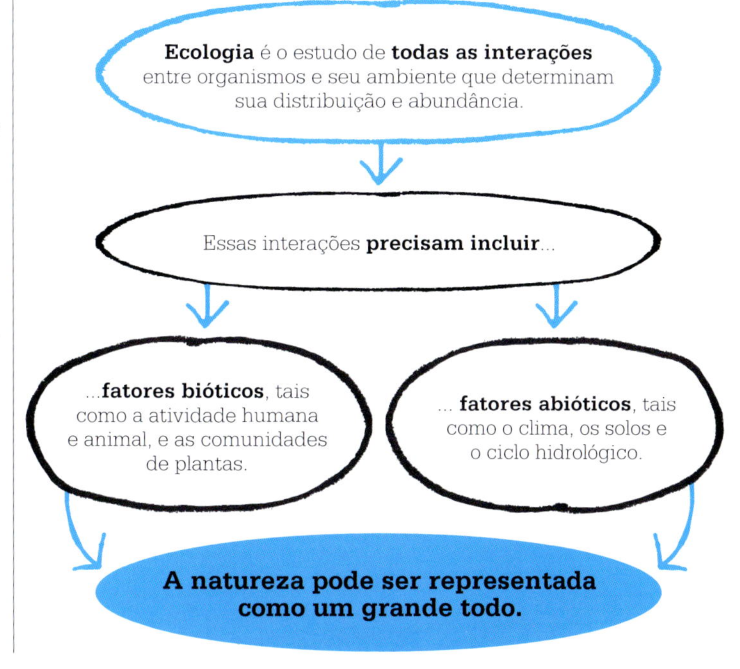

Warming, que também escreveu o primeiro livro sobre ecologia, *Plantesamfund* (Ecologia das plantas), em 1895. A partir do trabalho pioneiro de Humboldt, Warming desenvolveu a subdivisão geográfica global da distribuição das plantas, conhecida como bioma, como o bioma da floresta tropical, amplamente baseado na interação das plantas com o meio ambiente, principalmente o clima.

Indivíduos e comunidade

No começo do século XX, a definição moderna de ecologia se desenvolveu, assim como o estudo científico das interações que determinam a distribuição e a abundância dos organismos. Essas interações incluem o meio ambiente de um organismo, englobando todos os fatores que o influenciam – tanto bióticos (organismos vivos) como abióticos (fatores não vivos, como o solo, a água, o ar, a temperatura e a luz do sol). O escopo da ecologia moderna abrange desde o organismo individual até as populações de indivíduos da mesma espécie e a comunidade, composta de populações que compartilham do mesmo meio ambiente específico.

Muitos termos e conceitos básicos da ecologia vêm do trabalho de vários ecologistas pioneiros nas primeiras décadas do século XX. O conceito formal da comunidade biológica foi inicialmente desenvolvido pelo botânico americano Frederic Clements. Ele acreditava que as plantas de uma determinada área desenvolvem uma sucessão de comunidades, ao longo do tempo, a partir de uma comunidade pioneira inicial até uma comunidade ideal, dentro da qual sucessivas comunidades de diferentes espécies se ajustam, umas às outras, para formar uma unidade altamente integrada e interdependente, semelhante aos órgãos de um corpo. A metáfora da comunidade usada por Clements de um "organismo complexo" foi criticada no começo, mas influenciou o pensamento posterior.

Toda essa cadeia de envenenamento, então, parece se apoiar na base de plantas que deve ter sido o ponto de concentração original.
Rachel Carson

A ideia de integração ecológica adicional, em nível mais alto que a comunidade, foi introduzida em 1935, com o conceito de ecossistema, desenvolvido pelo botânico inglês Arthur Tansley. Um ecossistema consiste tanto de elementos vivos como de não vivos. A interação deles forma uma união estável com um fluxo sustentável de energia da parte ambiental para a parte vivente (através da cadeia alimentar) e pode operar em todas as escalas, desde uma poça até um oceano ou o planeta inteiro.

Estudos das comunidades animais feitos pelo zoólogo inglês Charles Elton o levaram a desenvolver, em 1927, o conceito de cadeia alimentar e ciclo alimentar, posteriormente conhecido como "rede alimentar". Uma cadeia alimentar é formada pela transferência de energia através de um ecossistema de produtores primários (como plantas verdes da terra), por uma série de organismos. Elton também reconheceu que grupos específicos

Uma cadeia alimentar transfere energia primordialmente a partir dos produtores (plantas e algas que convertem a energia do Sol em energia alimentar) para os organismos consumidores que comem as plantas (tais como coelhos e outros herbívoros) e, depois, para os predadores que se alimentam dos consumidores.

Rachel Carson (à direita, na foto) deu uma contribuição expressiva à ciência e ao entendimento público da ecologia ao chamar atenção para o impacto destrutivo da poluição no meio ambiente.

de organismos ocupavam certos nichos na cadeia alimentar, por determinados períodos de tempo. Os nichos de Elton incluem não somente os habitats, mas também os recursos dos quais seus ocupantes dependem para sustento. A dinâmica da transferência de energia através de níveis tróficos (de alimentação) foi estudada pelos ecologistas norte-americanos Raymond Lindeman e Robert MacArthur, cujos modelos matemáticos ajudaram a mudar a ecologia, de uma ciência primordialmente descritiva para um modelo experimental.

O movimento verde

Uma explosão no interesse popular e científico pela ecologia, nas décadas de 1960 e 1970, levou ao desenvolvimento do movimento ambiental com uma abrangência de interesses estimulada por defensores poderosos, tais como a bióloga marinha Rachel Carson. Seu livro *Primavera silenciosa (Silent Spring)*, de 1962, documentou os efeitos nocivos no meio ambiente, provocados pelos produtos químicos feitos pelo homem, como o pesticida DDT. A primeira imagem da Terra vista do espaço, tirada pelos astronautas da Apollo 8 em 1968, despertou a consciência pública para a fragilidade do planeta. Em 1969, as organizações Friends of the Earth e Greenpeace foram fundadas, com a missão de "garantir a capacidade da Terra de nutrir a vida em toda a sua diversidade". A proteção ambiental, junto com a energia limpa e renovável, os alimentos orgânicos, a reciclagem e a sustentabilidade, estavam todos na agenda política, tanto na América do Norte quanto na Europa, e as agências de conservação nacional foram estabelecidas com base na ciência da ecologia. As últimas décadas viram uma preocupação crescente com a mudança climática e seu impacto no meio ambiente e ecossistemas atuais, muitos dos quais já se encontram ameaçados pela atividade humana. ■

Alexander von Humboldt

Nascido em Berlim, numa família abastada e bem relacionada, Humboldt estudou finanças na Universidade de Frankfurt, história natural e linguística em Göttingen, línguas e comércio em Hamburgo, geologia em Freiburg e anatomia em Jena. A morte de sua mãe, em 1796, propiciou a Humboldt os meios para custear uma expedição às Américas, de 1799 a 1804, acompanhado pelo botânico Aimé Bonpland. Usando os mais avançados equipamentos científicos, Humboldt mediu tudo, desde plantas até estatísticas populacionais, de minerais a meteorologia.

Em seu regresso, Humboldt foi festejado Europa afora. Baseado em Paris, levou 21 anos para processar e publicar seus dados, em mais de 30 volumes, e depois sintetizou suas ideias em uma obra de quatro volumes intitulada *Kosmos*. Um quinto volume foi concluído após sua morte em Berlim, aos 89 anos. Darwin o chamou de "maior viajante científico que já viveu".

Obras-chave

1825 *Journey to the Equinoctial Regions of the New Continent*

1845-1862 *Kosmos*

A LUZ SE DESLOCA MAIS LENTAMENTE NA ÁGUA DO QUE NO AR

LÉON FOUCAULT (1819-1868)

EM CONTEXTO

FOCO
Física

ANTES
1676 Ole Romer faz a primeira estimativa bem-sucedida da velocidade da luz, usando eclipses de Io, uma das luas de Júpiter.

1690 Christiaan Huygens publica *Tratado sobre a luz*, no qual afirma que a luz é um tipo de onda.

1704 *Opticks*, de Isaac Newton, sugere que a luz é um facho de "corpúsculos".

DEPOIS
1864 James Clerk Maxwell percebe que a velocidade das ondas eletromagnéticas é tão próxima da velocidade da luz que a luz só pode ser uma forma de onda eletromagnética.

1879-83 Albert Michelson, físico americano nascido na Alemanha, aperfeiçoa o método de Foucault para a velocidade da luz (através do ar) chegando a um valor muito próximo do atual.

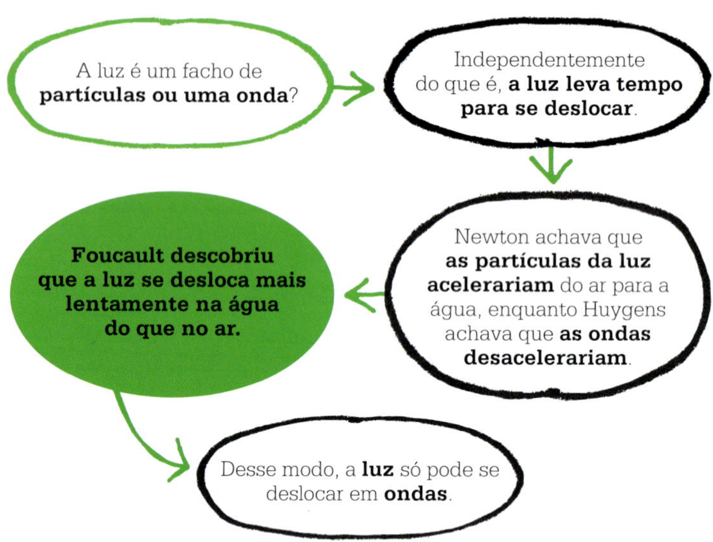

No século XVII, cientistas começaram a investigar a luz e se ela tinha uma velocidade mensurável. Em 1690, Christiaan Huygens publicou sua teoria de que a luz é uma onda de pressão se deslocando em um fluido misterioso chamado éter. Huygens interpretava a luz como uma onda longitudinal e previu que a onda se deslocaria mais lentamente através do vidro do que da água ou do ar. Em 1704, Isaac Newton publicou sua teoria da luz como um facho de "corpúsculos", ou partículas. A explicação de Newton para a refração – a curva de um facho de luz ao passar de um material transparente para outro – presumia que a luz se desloca mais depressa depois de passar do ar para a água.

Estimativas da velocidade da luz se baseavam no fenômeno astronômico, mostrando quão

Veja também: Christiaan Huygens 50-51 ▪ Ole Romer 58-59 ▪ Isaac Newton 62-69 ▪ Thomas Young 110-11 ▪ James Clerk Maxwell 180-85 ▪ Albert Einstein 214-21 ▪ Richard Feynman 272-73

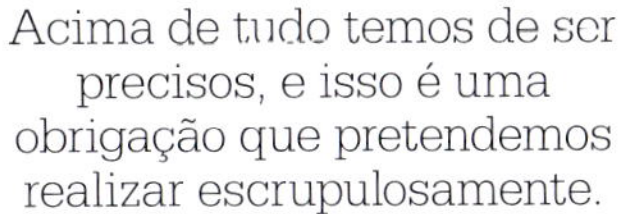

Acima de tudo temos de ser precisos, e isso é uma obrigação que pretendemos realizar escrupulosamente.
Léon Foucault

rapidamente a luz se desloca pelo espaço. A primeira medição terrestre foi realizada pelo físico francês Hippolyte Fizeau, em 1849. Um facho de luz iluminou um vão entre os dentes de uma roda dentada. A luz depois foi refletida por um espelho posicionado a 8 km de distância e passou pelo vão seguinte, entre os dentes da roda. Pegando a velocidade exata de rotação que permitiu isso, junto com o tempo e a distância, Fizeau calculou a velocidade da luz em 313.000 km/s.

Contradizendo Newton

Em 1850, Fizeau colaborou com seu colega físico Léon Foucault, que adaptou seu aparato – refletindo o facho de luz partindo de um espelho giratório, em lugar de passá-lo pela roda dentada. A luz batendo no espelho só se refletia em direção ao espelho distante quando o espelho giratório estava no ângulo correto. A luz retornando do espelho fixo era novamente refletida pelo espelho giratório, porém, à medida que esse espelho se movia, enquanto a luz se descolava, ela não refletia de volta em direção à fonte. Agora a velocidade da luz podia ser calculada do ângulo entre a luz que partia rumo ao espelho giratório e a emitida por ele, e a velocidade de rotação do espelho.

A velocidade da luz na água pôde ser medida colocando-se um tubo de água, no aparato, entre o espelho giratório e o fixo. Usando esse aparato, Foucault estabeleceu que a luz se deslocava mais devagar na água do que no ar. Assim, argumentou, a luz não podia ser uma partícula, e o experimento foi visto, à época, como uma contestação à teoria de corpúsculos de Newton. Foucault aprimorou ainda mais o aparato e, em 1862, mediu a velocidade da luz no ar obtendo 298.000 km/s – incrivelmente próximo do atual valor de 299.792km/s. ■

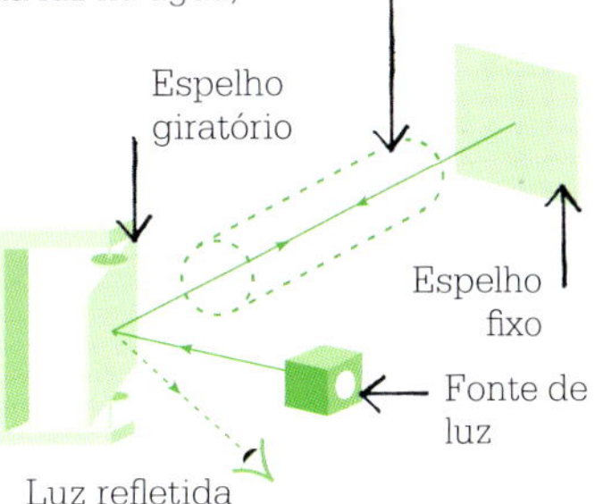

No experimento de Foucault, a velocidade da luz era calculada a partir da diferença em ângulo, conforme um facho de luz refletia de volta e adiante, entre um espelho giratório e um fixo.

Léon Foucault

Nascido em Paris, Léon Foucault foi primordialmente educado em casa, antes de ingressar na escola de medicina, onde estudou sob a tutela do bacteriologista Alfred Donné. Como não suportava ver sangue, logo desistiu dos estudos, tornou-se assistente laboratorial de Donné e inventou um meio de tirar fotografias através de um microscópio – posteriormente, ele e Fizeau tiraram a primeira fotografia registrada do Sol. Além de ser conhecido por medir a velocidade da luz, sabe-se que Foucault também forneceu provas experimentais da rotação da Terra, usando um pêndulo em 1851 e, mais tarde, um giroscópio. Embora Foucault não tivesse tido um treinamento formal em ciências, foi criado um cargo para ele no Observatoire Royal, em Paris. Ele também foi transformado em membro de várias sociedades científicas e é um dos 72 cientistas indicados na torre Eiffel.

Obras-chave

1851 *Demonstração do movimento físico da rotação da Terra através de um pêndulo*
1853 *Das velocidades relativas da luz no ar e na água*

FORÇA VIVA PODE SER CONVERTIDA EM CALOR

JAMES JOULE (1818-1889)

EM CONTEXTO

FOCO
Física

ANTES
1749 A matemática francesa Émilie du Châtelet deriva sua lei de conservação de energia das leis de Newton.

1824 O engenheiro francês Sadi Carnot afirma que não há processos de reversão na natureza, abrindo caminho para a segunda lei de termodinâmica.

1834 O físico francês Émile Clapeyron desenvolve o trabalho de Carnot, afirmando uma versão da segunda lei de termodinâmica.

DEPOIS
1850 O físico alemão Rudolf Clausius dá a primeira declaração elucidativa da primeira e da segunda lei de termodinâmica.

1854 O engenheiro escocês William Rankine acrescenta o conceito que posteriormente será denominado *entropia* (uma medida de desordem) na transformação da energia.

O princípio de conservação de energia atesta que energia nunca é perdida, apenas muda de forma. Porém, nos anos 1840, os cientistas só tinham uma vaga ideia do que era energia. Foi James Joule, filho de um cervejeiro inglês, que mostrou que o calor, o movimento mecânico e a eletricidade são formas permutáveis de energia e que, quando uma se transforma em outra, a energia total permanece a mesma.

Convertendo energia

Joule começou seus experimentos em um laboratório na casa da família. Em 1841, calculou quanto calor uma corrente elétrica gera. Fez a experiência com a conversão de movimentos mecânicos em calor e desenvolveu um experimento no qual um peso em queda aciona o pedal de uma roda, aquecendo a água. Ao medir a elevação da temperatura da água, Joule pôde calcular a quantidade exata de calor que determinada quantidade de trabalho mecânico criaria. Ele asseverou que nenhuma energia jamais se perdera nessa conversão. Suas ideias foram amplamente ignoradas até que, em 1847, o físico alemão Hermann Helmholtz publicou um texto sintetizando a teoria de conservação de energia, e Joule então apresentou seu trabalho na British Association, em Oxford. A unidade de medida da energia, um *joule*, é assim chamada por causa dele. ■

Na experiência de Joule, um peso em queda conduzia um pedal que girava dentro de um balde de água. A energia do movimento foi transformada em calor.

Veja também: Isaac Newton 62-69 ▪ Joseph Black 76-77 ▪ Joseph Fourier 122-23

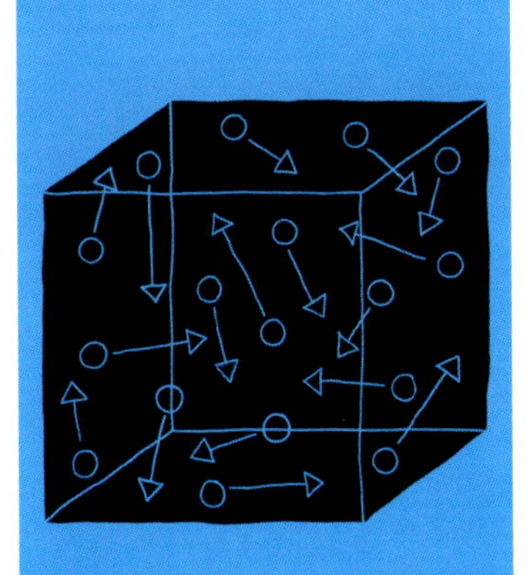

ANÁLISE ESTATÍSTICA DO MOVIMENTO MOLECULAR

LUDWIG BOLTZMANN (1844-1906)

EM CONTEXTO

FOCO
Física

ANTES
1738 Daniel Bernoulli sugere que os gases são feitos de moléculas em movimento.

1827 O botânico escocês Robert Brown identifica o movimento do pólen na água, que se torna conhecido como o *movimento browniano*.

1845 O físico escocês John Waterston descreve como a energia é distribuída, em meio às moléculas de gás, segundo regras estatísticas.

1857 James Clerk Maxwell calcula a velocidade média das moléculas e a distância média entre colisões.

DEPOIS
1905 Albert Einstein analisa matematicamente o movimento browniano, mostrando como ele é o resultado do impacto de moléculas.

Até meados do século XIX, átomos e moléculas tinham se tornado ideias centrais na química, e a maioria dos cientistas entendia que eles eram a chave para a identidade e o comportamento de elementos e compostos. Poucos achavam que eles tinham muita relevância para a física, porém, nos anos 1880, o físico austríaco Ludwig Boltzmann desenvolveu a teoria cinética dos gases, colocando átomos e moléculas também no coração da física. No começo do século XVIII, o físico suíço Daniel Bernoulli havia sugerido que os gases são feitos de uma infinidade de moléculas em movimento. É seu impacto que gera pressão, e a energia cinética (a energia de seu movimento) que origina o calor. Nos anos 1840 e 1850, os cientistas haviam começado a perceber que as propriedades dos gases refletem o movimento médio das incontáveis partículas. Em 1859, James Clerk Maxwell calculou a velocidade das moléculas e que distância percorriam, antes de colidir, mostrando que a temperatura é uma medida da velocidade média das moléculas.

Energia disponível é o principal objeto em jogo, na luta pela existência e pela evolução do mundo.
Ludwig Boltzmann

Centralidade de estatísticas

Boltzmann revelou como as estatísticas são importantes. Mostrou que as propriedades da matéria são simplesmente uma combinação das leis básicas de movimento e as regras estatísticas de probabilidade. Seguindo esse princípio, calculou um número hoje chamado de *constante de Boltzmann*, fornecendo a fórmula que liga a pressão e o volume de um gás ao número e à energia de suas moléculas. ■

Veja também: John Dalton 112-113 ▪ James Joule 138 ▪ James Clerk Maxwell 180-85 ▪ Albert Einstein 214-21

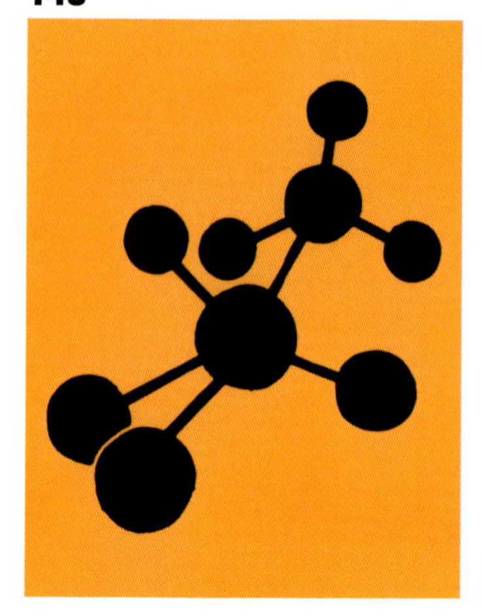

PLÁSTICO NÃO ERA O QUE EU PRETENDIA INVENTAR

LEO BAEKELAND (1863-1944)

EM CONTEXTO

FOCO
Química

ANTES
1839 O farmacêutico berlinense Eduard Simon destila resina de estireno a partir da árvore liquidâmbar turca. Um século depois, isso foi desenvolvido e transformado em poliestireno pela empresa alemã IG Farben.

1862 Alexander Parkes desenvolve o primeiro plástico sintético, o Parkesine.

1869 O americano John Hyatt cria o celuloide, que logo passa a ser usado na fabricação de bolas de sinuca em lugar do marfim.

DEPOIS
1933 Os químicos britânicos Eric Fawcet e Reginald Gibson, da empresa ICI, criaram o primeiro polietileno prático.

1954 o italiano Giulio Natta e o alemão Karl Rehn inventaram independentemente o polipropileno, o plástico mais utilizado hoje.

A descoberta dos plásticos sintéticos, no século XIX, abriu caminho para a criação de uma imensa variedade de materiais sólidos como jamais vista – leves, não corrosíveis e moldáveis em qualquer formato imaginável. Embora os plásticos possam ter origem natural, os atualmente em uso são inteiramente sintéticos. Em 1907, o inventor americano nascido belga Leo Baekeland criou um dos primeiros plásticos bem-sucedidos comercialmente, agora conhecido com baquelita.

O que dá ao plástico sua característica especial é o formato de suas moléculas. Com poucas exceções, os plásticos são feitos de moléculas orgânicas longas, conhecidas como polímeros, entremeadas por muitas outras moléculas menores, ou monômeros. Alguns polímeros ocorrem naturalmente, como a celulose, a principal substância xilema das plantas.

Veja também: Friedrich Wöhler 124-25 ▪ August Kekulé 160-65 ▪ Linus Pauling 254-59 ▪ Harry Kroto 320-21

Eu estava tentando fazer algo bem duro, mas depois percebi que deveria fazer algo bem macio, que pudesse ser moldado em formatos diferentes. Foi assim que acabei fazendo o primeiro plástico.
Leo Baekeland

Embora as moléculas de polímeros naturais fossem muito mais complexas para serem decifradas nos anos 1800, alguns cientistas começaram a pesquisar novos meios de fazê-las sinteticamente a partir de reações químicas. Em 1862, o químico britânico Alexander Parkes criou uma forma sintética de celulose, à qual deu o nome de Parkesine. Alguns anos depois, o americano John Hyatt desenvolveu outra, que se tornou conhecida como celuloide.

Imitando a natureza

Depois de desenvolver o primeiro papel fotográfico do mundo, nos anos 1890, Baekeland vendeu a ideia para a Kodak e usou o dinheiro para comprar uma casa equipada com seu próprio laboratório. Ali, ele experimentou meios de criar goma-laca sintética.

Goma-laca é uma resina secretada pelo besouro fêmea laca. É um polímero natural que era usado para dar a móveis e outros objetos uma camada brilhosa e resistente. Baekeland descobriu que, tratando resina fenol feita de alcatrão de hulha, ele poderia fazer um tipo de goma-laca. Em 1907, acrescentou vários tipos de pó a essa resina e descobriu que podia criar um plástico extraordinário moldável e rijo.

Quimicamente, esse plástico é conhecido como polioxibenzimetilenglicolanidrido, mas Baekeland o chamava simplesmente de Bakelite. Bakelite era um plástico "thermoset" – que mantém seu formato depois de aquecido. Devido às suas propriedades de isolamento elétrico e resistência ao calor, o Bakelite logo estava sendo usado na fabricação de rádios, telefones e isolantes elétricos. Muitos outros usos foram rapidamente encontrados para ele.

Hoje há milhares de plásticos sintéticos, incluindo o Plexiglass, polietileno, polietileno de baixa densidade e celofane, cada um com suas propriedades e utilidades. A maioria é baseada em hidrocarbonetos (químicos feitos de hidrogênio e carbono) derivados de óleo ou gás natural. No entanto, nas últimas décadas, fibras de carbono, nanotubos e outros materiais foram acrescentados para criar materiais plásticos superleves e superfortes, como o Kevlar. ■

Resistente ao calor e não condutor de eletricidade, o Bakelite era um material ideal para usar em estojos de produtos elétricos, como telefones e rádios.

Leo Baekeland

Leo Baekeland nasceu em Ghent, na Bélgica, e lá cursou a universidade. Em 1889, ele se tornou professor associado de química e se casou com Celine Swarts. Enquanto o casal estava em lua de mel, em Nova York, Baekeland conheceu Richard Anthony, chefe de uma conhecida empresa fotográfica. Anthony ficou tão impressionado pelo trabalho de Baekeland com os processos fotográficos que o contratou como químico. Baekeland se mudou para os Estados Unidos e logo tinha seu próprio negócio.

Baekeland inventou os primeiros papéis fotográficos, conhecidos como Velox, antes de desenvolver o Bakelite, que o tornou rico. Muitas invenções além do plástico são creditadas a ele, que registrou mais de 50 patentes. Mais para o fim da vida ele se tornou um excêntrico recluso, comendo somente em latas. Ele morreu em 1944 e está enterrado no Sleep Hollow Cemetery, em Nova York.

Obra-chave

1909 *Estudo sobre o Bakelite lido para a American Chemical Society.*

INTITULEI ESSE PRINCÍPIO DE SELEÇÃO NATURAL

CHARLES DARWIN (1809-1882)

EM CONTEXTO

FOCO
Biologia

ANTES
1794 Erasmus Darwin (avô de Charles) relata sua visão de evolução, em *Zoonomia*.

1809 Jean-Baptiste Lamarck propõe uma forma de evolução através da herança de características adquiridas.

DEPOIS
1937 Theodosius Dobzhansky publica sua prova experimental para a base genética da evolução.

1942 Ernst Mayr define o conceito de espécies através das populações que só se reproduzem entre si.

1972 Niles Eldredge e Stephen Jay Gould propõem que a evolução ocorre principalmente em rompantes curtos entremeados com períodos de relativa estabilidade.

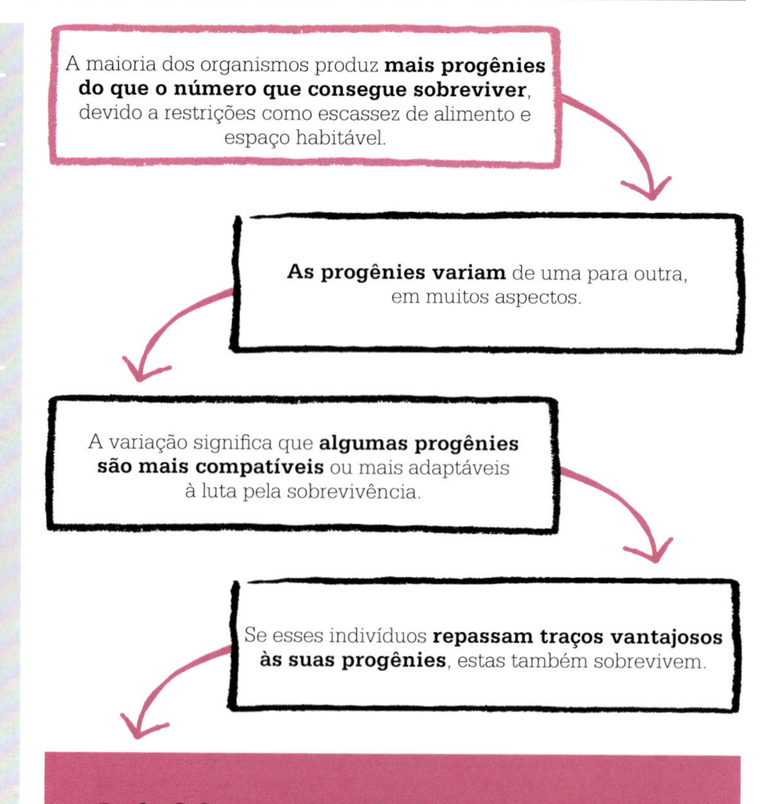

A maioria dos organismos produz **mais progênies do que o número que consegue sobreviver**, devido a restrições como escassez de alimento e espaço habitável.
As progênies variam de uma para outra, em muitos aspectos.
A variação significa que **algumas progênies são mais compatíveis** ou mais adaptáveis à luta pela sobrevivência.
Se esses indivíduos **repassam traços vantajosos às suas progênies**, estas também sobrevivem.
Intitulei esse princípio de "seleção natural".

O naturalista britânico Charles Darwin não foi, de forma alguma, o primeiro cientista a sugerir que plantas, animais e outros organismos não são fixos e inalteráveis – ou, para usar a palavra popular à época, "imutáveis". Como outros que o precederam, Darwin afirmava que as espécies de organismos mudam ou evoluem ao longo do tempo. Sua grande contribuição foi mostrar como a evolução se dava, por meio de um processo que denominou *seleção natural*. Ele expôs sua ideia central no livro *A origem das espécies por meio da seleção natural ou a preservação de raças favorecidas na luta pela vida*, publicado em Londres em 1859. Darwin descreveu o livro como um "longo argumento".

"Confessando um assassinato"

A origem das espécies se deparou com antagonismo acadêmico e popular. O livro não fazia menções à doutrina religiosa, que insistia que as espécies eram de fato fixas e imutáveis e elaboradas por Deus. Porém, aos poucos, as ideias de seu livro mudaram a perspectiva científica do mundo natural. Sua ideia essencial forma a base de toda a biologia moderna, fornecendo uma explicação simples mas imensamente poderosa das formas de vida, tanto do passado quanto do presente.

Darwin tinha total consciência da potencial blasfêmia em seu trabalho, durante as décadas em que o escrevia. Quinze anos antes de sua publicação, explicou ao botânico Joseph Hooker, seu confidente, que sua teoria não exigia nenhum Deus ou espécies mutáveis: "Por fim vieram os raios

Veja também: James Hutton 96-101 ▪ Jean-Baptiste Lamarck 118 ▪ Gregor Mendel 166-71 ▪ Thomas Henry Huxley 172-73 ▪ Thomas Hunt Morgan 224-25 ▪ Barbara McClintock 271 ▪ James Watson e Francis Crick 276-83 ▪ Michael Syvanen 318-19

A criação não é um evento que ocorreu em 4004 a.C.; é um processo que começou há uns 10 bilhões de anos e ainda está em curso.
Theodosius Dobzhansky

de luz, e estou quase convencido (bem diferentemente da opinião que eu tinha, ao começar) de que as espécies não são (isso é como confessar um assassinato)" imutáveis.

A abordagem de Darwin da evolução, assim como do resto de seu trabalho abrangente sobre história natural, foi cautelosa, zelosa e deliberada. Ele prosseguia, passo a passo, coletando grandes quantidades de provas pelo caminho. Durante quase 30 anos ele integrou, ao seu extenso conhecimento sobre fósseis, geologia, plantas, animais e classificação seletiva, conceitos de demografia, economia e muitos outros campos. A teoria resultante, da evolução por seleção natural, é vista como um dos maiores avanços científicos de todos os tempos.

O papel de Deus

No começo do século XIX, fósseis eram amplamente discutidos na sociedade vitoriana. Alguns os viam como formas rochosas moldadas, sem ter nada a ver com organismos vivos. Outros os viam como trabalho manual do Criador, colocados na Terra para testar os crentes. Ou achavam que eram restos de organismos ainda vivos em algum lugar do mundo, já que Deus criara coisas vivas com perfeição. Em 1796, o naturalista francês Georges Cuvier reconheceu que certos fósseis, como os de mamutes ou de preguiças-gigantes, eram restos de animais extintos. Ele conciliou isso à sua crença religiosa, invocando catástrofes como o Grande Dilúvio descrito na Bíblia. Cada desastre varria uma categoria inteira de seres vivos; Deus então reabastecia a Terra com novas espécies. Entre os desastres, cada espécie permanecia fixa e imutável. Essa teoria era conhecida como "catastrofismo" e se tornou amplamente conhecida após a publicação de *Discurso preliminar*, de Cuvier, em 1813.

No entanto, à época em que Cuvier estava escrevendo, já circulavam várias ideias baseadas na evolução. Erasmus Darwin, o livre- -pensador e avô de Charles, propôs uma teoria idiossincrásica. Mais influentes eram as ideias de Jean- -Baptiste Lamarck, professor de zoologia no Museu Nacional de História Natural da França. Seu *Philosophie Zoologique*, de 1809, articulou o que talvez tenha sido a primeira teoria sensata de evolução. Ele teorizou que seres vivos evoluíam a partir de inícios simples através de estágios cada vez mais sofisticados, devido a uma "força complicadora". Eles enfrentavam desafios ambientais em seus corpos e psiques, e a partir disso veio a ideia de uso e desuso em um indivíduo: "Um uso mais frequente e contínuo de qualquer órgão gradualmente fortalece, desenvolve e aumenta aquele órgão enquanto o desuso permanente de qualquer órgão imperceptivelmente o enfraquece e deteriora até que ele finalmente desaparece. O maior poder do órgão era então passado à progênie, fenômeno que se tornou conhecido como *herança de características adquiridas*.

Embora sua teoria tenha sido amplamente diminuída, Lamarck depois foi elogiado por Darwin, por ter aberto a possibilidade de que a mudança não era resultado do que Darwin depreciativamente denominara "interposição milagrosa".

Aventuras do *Beagle*

Darwin teve tempo de sobra para meditar sobre a imutabilidade das espécies durante a viagem de volta ao mundo a bordo do navio de pesquisa *HMS Beagle*, de 1831 a 1836, com o capitão Robert FitzRoy. »

Ao estudar os registros de fósseis, Georges Cuvier determinou que espécies haviam sido extintas. Mas ele acreditava que a prova apontava para uma série de catástrofes, não para uma mudança gradual.

Como cientista da expedição, Darwin era encarregado de coletar todos os tipos de fósseis, plantas e espécimes animais e mandá-los de volta à Inglaterra, de cada porto.

Essa viagem épica abriu os olhos do jovem Darwin, ainda com 20 e poucos anos, à incrível diversidade da vida. Onde o *Beagle* ancorasse, Darwin observava avidamente todos os aspectos da natureza. Em 1835, ele descreveu e coletou um conjunto de pequenos pássaros insignificantes nas ilhas Galápagos, arquipélago de oceano Pacífico, a 900 km a oeste do Equador. Ele achou que fossem nove espécies, sendo seis tentilhões.

Após seu regresso à Inglaterra, Darwin organizou seu imenso volume de dados e supervisionou um relatório de vários volumes e vários autores, intitulado *The Zoology of the Voyage of HMS* Beagle. No volume sobre pássaros, o renomado ornitólogo John Gould declarou que havia, na verdade, 13 espécies nas amostras de Darwin, todos tentilhões. No entanto, no grupo havia pássaros com bicos de formatos diferentes, adaptados a dietas diferentes.

No relato próprio do *best-seller* de sua aventura, em *The Voyage of the* Beagle, Darwin escreveu: "Ao ver essa gradação e diversidade na estrutura em um pequeno grupo de pássaros e a escassez de pássaros desse arquipélago, pode-se realmente imaginar que uma espécie tenha sido modificada para finalidades diferentes". Essa foi uma das primeiras elaborações públicas sobre o rumo que seus pensamentos estavam tomando.

Comparando espécies

Os tentilhões de Darwin, como ficaram conhecidos os espécimes de Galápagos, não foram apenas a arrancada para seu trabalho sobre evolução. Na verdade, ele vinha acumulando ideias ao longo da viagem no *Beagle* e, principalmente, durante sua visita a Galápagos. Ficou fascinado pelas tartarugas gigantes que viu e pelo modo como seu casco tinha formatos sutilmente distintos, de uma ilha para outra. Também ficou impressionado pelas espécies de pássaros canoros. Eles igualmente variavam entre as ilhas, no entanto também tinham semelhanças não somente entre si, mas com espécies que viviam no continente da América do Sul.

A seleção natural é o... princípio pelo qual uma ligeira variação (ou um traço) é preservada, se for útil.
Charles Darwin

Darwin sugeriu que os diversos pássaros canoros talvez tivessem evoluído de um ancestral comum que, de alguma forma, havia atravessado o Pacífico até o continente; depois, cada grupo de pássaros evoluiu se adaptando ao ambiente específico de cada ilha e seu alimento disponível. A observação de tartarugas gigantes, raposas das ilhas Falkland e outras espécies respaldou essas primeiras conclusões. Mas Darwin tinha receio em relação aonde tamanhas blasfêmias conduziriam: "Tais fatos poderiam minar a estabilidade das espécies".

Outras peças do quebra-cabeça

A caminho da América do Sul em 1831, Darwin tinha lido o primeiro volume de *Princípios de geologia*, de Charles Lyell, que argumentava contra a história de catastrofismo, de Cuvier, e sua teoria de formação

Essa tartaruga gigante é encontrada somente nas ilhas Galápagos, onde subespécies únicas se desenvolveram em cada ilha. Ali, Darwin reuniu provas para sua teoria da evolução.

Os tentilhões dos Galápagos desenvolveram bicos de formatos diferentes para dietas específicas.

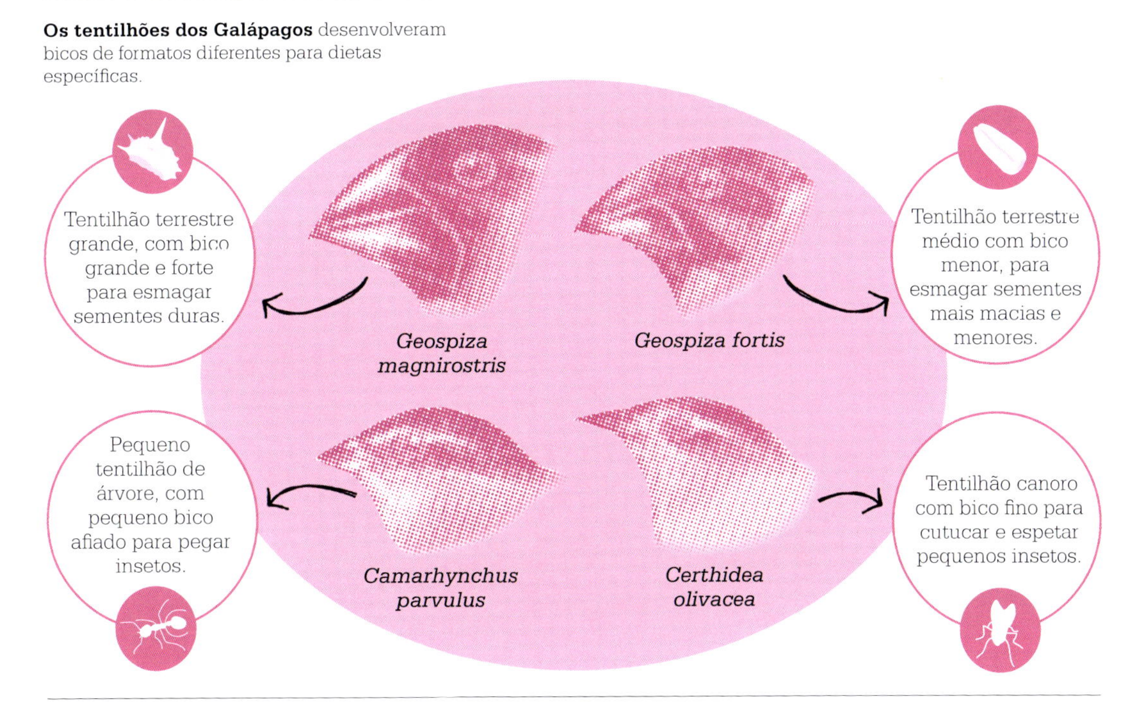
Tentilhão terrestre grande, com bico grande e forte para esmagar sementes duras.
Geospiza magnirostris
Geospiza fortis
Tentilhão terrestre médio com bico menor, para esmagar sementes mais macias e menores.
Pequeno tentilhão de árvore, com pequeno bico afiado para pegar insetos.
Camarhynchus parvulus
Certhidea olivacea
Tentilhão canoro com bico fino para cutucar e espetar pequenos insetos.

fóssil. Em vez disso, ele adaptou as ideias de renovação geológica apresentadas por James Hutton a uma teoria conhecida como "uniformitarianismo". A Terra estava continuamente sendo formada, alterada e reformada, ao longo de imensos períodos de tempo, através de processos como erosão de ondas e erupções vulcânicas que eram os mesmos ocorridos atualmente. Não havia necessidade de invocar intervenções desastrosas de Deus. As ideias de Lyell transformaram o modo como Darwin interpretava formações paisagísticas, rochas e fósseis que ele encontrou em suas pesquisas e agora via "através dos olhos de Lyell". No entanto, enquanto estava na América do Sul, chegou o segundo volume de *Princípios de geologia*. Nele, Lyell refutava as ideias de evolução gradual de plantas e animais, incluindo as teorias de Lamarck. Em vez disso, conjurava o conceito de "centros de Criação" para explicar a diversidade e a distribuição das espécies. Embora Darwin admirasse Lyell como geólogo, teve de descontar esse conceito recente à medida que as provas da evolução aumentavam.

Os anos tranquilos

Mesmo antes do regresso do *Beagle* à Inglaterra, o interesse gerado pelos espécimes que Darwin havia enviado o tornou uma celebridade. Após sua chegada, seus relatos científicos e populares da viagem aumentaram sua fama. No entanto, sua saúde foi se deteriorando e, aos poucos, ele foi se afastando da exposição pública.

Em 1842, Darwin se mudou para a tranquila Down House, em Kent, onde continuou a reunir provas para respaldar sua teoria de evolução. Cientistas ao redor do mundo lhe enviavam amostras e dados. Ele estudou a domesticação de animais e plantas e o papel de classificação seletiva, ou seleção artificial, principalmente de pombos. Em 1855, começou a classificar variedades de *Columbia livia*, ou pombos das rochas, que ganhariam destaque nos dois primeiros capítulos de *A origem das espécies*.

Através de seu trabalho com os pombos, Darwin começou a entender a extensão e a relevância da variação entre os indivíduos. Rejeitava o postulado de que os fatores ambientais eram responsáveis por tais diferenças, insistindo que a reprodução era a causa, com a variação herdada, de alguma forma, dos pais. Ele acrescentou isso às ideias de Malthus e aplicou-as ao mundo natural. Muito depois, em sua » autobiografia, Darwin relembrou sua reação ao ler Malthus, pela primeira vez, em 1838. "Estar bem preparado para apreciar a luta pela existência... ocorreu-me que, nessas circunstâncias, variações favoráveis provavelmente seriam preservadas e as não favoráveis seriam destruídas. O resultado disso seria a formação de novas espécies... Eu finalmente tinha uma teoria para nortear meu trabalho."

Sabendo mais sobre o papel da variação, em 1856 Darwin, o criador de pombos, podia imaginar não somente os humanos, mas a natureza fazendo as escolhas. Do termo "seleção artificial" ele derivou "seleção natural".

Uma sacudida para entrar em ação

Em 18 de junho de 1858, Darwin recebeu um pequeno ensaio de um jovem naturalista britânico chamado Alfred Russel Wallace. Descrevia um *insight* no qual subitamente entendeu como ocorria a evolução e pediu a opinião de Darwin, que ficou perplexo ao ler que a visão de Wallace era uma réplica quase idêntica às ideias nas quais ele próprio vinha trabalhando havia mais de 20 anos.

Alfred Russel Wallace, assim como Darwin, desenvolveu sua teoria de evolução à luz de extenso trabalho de campo conduzido, inicialmente, na bacia do rio Amazonas, depois no arquipélago de Malay.

Preocupado em ser precedido, Darwin consultou Charles Lyell. Eles concordaram em fazer uma apresentação conjunta dos estudos de Darwin e Wallace na Linnean Society, em Londres, em 1º de julho de 1858. Nenhum dos autores compareceu pessoalmente. A reação do público foi educada, sem clamores de blasfêmia. Encorajado, Darwin agora terminava seu livro. Publicado em 24 de novembro de 1859, *A origem das espécies* esgotou no primeiro dia de vendas.

A teoria de Darwin

Darwin afirma que as espécies não são imutáveis. Elas mudam, ou evoluem, e o principal mecanismo para essa mudança é a seleção natural. O processo se baseia em dois fatores. Primeiro, nascem mais progênies do que o número que consegue sobreviver a desafios do clima, suprimento alimentar, competição, predadores e doenças; isso conduz a uma luta pela existência. Segundo, há uma variação, ocasionalmente pequenina, ainda assim presente, entre a progênie de uma espécie. Para a evolução, essas variações precisam atender dois critérios. Um: devem ter algum efeito na luta pela sobrevivência e procriação, ou seja, precisam ajudar a conferir o sucesso reprodutivo. Dois: devem ser herdadas ou repassadas à progênie, em que passariam a mesma vantagem evolutiva.

Darwin descreve a evolução como um processo lento e gradual. Enquanto uma população de organismos se

Charles Darwin

Nascido em Shrewsbury, Inglaterra, em 1809, Darwin era originalmente destinado a seguir seu pai, na medicina, mas sua infância foi repleta de atividades como colecionar besouros e, com pouca inclinação a ser tornar médico, ele passou a estudar o sacerdócio. Uma indicação casual, em 1831, o colocou como cientista da expedição no *HMS Beagle*, em viagem ao redor do mundo.

Em seguida à viagem, Darwin ganhou notoriedade científica e fama como observador perceptivo, experimentador confiável e escritor talentoso. Escreveu sobre arrecifes de corais e invertebrados marinhos, principalmente as cracas, que estudou por quase 10 anos. Também escreveu trabalhos sobre fertilização, orquídeas, plantas comedoras de insetos e a variação entre animais domesticados e plantas. Mais adiante, na vida, ele lidou com a origem dos humanos.

Obras-chave

1839 *A viagem do* Beagle
1859 *A origem das espécies por meio da seleção natural*
1871 *A descendência do homem e seleção em relação ao sexo*

Acho que descobri (e isto é uma suposição!) um modo simples pelo qual as espécies se tornam perfeitamente adaptadas a diversas finalidades.
Charles Darwin

adapta a novos ambientes, ela se torna uma nova espécie, diferente de seus ancestrais. Apesar disso, aqueles ancestrais podem permanecer os mesmos, podem evoluir em resposta ao seu próprio ambiente em modificação ou podem perder a luta pela sobrevivência e ser extintos.

Resultado

Diante de uma exposição tão completa, sensata e embasada em provas, da evolução por seleção, a maioria dos cientistas logo aceitou os conceitos de Darwin a respeito da "sobrevivência do mais forte". O livro de Darwin foi cauteloso em evitar mencionar os humanos em ligação com a evolução, separadamente da frase "a luz será lançada sobre a origem do homem e sua história". No entanto, houve protestos da Igreja, e a clara insinuação de que humanos evoluíam de outros animais foi ridicularizada por muitos setores.

Darwin, como sempre, evitando a notoriedade, permaneceu envolvido com seus estudos na Down House. Conforme as controvérsias se acumulavam, inúmeros cientistas saíram em sua defesa. O biólogo Thomas Henry Huxley foi veemente ao apoiar a teoria – e argumentar pelo caso da descendência humana dos macacos – e se apelidou de "bulldog de Darwin". No entanto, o mecanismo pelo qual ocorria a herança – como e por que alguns traços são passados adiante, outros não – permaneceu um mistério. Coincidentemente, ao mesmo tempo em que Darwin publicou seu livro, um monge chamado Gregor Mendel fazia experiências com pés de ervilhas em Brno (atual República Checa). Seu trabalho sobre características herdadas, relatado em 1865, formou a base da genética, mas foi subestimado pela sociedade científica até o século XX, quando novas descobertas da genética foram integradas à teoria evolutiva, fornecendo um mecanismo para a hereditariedade. O princípio de seleção natural de Darwin permanece a chave para o entendimento do processo. ■

Esse desenho ridicularizando Darwin surgiu em 1871, ano em que ele aplicou sua teoria da evolução aos humanos – algo que tinha sido cauteloso em evitar em trabalhos anteriores.

PREVENDO O CLIMA

ROBERT FITZROY (1805-1865)

EM CONTEXTO

FOCO
Meteorologia

ANTES
1643 Evangelista Torricelli inventa o barômetro, que mede a pressão atmosférica.

1805 Francis Beaufort desenvolve a escala Beaufort de força do vento.

1847 Joseph Henry propõe uma ligação telegráfica para alertar a região a leste dos EUA quanto a tempestades vindas do oeste.

DEPOIS
1870 O Signal Corps do Exército americano começa a criar mapas meteorológicos para todo o país.

1917 A Bergen School of Meteorology, na Noruega, desenvolve um conceito de frentes climáticas.

2001 O Systems of Unified Surface Analysis utiliza computadores potentes para fornecer previsões climáticas locais altamente detalhadas.

Há um século e meio, o conceito de previsão do clima era considerado pouco mais que folclore. O homem que mudou isso e nos deu as previsões meteorológicas modernas foi o oficial naval britânico e cientista capitão Robert FitzRoy.

FitzRoy hoje é mais conhecido como capitão do *Beagle*, navio que levou Charles Darwin à viagem que o conduziu à sua teoria de evolução por seleção natural. Contudo também foi um cientista notável, por mérito próprio.

FitzRoy tinha apenas 26 anos quando zarpou da Inglaterra com Darwin, em 1831. Mas já havia servido mais de uma década ao mar e estudado no Royal Naval College, em Greenwich, onde foi o primeiro candidato a passar no exame de tenente gabaritando a prova. Ele tinha até comandado o *Beagle*, numa viagem anterior de pesquisas, pela América do Sul, onde a importância do estudo do clima o impressionou muito. Seu navio quase passou apuros num violento vendaval na costa da Patagônia, depois que ele ignorou os alertas de queda da pressão atmosférica no barômetro da embarcação.

Com um barômetro, dois ou três termômetros, algumas instruções breves e observação atenta não apenas dos instrumentos mas também do céu e da atmosfera, pode-se utilizar a meteorologia.
Robert FitzRoy

Meteorologistas navais pioneiros

Não é coincidência que muitos dos primeiros avanços das previsões meteorológicas tenham vindo de oficiais navais. Saber o que o clima reservava era crucial à época das embarcações a vela. Perder um bom vento poderia gerar grandes consequências financeiras – e ser pego no mar, por uma tempestade, podia ser desastroso.

Dois oficiais navais já tinham dado contribuições expressivas. Um foi o marinheiro irlandês Francis Beaufort,

Robert FitzRoy

Nascido em Suffolk, Inglaterra, numa família aristocrática, Robert FitzRoy ingressou na Marinha aos 12 anos. Ele serviu muitos anos no mar, como capitão. Conduziu o *Beagle* em duas grandes viagens de pesquisa pela América do Sul, incluindo a viagem de volta ao mundo com Charles Darwin. FitzRoy foi, no entanto, um cristão devoto que se opunha à teoria de evolução de Darwin. Depois de deixar o serviço na Marinha, FitzRoy se tornou governador da Nova Zelândia, onde seu tratamento igualitário aos maoris lhe rendeu o ressentimento dos colonos. Ele regressou à Inglaterra em 1848, para comandar o primeiro navio movido a pá de hélices e foi nomeado chefe do Departamento Britânico de Meteorologia quando foi instituído, em 1854. Ali ele desenvolveu os métodos que se tornaram a base da previsão meteorológica científica.

Obras-chave

1839 *Narrativa das viagens do* Beagle
1860 *O manual do barômetro*
1863 *O livro do clima*

Veja também: Robert Boyle 46-49 ▪ George Hadley 80 ▪ Gaspard-Gustave de Coriolis 126 ▪ Charles Darwin 142-49

que criou uma escala-padrão mostrando a velocidade ou "força" do vento, ligada a condições específicas do mar e, mais tarde, em terra. Isso permitiu que, pela primeira vez, a severidade das tempestades fosse registrada e comparada metodicamente. A escala ia de 1, indicando um "leve sopro", a 12, "furacão". A escala Beaufort foi usada pela primeira vez por FitzRoy, na viagem do *Beagle*. A partir dali ela se tornou padrão em todos os diários de bordo dos navios.

Outro pioneiro da meteorologia naval foi o norte-americano Matthew Maury. Ele criou gráficos de ventos e correntes para o Atlântico Norte que resultaram em avanços drásticos para a época das velas. Também defendeu a criação de um serviço meteorológico internacional para terra e mar e liderou uma conferência em Bruxelas, em 1853, que começou a coordenar observações sobre as condições do mar ao redor do mundo inteiro.

Antes de FitzRoy começar seus sistemas de relatos meteorológicos, os marinheiros já observavam que, nos furacões, os ventos formam padrões ciclônicos e a direção do vento poderia ser utilizada para prever o caminho de uma tempestade.

O Departamento de Meteorologia

Em 1854, FitzRoy, incentivado por Beaufort, recebeu a tarefa de preparar a contribuição britânica para o Departamento de Meteorologia. Porém, com seu zelo e *insight* característicos, foi muito além do programado. Ele começou a perceber que um sistema de observações climáticas simultâneas ao redor do mundo poderia não apenas revelar padrões ocultos até então, mas ser usado para previsões climáticas.

Observadores já sabiam, por exemplo, que nos furacões tropicais o vento sopra num padrão circular ou "ciclônico" ao redor de uma área central de baixa pressão atmosférica, ou "depressão". Logo se percebeu que a »

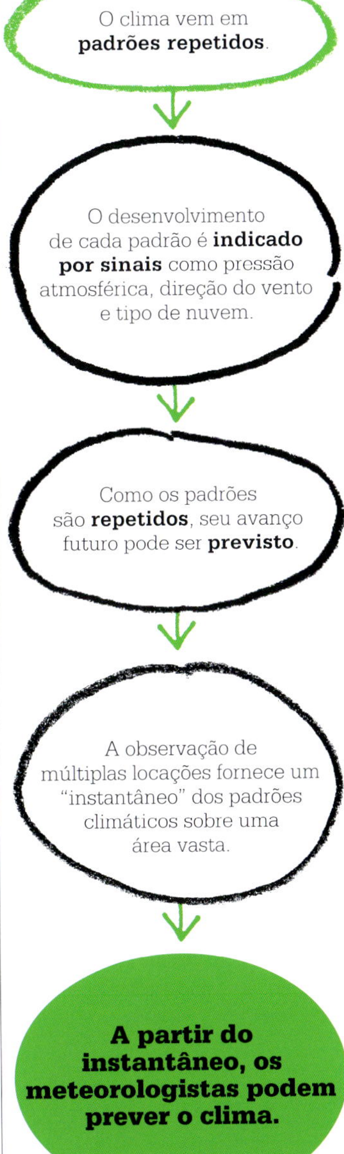

O clima vem em **padrões repetidos**.
O desenvolvimento de cada padrão é **indicado por sinais** como pressão atmosférica, direção do vento e tipo de nuvem.
Como os padrões são **repetidos**, seu avanço futuro pode ser **previsto**.
A observação de múltiplas locações fornece um "instantâneo" dos padrões climáticos sobre uma área vasta.
A partir do instantâneo, os meteorologistas podem prever o clima.

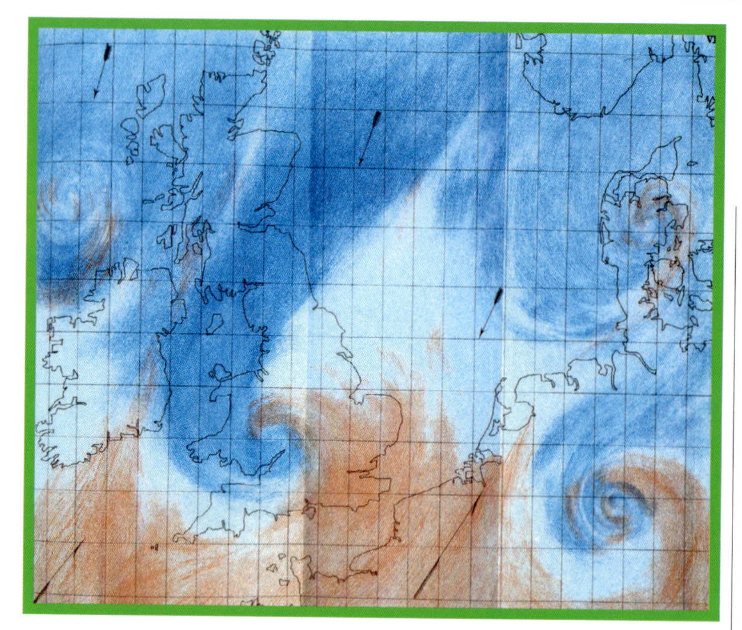

FitzRoy coloria seus gráficos "sinópticos" diários com lápis cera. Este, feito em 1863, mostra uma frente de baixa pressão trazendo tempestades em direção ao norte europeu, vinda do oeste. O canto inferior direito revela a formação de um ciclone.

maioria das grandes tempestades que sopram em latitudes médias mostra esse formato de depressão ciclônica. Portanto, a direção do vento dá uma pista, indicando se a tempestade está avançando ou recuando.

Nos anos 1850, registros melhores de ocorrências climáticas e o uso do novo telégrafo elétrico na comunicação de longa distância revelaram quase instantaneamente que as tempestades ciclônicas formadas acima do continente se deslocam para leste. Em contraste, os furacões (tempestades tropicais do Atlântico Norte) se formam acima da água e migram para oeste. Desse modo, na América do Norte, quando uma tempestade atingisse um lugar dentro do continente, uma mensagem telegráfica podia ser enviada para alertar locais mais distantes, ao leste, avisando sobre a chegada da tempestade. Os observadores já sabiam que uma queda da pressão atmosférica, no barômetro, dava o alerta de uma tempestade por vir. O telégrafo permitiu que essas interpretações fossem rapidamente transmitidas a grandes distâncias, dando, assim, alertas com maior antecedência.

Clima sinóptico

FitzRoy entendeu que a chave para a previsão climática eram as observações sistemáticas de pressão atmosférica, temperatura e velocidade e direção do vento, avaliadas em horários programados, em locais de grande abrangência. Quando essas observações eram enviadas instantaneamente via telégrafo ao seu escritório de coordenação, em Londres, ele podia montar uma imagem ou "sinopse" das condições meteorológicas em uma área vasta.

Essa sinopse fornecia um quadro tão completo das condições climáticas que não apenas revelava os padrões atuais em larga escala, mas também permitia que os padrões fossem rastreados. FitzRoy percebeu que os padrões meteorológicos se repetiam. A partir disso, ficou claro que ele podia decifrar como os padrões poderiam se desenrolar ao longo de um período de tempo próximo, com base na forma como se desenrolaram no passado. Isso estabelece a base para uma previsão meteorológica detalhada em qualquer ponto da região coberta. Esse foi o *insight* extraordinário que formou o alicerce da previsão meteorológica moderna.

Os cálculos através da observação já eram suficientes, mas FitzRoy também os utilizou para criar o primeiro gráfico meteorológico moderno, o gráfico "sinóptico" que revelava as formas em redemoinhos tão claramente quanto os satélites mostram hoje. As ideias de FitzRoy foram compiladas em seu livro intitulado simplesmente *O livro do clima* (1863), que introduziu o termo "previsão meteorológica" e apresentou os princípios para a meteorologia moderna. Um passo crucial para dividir as ilhas Britânicas em áreas climáticas, conferir as condições climáticas atuais e usar dados meteorológicos passados, de cada área, para ajudar nas previsões. FitzRoy recrutou uma rede de observadores, particularmente no mar e em portos, nas ilhas Britânicas. Ele também obtinha

Com meus alertas de provável mau tempo, eu tento evitar a necessidade de um bote salva-vidas.
Robert FitzRoy

dados da França e Espanha, onde a ideia de observação constante do clima tomava vulto. Em alguns anos, sua rede estava operando de forma tão eficaz que ele conseguia um instantâneo diário dos padrões do oeste europeu. Os padrões climáticos eram revelados de forma tão clara que ele podia prever a provável mudança, no mínimo, ao longo do dia seguinte – e, assim, produzir a primeira previsão meteorológica nacional.

Previsões meteorológicas diárias

A cada manhã, os relatórios climáticos chegavam ao escritório de FitzRoy, vindos das inúmeras estações meteorológicas espalhadas pelo oeste europeu, e em uma hora a imagem sinóptica tinha sido elaborada. As previsões eram instantaneamente despachadas para o jornal *The Times*. A primeira previsão foi publicada pelo jornal em 1º de agosto de 1861.

FitzRoy montou um sistema de cones sinalizadores em locais bem visíveis, em portos, para alertar caso uma tempestade estivesse a caminho e de onde ela vinha. Esse sistema funcionou bem e salvou várias vidas.

Contudo, alguns proprietários de navios se ressentiram do sistema quando seus capitães começaram a postergar a partida se houvesse alerta de tempestade. Também houve problema para a difusão das previsões a tempo. Eram necessárias 24 horas para distribuir o jornal, portanto FitzRoy tinha de fazer previsões não somente para um dia à frente, mas para dois. Ele tinha consciência de que previsões mais longas eram menos confiáveis, sendo por isso frequentemente exposto ao ridículo, particularmente quando *The Times* se desassociou dos equívocos.

O legado de FitzRoy

Em 1865, diante de zombaria e críticas de interessados diretos, as previsões foram suspensas, e FitzRoy cometeu suicídio. Quando se descobriu que ele havia gasto toda a sua fortuna em pesquisas no Departamento de Meteorologia, o governo compensou sua família. Mas, em alguns anos, a pressão dos marinheiros garantiu que seu sistema de alerta de tempestades voltasse a ser utilizado. Verificar as previsões meteorológicas detalhadas e alertas de tempestades, em determinadas áreas de navegação, hoje é parte essencial do dia de um marinheiro.

À medida que a tecnologia de comunicação progrediu e acrescentou mais detalhes aos dados de observação, o valor do sistema de FitzRoy ganhou seu espaço merecido no século XX.

Previsões meteorológicas modernas

Hoje o mundo é pontilhado por uma rede de mais de 11 mil estações meteorológicas, além de inúmeros satélites, aeronaves e embarcações – todos continuamente inserindo informações em um banco mundial de dados climáticos. Supercomputadores emitem as previsões que são, pelo menos em curto prazo, altamente precisas, e uma imensa gama de atividades, desde viagens aéreas até eventos esportivos, depende delas. ■

Depois de coletar e devidamente avaliar os telegramas irlandeses (ou de qualquer outra área meteorológica), a primeira previsão para aquela região é desenhada... e despachada para imediata publicação.

Robert FitzRoy

Esta estação meteorológica, localizada nas remotas montanhas da Ucrânia, envia dados de temperatura, umidade e velocidade do vento, via satélite, a supercomputadores.

OMNE VIVUM EX VIVO – TODA VIDA VEM DA VIDA

LOUIS PASTEUR (1822-1895)

EM CONTEXTO

FOCO
Biologia

ANTES
1668 Francesco Redi demonstra que larvas surgem de moscas – não espontaneamente.

1745 John Needham ferve caldo para matar micróbios e acredita que uma geração espontânea ocorreu para fazê-los voltar a brotar.

1768 Lazzaro Spallanzani mostra que micróbios não nascem de caldo fervido quando o ar é excluído.

DEPOIS
1881 Robert Koch isola micróbios que causam doenças.

1953 Stanley Miller e Harold Urey criam aminoácidos – essenciais à vida – em um experimento que simula as condições da origem da vida.

A biologia moderna ensina que organismos vivos só podem se originar de outros organismos vivos, através de um processo de reprodução. Isso talvez seja evidente hoje, mas quando os princípios básicos da biologia estavam no início muitos cientistas aderiam a um conceito chamado "abiogênese" – a ideia de que a vida poderia espontaneamente gerar a si mesma. Muito tempo depois de Aristóteles alegar que organismos vivos podiam emergir de matéria em decomposição, alguns chegaram a acreditar em métodos que pretendiam originar criaturas de objetos inanimados. No século XVII, por exemplo, o físico flamengo Jan Baptista von Helmont

Veja também: Robert Hooke 54 ▪ Antonie van Leeuwenhoek 56-57 ▪ Thomas Henry Huxley 172-73 ▪ Harold Urey e Stanley Miller 274-75

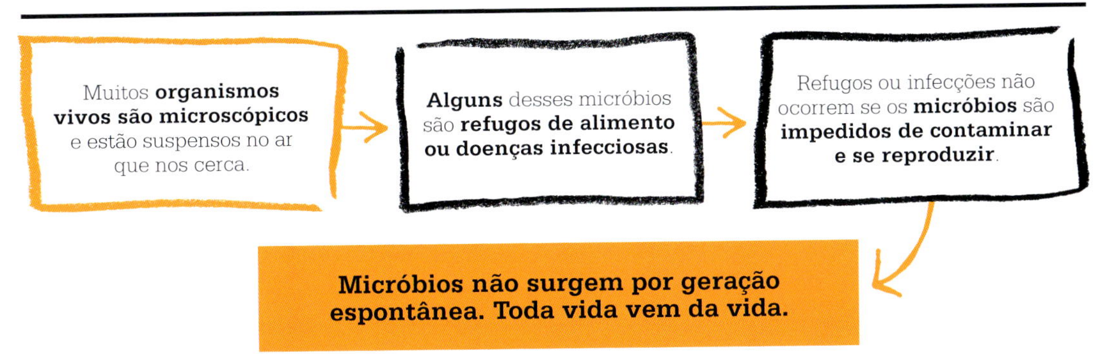

escreveu que roupas íntimas suadas e alguns grãos de trigo poderiam dar origem a ratos adultos. A geração espontânea teve seus defensores pelo século XIX adentro. Em 1859, no entanto, um microbiólogo francês chamado Louis Pasteur elaborou uma sábia experiência que refutou a tese. Ao longo de suas investigações, ele também provou que infecções eram causadas por micróbios vivos – germes.

Muitos **organismos vivos são microscópicos** e estão suspensos no ar que nos cerca.
Alguns desses micróbios são **refugos de alimento ou doenças infecciosas**.
Refugos ou infecções não ocorrem se os **micróbios** são **impedidos de contaminar e se reproduzir**.
Micróbios não surgem por geração espontânea. Toda vida vem da vida.

Antes de Pasteur, suspeitava-se da ligação entre a doença ou putrefação e organismos, mas ela nunca havia sido substanciada. Até que os microscópios pudessem provar o contrário, a existência de entidades viventes tão minúsculas a ponto de serem invisíveis a olho nu parecia algo fantasioso. Em 1546, o médico italiano Girolamo Fracastoro descreveu "sementes de contágio" e se aproximou da verdade. Mas ele deixou de afirmar explicitamente que eram coisas vivas e reproduzíveis, e sua teoria causou pouco impacto. Em vez disso as pessoas acreditavam que uma doença contagiosa era causada por um "miasma" – ou ar nocivo – proveniente da matéria pútrida. Sem uma ideia clara da natureza dos germes como micróbios, ninguém podia avaliar apropriadamente que a transmissão de infecção e a propagação da vida eram, de fato, dois lados da mesma moeda.

No campo da experimentação, a probabilidade favorece apenas a mente preparada.
Louis Pasteur

Primeiras observações científicas

No século XVII, os cientistas tentaram rastrear a origem de criaturas maiores ao estudarem a reprodução. Em 1661, o médico inglês William Harvey (conhecido por sua descoberta da circulação do sangue) dissecou uma corça grávida, no intuito de descobrir a origem do feto, e proclamou: *"Omme vivum ex ovo"* – todas as vidas vêm de ovos. Ele não conseguiu encontrar o ovo da corça em questão, mas pelo menos foi uma pista do que estava por vir.

O médico italiano Francesco Redi foi o primeiro a apresentar provas experimentais da impossibilidade da geração espontânea – ao menos em relação às criaturas vivas visíveis ao olho humano. Em 1668, ele estudou o processo através do qual a carne se torna permeada de larvas. Cobriu um pedaço de carne com papel e deixou outro exposto. Só a carne exposta foi infectada com larvas, porque ela atraiu moscas que depositaram seus ovos ali. Redi repetiu a experiência com tecido de algodão – que absorveu o odor da carne e atraiu moscas – e mostrou que os ovos das moscas, tirados do tecido, poderiam ser usados para "semear" carne não infectada com larvas. Redi argumentou que as larvas só se originavam de moscas, e não espontaneamente. No entanto, a importância do experimento de Redi »

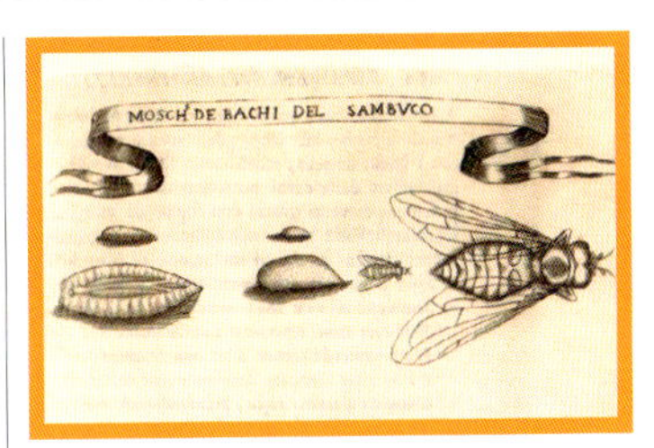

Esse desenho de Francesco Redi mostra larvas se transformando em moscas. Seu trabalho mostrou não somente que as moscas vêm das larvas, mas que as larvas vêm das moscas.

não foi reconhecida, e até o próprio Redi não rejeitou inteiramente a abiogênese, acreditando que ocorresse em determinadas circunstâncias.

Um dos primeiros fabricantes e usuários do microscópio para estudos científicos detalhados, o cientista holandês Antonie van Leeuwenhoek mostrou que alguns seres vivos eram tão pequenos que não podiam ser vistos a olho nu – e também que a reprodução de criaturas maiores dependia de entidades vivas microscópicas semelhantes, como esperma.

Entretanto, a ideia de abiogênese estava tão profundamente entranhada na mente dos cientistas que muitos ainda pensavam que esses organismos microscópicos eram pequenos demais para conter órgãos reprodutivos e, portanto, deviam surgir espontaneamente. Em 1745, o naturalista inglês John Needham se propôs a provar. Ele sabia que o calor podia matar micróbios, então ferveu um pouco de caldo de carne de carneiro num frasco – desse modo, matando seus micróbios –, depois deixou esfriar. Após observar o caldo por um tempo, viu que os micróbios tinham voltado. Ele concluiu que os

> Pretendo afirmar que coisas como abiogêneses jamais sucederam no passado e jamais ocorrerão no futuro.
> **Thomas Henry Huxley**

micróbios haviam surgido espontaneamente no caldo esterilizado. Duas décadas depois, o fisiologista italiano Lazzaro Spallanzani repetiu o experimento de Needham, mas mostrou que os micróbios não voltavam a nascer se ele removesse o ar do frasco. Spallanzani achou que o ar tinha "semeado" o caldo, mas seus críticos afirmaram que, na verdade, o ar era a "força vital" para a nova geração de micróbios.

Vistos no contexto da biologia moderna, os resultados dos experimentos de Needham e Spallanzani podem ser facilmente explicados. Embora o calor realmente mate a maioria dos micróbios, algumas bactérias, por exemplo, podem sobreviver ao se tornarem germes dormentes e resistentes ao calor. E a maioria dos micróbios, como acontece com a maior parte dos seres vivos, precisa de oxigênio do ar para a energia de sua nutrição. No entanto, mais importante, esse tipo de experimento sempre foi vulnerável à contaminação – micróbios microscópicos nascidos no ar podem facilmente colonizar um agente de crescimento, mesmo após uma breve exposição à atmosfera. Assim, na verdade, nenhuma dessas experiências apresentara a questão da abiogênese de forma conclusiva.

Prova conclusiva

Um século depois, os microscópios e a microbiologia avançaram o suficiente para possibilitar a solução da questão. O experimento de Louis Pasteur demonstrou que havia micróbios suspensos no ar, prontos para infectar qualquer superfície exposta. Primeiro ele filtrou o ar com algodão. Depois analisou com um microscópio os filtros de algodão contaminados e a poeira que ficou retida.

A experiência do pescoço de cisne de Pasteur provou que um caldo esterilizado continuará livre de micro-organismos pelo tempo que for impedido de ter contato com o ar.

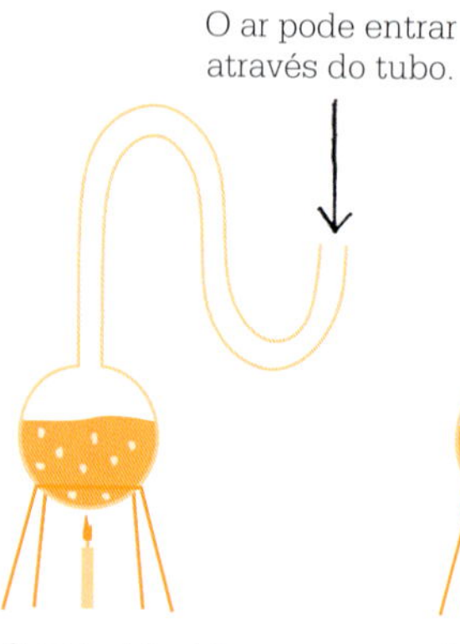
O ar pode entrar através do tubo.

O caldo é fervido para matar quaisquer micro-organismos que contenha.

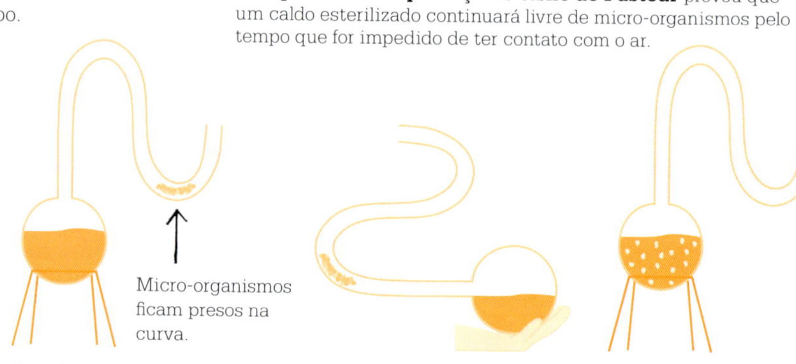
Micro-organismos ficam presos na curva.

Quando o caldo esfria, ele continua livre de micro-organismos.

Inclinar o tubo permite que os micro-organismos voltem ao caldo.

Os micro-organismos rapidamente voltam a se multiplicar.

Descobriu que a poeira estava fervilhando com um tipo de micróbio que havia sido ligado ao apodrecimento e putrefação da comida. Parecia que a infecção era causada quando os micróbios literalmente caíam no ar. Essa era a informação essencial da qual Pasteur precisava para o próximo passo, quando encarou o desafio feito pela Academia Francesa de Ciências – de definitivamente refutar a ideia de geração espontânea.

Para a experiência, Pasteur ferveu um caldo rico em nutrientes – da mesma forma que Needham e Spallanzani haviam feito um século antes –, mas, dessa vez, fez uma modificação importante no frasco. Ele aqueceu o gargalo do frasco para amolecer o vidro, depois entortou o vidro para fora e abaixo, formando um tubo com o formato do pescoço de um cisne. Depois de esfriar, o tubo ficou parcialmente direcionado para baixo, de modo que os micróbios não poderiam cair no caldo, embora agora a temperatura lhes fosse propícia ao crescimento e houvesse oxigênio de sobra, já que o tubo se comunicava com o ar externo. Agora a única forma como os micróbios poderiam voltar a nascer no frasco seria espontaneamente – e isso não aconteceu.

Como prova final de que os micróbios precisavam contaminar o caldo pelo ar, Pasteur repetiu o experimento, mas arrancou o tubo em formato de pescoço de cisne. O caldo foi infectado: ele finalmente contestou a geração espontânea e mostrou que toda vida vem da vida. Estava claro que os micróbios não poderiam surgir espontaneamente em frascos de caldo, da mesma forma que ratos não poderiam aparecer em um vidro sujo.

O regresso da abiogênese

Em 1870, o biólogo inglês Thomas Henry Huxley defendeu o trabalho de Pasteur, numa palestra intitulada "Biogênese e Abiogênese". Foi um golpe esmagador nos últimos devotos da geração espontânea e marcou o nascimento de uma nova biologia, firmemente baseada nas disciplinas da teoria celular, bioquímica e genética. Até os anos 1880, o médico alemão Robert Koch tinha mostrado que a doença do carbúnculo era transmitida por uma bactéria infecciosa.

Contudo, quase um século após a apresentação de Huxley, a abiogênese novamente estaria em foco, na mente de uma nova geração de cientistas, quando eles começaram a indagar sobre a origem da primeira vida na Terra. Em 1953, os químicos americanos Stanley Miller e Harold Urey enviaram centelhas elétricas através de uma mistura de água, amônia, metano e hidrogênio, para estimular as condições atmosféricas do surgimento da vida na Terra. Em semanas, tinham criado os aminoácidos – blocos de proteína e componentes químicos-chave das células vivas. A experiência de Miller e Urey despertou um ressurgimento do trabalho que visava mostrar que organismos podem emergir de matéria não vivente, mas dessa vez os cientistas estavam equipados com as ferramentas de bioquímica e um entendimento do processo ocorrido bilhões de anos antes. ■

Eu observo isso sozinho; busco as condições científicas nas quais a própria vida se manifesta.
Louis Pasteur

Louis Pasteur

Nascido numa família francesa pobre em 1822, Louis Pasteur se tornou uma figura tão magnânima no mundo científico que, ao morrer, recebeu um funeral de chefe de Estado. Depois de estudar química e medicina, sua carreira profissional incluiu cargos acadêmicos nas universidades francesas de Estrasburgo e Lille.

Sua primeira pesquisa foi sobre cristais químicos, mas ele é mais conhecido no campo da microbiologia. Pasteur mostrou que os micróbios transformam vinho em vinagre e azedam o leite, e desenvolveu um processo de tratamento aquecido que os eliminava – conhecido como pasteurização. Seu trabalho com micróbios ajudou a desenvolver a teoria moderna dos germes: a ideia de que alguns micróbios causam doenças infecciosas. Mais adiante, na carreira, ele desenvolveu várias vacinas e fundou o Instituto Pasteur, dedicado ao estudo da microbiologia, que atua com sucesso até hoje.

Obras-chave

1866 *Estudos do vinho*
1868 *Estudos do vinagre*
1878 *Micróbios: seu papel em fermentação, putrefação e contágio*

UMA DAS COBRAS MORDEU O PRÓPRIO RABO

AUGUST KEKULÉ (1829-1896)

EM CONTEXTO

FOCO
Química

ANTES
1852 Edward Frankland introduz a ideia de valência – número de combinações que um átomo pode formar com outros átomos.

1858 Archibald Couper sugere que os átomos de carbono podem se combinar diretamente, uns com os outros, formando ligações químicas.

DEPOIS
1858 O químico italiano Stanislao Cannizzaro explica a diferença entre átomos e moléculas e publica pesos de átomos e moléculas.

1869 Dmitri Mendeleev apresenta a tabela periódica.

1931 Linus Pauling elucida a estrutura geral da combinação química e da molécula de benzeno usando, especificamente, as noções de mecânica quântica.

Os primeiros anos do século XIX viram imenso progresso na química que mudou fundamentalmente a visão científica da matéria. Em 1803, John Dalton afirmou que cada elemento era feito de átomos únicos àquele elemento e usou o conceito de peso atômico para explicar como os elementos sempre se combinam uns com os outros em proporções de números inteiros. Jöns Jakob Berzelius estudou 2 mil compostos para investigar essas proporções. Ele inventou o processo de denominação que utilizamos hoje – H para hidrogênio, C para carbono, e assim por diante – e compilou uma lista de pesos atômicos para os 40 elementos que eram conhecidos. Também cunhou a expressão "química orgânica" para a química dos organismos vivos – o termo posteriormente veio a representar a maior parte da química que envolve o carbono. Em 1809, o químico francês Joseph Louis Gay-Lussac explicou como os gases se combinam em simples proporções de volume, e dois anos depois o italiano Amedeo Avogadro sugeriu que volumes iguais de gás contêm números iguais de moléculas. Ficou claro que havia regras rígidas governando a combinação dos elementos. Átomos e moléculas permaneciam conceitos essencialmente teóricos que ninguém via diretamente, mas tinham uma potência explanatória crescente.

Passei parte da noite rascunhando essas reflexões no papel. Foi assim que a teoria estrutural se formou.
Friedrich August Kekulé

Valência

Em 1852, o primeiro passo rumo ao entendimento da forma como os átomos se combinam entre si foi dado pelo químico inglês Edward Frankland, que introduziu a ideia de valência – o número de átomos com os quais cada átomo de um elemento pode se combinar. O hidrogênio tem uma valência de um; o oxigênio tem uma valência de dois. Então, em 1858, o químico britânico Archibald Couper

Os **átomos** de cada elemento podem se **combinar com outros átomos** de várias maneiras. Isso se chama **valência**.

Átomos de carbono têm uma valência de **quatro**.

Nas moléculas de benzeno, os **átomos de carbono** combinam uns com os outros, **formando anéis** aos quais os átomos de hidrogênio se juntam.

Esta estrutura ocorreu a Kekulé numa visão em que uma cobra mordia o próprio rabo.

Veja também: Robert Boyle 46-49 ▪ Joseph Black 76-77 ▪ Henry Cavendish 78-79 ▪ Joseph Priestley 82-83 ▪ Antoine Lavoisier 84 ▪ John Dalton 112-13 ▪ Humphry Davy 114 ▪ Linus Pauling 254-59 ▪ Harry Kroto 320-21

afirmou que as ligações eram formadas entre átomos de carbono que se ligavam entre si e que as moléculas eram cadeias de átomos ligados. Portanto a água, que consistia de duas partes de hidrogênio e uma de oxigênio, podia ser representada como H_2O, ou H-O-H, onde "-" significa uma ligação. O carbono tem uma valência de quatro, tornando-o tetravalente, portanto um átomo de carbono forma quatro ligações, como ocorre com o metano (CH_4), onde os átomos de hidrogênio são organizados em um tetraedro em volta do carbono (hoje, os químicos interpretam uma ligação como a representação de um par de elétrons compartilhados por dois átomos, e os símbolos H, O e C como representações da parte central do átomo apropriado).

À época, Couper estava trabalhando em um laboratório em Paris. Nesse ínterim, em Heidelberg, Alemanha, August Kekulé tinha surgido com a mesma ideia, anunciando, em 1857, que o carbono tem uma valência de quatro e, no começo de 1858, que os átomos de carbono podem se ligar uns aos outros. A publicação do estudo de Couper tinha sido adiada, permitindo que Kekulé publicasse um mês antes dele, alegando a prioridade da ideia de átomos de carbono que se ligam. Kekulé chamou as ligações entre os átomos de "afinidades" e explicou suas ideias com mais detalhes em seu famoso *Textbook of Organic Chemistry*, publicado pela primeira vez em 1859.

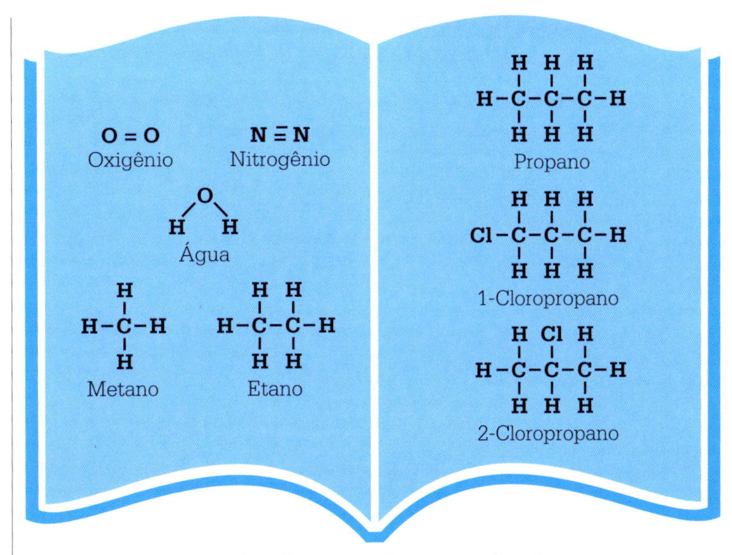

Kekulé usou o conceito de valência para descrever as ligações químicas que se formam entre átomos para fazer várias moléculas. Aqui, cada ligação é representada por uma linha.

Compostos de carbono

Desvendando modelos teóricos baseados em provas de reações químicas, Kekulé declarou que os átomos tetravalentes do carbono podiam se ligar para formar o que ele chamou de "esqueleto de carbono", ao qual outros átomos com outras valências (como hidrogênio, oxigênio e cloro) poderiam se ligar. Subitamente a química orgânica começou a fazer sentido, e os químicos designaram fórmulas estruturais a todos os tipos de moléculas.

Hidrocarbonos simples, como metano (CH_4), etano (C_2H_6) e propano (C_3H_8), agora eram vistos como cadeias de átomos de carbono, nas quais as valências avulsas eram ocupadas por átomos de hidrogênio. Uma reação a tal composto com, digamos, cloro (Cl_2), produzia compostos nos quais um ou mais dos átomos de hidrogênio eram substituídos por átomos de cloro, formando compostos como clorometano ou cloroetano. Uma característica dessa substituição era que o cloropropano vinha em duas formas distintas, ou com 1-cloropropano ou 2-cloropropanos, dependendo do cloro que estivesse anexado no átomo central de carbono ou um dos átomos de carbono das pontas (veja o diagrama acima). Alguns compostos precisam de ligações duplas para satisfazer as valências dos átomos: a molécula de oxigênio (O_2), por exemplo, e a molécula de etileno (C_2H_4). O etileno reage com o cloro, e o resultado não é substituição, mas adição. O cloro acrescenta à ligação dupla, fazendo 1,2 dicloroetano ($C_2H_2Cl_2$), que é altamente reativo e utilizado em tochas de soldadura de oxiacetileno.

No entanto, o benzeno permanecia uma incógnita. No fim das contas, ele continha a fórmula C_6H_6, porém bem menos reativo que o acetileno, embora ambos os compostos tenham números iguais de átomos de carbono e hidrogênio. Elaborar uma estrutura linear que não fosse altamente reativa era um verdadeiro enigma. Claramente tinha de haver ligações duplas, mas sua organização era um mistério. »

Além disso, o benzeno reage com cloro não pela adição (como o etileno), mas por substituição: um átomo de cloro substitui um átomo de hidrogênio. Quando um dos átomos de benzeno é substituído por um átomo de cloro, o resultado é somente um composto único C_6H_5Cl, clorobenzeno. Isso pareceu mostrar que todos os átomos de carbono eram equivalentes, já que o átomo de cloro pode ser ligado a qualquer um deles.

Anéis de benzeno

A solução para a charada da estrutura do benzeno veio a Kekulé em 1865, num sonho. A resposta era um anel de átomos de carbono no qual todos os seis átomos eram iguais, com um átomo de hidrogênio ligado a cada um deles. Isso significava que o cloro no clorobenzeno podia estar ligado a qualquer lugar ao redor do anel.

Apoio adicional a essa teoria veio da substituição do hidrogênio, por duas vezes, para fazer o diclorobenzeno ($C_6H_4Cl_2$). Se o benzeno é um anel de seis membros com todos os átomos de carbono iguais, deve haver três formas distintas, ou "isômeros", desse composto – os dois átomos de cloro podem estar adjacentes aos átomos de carbono, sobre átomos de carbono separados por outro carbono ou em pontas opostas do anel. Esse acabou sendo o caso, e os três isômeros foram denominados orto-, meta- e para-diclorobenzeno, respectivamente.

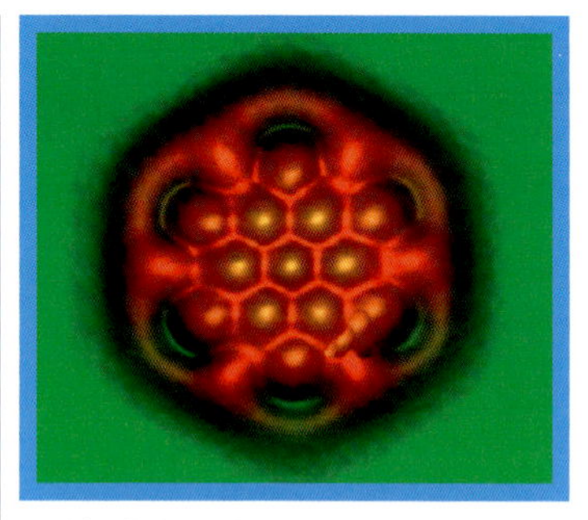

Molécula hexabenzocoronene captada usando um microscópico de força atômica. Ela tem 1,4 nanômetro de diâmetro e mostra ligações de carbono com carbono, de comprimentos diferentes.

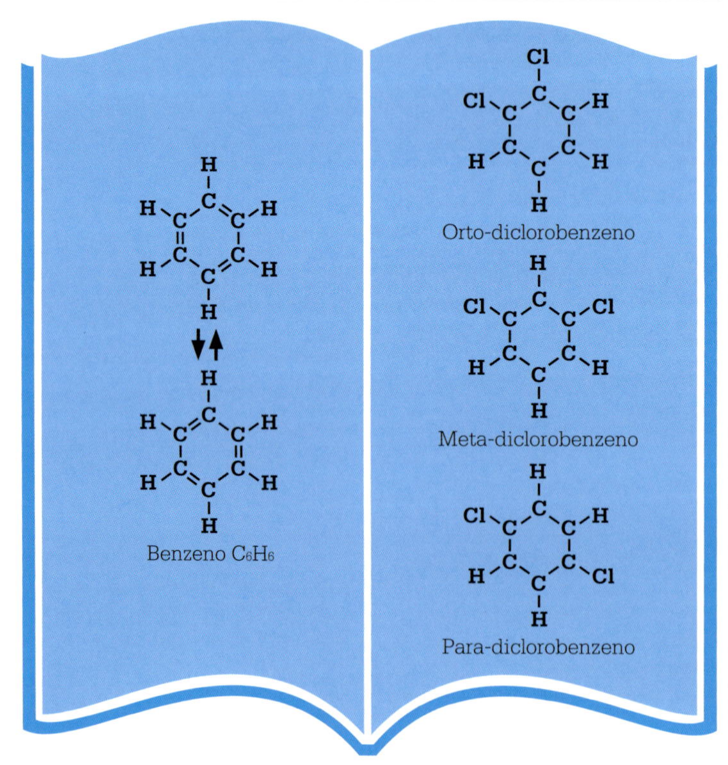

Kekulé sugeriu que ligações duplas e simples, entre átomos de carbono, em um anel de benzeno, são alternadas (esquerda). Dois átomos de cloro podem substituir dois átomos de hidrogênio, de três formas diferentes (direita).

Estabelecendo simetria

Um mistério ainda permanecia sem solução, sobre a simetria observada do anel de benzeno. Para satisfazer sua tetravalência, cada átomo de carbono deveria ter quatro ligações com os outros átomos. Isso significava que todos tinham uma ligação "sobressalente". A princípio, Kekulé desenhou ligações alternadas simples e duplas, ao redor do anel, mas quando ficou claro que o anel tinha de ser simétrico ele sugeriu que a molécula oscilava entre duas estruturas.

O elétron não foi descoberto até 1896. A ideia de que as ligações se formam através do compartilhamento dos elétrons foi proposta, pela primeira vez, pelo químico americano G. N. Wilson, em 1916. Nos anos 1930, Linus Pauling utilizou a mecânica quântica para explicar que seis elétrons sobressalentes no anel de benzeno não estão localizados em ligações duplas, mas são deslocados ao redor do anel e igualmente compartilhados entre os átomos de carbono, de modo que as ligações carbono-carbono não são simples nem duplas, mas de 1,5

Kekulé descreveu o momento em que formulou sua teoria dos anéis de benzeno, como uma visão de sonho, na qual viu uma cobra mordendo o próprio rabo, como no símbolo antigo do infinito, aqui mostrado como um dragão.

(veja pp. 254-59). Seriam necessárias essas novas ideias para que os físicos finalmente decifrassem a charada da estrutura da molécula de benzeno.

Sonho inspirador

O relato de Kekulé sobre seu sonho é um das narrativas pessoais mais citadas na ciência, sobre um lampejo de inspiração. Parece que ele estava em estado hipnagógico – prestes a adormecer: estado em que a realidade e a imaginação se fundem. Ele o descreveu como *Halbschlaf*, ou meio dormindo. Na verdade, ele descreve dois devaneios: o primeiro, provavelmente em 1855, na parte superior de um ônibus, no sul de Londres, seguindo a Clapham Road. "Os átomos tremulavam diante dos meus olhos. Eu sempre vira essas pequeninas partículas em movimento, mas nunca tinha conseguido me aprofundar no modo de seu movimento. Hoje, vi como frequentemente duas menores se fundiam num par; como as maiores se ligavam a três e até quatro das menores."

A segunda ocasião foi em seu escritório em Ghent, na Bélgica, possivelmente inspirado pelo antigo símbolo do infinito, de uma serpente mordendo o próprio rabo. "A mesma coisa aconteceu com a teoria do anel de benzeno... Virei a cadeira para a lareira e entrei num estado lânguido... os átomos flutuavam diante dos meus olhos... Fileiras longas, frequentemente ligadas de forma mais densa; tudo em movimento, revolvendo e girando como serpentes. E o que era aquilo? Uma das cobras mordia o próprio rabo, e a imagem serpenteava, zombeteira, diante dos meus olhos." ■

August Kekulé

Friedrich August Kekulé, que chamava a si mesmo de August, nasceu em 7 de setembro de 1829 em Darmstadt, hoje o estado alemão de Hesse. Na Universidade de Giessen, ele abandonou os estudos de arquitetura e mudou para química após ouvir palestras de Justus von Liebig. Acabou se tornando professor de química da Universidade de Bonn.

Em 1857 e nos anos seguintes, Kekulé publicou uma série de estudos sobre a tetra valência do carbono, a ligação nas moléculas orgânicas simples e a estrutura do benzeno, o que o transformou no principal arquiteto da teoria da estrutura molecular. Em 1895, foi dignificado pelo Kaiser Wilhelm II e se tornou August Kekulé von Stradonitz. Três dos primeiros cinco prêmios Nobel de Química foram recebidos por seus alunos.

Obras-chave

1859 *Textbook of Organic Chemistry*
1887 *The Chemistry of Benzene Derivatives or Aromatic Substances*

A PROPORÇÃO MÉDIA DE TRÊS PARA UM DEFINITIVAMENTE EXPRESSA

GREGOR MENDEL (1822-1884)

EM CONTEXTO

FOCO
Biologia

ANTES
1760 O botânico alemão Josef Kölreuter descreve experimentos no cruzamento de pés de tabaco, mas não explica seus resultados corretamente.

1842 O botânico suíço Carl von Nägeli estuda a divisão celular e descreve corpos filiformes que posteriormente são identificados como cromossomos.

1859 Charles Darwin publica sua teoria de evolução por seleção natural.

DEPOIS
1900 Os botânicos Hugo de Vries, Carl Correns e William Bateson simultaneamente "redescobrem" as leis de Mendel.

1910 Thomas Hunt Morgan corrobora as leis de Mendel e confirma a base cromossômica da hereditariedade.

Na história da compreensão científica, um dos maiores mistérios naturais era o mecanismo de hereditariedade. A hereditariedade era conhecida desde que as pessoas perceberam que membros de uma família eram semelhantes. Implicações práticas estavam por toda parte – desde o cruzamento na agricultura e pecuária até o conhecimento de que certas doenças, como a hemofilia, podem ser transmitidas aos filhos. Mas ninguém sabia como ocorria.

Os filósofos gregos achavam que havia algum tipo de essência ou "princípio" material repassado de pais para filhos. Os pais transmitiam o princípio à geração seguinte durante a relação sexual; isso deveria ser originado no sangue, e os princípios paternos e maternos eram misturados para fazer uma nova pessoa. Essa ideia persistiu durante séculos – principalmente porque ninguém surgiu com nada melhor –, mas quando chegou a Charles Darwin a fragilidade de seu fundamento ficou clara. A teoria da evolução por seleção natural, de Darwin, propunha que as espécies mudavam ao longo de muitas gerações – e, ao fazê-lo, davam origem à diversidade biológica. Mas se a hereditariedade recorria à mistura de princípios químicos, certamente a diversidade biológica deixaria de existir, não? Seria como misturar tintas de cores diferentes e obter cinza. As adaptações e novidades sobre as quais a teoria de Darwin se baseavam não persistiriam.

Características herdadas vinham sendo observadas durante milênios antes de Mendel, mas o mecanismo biológico que produzia o fenômeno como gêmeos idênticos era desconhecido.

A descoberta de Mendel

A grande descoberta no entendimento da hereditariedade chegou quase um

Gregor Mendel

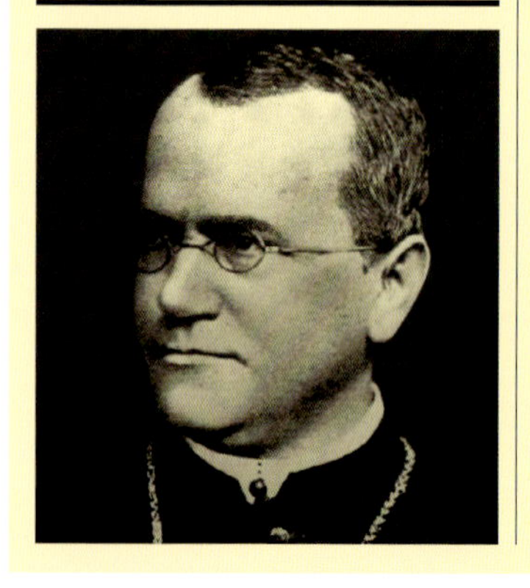

Nascido Johann Mendel em 1822, na Silésia, Império Austríaco, Mendel inicialmente estudou matemática e filosofia antes de ingressar no sacerdócio, como forma de ampliar sua formação – mudando seu nome para Gregor e se tornando um monge agostiniano. Ele completou seus estudos na Universidade de Viena e voltou para lecionar no mosteiro em Brno (hoje República Checa). Ali, Mendel desenvolveu seu interesse pela hereditariedade – e em vários momentos estudou ratos, abelhas e ervilhas. Sob pressão do bispo, ele abandonou o trabalho com animais e se concentrou no cruzamento de ervilhas. Foi esse trabalho que o levou a elaborar suas leis de hereditariedade e desenvolver a ideia crucial de que as características herdadas são controladas por partículas discretas, mais tarde chamadas de *genes*. Ele se tornou abade do mosteiro, em 1868, e parou com seu trabalho científico. Ao morrer, seus estudos científicos foram queimados por seu sucessor.

Obra-chave

1866 *Experiments in Plant Hybridization*

Veja também: Jean-Baptiste Lamarck 118 ▪ Charles Darwin 142-49 ▪ Thomas Hunt Morgan 224-2 ▪ James Watson e Francis Crick 276-83 ▪ Michael Syvanen 318-19 ▪ William French Anderson 322-23

século antes do estabelecimento da estrutura química do DNA – e menos de uma década depois que Darwin publicou *A origem das espécies*. Gregor Mendel, um monge agostiniano de Brno, era professor, cientista e matemático que obteve êxito onde muitos naturalistas mais conhecidos haviam falhado. Talvez tenham sido as habilidades matemáticas de Mendele sua teoria de probabilidade que provaram a diferença.

Mendel realizou suas experiências com a ervilha comum, *Pisum sativum*. Essa planta varia de inúmeras formas, como altura, cor da flor, cor e formato da semente. Mendel começou a analisar a hereditariedade em uma das características, em determinada época, e aplicou sua mente matemática aos resultados. Ao fazer o cruzamento de plantas de ervilhas que eram facilmente cultiváveis no terreno do monastério, ele pôde desenvolver uma série de experimentos para obter dados significativos.

Mendel tomou precauções cruciais em seu trabalho. Reconhecendo que as características podem pular gerações ou se ocultar através delas, ele foi cauteloso em iniciar com plantas de ervilhas "puras", como os pés que dão flores brancas que só produziam mudas de flores brancas. Ele cruzou as plantas de flores brancas com outras puras, de flores roxas, e assim por diante. Em cada caso, também tinha um controle preciso da fertilização: usando pinças, transferia o pólen de botões ainda fechados para impedir que fossem pulverizados indiscriminadamente. Ele realizou muitas vezes essas experiências de cultivo de cruzamento e documentou os números e as características das plantas da geração seguinte e da que vinha depois dessa. Descobriu que variedades alternadas (como flores roxas e flores brancas) eram herdadas em proporções fixas. Na primeira geração, como da flor roxa, somente uma flor nascia; na segunda geração, essa variedade representava três quartos das mudas. Mendel denominou isso de variedade dominante. Ele chamou a outra de variedade recessiva. Nesse caso, as flores brancas eram recessivas e representavam um quarto da segunda geração de plantas. Para cada característica – alta/baixa, cor da semente; cor da flor; e formato da semente – era possível identificar as variedades dominantes e recessivas segundo essas proporções.

A conclusão-chave

Mendel foi mais longe e testou a hereditariedade de duas características simultaneamente – como a cor da flor e da semente. Ele descobriu que as mudas acabam com combinações diferentes de traços, mais uma vez – essas combinações ocorriam em proporções fixas. Na primeira geração, todas as plantas possuíam ambas as características dominantes (flor roxa, semente amarela), porém na segunda geração, havia uma mistura de combinações.

Por exemplo, 1/16 das plantas tinha a combinação com ambos os traços recessivos (flor branca, semente verde). Mendel concluiu que as duas características eram herdadas independentemente uma da outra. Ou seja, a herança da cor da flor não tinha »

efeito na herança da cor da semente, e vice-versa. O fato de que a hereditariedade era precisamente proporcional, nesse sentido, levou Mendel a concluir que isso não era devido à mistura de princípios químicos vagos, mas ocorria por causa de "partículas" discretas. Havia partículas controlando a cor da flor, partículas para a cor da semente, e assim por diante. Essas partículas eram transferidas intactas das plantas originais. Isso explicava por que os traços recessivos podiam pular uma geração e esconder seus efeitos: um traço recessivo só se mostraria se a planta herdasse duas doses idênticas da partícula envolvida. Hoje reconhecemos que essas partículas são genes.

Gênio reconhecido

Mendel publicou os resultados de suas descobertas em um jornal de história natural em 1866, mas seu trabalho não

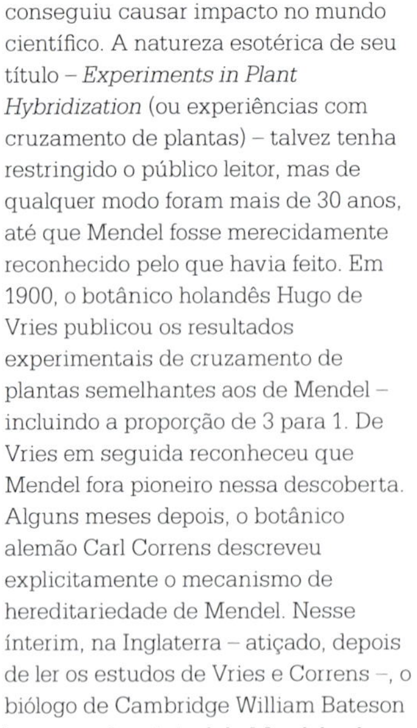

conseguiu causar impacto no mundo científico. A natureza esotérica de seu título – *Experiments in Plant Hybridization* (ou experiências com cruzamento de plantas) – talvez tenha restringido o público leitor, mas de qualquer modo foram mais de 30 anos, até que Mendel fosse merecidamente reconhecido pelo que havia feito. Em 1900, o botânico holandês Hugo de Vries publicou os resultados experimentais de cruzamento de plantas semelhantes aos de Mendel – incluindo a proporção de 3 para 1. De Vries em seguida reconheceu que Mendel fora pioneiro nessa descoberta. Alguns meses depois, o botânico alemão Carl Correns descreveu explicitamente o mecanismo de hereditariedade de Mendel. Nesse ínterim, na Inglaterra – atiçado, depois de ler os estudos de Vries e Correns –, o biólogo de Cambridge William Bateson leu o estudo original de Mendel pela primeira vez e imediatamente reconheceu sua importância. Bateson viria a se tornar um campeão das ideias mendelianas e acabou cunhando o termo "genética" para esse novo campo da biologia. Postumamente, o monge agostiniano era finalmente reconhecido.

A essa altura, um trabalho de outra categoria – nos campos de biologia celular e bioquímica – estava norteando biólogos por novas trilhas de pesquisa. Os microscópios substituíam as experiências de cruzamento de plantas conforme os cientistas pesquisavam novas pistas olhando dentro das células. Biólogos do século XIX tinham uma intuição de que a chave para a hereditariedade estava no núcleo da célula. Desconhecendo o trabalho de Mendel, em 1878 o alemão Walther Flemming identificou as estruturas filiformes dentro do núcleo da célula que se moviam durante a divisão celular. Ele as denominou *cromossomos*, significando "corpos coloridos". Depois de alguns anos da redescoberta do trabalho de Mendel, os biólogos tinham demonstrado que as "partículas de herança" de Mendel eram reais e transmitidas pelos cromossomos.

Os traços somem inteiramente nos híbridos, mas ressurgem inalterados em sua progênie.
Gregor Mendel

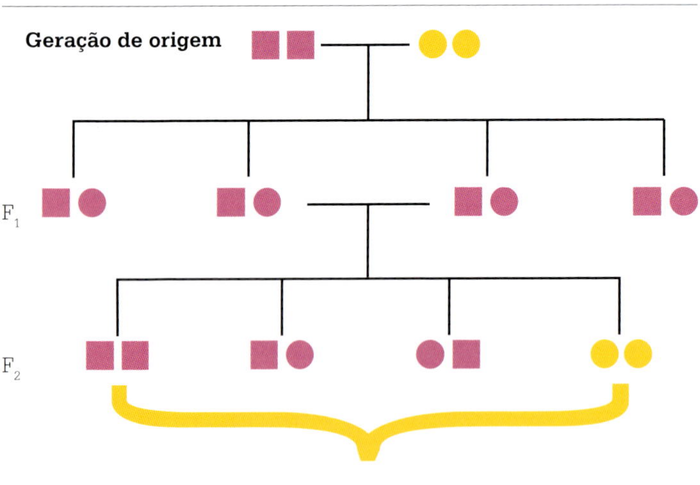

A primeira geração de ervilhas (F_1), do cruzamento de plantas "puras" de flores brancas e roxas, tem uma partícula de cada uma das plantas originais. O roxo é predominante, portanto, todas as flores de (F_1) são roxas. Na segunda geração, (F^2) uma planta em quatro irá herdar duas partículas "brancas" e produzir flores brancas.

CHAVE

Hugo de Vries descobriu a proporção de três por um de características, em experimentos com inúmeras plantas, nos anos 1890. Mais tarde admitiria que Mendel fora pioneiro na descoberta.

O aperfeiçoamento das leis de hereditariedade

Mendel havia estabelecido duas leis de hereditariedade. Primeiro, as proporções fixas de características nas mudas o levaram a concluir que as partículas de hereditariedade vinham em pares. Havia um par de partículas para a cor da flor, um par para a cor da semente, e assim por diante. Os pares eram formados na fertilização, porque uma partícula vinha de cada uma das duas plantas originais – e eram novamente separados quando uma nova geração reproduzia, formando suas próprias células sexuais. Se as partículas unidas fossem de tipos diferentes (como aquelas das flores roxas e brancas), somente a partícula dominante se expressaria.

Na terminologia moderna, as variedades distintas de genes são chamados *alelos*. A primeira lei de Mendel ficou conhecida como a Lei da Segregação, porque os alelos são segregados para formar as células sexuais. A segunda Lei de Mendel surgiu quando ele considerou duas características. A Lei de Segregação Independente sugere que os genes relevantes de cada traço são herdados independentemente.

No fim das contas, a escolha das plantas feita por Mendel foi fortuita. Agora sabemos que as características da *Pisum sativum* seguem os padrões mais simples de hereditariedade. Cada característica – como a cor da flor – está sob o controle de um único tipo de gene que vem em muitas variedades (alelos). No entanto, muitas características biológicas – como a altura humana – são resultado das interações de muitos genes distintos.

Ademais, os genes que Mendel estudou eram herdados independentemente. Trabalhos posteriores mostrariam que os genes podem ficar lado a lado dentro do mesmo cromossomo. Cada cromossomo contém centenas ou milhares de genes, numa cadeia de DNA. Os pares de cromossomos se separam para criar as células sexuais, e o cromossomo é então transmitido inteiro. Isso significa que a herança de traços controlados pelo mesmo cromossomo não é independente. Cada característica da ervilha estudada por Mendel é decorrente de um gene em um cromossomo separado. Se estivessem no mesmo cromossomo, seus resultados teriam sido mais complexos e difíceis de interpretar.

No século XX, a pesquisa viria revelar as exceções às leis de Mendel. À medida que os cientistas mergulhavam mais fundo no comportamento dos genes e cromossomos, eles confirmaram que a hereditariedade pode ocorrer de formas mais complicadas do que as que Mendel descobriu. Entretanto essas descobertas vão tomando vulto em lugar de contradizerem as descobertas de Mendel, que formaram a base da genética moderna. ■

Eu sugiro... o termo genética, que indica suficientemente que nosso labor é dedicado à elucidação do fenômeno de hereditariedade e variação.

William Bateson

UM ELO EVOLUTIVO ENTRE PÁSSAROS E DINOSSAUROS

THOMAS HENRY HUXLEY (1825-1895)

EM CONTEXTO

FOCO
Biologia

ANTES
1859 Charles Darwin publica *A origem das espécies*, descrevendo sua teoria da evolução.

1860 O primeiro fóssil *Archaeopteryx* é descoberto na Alemanha e vendido ao Museu de História Natural de Londres.

DEPOIS
1875 É encontrado um fóssil do *Archaeopteryx* "espécime Berlim" com dentes.

1969 O estudo do paleontólogo americano, John Ostrom sobre o dinossauro e micropredador enfatiza as semelhanças com os pássaros.

1996 O *Sinosauropteryx*, o primeiro dinossauro com plumária, é descoberto na China.

2005 O biólogo americano Chris Organ mostra a semelhança entre o DNA dos pássaros e o do *Tyranossauro rex*.

Em 1859, Charles Darwin descreveu sua teoria de evolução pela seleção natural. Nos debates acalorados que se seguiram, Thomas Henry Huxley foi o mais formidável campeão das ideias de Darwin, ganhando o apelido de "buldogue de Darwin". Mais importante, o biólogo britânico fez um trabalho pioneiro sobre o princípio--chave para a prova das teorias de Darwin – a ideia de que pássaros e dinossauros são proximamente relacionados.

Se a teoria de Darwin fosse verdadeira quanto às espécies gradualmente se transformarem em outras, então os registros fósseis mostrariam como as espécies que eram muito diferentes tinham divergido dos ancestrais, que eram muito semelhantes. Em 1860, um fóssil extraordinário foi encontrado em calcário, numa pedreira da Alemanha. Ele datava do Período Jurássico e foi batizado com o nome de *Archaeopteryx lithographica*. Com asas e penas como as de um pássaro mas da época dos dinossauros, ele parecia o elo perdido entre as espécies que a teoria de Darwin previra.

No entanto, uma amostra não era o suficiente para provar a ligação entre pássaros e dinossauros, e o *Archaeopteryx* podia simplesmente

Onze fósseis do *Archaeopteryx* foram descobertos. Esse dinossauro parecido com pássaro viveu no fim do Período Jurássico, cerca de 150 milhões de anos atrás, onde hoje é o sul da Alemanha.

ser um dos pássaros primordiais, em vez de um dinossauro com penas. Mas Huxley começou a estudar atentamente a anatomia tanto dos pássaros quanto dos dinossauros, e para ele a prova era conclusiva.

Um fóssil transicional

Huxley fez comparações detalhadas entre o *Archaeopteryx* e vários outros dinossauros, e descobriu que ele era muito parecido com os pequenos dinossauros *Hypsilophodon* e *Compsognathus*. A descoberta, em 1875, de um fóssil mais completo do *Archaeopteryx*, dessa vez com dentes de dinossauro, pareceu confirmar a ligação. Huxley passou a acreditar

Veja também: Mary Anning 116-17 ▪ Charles Darwin 142-49

Estudos detalhados de **fósseis de pequenos dinossauros** mostram muitas feições em comum com **pássaros**.

Fósseis do ***Archaeopteryx***, semelhante aos de pássaros, possuem **dentes**, como de dinossauros.

As **semelhanças entre** a anatomia dos **pássaros e a dos dinossauros** são grandes demais para ser coincidência.

Há um elo evolutivo entre a anatomia dos pássaros e a dos dinossauros.

que havia um elo evolutivo entre os pássaros e os dinossauros, mas não imaginava que um ancestral comum pudesse ser encontrado. O que importava para ele eram as semelhanças muito claras. Como répteis, os pássaros possuem escamas – as penas são apenas evoluções das escamas – e botam ovos. Também compartilham inúmeras semelhanças na estrutura óssea.

Entretanto, a ligação entre dinossauros e pássaros permaneceu refutada durante mais um século. Então, nos anos 1960, estudos da ágil ave de rapina *Deinonychus* (parente do *Velociraptor*) finalmente começaram a convencer muitos paleontólogos do elo entre pássaros e micropredadores (pequenos dinossauros predadores). Nos últimos anos, inúmeras descobertas de fósseis de pássaros antigos e dinossauros parecidos com pássaros, na China, reforçaram a ligação – incluindo a descoberta, em 2005, de um pequeno dinossauro com patas forradas de penugem, o Pedopenna. Também naquele ano, um estudo revelador sobre o DNA extraído do tecido fossilizado do *Tyranossauro rex* mostrou que dinossauros são geneticamente mais parecidos com pássaros do que com outros répteis. ■

Os pássaros são essencialmente semelhantes aos répteis... pode-se dizer que esses animais são meramente um tipo aberrativo de réptil, extremamente modificado.
Thomas Henry Huxley

Thomas Henry Huxley

Nascido em Londres, Huxley se tornou aprendiz de cirurgião aos 13 anos. Aos 21, ele era cirurgião a bordo de um navio da esquadra real designado a mapear os mares ao redor da Austrália e da Nova Guiné. Durante a viagem, ele escreveu estudos sobre os invertebrados marinhos que coletou, estudos que impressionaram tanto a Royal Society que ele foi eleito membro em 1851. Ao regressar, em 1854, Huxley se tornou palestrante de história natural, na Royal School of Mines. Depois de conhecer Charles Darwin, em 1856, Huxley tornou-se um forte defensor das teorias dele. Em um debate sobre evolução realizado em 1860, Huxley ganhou de Samuel Wilberforce, bispo de Oxford, que argumentou a favor da criação de Deus. Junto com seu trabalho demonstrando as semelhanças entre pássaros e dinossauros, ele reuniu provas sobre a origem humana.

Obras-chave

1858 *The Theory of the Vertebrate Skull*
1863 *Evidence as to Man's Place in Nature*
1880 *The Coming of Age of the Origin of Species*

UMA PERIODICIDADE APARENTE DE PROPRIEDADES

DMITRI MENDELEEV (1834-1907)

EM CONTEXTO

FOCO
Química

ANTES
1803 John Dalton introduz a ideia de pesos atômicos.

1828 Johann Döbereiner tenta a primeira classificação.

1860 Stanislao Cannizzaro publica uma extensa tabela de pesos atômicos e moleculares.

DEPOIS
1913 Lothar Meyer mostra a relação periódica entre elementos, esboçando o peso atômico em contraste com o volume.

1913 Henry Moseley redefine a tabela periódica usando números atômicos – o número de prótons no núcleo de um átomo.

1913 Niels Bohr sugere um modelo para a estrutura do átomo. Ele inclui níveis de energia que explicam a reatividade relativa dos diferentes grupos de elementos.

Em 1661, o físico anglo-irlandês Robert Boyle definiu os elementos como "corpos perfeitamente não misturados, ou primitivos e simples; não sendo feitos por outros corpos, nem uns dos outros, são ingredientes dos quais todos aqueles chamados corpos perfeitamente misturados são imediatamente compostos e dentro dos quais são imediatamente resolvidos". Em outras palavras, um elemento não pode ser desmembrado quimicamente, fragmentado a substâncias mais simples. Em 1803, o químico britânico John Dalton introduziu a ideia de pesos atômicos (hoje chamados de massa atômica relativa) para esses elementos. O hidrogênio é o elemento mais leve, e ele lhe atribuiu o valor 1, que ainda utilizamos hoje.

Lei de oito

Na primeira metade do século XIX, os químicos gradualmente isolaram mais elementos, e ficou claro que certos grupos de elementos possuíam propriedades semelhantes. Por exemplo: o sódio e o potássio são sólidos prateados (metais alcalinos) que reagem violentamente com água, liberando gás de hidrogênio. De fato, são tão parecidos que o químico britânico Humphry Davy não distinguiu um do outro logo que os descobriu. Da mesma maneira, os elementos de halogênio do cloro e do bromo são ambos agentes oxidantes venenosos pungentes, embora o cloro seja um gás e o bromo seja um líquido. O químico britânico John Newlands notou que, quando os elementos conhecidos eram listados em ordem crescente segundo seu peso atômico, elementos

O primeiro a tentar uma classificação dos elementos foi o químico alemão Johann Döbereiner. Até 1828 ele tinha descoberto que alguns elementos formavam grupos de três com propriedades relativas.

Os elementos podem ser organizados em uma tabela **segundo seu peso atômico**.

Presumindo uma periodicidade de propriedades, as previsões podem ser feitas, a partir das lacunas de uma tabela periódica para a **descoberta dos elementos faltantes**.

A descoberta desses elementos faltantes sugere que a tabela periódica revelava traços importantes da **estrutura do átomo**.

A tabela periódica pode ser usada para **guiar experimentos**.

Veja também: Robert Boyle 46-49 ▪ John Dalton 112-13 ▪ Humphry Davy 114 ▪ Marie Curie 190-95 ▪ Ernest Rutherford 206-13 ▪ Linus Pauling 254-59

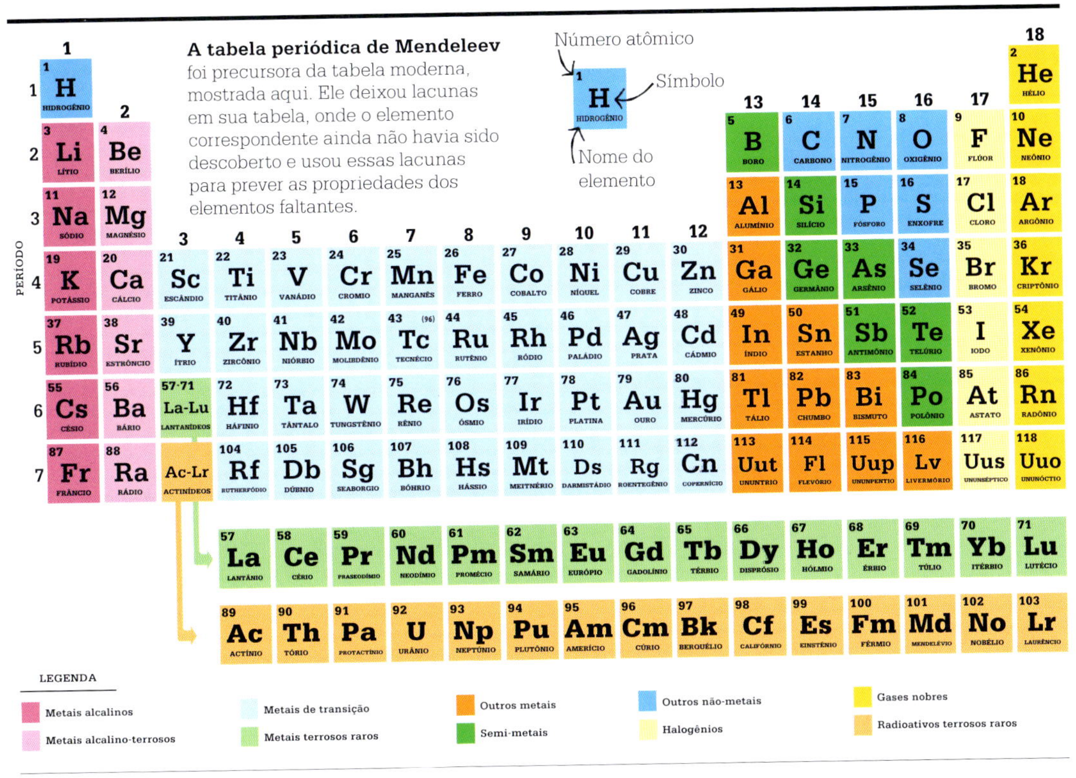

A tabela periódica de Mendeleev foi precursora da tabela moderna, mostrada aqui. Ele deixou lacunas em sua tabela, onde o elemento correspondente ainda não havia sido descoberto e usou essas lacunas para prever as propriedades dos elementos faltantes.

semelhantes ocorriam a cada oitavo lugar. Ele publicou suas descobertas em 1864.

No jornal *Chemical News*, Newsland escreveu: "Elementos pertencentes ao mesmo grupo surgem na mesma linha horizontal. Os números de elementos semelhantes também diferem por sete ou múltiplos de sete... Proponho chamar esse relacionamento peculiar de Lei das Oitavas". Os padrões em sua tabela fazem sentido até o cálcio, mas depois ficam malucos. Em 1º de março de 1865, Newlands foi ridicularizado pela *Chemical Society*, que disse que ele poderia até listar os elementos em ordem alfabética, e se recusou a publicar o estudo. A importância do feito de Newlands não teria reconhecimento pelos 20 anos seguintes. Enquanto isso, o mineralogista francês Alexandre-Émile Béguyer de Chancourtois também tinha notado os padrões, publicando suas ideias em 1862, mas poucas pessoas notaram.

Charada de cartas

Por volta da mesma época, Dmitri Mendeleev relutava com o mesmo problema, conforme escreveu em seu livro *Princípios da química*, em São Petersburgo, Rússia. Em 1863, havia 56 elementos conhecidos, e os novos estavam sendo descobertos na proporção de um por ano. Mendeleev estava convencido de que tinha de haver um padrão para eles. No empenho de solucionar o enigma ele fez 56 cartas de baralho, cada uma rotulada com o nome e as principais propriedades de um elemento.

Dizem que Mendeleev fez sua descoberta quando estava prestes a embarcar numa viagem de inverno, em 1868. Antes de partir, ele colocou as cartas na mesa e começou a pensar no mistério como se estivesse jogando um jogo de paciência. Quando seu cocheiro veio até a porta pegar a bagagem, Mendeleev acenou dispensando-o, dizendo que estava ocupado. Ele mudou as cartas de um lugar para outro, até que finalmente conseguiu organizar todos os 56 elementos como queria, com »

grupos semelhantes, em sentido vertical. No ano seguinte, Mendeleev leu o estudo na Sociedade Química Russa, alegando que:
"Os elementos, se organizados segundo seu peso atômico, exibem uma periodicidade aparente de propriedades". Ele explicou que os elementos com propriedades químicas semelhantes têm peso atômico quase do mesmo valor atômico (como potássio, irídio e ósmio) ou que aumenta regularmente (como potássio, rubignoso e césio). Ele ainda explicou que a organização dos elementos em grupo na ordem de seu peso atômico corresponde à sua valência, que é o número de ligações que os átomos podem formar com outros átomos.

É função da ciência descobrir a existência de um reino geral de ordem na natureza, e encontrar as causas que governam essa ordem.
Dmitri Mendeleev

Prevendo novos elementos

Em seu estudo, Mendeleev fez uma previsão ousada: "Devemos esperar a descoberta de muitos elementos ainda desconhecidos – por exemplo, dois elementos, análogos ao alumínio e silício, cujo peso atômico seja entre 65 e 75".

A organização de Mendeleev incluía avanços cruciais sobre as Oitavas de Newlands. Abaixo de boro e alumínio, Newlands tinha colocado o cromo, o que fazia pouco sentido. Mendeleev argumentou que tinha de existir um elemento ainda não descoberto e previu que ainda se descobriria um elemento cujo peso atômico fosse cerca de 68. Isso formaria um óxido (um composto formado por elemento com oxigênio) com a fórmula química de M_2O_3, onde "M" é o símbolo do novo elemento. Essa fórmula significava que dois átomos do novo elemento combinariam com três átomos de oxigênio para formar o óxido. Ele previu dois ou mais elementos para preencher outros espaços: um com peso atômico de cerca de 45, formando o óxido M_2O_3, e o outro com peso atômico de 72, formando o óxido MO_2.

Os críticos estavam céticos, mas Mendeleev fizera alegações muito específicas, e uma das maneiras mais eficazes de se respaldar uma teoria científica é fazer previsões que são provadas verdadeiras. Nesse caso, o elemento gálio (peso atômico 70, formando o óxido Ga_2O_3) foi descoberto em 1875; o escândio (peso 45, Sc_2O_3), em 1879; e o germânio (peso 73, GeO_2), em 1886. Essas descobertas fizeram a fama de Mendeleev.

Os seis metais alcalinos são metais macios e altamente reativos. A camada externa desse naco de sódio puro reagiu com o oxigênio no ar, originando uma camada de óxido de sódio.

Equívocos na tabela

Mendeleev cometeu, sim, alguns erros. Em seu estudo de 1869, afirmou que o peso atômico do telúrio tinha de estar incorreto: deveria ser entre 123 e 126 porque o peso atômico do iodo é 127, e o iodo deveria claramente seguir o telúrio na tabela, segundo suas propriedades. Ele estava errado. O peso atômico do telúrio é, na verdade, 127,6;

Os seis gases nobres que ocorrem naturalmente (listados no grupo 18 da tabela) são hélio, neônio, argônio, criptônio, xenônio e radônio. Eles possuem uma reatividade química muito baixa, porque cada um deles tem um nível de valência completa – um nível de energia cercando o núcleo do átomo. O hélio só tinha um nível contendo dois elétrons, enquanto outros elementos têm outros níveis externos de oito elétrons. O radônio radioativo é instável.

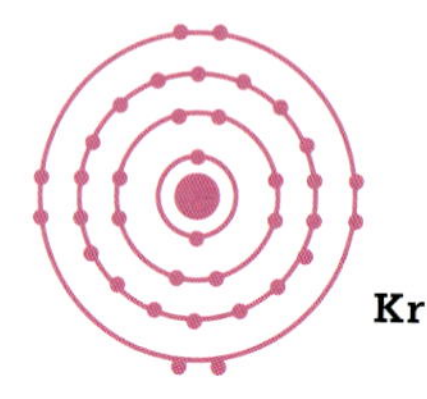

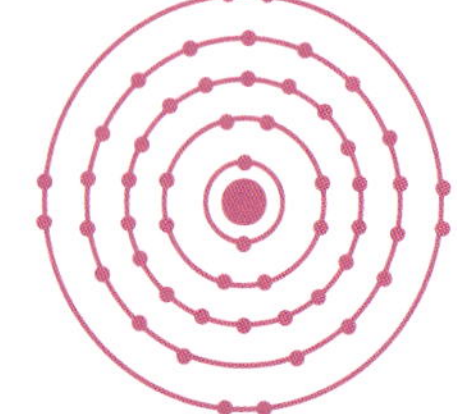

é maior que o do iodo. Uma anomalia semelhante ocorre entre o potássio (peso 39) e o argônio (peso 40), na qual o argônio claramente precede o potássio na tabela – mas Mendeleev não sabia desses problemas em 1869, porque o argônio só foi descoberto em 1894. O argônio é um dos gases nobres incolores, sem odor e que mal reagem com outros elementos. Difíceis de detectar, nenhum dos gases nobres era conhecido à época, portanto não havia espaço para eles na tabela de Mendeleev. No entanto, quando o argônio surgiu, havia várias outras lacunas a serem preenchidas e até 1898 o químico escocês William Ramsay tinha isolado hélio, neônio, criptônio e xenônio. Em 1902, Mendeleev incorporou os gases nobres à sua tabela, como o Grupo 18, e essa versão da tabela forma a base da tabela periódica que ainda usamos hoje.

A anomalia dos pesos atômicos "errados" foi resolvida em 1913 pelo físico britânico Henry Moseley, que usou raios X para determinar o número de prótons no núcleo de cada átomo de um dado elemento. Isso passou a ser chamado de número atômico do elemento, e é esse número que determina a posição do elemento na tabela periódica. O fato de que os pesos atômicos haviam dado uma aproximação bem precisa veio após a conclusão de que, para elementos mais leves, o peso atômico é praticamente (porém não exatamente) duas vezes o número atômico.

Nós temos que esperar a descoberta de elementos análogos ao alumínio e silício – cujos pesos atômicos seriam entre 65 e 75.
Dmitri Mendeleev

Usando a tabela

A tabela periódica de elementos pode parecer igual a um sistema de catalogação – um jeito caprichado de ordenar os elementos –, mas tem uma importância muito maior, tanto na química quanto na física. Ela permite que os químicos prevejam as propriedades de um elemento e tentem variações em processos; se uma reação específica não funciona com o cromo, por exemplo, talvez dê certo com molibdênio, o elemento que está logo abaixo do cromo na tabela.

A tabela também foi crucial na busca pela estrutura do átomo. Por que as propriedades dos elementos se repetem nesses padrões? Por que os elementos do Grupo 18 eram tão pouco atraentes, enquanto os elementos nos grupos de ambos os lados eram os mais reativos de todos? Tais questões levaram diretamente ao quadro da estrutura do átomo que é aceita desde então.

Mendeleev foi, até certo ponto, sortudo em ter recebido o crédito por sua tabela. Ele não somente publicou suas ideias depois de Béguyer e Newlands, mas também do químico alemão Lothar Meyer, que esboçou o peso atômico em contraste ao volume para mostrar a relação periódica entre os elementos e se antecipou a ele, publicando seu trabalho em 1870. E, na ciência, frequentemente ocorriam períodos férteis para uma determinada descoberta e várias pessoas chegavam à mesma conclusão independentemente, ignorando o trabalho uns dos outros. ■

Dmitri Mendeleev

O caçula de pelo menos 12 irmãos, Mendeleev nasceu em 1834, num vilarejo da Sibéria. Quando seu pai ficou cego e perdeu seu cargo de professor, a mãe de Mendeleev passou a sustentar a família com uma fábrica de vidro. Com a falência do negócio, ela atravessou a Rússia com o filho de 15 anos até São Petersburgo, para que ele tivesse formação superior.

Em 1862, Mendeleev se casou com Feozva Nikitichna Leshcheva, mas, em 1876, ele ficou obcecado por Anna Ivanova Popova e se casou com ela antes de finalizar o divórcio de sua primeira esposa.

Nos anos 1890, Mendeleev organizou novos padrões para a produção de vodca. Ele investigou a química do óleo e ajudou a estabelecer a primeira refinaria russa de petróleo. Em 1905, foi eleito membro da Royal Swedish Academy of Science, que o indicou a um Prêmio Nobel, mas sua candidatura foi barrada, provavelmente por causa de sua bigamia. O elemento radioativo 101, o mendelévio, foi batizado em sua homenagem.

Obra-chave

1870 *Princípios da química*

LUZ E MAGNETISMO SÃO MANIFESTAÇÕES DA MESMA SUBSTÂNCIA

JAMES CLERK MAXWELL (1831-1879)

EM CONTEXTO

FOCO
Física

ANTES
1803 A experiência de dupla fenda de Thomas Young parece mostrar que a luz é uma onda.

1820 Hans Christian Orsted demonstra um elo entre a eletricidade e o magnetismo.

1831 Michael Faraday mostra que um campo magnético em mutação produz um campo elétrico.

DEPOIS
1900 Max Planck sugere que, em algumas circunstâncias, a luz pode ser tratada como se fosse composta de pequenos "lotes de ondas", ou quanta.

1905 Albert Einstein mostra que os quanta de luz, hoje conhecidos como fótons, são reais.

Anos 1940 Richard Feynman e outros desenvolvem a eletrodinâmica quântica (EDQ), para explicar o comportamento da luz.

Um **campo magnético** pode mudar a **polarização** da luz.
Isso sugere que a **luz** pode ser uma onda **eletromagnética**.
Presumindo-se que a luz seja uma onda eletromagnética, é possível **formular equações** para descrever matematicamente o comportamento da luz.
A **descoberta** das **ondas de rádio** de longo alcance (também parte do espectro eletromagnético) confirma as equações.
Luz e magnetismo são manifestações da mesma substância.

A série de diferentes equações descrevendo o comportamento de campos eletromagnéticos desenvolvidas pelo físico escocês James Clerk Maxwell, ao longo dos anos 1860 e 1870, é merecidamente considerada uma das maiores realizações na história da física. Uma descoberta verdadeiramente transformadora, ela não somente revolucionou a forma como os cientistas viam a eletricidade, o magnetismo e a luz, mas também estabeleceu as regras básicas para um estilo inteiramente novo de física matemática. Isso traria consequências significativas no século XX e hoje nos ajuda na compreensão do universo, numa abrangente "Teoria do Tudo".

O efeito Faraday

A descoberta do físico dinamarquês Hans Christian Orsted, em 1820, de um elo entre a eletricidade e o magnetismo, abriu terreno para um século de tentativas pelo descobrimento das ligações e interconexões do fenômeno aparentemente não conectado. Isso também inspirou uma descoberta importante, de Michael Faraday. Hoje, Faraday talvez seja mais conhecido por sua invenção do motor elétrico e pela descoberta da indução eletromagnética, mas essa foi uma descoberta menos festejada que forneceu o ponto de partida de Maxwell.

Durante duas décadas Faraday ficou tentando, em períodos alternados, encontrar um elo entre a luz e o eletromagnetismo. Então, em 1845, elaborou uma experiência engenhosa que respondeu à pergunta, de uma vez por todas. A experiência envolvia um facho de luz polarizada (na qual as ondas oscilam em uma única direção, facilmente criada pelo facho oscilante de luz, partindo de uma superfície lisa refletora) através de um potente campo magnético e testando

Veja também: Alessandro Volta 90-95 ▪ Hans Christian Orsted 120 ▪ Michael Faraday 121 ▪ Max Planck 202-05 ▪ Albert Einstein 214-21 ▪ Richard Feynman 272-73 ▪ Sheldon Glashow 292-93

A teoria especial da relatividade deve sua origem, às equações do campo eletromagnético de Maxwell.
Albert Einstein

o ângulo de polarização do outro lado, com uma lente ocular especial. Ele descobriu que, girando a direção do campo magnético, ele podia afetar o ângulo de polarização da luz. Baseado nessa descoberta, Faraday argumentou pela primeira vez que as ondas de luz eram um tipo de ondulação nas linhas de força, segundo a qual ele interpretou o fenômeno eletromagnético.

Teorias de eletromagnetismo

Contudo, embora Faraday fosse um brilhante experimentador, foi necessária a genialidade de Maxwell para colocar essa ideia intuitiva numa base teórica sólida. Maxwell abordou o problema pela direção oposta, descobrindo o elo entre a eletricidade, o magnetismo e a luz, quase por acidente.

A principal preocupação de Maxwell era simplesmente explicar como as forças eletromagnéticas envolvidas no fenômeno, como a indução de Faraday – onde um ímã em movimento induz uma corrente elétrica – se desenrolavam. Faraday tinha inventado a ideia genial de "linhas de força", espalhando-as em anéis concêntricos ao redor de correntes elétricas em movimento ou emergindo e reingressando nos polos dos ímãs. Quando os condutores elétricos se deslocavam em relação a essas linhas, correntes fluíam dentro delas. Tanto a densidade das linhas de força quanto a velocidade do deslocamento relativo influenciavam a força da corrente.

Porém, embora essas linhas de força tenham sido um auxílio útil no entendimento do fenômeno, elas não tinham existência física – a presença dos campos elétricos e magnéticos se faz sentir em todos os pontos, no espaço que abrangem, não somente quando determinadas linhas são formadas. Os cientistas que tentaram descrever a física do eletromagnetismo tendiam a pertencer a uma destas duas escolas: os que viam o eletromagnetismo como um tipo de forma de "ação a distância", semelhante ao modelo de gravidade de Newton, e os que acreditavam que o eletromagnetismo era propagado em ondas, pelo espaço. Em geral, os apoiadores da "ação a distância" vinham da Europa continental e seguiam as teorias do pioneiro elétrico André-Marie Ampère (p. 120), enquanto os que acreditavam nas ondas geralmente eram britânicos. A distinção entre as duas teorias básicas era que a ação a distância ocorria instantaneamente, enquanto as ondas inevitavelmente levavam um tempo para se propagarem pelo espaço.

Os modelos de Maxwell

Maxwell começou a desenvolver sua teoria de eletromagnetismo em dois estudos publicados em 1855 e 1856. »

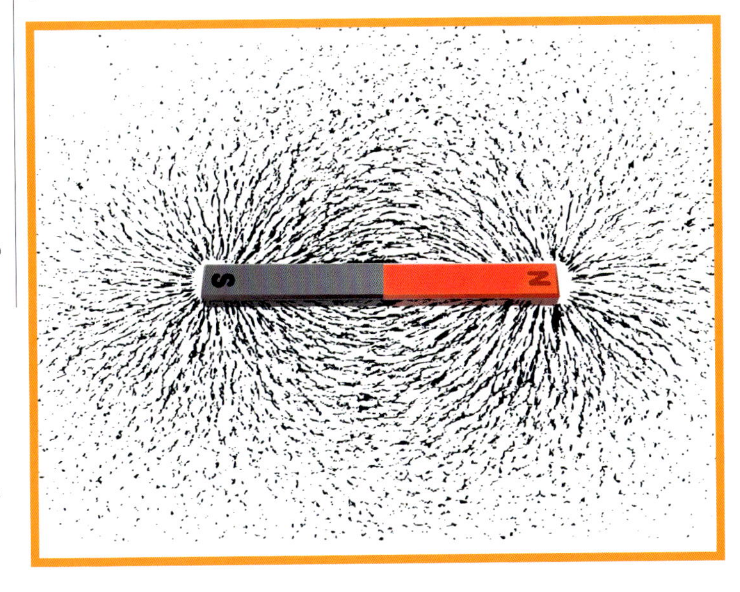

A configuração das fagulhas de ferro ao redor do ímã parece sugerir as linhas de força descritas por Faraday. Na verdade, elas mostram a direção da força experimentada por uma carga em determinado ponto, num campo eletromagnético, conforme representado nas equações de Maxwell.

Essas foram tentativas de moldar geometricamente as linhas de força de Faraday, em termos do fluxo, em um fluido não compressível (hipoteticamente). Ele obteve um sucesso relativo e em estudos subsequentes tentou uma abordagem alternativa, moldando o campo como uma série de partículas e vórtices giratórios. Por analogia, Maxwell pôde demonstrar a lei de circuito de Ampère, que relaciona a corrente elétrica que atravessa um círculo condutor até o campo magnético ao seu redor. Maxwell também mostrou que, nesse modelo, as mudanças no campo eletromagnético se propagariam a uma velocidade finita (se alta).

Maxwell derivou um valor aproximado para a velocidade de propagação, de cerca de 310.700 km/s. Esse valor era tão curiosamente próximo à velocidade da luz, segundo medição em inúmeros experimentos, que ele logo percebeu que a intuição de Faraday sobre a natureza da luz devia estar correta.

No último estudo da série, Maxwell descreveu como o magnetismo podia afetar a direção da onda eletromagnética, conforme visto no efeito Faraday.

Segundo uma longa visão da história da humanidade... resta pouca dúvida de que o acontecimento mais significativo do século XIX será considerado a descoberta das leis de eletrodinâmica de Maxwell.
Richard Feynman

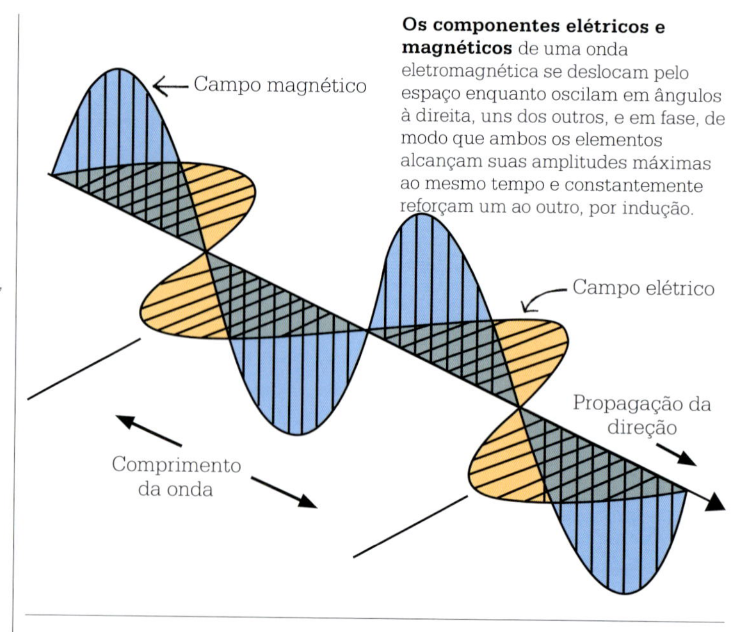

Os componentes elétricos e magnéticos de uma onda eletromagnética se deslocam pelo espaço enquanto oscilam em ângulos à direita, uns dos outros, e em fase, de modo que ambos os elementos alcançam suas amplitudes máximas ao mesmo tempo e constantemente reforçam um ao outro, por indução.

Desenvolvendo equações

Satisfeito porque a base de sua teoria estava correta, em 1864, Maxwell saiu em busca de uma base matemática sólida. Em *Teoria dinâmica do campo eletromagnético*, ele descreveu a luz como um par de ondas elétricas e magnéticas transversas, guiadas em perpendicular, uma à outra, e fechadas em fase, de modo que as mudanças no campo elétrico reforçam o campo magnético, e vice-versa (a direção da onda elétrica é que normalmente determina a polarização geral da onda). No último trecho de seu estudo, apresentou uma série de 20 equações mostrando uma descrição matemática completa do fenômeno eletromagnético, em termos de potenciais elétricos e magnéticos – em outras palavras, a quantidade de energia potencial elétrica ou magnética que um ponto de carga experimentaria em um campo eletromagnético.

Maxwell depois mostrou como as ondas eletromagnéticas se deslocando à velocidade da luz emergiam naturalmente das equações, aparentemente resolvendo a controvérsia sobre a natureza do eletromagnetismo.

Ele compilou seu trabalho sobre o assunto em *Tratado sobre eletricidade e magnetismo*, de 1873, porém, por mais convincente que fosse a teoria, ela permaneceu sem provas até a morte de Maxwell, já que a onda curta e a alta frequência da luz tornavam suas propriedades impossíveis de serem medidas. No entanto, oito anos depois, em 1887, o físico alemão Heinrich Hertz forneceu a última peça do quebra-cabeça (e fez uma descoberta tecnológica enorme), obtendo êxito ao produzir uma forma de onda eletromagnética com baixas frequências e de longo comprimento, mas com a mesma velocidade de propagação – a forma de eletromagnetismo conhecida hoje como *ondas de rádio*.

As equações de Maxwell tiveram maior impacto na história humana do que dez presidentes.
Carl Sagan

Heaviside dá sua contribuição

Até a época da descoberta de Hertz, houve outro desenvolvimento importante que finalmente produziu as equações de Hertz como conhecemos hoje.

Em 1884, um britânico, engenheiro elétrico, matemático e físico chamado Oliver Heaviside – gênio autodidata que já havia patenteado o cabo coaxial para transmissão eficiente de sinais elétricos – elaborou um meio de transformar os potenciais das equações de Maxwell em vetores. Esses eram valores que descreviam tanto o valor quanto a direção da força experimentada por uma carga, em determinado ponto de um campo eletromagnético. Ao descrever a direção das cargas que atravessavam o campo, em lugar de apenas sua força em pontos individuais, Heaviside reduziu uma dúzia de equações originais para apenas quatro, tornando muito mais úteis para aplicações práticas. A contribuição de Heaviside é geralmente esquecida hoje, mas é seu conjunto de quatro equações distintas que traz o nome de Maxwell.

Embora o trabalho de Maxwell tenha esclarecido muitas questões quanto à natureza da eletricidade, do magnetismo e da luz, também serviu para enfatizar notáveis mistérios. Dentre eles, talvez o mais expressivo seja a natureza do meio pelo qual as ondas eletromagnéticas se deslocavam – pois certamente as ondas de luz, como todas as outras, exigiam um meio, não? A busca para medir o assim chamado "éter luminoso" viria a dominar a física, no fim do século XIX, levando ao desenvolvimento de algumas experiências engenhosas. O fracasso contínuo em detectá-la aumentou a crise na física que viria a preparar o caminho para as revoluções paralelas do século XX, da teoria quântica e da relatividade. ■

As equações de Maxwell-Heaviside, apesar de baseadas na gramática matemática obscura de equações diferenciais, na verdade fornecem uma descrição concisa da estrutura e do efeito dos campos elétricos e magnéticos.

$$\nabla \cdot E = \frac{\rho}{\varepsilon_0}$$

$$\nabla \cdot B = 0$$

$$\nabla \times E = -\frac{\partial B}{\partial t}$$

$$\nabla \times B = \mu_0 J + \mu_0 \varepsilon_0 \frac{\partial E}{\partial t}$$

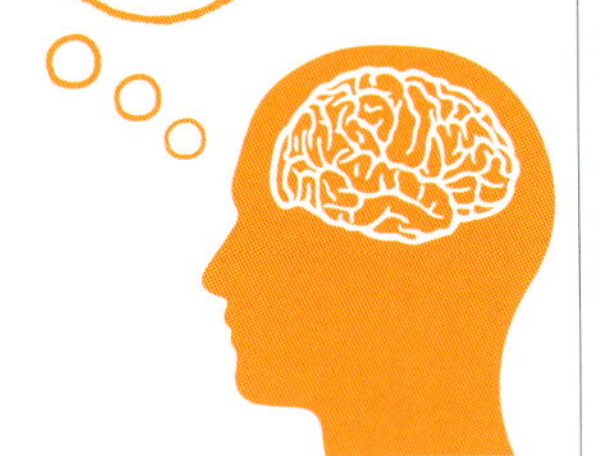

James Clerk Maxwell

Nascido em Edimburgo, na Escócia, em 1831, James Clerk Maxwell demonstrou sua genialidade desde cedo, publicando um estudo científico sobre geometria aos 14 anos. Formado em Edimburgo e Cambridge, ele se tornou professor do Marischal College, em Aberdeen, Escócia, aos 25 anos. Foi lá que iniciou seu trabalho com eletromagnetismo.

Maxwell se interessava por muitos outros problemas científicos da época: em 1859, foi o primeiro a explicar a estrutura dos anéis de Saturno; entre 1855 e 1872, fez um trabalho importante sobre a teoria da visão colorida, e de 1859 a 1866 desenvolveu um modelo matemático para a distribuição de velocidades de partículas em um gás.

Tímido, Maxwell também gostava de escrever poesia e foi um religioso devoto por toda a vida. Ele morreu de câncer aos 48 anos.

Obras-chave

1861 *Sobre as linhas físicas da energia*
1864 *Teoria dinâmica do campo eletromagnético*
1872 *Tratado do calor*
1873 *Tratado sobre eletricidade e magnetismo*

HAVIA RAIOS VINDO DO TUBO

WILHELM RÖNTGEN (1845-1923)

EM CONTEXTO

FOCO
Física

ANTES
1838 Michael Faraday passa uma corrente elétrica através de um tubo de vidro parcialmente vazio, produzindo um arco elétrico reluzente.

1869 Raios de catódio são observados por Johann Hittorf.

DEPOIS
1896 Primeira utilização do raio X num diagnóstico, produzindo a imagem de uma fratura óssea.

1896 Primeira utilização de raio X no tratamento de câncer.

1897 J. J. Thomson descobre que os raios de catódio são, na verdade, fachos de elétrons. Raios X são produzidos quando um facho de elétrons atinge um alvo metálico.

1953 Rosalind Franklin usa o raio X para ajudá-la a determinar a estrutura do DNA.

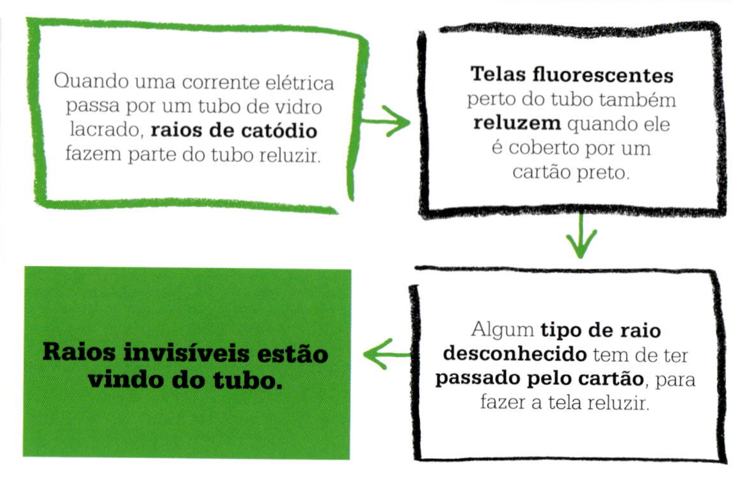

Quando uma corrente elétrica passa por um tubo de vidro lacrado, **raios de catódio** fazem parte do tubo reluzir.
Telas fluorescentes perto do tubo também **reluzem** quando ele é coberto por um cartão preto.
Algum **tipo de raio desconhecido** tem de ter **passado pelo cartão**, para fazer a tela reluzir.
Raios invisíveis estão vindo do tubo.

Como muitas descobertas científicas, o raio X foi observado primeiro pelos cientistas que estudavam outra coisa – nesse caso, a eletricidade. Um arco elétrico produzido artificialmente (uma descarga reluzente saltando entre dois eletrodos) foi visto pela primeira vez em 1838, por Michael Faraday. Ele passou uma corrente elétrica através de um tubo de vidro que havia sido parcialmente esvaziado de ar. O arco se estendeu a partir do eletrodo negativo (o catódio) até o eletrodo positivo (anódio).

Raios de catódio

Essa organização de eletrodos dentro de uma embalagem lacrada é chamada de *tubo de descarga*. Até os anos 1860, o físico britânico William Crookes tinha desenvolvido tubos de descarga quase isentos de ar. O físico alemão Johann Hittorf usou esses tubos para medir a capacidade de transmissão elétrica de átomos e moléculas carregadas. Não houve arco reluzente entre os eletrodos do tubo de Hittorf, mas os próprios tubos de vidro que reluziram. Hittorf concluiu que "raios" só podiam estar vindo do catódio, ou eletrodo negativo. Eles

Veja também: Michael Faraday 121 ▪ Ernest Rutherford 206-13 ▪ James Watson e Francis Crick 276-83

foram denominados raios de catódio pelo colega de Hittorf, Eugen Goldstein, porém em 1897 o físico britânico J. J. Thomson mostrou que eram fachos de elétrons.

Descobrindo os raios X

Durante seus experimentos, Hittorf notou que placas fotográficas na mesma sala estava ficando opacas, mas não pesquisou esse efeito. Outros observaram efeitos semelhantes, mas Wilhelm Röntgen foi o primeiro a pesquisar sua causa – descobrindo se tratar de um raio que conseguia atravessar muitas substâncias opacas.

A seu pedido, as anotações feitas em seu laboratório foram queimadas após sua morte, portanto não podemos ter certeza de como ele descobriu esses "raios X", mas pode tê-los observado primeiro quando notou que uma tela perto de seu tubo de descarga estava reluzindo, embora o tubo estivesse coberto por um cartão preto. Röntgen abandonou seu experimento original e passou os dois meses seguintes investigando as propriedades desses raios invisíveis, ainda chamados raios Röntgen em muitos países. Hoje sabemos que os raios X são uma forma de radiação eletromagnética de ondas curtas. Eles têm um comprimento de onda que varia de 0.01-10 nanômetros (bilionésimos de um metro). Em contraste, a luz visível está na faixa de 400-700 nanômetros.

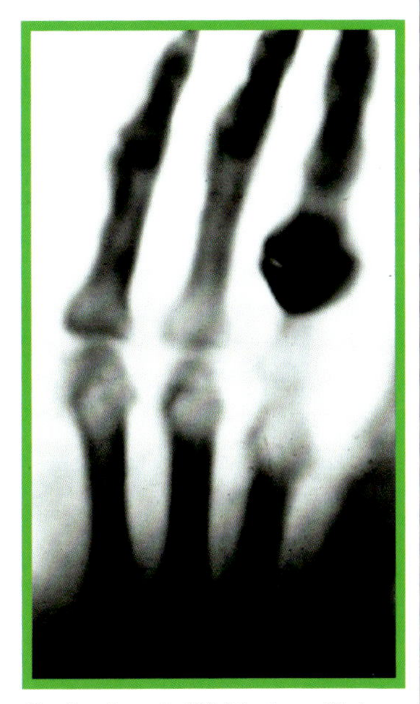

O primeiro raio X foi tirado por Röntgen, da mão de sua esposa, Anna. O círculo escuro é sua aliança de casamento. Ao ver a imagem, dizem que Anna exclamou: "Vi minha própria morte".

Usando os raios X hoje

Hoje os raios X são produzidos com o disparo de um facho de elétrons a um alvo metálico. Eles atravessam alguns materiais melhor que outros e podem ser usados para formar imagens do interior do corpo ou detectar metais em embalagens fechadas. Em imagens de TC (tomografias computadorizadas), um computador compila uma série de imagens de raios X para formar uma imagem em 3D do interior do corpo.

Os raios X também podem ser usados para formar imagens de objetos muito pequenos, e os microscópios de raios X foram desenvolvidos nos anos 1940. A resolução da imagem é possível quando o uso dos microscópios é limitado pelo comprimento das ondas de luz visível. Com suas ondas bem mais curtas, os raios X podem ser usados para formar imagens de objetos bem menores. A difração dos raios X pode ser usada para calcular como os átomos são organizados em um cristal – técnica que se provou crucial na elucidação da estrutura do DNA. ■

Wilhelm Röntgen

Wilhelm Röntgen nasceu na Alemanha, mas viveu na Holanda parte de sua infância. Ele estudou engenharia mecânica em Zurique, antes de se tornar palestrante de física na Universidade de Estrasburgo, em 1874, e professor, dois anos depois. Ocupou altos cargos em várias universidades durante sua carreira.

Röntgen estudou muitas áreas diferentes da física, incluindo gases, transferência de calor e luz. No entanto, é mais conhecido por suas pesquisas do raio X e, em 1901, foi contemplado com um Prêmio Nobel de Física por seu trabalho. Recusou-se a limitar as utilizações potenciais do raio X registrando patentes, dizendo que suas descobertas pertenciam à humanidade, e doou o dinheiro de seu Prêmio Nobel. Ao contrário de muitos de seus contemporâneos, Röntgen usava escudos protetores de chumbo em seu trabalho com radiação. Ele morreu de um câncer não relacionado a isso, aos 77 anos.

Obras-chave

1895 *Sobre uma nova espécie de raios*
1897 *Observações adicionais sobre a propriedades dos raios X*

VENDO DENTRO DA TERRA

RICHARD DIXON OLDHAM (1858-1936)

EM CONTEXTO

FOCO
Geologia

ANTES
1798 Henry Cavendish publica seus cálculos sobre a densidade da Terra. O valor é maior que a densidade das rochas da superfície, mostrando que a Terra deve conter matérias mais densas.

1880 O geólogo britânico John Milne inventa o sismógrafo moderno.

1887 A Royal Society britânica custeia 20 observatórios de terremotos ao redor do mundo.

DEPOIS
1909 O sismólogo croata Andrija Mohorovicic identifica a fronteira sísmica entre a crosta da Terra e seu revestimento.

1926 Harold Jeffreys alega que o âmago da Terra é líquido.

1936 Inge Lehmann argumenta que a Terra tem um interior sólido e uma essência externa derretida.

Há tipos diferentes de **ondas sísmicas**.

Ondas P não são detectadas a certas distâncias de um terremoto...

... portanto, as **rochas** dentro da Terra **só podem estar fazendo desviar** os caminhos das ondas.

A essência da Terra tem **propriedades diferentes** das que estão nas camadas mais superiores da Terra.

O tremor causado pelos terremotos se espalha em forma de ondas sísmicas que podemos detectar usando sismógrafos. Enquanto trabalhava no Geological Survey of India, entre 1879 e 1903, Richard Dixon Oldham escreveu uma pesquisa de um terremoto que atingiu Assam em 1897. Nesse trabalho, ele deu sua maior contribuição à teoria das placas tectônicas. Oldham notou que o abalo teve três fases de movimento, que ele escolheu para representar três tipos de ondas. Duas delas eram ondas "corporais" que se deslocavam através da Terra. O terceiro tipo era uma onda que percorria a superfície da Terra.

Efeito em ondas

As ondas corporais que Oldham identificou hoje são conhecidas como ondas P e ondas S (primárias e secundárias – conforme a ordem que chegam ao sismógrafo). As ondas P são longitudinais; à medida que passam, as rochas são deslocadas para trás e para a frente, na mesma direção, enquanto as ondas estão em movimento. As ondas S são transversas (como as ondas na superfície da água); as rochas são deslocadas para o lado, em direção à onda. As ondas P se deslocam mais depressa que as ondas S e podem se mover através de sólidos,

Veja também: James Hutton 96-101 ▪ Nevil Maskelyne 102-03 ▪ Alfred Wegener 222-23

líquidos ou gases. As ondas S só podem se deslocar através de matérias sólidas.

Zonas de sombras

Mais tarde, Oldham estudou os registros sísmicos de muitos terremotos ao redor do mundo e notou que havia uma "zona de sombra" da onda P se estendendo ao redor da Terra a partir da localização do terremoto. Praticamente nenhuma onda P foi detectada nessa zona. Oldham sabia que a velocidade com que as ondas sísmicas se deslocam dentro da Terra depende da densidade das rochas. Ele concluiu que as propriedades das rochas mudam com a profundidade, e as mudanças resultantes na velocidade causam refração (as ondas seguiam caminhos curvos). A zona de sombra é, portanto, causada por uma súbita mudança nas propriedades das rochas, no fundo da Terra.

Hoje sabemos que há uma zona de sombra bem maior para as ondas S, que se estende pela maior parte do hemisfério oposto ao foco do terremoto. Isso indica que o interior da Terra tem propriedades muito distintas daquelas de seu revestimento. Em 1926, o geofísico americano Harold Jeffreys usou essa prova das ondas S para sugerir que o âmago da Terra é líquido, já que as ondas S não conseguem atravessar os líquidos. A zona de sombra da onda P não é completamente "sombreada", como algumas ondas P, detectadas ali. Em 1936, a sismóloga dinamarquesa Inge Lehmann interpretou essas ondas P como reflexos de um âmago interno e sólido. Esse é o modelo da Terra que usamos hoje: um interior sólido cercado de líquido, depois o revestimento rochoso da crosta, que vem por cima. ■

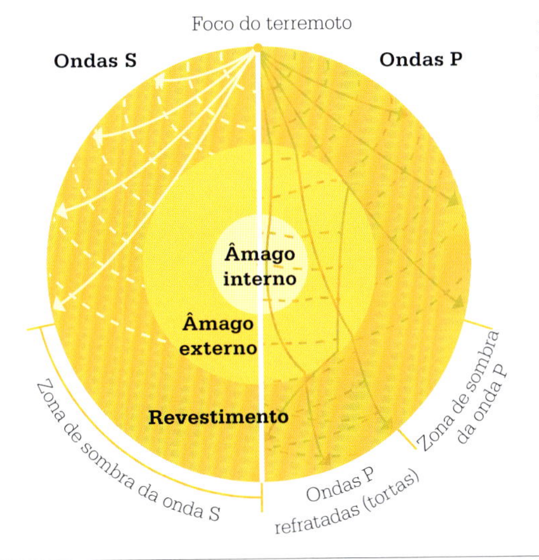

Este modelo de terremoto mostra ondas sísmicas passando através da Terra e a as zonas de sombra das ondas primárias (P) e secundárias (S).

Richard Dixon Oldham

Nascido em Dublin, em 1858, filho do superintendente da Geological Survey of India (GSI), Richard Dixon Oldham estudou na Royal School of Mines, antes de também ingressar na GSI e se tornar superintendente.

O principal trabalho da GSI envolvia o mapeamento do estrato rochoso, mas também compilava relatos detalhados sobre terremotos na Índia, e é por esse aspecto de seu trabalho que Oldham é mais conhecido. Ele se aposentou por problemas de saúde em 1903 e voltou ao Reino Unido, publicando suas ideias sobre o âmago terrestre em 1906. Foi premiado com a Medalha Lyell, pela Geological Society de Londres e se tornou membro da Royal Society.

Obras-chave

1899 *Relato do Grande Terremoto de 12 de junho de 1897*
1900 *Sobre a propagação do movimento dos terremotos a grandes distâncias*
1906 *A constituição do interior da Terra*

O sismógrafo, registrando o movimento não percebido de terremotos distantes, nos permite ver dentro da Terra e determinar sua natureza.
Richard Dixon

A RADIAÇÃO É UMA PROPRIEDADE ATÔMICA DOS ELEMENTOS

MARIE CURIE (1867-1934)

EM CONTEXTO

FOCO
Física

ANTES
1895 Wilhelm Röntgen investiga as propriedades dos raios X.

1896 Henri Becquerel descobre que os sais de urânio emitem radiação penetrante.

1897 J. J. Thomson descobre o elétron enquanto pesquisa as propriedades dos raios de catódio.

DEPOIS
1904 Thomson propõe o modelo "pudim de ameixa" do átomo.

1911 Ernest Marsden propõe o "modelo nuclear" do átomo.

1932 O físico britânico James Chadwick descobre o nêutron.

Como muitas descobertas científicas, a radiação foi descoberta sem querer. Em 1896, o físico francês Henri Becquerel estava pesquisando a fosforescência que ocorre quando a luz recai numa substância que emite luz de cor diferente. Becquerel queria saber se os minerais fosforescentes também emitiam os raios X, que haviam sido descobertos por Wilhelm Röntgen um ano antes. Para descobrir, ele colocou um desses minerais sobre uma placa fotográfica embrulhada em papel preto grosso e expôs ambos ao sol. A experiência deu certo – a placa escureceu; o mineral pareceu ter emitido raios X. Becquerel também mostrou que os metais bloqueavam os "raios" e causavam o escurecimento da placa. O dia seguinte foi nublado, então não foi possível repetir a experiência. Ele deixou o mineral numa placa fotográfica em uma gaveta, mas a placa escureceu, mesmo sem sol. Percebeu que o mineral só podia ter uma fonte interna de energia, que acabou sendo o resultado da desintegração dos átomos de urânio no mineral que ele estava usando. Ele tinha detectado a radioatividade.

A essa altura, era preciso encontrar um novo termo para definir essa nova propriedade de matéria manifestada pelos elementos de urânio e tório. Eu propus a palavra radioatividade.
Marie Curie

Raios produzidos por átomos

Em seguida à descoberta de Becquerel, sua aluna polonesa de doutorado, Marie Curie, decidiu investigar esses novos "raios". Usando um eletrômetro – dispositivo para medir correntes elétricas –, ela descobriu que o ar em volta de uma amostra de mineral contendo urânio conduzia eletricidade. O nível de atividade elétrica dependia da quantidade de urânio presente, não da massa total do mineral (que incluía outros elementos, além de urânio). Isso

Marie Curie

Maria Salomea Sklodowska nasceu em Varsóvia, em 1867. À época, a Polônia estava sob o regime russo, e as mulheres não tinham direito à educação superior. Ela trabalhava para ajudar a pagar a faculdade de medicina da irmã, em Paris, França, e em 1891 se mudou para lá, para estudar matemática, física e química. Lá se casou com seu colega, Pierre Curie, em 1895. Quando sua filha nasceu, em 1897, ela começou a lecionar para ajudar a manter a família, mas continuou a pesquisar com Pierre, numa choupana adaptada. Após a morte de Pierre, ela aceitou a cadeira que ele ocupava na Universidade de Paris e foi a primeira mulher a ter esse cargo. Também foi a primeira mulher a receber o Prêmio Nobel e a primeira pessoa a ganhar um segundo Nobel. Durante a Primeira Guerra, ajudou a estabelecer os centros radiológicos. Morreu em 1934, de anemia, provavelmente pelas longas exposições à radiação.

Obras-chave

1898 *Emissões de raios por compostos de urânio e tório*
1935 *Radioatividade*

Veja também: Wilhelm Röntgen 186-87 ▪ Ernest Rutherford 206-13 ▪ J. Robert Oppenheimer 260-65

a levou a crer que a radioatividade vinha dos próprios átomos de urânio e não de quaisquer reações entre o urânio e outros elementos.

Curie logo descobriu que alguns minerais que continham urânio eram mais reativos que o próprio urânio e ficou imaginando se esses minerais continham outra substância – algo mais reativo que urânio. Até 1898, tinha identificado o tório como outro elemento radioativo. Ela se apressou para apresentar suas descobertas em um estudo à Académie des Sciences, mas a descoberta das propriedades radioativas do tório já tinha sido publicada.

Ciência em dobro

Curie e seu marido, Pierre, trabalharam juntos para descobrir os elementos radioativos adicionais responsáveis pela alta atividade dos minerais ricos em urânio, *pitchblende* e *chalcolite*. Até o fim de 1898, eles tinham anunciado a descoberta de dois novos elementos que intitularam polônio (pelo país de nascimento dela, a Polônia) e rádio. Tentaram provar suas descobertas obtendo amostras puras dos dois elementos, mas só em 1902 conseguiram obter 0,1 g de cloreto de rádio a partir de uma tonelada de *pitchblende*.

Durante essa época, os Curie publicaram dúzias de estudos, incluindo um que descrevia como a descoberta do rádio podia ajudar a destruir tumores. Eles não patentearam essa descoberta, porém em 1902 foram premiados com o Nobel de Física, junto com Becquerel. Marie continuou seu trabalho científico após a morte do marido, em 1906, e obteve êxito ao isolar uma amostra de rádio, em 1910. Em 1911, ela recebeu o Prêmio Nobel de Química, tornando-se a primeira pessoa a ganhar ou compartilhar dois desses prêmios.

Minerais com **urânio emitem radiação** que escurece placas fotográficas, **mesmo na ausência de luz**.

↓

A **quantidade de radiação** dos minerais com urânio **depende** apenas da **quantidade de urânio presente**.

↓

A **radiação** precisa, portanto, vir de **átomos de urânio**.

↓

A radiação é uma propriedade atômica dos elementos.

Novo modelo do átomo

A descoberta dos Curie, da radiação, abriu caminho para que os dois físicos neozelandeses Ernest Rutherford e Ernest Marsden formulassem um novo modelo do átomo, em 1911, mas só em 1932 o físico inglês James Chadwick descobriu os nêutrons e o processo de radiação pôde ser inteiramente explicado. Os nêutrons e prótons de carga positiva são partículas subatômicas que compõem o núcleo de um átomo, que também possui elétrons de carga negativa. Prótons e nêutrons contribuem com praticamente toda a massa do átomo. Átomos de um elemento específico sempre têm o mesmo número de prótons, mas podem ter números diferentes de nêutrons. Átomos com números diferentes de nêutrons são chamados isótopos do elemento. Um átomo de urânio, por exemplo, sempre tem 92 prótons em seu núcleo, mas pode ter entre 140 e 146 nêutrons. Esses isótopos são denominados segundo o número total de prótons e nêutrons, portanto o isótopo mais comum, com 146 nêutrons, é escrito como urânio-238 (i.e. 92 + 146).

Muitos elementos pesados, como o urânio, têm núcleos instáveis, e isso leva a uma desintegração radioativa »

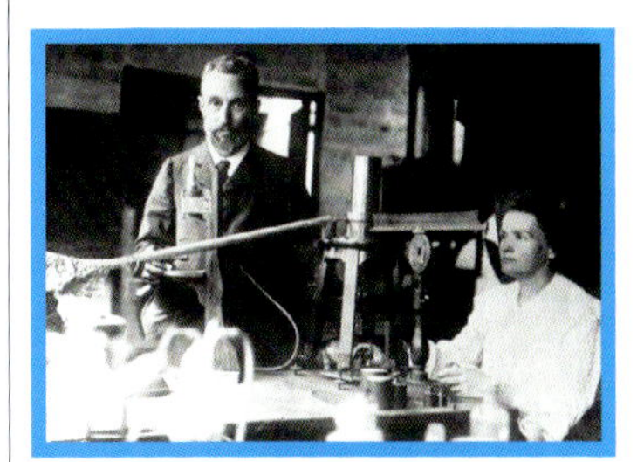

Marie e Pierre Curie não tinham um laboratório especializado. Grande parte do trabalho foi feita numa choupana com goteiras, ao lado da faculdade de física e química da Universidade de Paris.

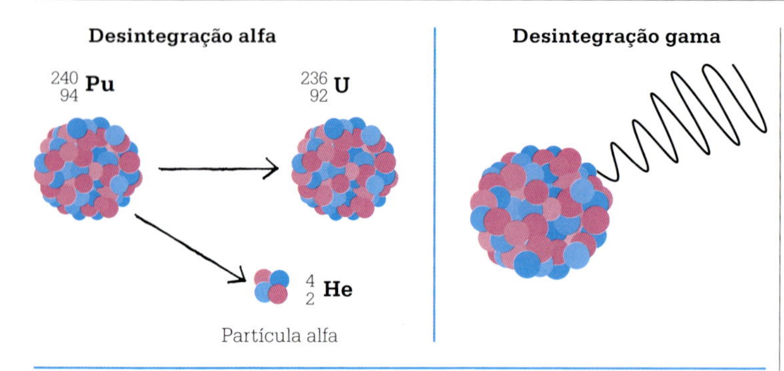

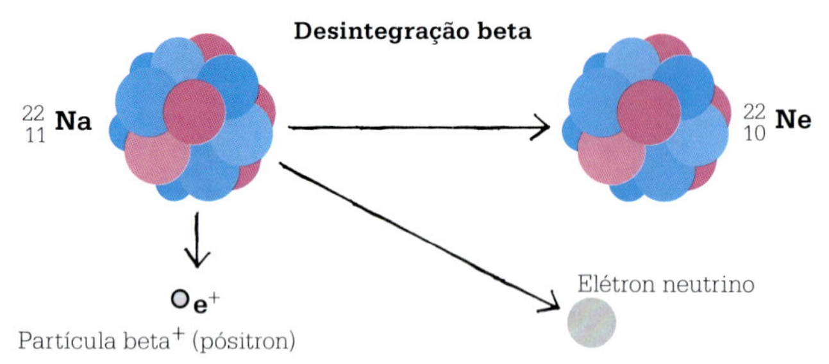

A desintegração radioativa pode acontecer de três formas. O plutônio-240 (no alto, à esquerda) se desintegra para fazer o urânio e uma partícula alfa. Esse é um exemplo da desintegração alfa. Durante a desintegração beta, o sódio-22 se desintegra para formar o neônio, uma partícula beta (nesse caso, um pósitron), e um neutrino. Com a desintegração gama, um núcleo de alta energia emite radiação gama, porém nenhuma partícula.

espontânea. Rutherford batizou as emissões de elementos radioativos como alfa, beta e gama. O núcleo se torna mais estável ao emitir uma partícula alfa, uma partícula beta ou radiação gama. Uma partícula alfa consiste em dois prótons e dois nêutrons. As partículas beta podem ser elétrons ou seu oposto, os pósitrons, emitidos do núcleo, quando um próton se transforma em nêutron, ou vice-versa. A desintegração alfa e a beta mudam o número de prótons no núcleo do átomo em desintegração, de modo que ele se torna um átomo de um elemento diferente. Os raios gama são uma forma de radiação de ondas curtas de alta potência e não mudam a natureza do elemento.

A desintegração radioativa é diferente do processo de fendimento que se dá dentro de reatores nucleares e do processo de fusão que potencializa o Sol. No fendimento, um núcleo estável como urânio-235 é bombardeado com nêutrons e se fragmenta para formar átomos menores, liberando energia no processo. Na fusão, dois núcleos menores se mesclam para formar um maior. Fusões também liberam energia, mas as altas temperaturas e a pressão exigidas para iniciar o processo explicam por que os cientistas só chegaram à fusão na forma de armas nucleares. Até agora, as tentativas de usar fusão nuclear para gerar eletricidade consomem mais energia do que geram.

Meia-vida

À medida que um material radioativo se desintegra, os átomos do elemento radioativo mudam para outros elementos, assim, com o tempo, o número de átomos instáveis diminui. Quanto menos átomos instáveis, menos radioatividade será gerada. A redução de atividade em um isótopo radioativo é medida pela metade de sua vida. Esse é o tempo que leva para cisão da atividade ao meio, ou seja, o tempo para que o número de átomos instáveis de uma amostra se divida pela metade. O isótopo tecnécio-99m, por exemplo, é amplamente usado na medicina e tem uma meia-vida de 6 horas. Isso significa que, 6 horas depois que uma dose é injetada em um paciente, a atividade será metade de seu nível original; 12 horas depois da injeção, a atividade será um quarto do nível original, e assim por diante. Em contraste, o urânio-235 tem uma meia-vida de mais de 700 milhões de anos.

Datando a radioatividade

Essa ideia de meia-vida pode ser usada para datar minerais e outros materiais. Muitos elementos radioativos diferentes, com meias-vidas conhecidas, podem ser usados para fazer isso, mas um dos mais conhecidos é o carbono. O isótopo mais comum de carbono é o carbono-12, com 6 prótons e 6 nêutrons em cada átomo. O carbono-12 representa 99% do carbono encontrado na Terra e tem um núcleo estável. Uma minúscula porção do carbono é carbono-14, que tem dois nêutrons extras. Esse isótopo tem uma meia-vida de 5.730 anos. O carbono-14 está sendo constantemente produzido na atmosfera superior, enquanto os átomos de nitrogênio são bombardeados com raios cósmicos. Isso significa que há uma proporção relativamente constante de carbono-12 para carbono-14 na atmosfera. Como as plantas em fotossíntese absorvem o dióxido de carbono da atmosfera e nossa alimentação consiste de plantas (ou animais que comem plantas), também há uma proporção relativamente constante entre as plantas e os animais enquanto estão vivos, embora o carbono-14 esteja constantemente em desintegração. Quando um organismo morre, o carbono-14 não é mais absorvido por seu corpo, embora o carbono-14 continue a se desintegrar. Ao medirem a proporção de carbono-12 para carbono-14 no corpo, os cientistas podem calcular há quanto tempo o organismo morreu.

Esse método radiométrico é usado para datar madeira, carvão, ossos e conchas. Há variações naturais nas proporções de isótopos de carbono, mas as datas podem ser comparadas com outros métodos de datar, como os anéis nos troncos de árvores e as correções aplicadas a objetos de idade semelhante.

Um tratamento milagroso

Curie percebeu que a radioatividade encontrada tinha utilização na medicina. Durante a Primeira Guerra, ela usou uma pequena quantidade de rádio para produzir gás de radônio (gás radioativo produzido quando o rádio se desintegra). O gás foi lacrado em tubos de vidro e inserido no corpo de pacientes para matar tecido doente. Isso foi visto como uma cura milagrosa e até propagado em tratamentos de beleza, para ajudar a firmar a pele em processo de envelhecimento. Só mais tarde a importância do uso de materiais de meia-vida foi reconhecida.

Isótopos radioativos também são amplamente usados em imagens médicas para diagnosticar doenças e no tratamento do câncer. Os raios gama são usados para esterilizar instrumentos cirúrgicos e até em comida, para aumentar seu tempo de validade nas prateleiras. Emissores de raios gama podem ser usados para inspeção interna de objetos metálicos, na detecção de rachaduras ou verificação de contêineres de carga, para identificar contrabando. ■

O laboratório Curie... ficava do outro lado de um estábulo, numa choupana de batatas, e, se eu não tivesse visto o trabalho com seus aparatos químicos, teria achado que se tratava de uma piada.

Wilhelm Ostwald

O erguimento das rochas Ale, na Suécia, data de 600 d.C., segundo medição radiométrica feita nas ferramentas de madeira encontradas no local. As rochas são milhões de anos mais antigas.

UM FLUIDO VIVO CONTAGIOSO

MARTINUS BEIJERINCK (1851-1931)

EM CONTEXTO

FOCO
Biologia

ANTES
Anos 1870 e 1880 Robert Koch e outros identificam a bactéria como causadora de doenças como tuberculose e cólera.

1886 O botânico alemão Adolf Mayer mostra como o vírus do mosaico do tabaco pode ser transmitido entre as plantas.

1892 Dmitri Ivanovsky demonstra que a seiva da planta do tabaco passando por filtros finos de porcelana não esmaltada ainda contém a infecção.

DEPOIS
1903 Ivanovsky relata "inclusões cristalinas" microscópicas em células hospedeiras infectadas, mas desconfia que sejam bactérias muito pequenas.

1935 O bioquímico americano Wendell Stanley estuda a estrutura do vírus do mosaico do tabaco e percebe que os vírus são grandes moléculas químicas.

O vírus do mosaico do tabaco mostra **traços de uma infecção**, mas...

... **filtros** que captam bactérias **não captam** nem removem **o contágio**; portanto, não podem ser bactérias.

Ao contrário da bactéria, **o agente infeccioso só cresce em um hospedeiro vivo**, não em géis ou líquidos laboratoriais.

Portanto, o agente causador tem de ser diferente e até menor, merecendo um novo nome – **vírus**.

Hoje em dia, a palavra "vírus" é bem familiar como termo médico, e muitas pessoas entendem a ideia de que os vírus são apenas os menores agentes ou germes danosos que causam infecções em humanos, outros animais, plantas e fungos.

No entanto, no fim do século XIX, o termo vírus estava apenas ingressando na ciência e medicina. Ele foi sugerido em 1898, pelo microbiólogo holandês Martinus Beijerinck, para uma nova categoria de agentes causadores de doenças contagiosas. Beijerinck tinha interesse especial em plantas e um talento habilidoso para a microscopia. Fez experiências com plantas de tabaco afetadas pelo vírus do mosaico, com um efeito descolorante nas folhas, dispendioso para a indústria do tabaco. Seus resultados o levaram a aplicar o

Veja também: Friedrich Wöhler 124-25 ▪ Louis Pasteur 156-59 ▪ Lynn Margulis 300-01 ▪ Craig Venter 324-25

termo *vírus* – já ocasionalmente utilizado para substâncias tóxicas ou venenosas – aos agentes causadores de doenças.

À época, a maioria dos contemporâneos de Beijerinck, na ciência e medicina, ainda relutava com a compreensão da bactéria. Louis Pasteur e o físico alemão Robert Koch as haviam primeiro isolado e identificado como causadoras de doenças nos anos 1870, e outros vírus eram constantemente descobertos.

Um método comum de testes de bactérias, naquele tempo, era passar um líquido contendo o contágio suspeito por vários conjuntos de filtros. Um dos mais conhecidos era o filtro Chamberland, inventado em 1884 por Charles Chamberland, colega de Pasteur. Ele usava o sistema de filtragem em poros em porcelana sem esmalte para captar partículas tão pequenas quanto a bactéria.

Pequeno demais para filtrar

Vários pesquisadores tinham suspeitado haver uma categoria de agentes infecciosos até menores que a bactéria, capazes de transmitir doenças. Em 1892, o botânico russo Dmitri Ivanovsky realizou testes da doença do mosaico do tabaco usando filtros. Ele verificou que nesse caso não podia ser bactéria, mas não investigou mais a fundo para descobrir que agente poderia ser.

Beijerinck repetiu o experimento de Ivanovsky. Ele também constatou que a doença estava presente até no suco feito com as folhas de tabaco. De fato, a princípio achou que a causa fosse o próprio fluido que denominou *contagium vivum fluidium* (fluido vivo contagioso). Ele demonstrou mais extensamente que o contágio presente no fluido não podia ser cultivado em géis nem líquidos laboratoriais, tampouco em nenhum organismo hospedeiro. Tinha de infectar seu próprio hospedeiro vivo, de modo a se multiplicar e propagar a doença.

Embora os vírus não pudessem ser vistos por microscópios óticos da época nem cultivados através dos métodos habituais de laboratório ou detectados por quaisquer das técnicas microbiológicas, Beijerinck percebeu que eles realmente existiam. Ele insistia que causavam doenças, impulsionando a microbiologia e a ciência médica a uma nova era. Foi só em 1939, com a ajuda de microscópios eletrônicos, que o vírus do mosaico do tabaco se tornou o primeiro a ser fotografado. ■

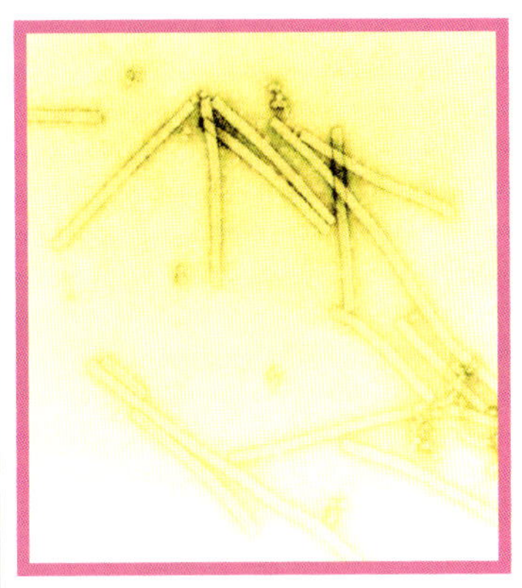

Este micrográfico de elétron na imagem mostra partículas do vírus do mosaico do tabaco ampliado em 160 mil vezes. As partículas foram manchadas para realçar sua visibilidade.

Martinus Beijerinck

Um tanto recluso, Martinus Beijerinck passava muitas horas solitárias fazendo experiências em seu laboratório. Ele nasceu em Amsterdam, em 1851, e estudou química e biologia em Delft, formando-se em 1872 pela Universidade de Leiden. Focando a microbiologia dos solos e das plantas, em Delft, realizou suas famosas experiências de filtragem do vírus do mosaico do tabaco, nos anos 1890. Também estudou a forma como as plantas captam o nitrogênio do ar e o incorporam em seus tecidos, um tipo de sistema de fertilização natural que enriquece o solo – trabalhou ainda com galhos de planta, na fermentação por fungos e outros micróbios e na bactéria da sulfa.

No fim da vida ele foi reconhecido internacionalmente. Os prêmios Beijerinck Virology, instituídos em 1965, são concedidos bienalmente no campo da virologia.

Obras-chave

1895 *On Sulphate Reduction by* Spirillum desulfuricans
1898 *Concerning a* contagium vivum fluidium *as a Cause of the Spot-disease of Tobacco Leaves*

UMA MU
DE PARA
1900-1945

DANÇA
DIGMA

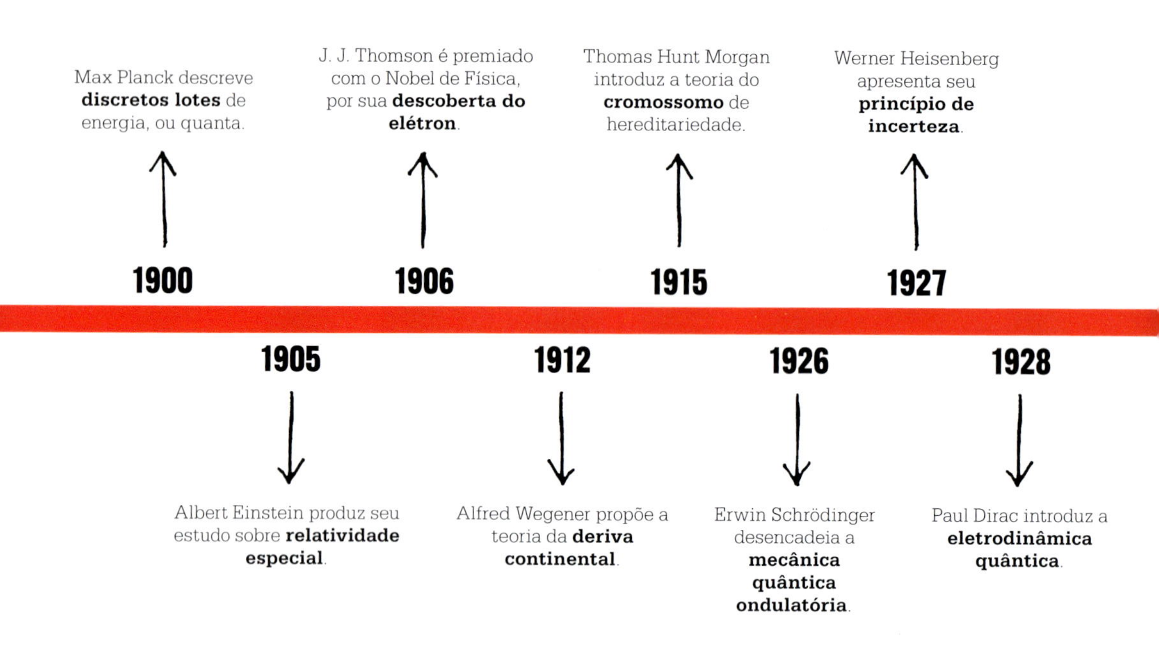

Embora o século XIX tivesse vivenciado uma mudança fundamental na forma como os cientistas viam os processos de vida, a primeira metade do século XX viria se provar ainda mais chocante. As antigas certezas da física clássica, quase imutáveis desde Isaac Newton, estavam prestes a ser descartadas, e nada menos que uma nova maneira de ver o espaço, o tempo e a matéria viria substituí-la. Até 1930, a velha ideia de um universo previsível havia sido destruída.

Uma nova física

Os físicos estavam descobrindo que as equações de mecânica clássica produziam resultados insensatos. Estava claro que havia algo fundamentalmente errado. Em 1900, Max Planck decifrou o enigma do espectro da radiação emitida por uma "caixa preta", que teimava em resistir às equações clássicas, imaginando que o eletromagnetismo não se deslocava em ondas contínuas, mas em discretos lotes, ou "quanta". Cinco anos depois, Albert Einstein, funcionário do Escritório de Patentes da Suíça, elaborou seu estudo sobre relatividade especial, afirmando que a velocidade da luz é constante e independente do movimento da fonte ou do observador. Depois de verificar as implicações de relatividade geral, Einstein tinha descoberto, em 1916, que os conceitos de tempo e espaço independentes do observador haviam passado, para serem substituídos por um único espaço--tempo, distorcido pela presença de massa para produzir gravidade. Einstein demonstrou ainda que matéria e energia deveriam ser consideradas aspectos do mesmo fenômeno, capaz de ser convertido de um para o outro, e sua equação descrevendo sua relação – $E = mc^2$ – dava pistas de uma imensa energia potencial presa nos átomos.

Dualidade partícula-onda

O pior estava por vir, para o antigo panorama do universo. Em Cambridge, o físico inglês J. J. Thomson descobriu o elétron, mostrando que ele tinha uma carga negativa e é pelo menos mil vezes menor e mais leve que qualquer átomo. O estudo das propriedades do elétron viria a gerar novos enigmas. A luz não somente possuía propriedades semelhantes à partícula, mas partículas com propriedades semelhantes à onda também. O austríaco Erwin Schrödinger elaborou

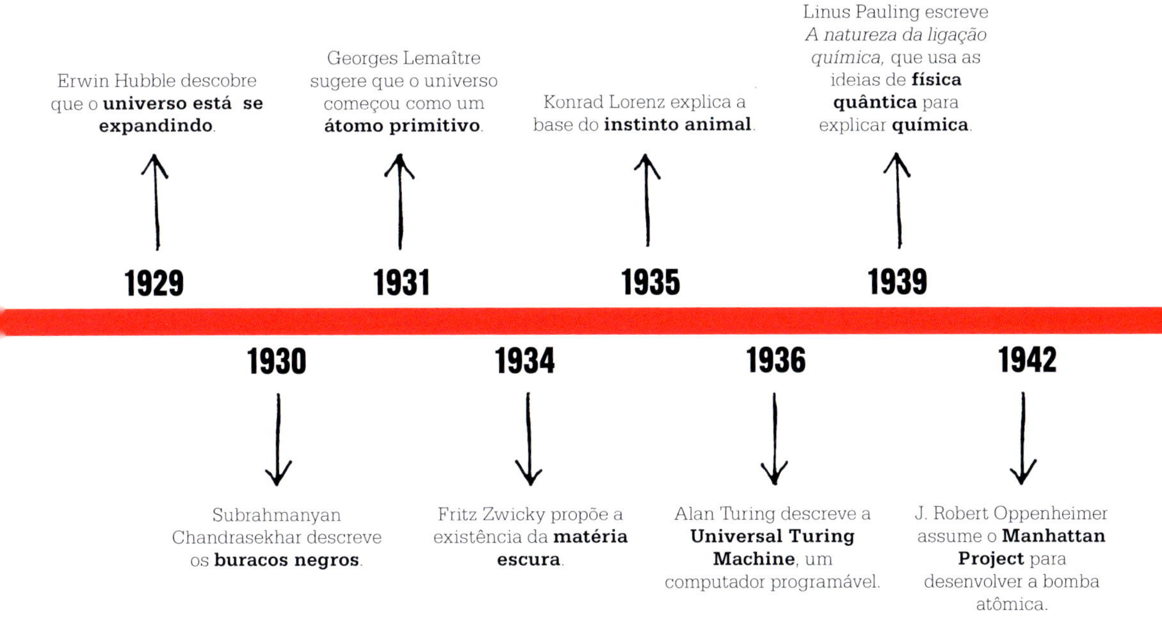

uma série de equações que descreviam a probabilidade de descobrir uma partícula em um lugar e estado específicos. Seu colega alemão Werner Heisenberg mostrou que havia uma incerteza inerente aos valores de posição e *momentum*, que inicialmente foi considerado um problema de medição, mas depois verificado como fundamental para a estrutura do universo. Um estranho quadro estava emergindo, de um espaço-tempo relativo distorcido, com partículas de matéria borradas, em forma de ondas de probabilidade.

Dividindo o átomo

O neozelandês Ernest Rutherford mostrou, pela primeira vez, que um átomo é feito principalmente de espaço, com um pequeno núcleo denso e elétrons orbitando ao seu redor. Ele explicou certas formas de radioatividade, como a divisão desse núcleo. O químico Linus Pauling pegou essa nova imagem do átomo e usou as ideias de física quântica para explicar como os átomos se ligavam uns aos outros. No processo, mostrou que a disciplina da química era, na realidade, uma subdivisão da física. Até os anos 1930, os físicos estavam trabalhando em meios de liberar a energia de dentro dos átomos, e, nos EUA, J. Robert Oppenheimer liderava o Manhattan Project para a produção das primeiras armas nucleares.

O universo se expande

Até os anos 1920, nebulosas eram consideradas nuvens de gás ou poeira dentro de nossa própria galáxia, a Via Láctea, que englobava todo o universo conhecido. Então o astrônomo americano Edwin Hubble descobriu que essas nebulosas eram, na verdade, galáxias distantes. De repente, o universo ficou imensamente maior do que se havia pensado. Hubble descobriu ainda que o universo estava se expandindo em todas as direções. O sacerdote e físico belga Georges Lemaître propôs que o universo havia se expandido a partir de um "átomo primitivo". Isso viria a se tornar a teoria do Big Bang. Um enigma ainda maior foi descoberto quando o astrônomo Fritz Zwicky cunhou o termo "matéria escura", para explicar por que a galáxia Coma parecia conter 400 vezes a massa (como visto de sua gravidade) que ele podia explicar, a partir das estrelas observáveis. A matéria não era exatamente o que se pensava, e boa parte dela nem era diretamente detectável. Estava claro que ainda havia grandes buracos no entendimento científico. ■

QUANTA SÃO DISCRETOS LOTES DE ENERGIA

MAX PLANCK (1858-1947)

EM CONTEXTO

FOCO
Física

ANTES
1860 A distribuição da então chamada radiação de corpo negro não é compatível com as previsões feitas por modelos teóricos.

Anos 1870 A análise do físico Ludwig Boltzmann sobre a entropia introduz uma interpretação probabilista da mecânica quântica.

DEPOIS
1905 Albert Einstein propõe que o quantum é uma entidade real, usando o conceito de Planck de luz quantificada para introduzir a ideia do fóton.

1924 Louis de Broglie prova que a matéria se comporta como partícula e como onda.

1926 Erwin Schrödinger formula uma equação para o comportamento ondulatório das partículas.

Em dezembro de 1900, o físico teórico Max Planck apresentou um estudo demonstrando seu método para resolver um conflito teórico de longa data. Ao fazê-lo, deu um dos maiores saltos na história da física. O estudo de Planck marcou o ponto decisivo entre a mecânica clássica de Newton e a mecânica quântica. A certeza e precisão da mecânica newtoniana viria a dar lugar a uma descrição incerta e probabilista do universo.

A teoria quântica tem suas raízes no estudo da radiação térmica, fenômeno que explica por que sentimos o calor de um fogo, mesmo quando o ar que nos separa dele é frio. Todo objeto absorve e emite radiação

Veja também: Ludwig Boltzmann 139 ▪ Albert Einstein 214-21 ▪ Erwin Schrödinger 226-33

A **mecânica clássica** trata a radiação como se fosse emitida em **escala contínua**.

Porém, são obtidos **resultados incoerentes** para a **distribuição de radiação de corpos negros**, presumindo uma escala contínua.

O **problema é resolvido** ao se tratar a radiação como se ela fosse produzida em **"quanta" discretos**.

A radiação não é contínua, mas emitida em discretos lotes de energia.

eletromagnética. Se sua temperatura sobe, o comprimento da onda de radiação que ele emite diminui, enquanto sua frequência aumenta. Por exemplo: uma pedra de carvão, em temperatura ambiente, emite energia abaixo da frequência da luz visível, no espectro infravermelho. Não podemos ver a emissão, portanto o carvão parece negro. No entanto, quando acendemos o carvão, ele emite radiação de frequência mais alta, reluzindo em vermelho fosco conforme as emissões surgem no espectro visível, depois em branco forte e finalmente azul radiante. Objetos extremamente quentes, como as estrelas, irradiam até luz ultravioleta, em ondas curtas, e raios X, que novamente não podemos ver. Apesar disso, além de produzir radiação, um corpo também pode refletir radiação, e é essa luz refletida que dá cor aos objetos, mesmo quando eles não reluzem.

Em 1860, o físico alemão Gustav Kirchhoff pensou num conceito idealizado que chamou de "corpo negro perfeito". Uma superfície teórica que, quando em equilíbrio térmico (sem aquecer ou esfriar), absorve toda frequência de radiação eletromagnética que recai sobre ela e não se reflete em direção alguma. O espectro de radiação térmica emitido desse corpo é "puro", já que não é misturado a nenhum reflexo – será apenas o resultado da temperatura do próprio corpo. Kirchhoff acreditava que tal "radiação de corpo negro" é fundamental na natureza – o Sol, por exemplo, se aproxima de ser um objeto de corpo negro cujo espectro emissor é quase inteiramente resultado de sua própria temperatura. O estudo da distribuição da luz de um corpo negro viria a mostrar que a emissão de radiação dependia somente da temperatura de um corpo, e não de sua forma física ou composição química. A hipótese de Kirchhoff alavancou um novo programa experimental destinado a encontrar uma estrutura teórica que descrevesse a radiação de corpos negros.

Entropia e corpos negros

Planck chegou à sua nova teoria quântica através do fracasso da física clássica em explicar os resultados experimentais da distribuição de radiação de corpos negros. Boa parte do trabalho de Planck enfocou a segunda lei de termodinâmica, que ele havia identificado como um "absoluto". Essa lei afirma que, com o tempo, sistemas isolados se deslocam em direção a um estado de equilíbrio termodinâmico (significando que todas as partes do sistema têm a mesma temperatura). Planck tentou explicar o padrão de radiação térmica de um corpo negro desvendando a entropia do sistema. A entropia é a medida de desordem, embora seja definida mais »

Uma nova verdade científica não triunfa convencendo seus oponentes e fazendo-lhes enxergar a luz, e sim porque... uma nova geração cresce familiarizada com ela.
Max Planck

rigorosamente como uma contagem de número de meios através dos quais um sistema pode se organizar. Quanto mais alto for o sistema de entropia, mais meios o sistema terá de organização e produção do mesmo padrão geral. Por exemplo: imagine uma sala onde todas as moléculas de ar começam a se aglomerar num canto, para o alto. Há muitas outras maneiras como as moléculas podem se organizar, portanto há praticamente o mesmo número delas em cada centímetro cúbico da sala em relação ao que há para que todas fiquem no canto superior. Com o passar do tempo elas se distribuem igualmente pela sala, à medida que a entropia do sistema aumenta. Um alicerce da segunda lei de termodinâmica é que a entropia só funciona numa direção. Rumo ao equilíbrio térmico, a entropia de um sistema sempre aumenta ou permanece constante. Planck argumentou que esse princípio deveria ser evidente em qualquer modelo teórico de corpo negro.

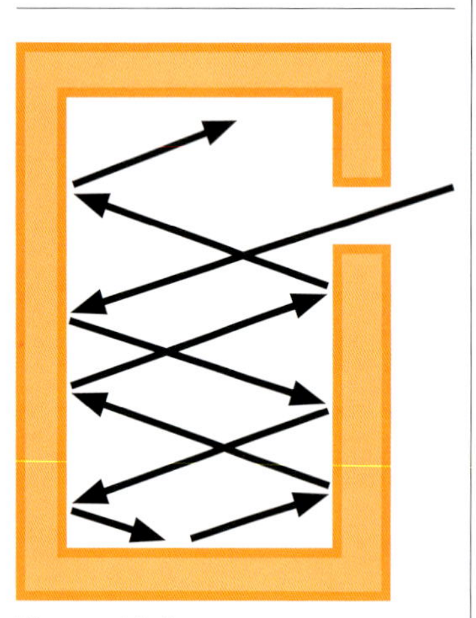

Uma cavidade com um pequeno buraco irá prender a maior parte da radiação que entrar, tornando-a uma boa aproximação de um corpo negro ideal.

A Lei Wien-Planck

Até os anos 1890, experimentos em Berlim chegaram perto do corpo negro perfeito de Kirchhoff, com o uso da chamada "radiação de cavidade". Um buraquinho numa caixa mantida em temperatura constante é uma boa aproximação de um corpo negro, já que qualquer radiação entrando na caixa fica presa ali dentro e as emissões do corpo são puramente resultado de sua temperatura.

O resultado experimental incomodou Wilhelm Wien, colega de Planck, já que nem todas as emissões de baixa frequência se encaixaram às suas equações para a radiação. Algo estava errado. Em 1899, Planck chegou a uma equação revisada – a lei Wien-Planck – que visava a uma descrição melhor do espectro de radiação térmica de um corpo negro.

Catástrofe ultravioleta

Um desafio maior veio um ano depois, quando os físicos britânicos lorde Rayleigh e sir James Jeans mostraram como a física clássica previa uma distribuição absurda de energia na emissão de corpos negros. A Lei Rayleigh-Jeans previa que, à medida que a frequência da radiação aumentasse, a energia que ela emitia cresceria exponencialmente. Essa "catástrofe ultravioleta" era tão radicalmente improvável com as descobertas experimentais que a teoria clássica deve ter ficado seriamente abalada. Se estivesse correta, uma dose letal de radiação ultravioleta seria emitida toda vez que uma lâmpada fosse acesa.

Planck não se incomodou muito com a Lei Rayleigh-Jeans. Ele estava mais preocupado com a Lei Wien--Planck, mesmo em sua forma revisada, por não estar igualando os dados – ela descrevia precisamente o espectro de onda curta (alta frequência) da emissão térmica dos objetos, mas não as ondas longas (emissões de baixa frequência). Foi nesse ponto que Planck rompeu com o conservadorismo e recorreu à abordagem probabilista de Ludwig Boltzmann para chegar a uma nova expressão de sua lei de radiação.

Boltzmann tinha formulado uma nova forma de olhar a entropia, considerando um sistema como uma grande coleção de átomos e moléculas independentes. Embora a segunda lei de termodinâmica continuasse válida, a interpretação de Boltzmann dava-lhe

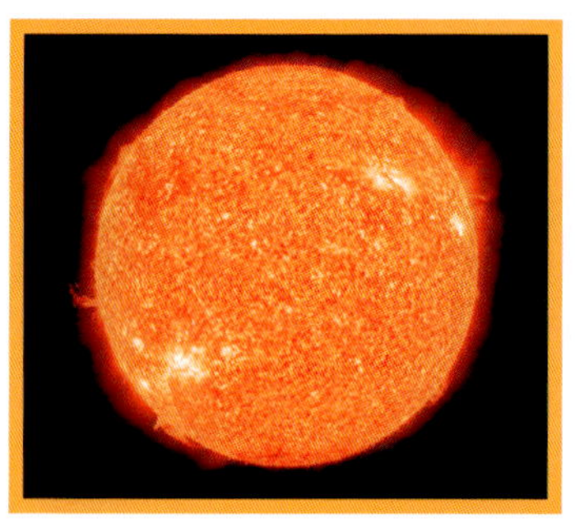

Nenhum objeto do mundo real é um corpo perfeito, mas o Sol, o veludo preto e superfícies cobertas com luz negra, como alcatrão de hulha, chegam bem perto.

A ciência não pode desvendar o mistério máximo da natureza. E isso é porque, em última análise, nós mesmos somos parte do mistério que estamos tentando desvendar.
Max Planck

uma nova verdade probabilista em lugar de uma absoluta. Em conseqência, observamos a entropia apenas porque ela é esmagadoramente mais provável que qualquer alternativa. Um prato se quebra, mas não se refaz, porém não há uma lei absoluta impedindo que o prato se refaça – só é muito improvável de acontecer.

Quantum de ação

Planck usou a interpretação estatística de Boltzmann da entropia para chegar à nova expressão da lei de radiação. Imaginando a radiação térmica sendo produzida por "osciladores" individuais, ele precisava contar as formas pelas quais uma determinada energia poderia ser distribuída entre eles.

Para fazer isso, dividiu a energia total em um número definido de nacos discretos de energia – processo que chamou de "quantização". Planck era um talentoso violoncelista e pianista, e talvez tenha imaginado esses "quanta" da mesma forma que um número fixo de harmonias está disponível à corda vibrante de um instrumento. A equação resultante foi simples e se encaixou nos dados experimentais.

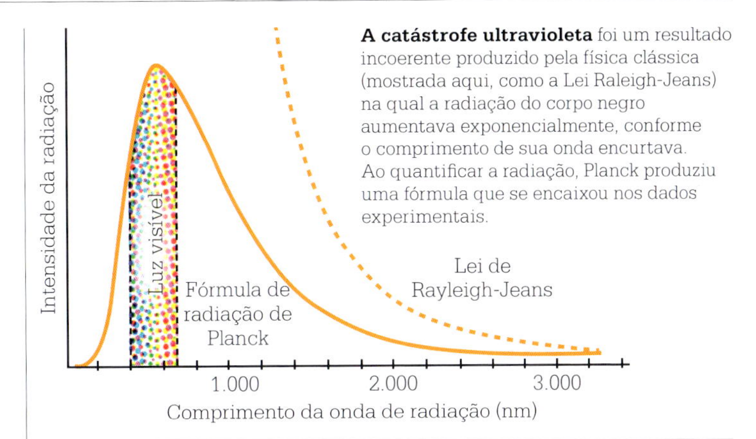

A catástrofe ultravioleta foi um resultado incoerente produzido pela física clássica (mostrada aqui, como a Lei Raleigh-Jeans) na qual a radiação do corpo negro aumentava exponencialmente, conforme o comprimento de sua onda encurtava. Ao quantificar a radiação, Planck produziu uma fórmula que se encaixou nos dados experimentais.

Introduzir "quanta" de energia reduzia o número de estados de energia disponíveis ao sistema e, ao fazê-lo (embora esse não fosse seu objetivo), Planck resolveu a catástrofe ultravioleta. Ele pensava em seus quanta como uma necessidade matemática – como um "truque" – em lugar de algo real. Mas, quando Albert Einstein usou o conceito para explicar o efeito fotoelétrico em 1905, ele insistiu que o quantum era uma propriedade real da luz.

Assim como aconteceu com muitos pioneiros da mecânica quântica, Planck passou o resto da vida relutando para se entender com as consequências de seu próprio trabalho. Embora nunca tivesse tido dúvidas quanto ao impacto revolucionário do que fizera, ele foi – segundo o historiador James Franck – "um revolucionário contra sua própria vontade". Descobriu que as consequências de suas equações não eram de seu gosto, já que frequentemente davam descrições de uma realidade física que colidia com nossa experiência diária do mundo. Mas, para o bem ou para o mal, depois de Max Planck o mundo da física nunca mais foi o mesmo. ■

Max Planck

Nascido em Kiel, norte da Alemanha, em 1858, Planck foi um aluno dedicado e se formou cedo, aos 17 anos. Escolheu estudar física na Universidade de Munique, onde rapidamente se tornou um pioneiro da física quântica. Recebeu o Prêmio Nobel de Física, em 1918, por sua descoberta da energia quântica, embora nunca fosse capaz de descrever satisfatoriamente o fenômeno como uma realidade física. A vida pessoal de Planck foi cercada de tragédia. Sua primeira esposa morreu em 1909, e seu filho mais velho foi morto na Primeira Guerra. Suas duas filhas gêmeas morreram no parto dos filhos. Durante a Segunda Guerra, uma bomba dos Aliados destruiu sua casa em Berlim, e todos os seus estudos. Ao final da guerra, seu único filho restante se envolveu num plano para assassinar Hitler e foi executado. Planck morreu logo depois da guerra.

Obras-chave

1900 *Entropy and Temperature of Radiant Heat*
1901 *Energy in the Normal Spectrum*

AGORA EU SEI QUAL A APARÊNCIA DO ÁTOMO

ERNEST RUTHERFORD (1871-1937)

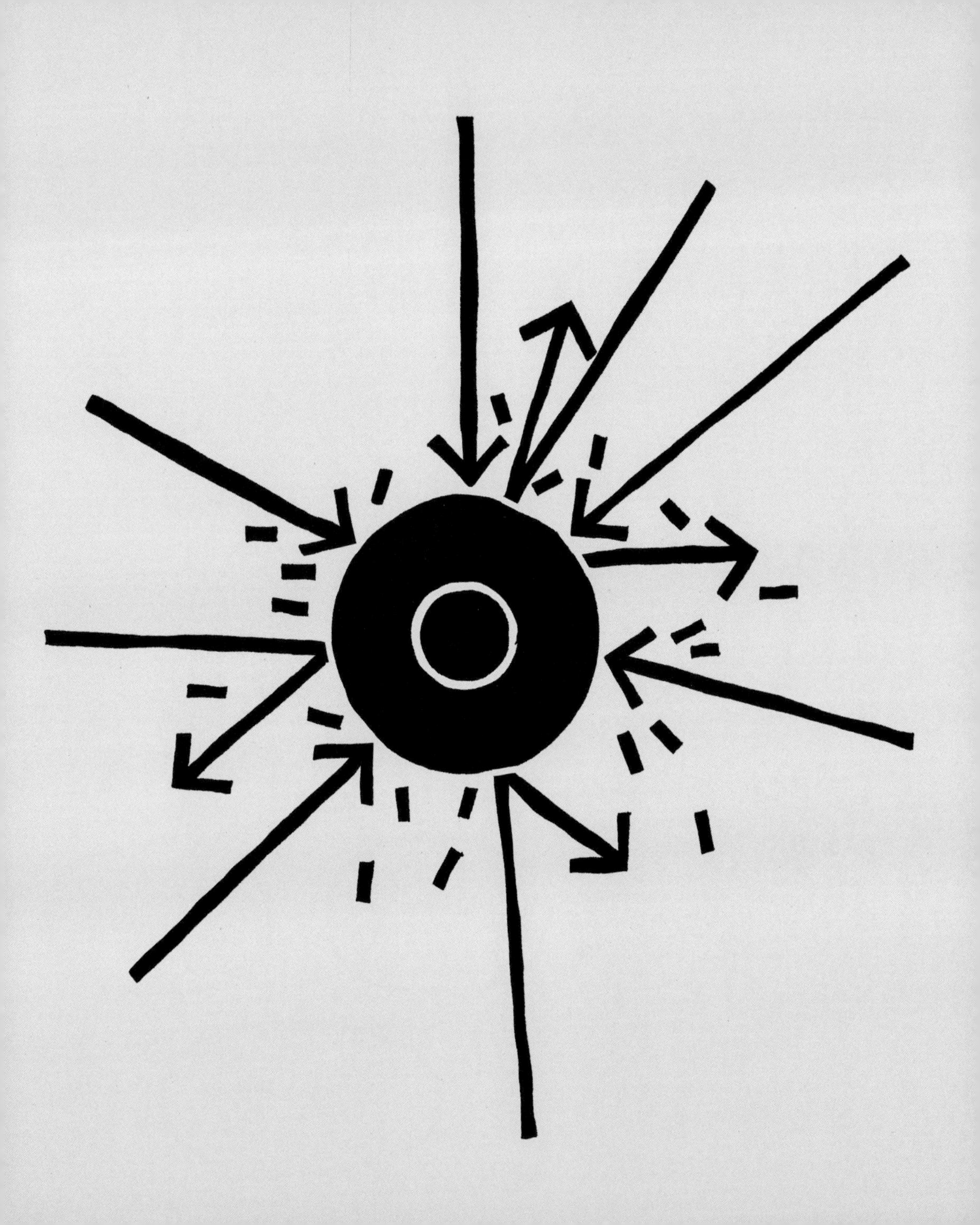

EM CONTEXTO

FOCO
Física

ANTES
c. 400 a.C. O filósofo grego Demócrito imagina átomos como blocos sólidos e indestrutíveis de matéria.

1805 A teoria atômica da matéria, de John Dalton, se une aos processos químicos da realidade física e permite que ele calcule pesos atômicos.

1896 A radiação nuclear é descoberta por Henri Becquerel e usada para revelar a estrutura interna do átomo.

DEPOIS
1938 Otto Hahn, Fritz Strassman e Lise Meitner dividem o núcleo atômico.

2014 O disparo cada vez maior de partículas energéticas no núcleo continua a revelar uma série de novas partículas e antipartículas subatômicas.

A descoberta, na virada do século XX, de que a constituição básica da matéria – o átomo – poderia ser fragmentada em partes menores foi um momento decisivo para a física. Essa descoberta surpreendente revolucionou ideias sobre como a matéria é constituída e as forças que a mantêm, assim como ao universo. Ela revelou um mundo inteiramente novo, em nível subatômico – um mundo que exigiu uma nova física para descrever suas interações –, e uma série de pequenas partículas que preenchiam esse domínio infinitamente pequeno.

Teorias atômicas têm uma longa história. O filósofo grego Demócrito desenvolveu a ideia dos primeiros pensadores de que tudo é composto de átomos. A palavra grega *átomos*, creditada a Demócrito, significa *indivisível* e se refere à unidade básica da matéria. Demócrito achava que os materiais deviam refletir os átomos dos quais são feitos – portanto átomos de ferro são sólidos e fortes, enquanto os de água são suaves e escorregadios.

Na virada do século XIX, o filósofo naturalista inglês John Dalton propôs uma nova teoria atômica baseada em sua "lei de proporções múltiplas", que explicava como os elementos (substâncias simples e não combinadas) sempre se ligam com proporções simples e de números inteiros. Dalton viu que isso significava que a reação química entre duas substâncias não é mais que a fusão de pequenos componentes individuais, repetida inúmeras vezes. Essa foi a primeira teoria atômica moderna.

Uma ciência estável

Um clima de autocongratulação foi detectado na física ao fim do século XIX. Certos físicos eminentes deram declarações ostensivas dando a entender que o assunto estava quase resolvido – que as principais descobertas tinham sido feitas e o programa que avançava era de aperfeiçoamento da precisão das quantidades conhecidas "até a sexta casa decimal". No entanto, muitos físicos pesquisadores da época sabiam que não era bem assim. Já estava claro que enfrentavam um novo e estranho conjunto de fenômenos que desafiava explicações.

Em 1896, Henri Becquerel, seguindo a descoberta de Wilhelm Röntgen, dos misteriosos raios X no ano anterior, havia encontrado uma radiação inexplicável. O que eram essas novas radiações e de onde

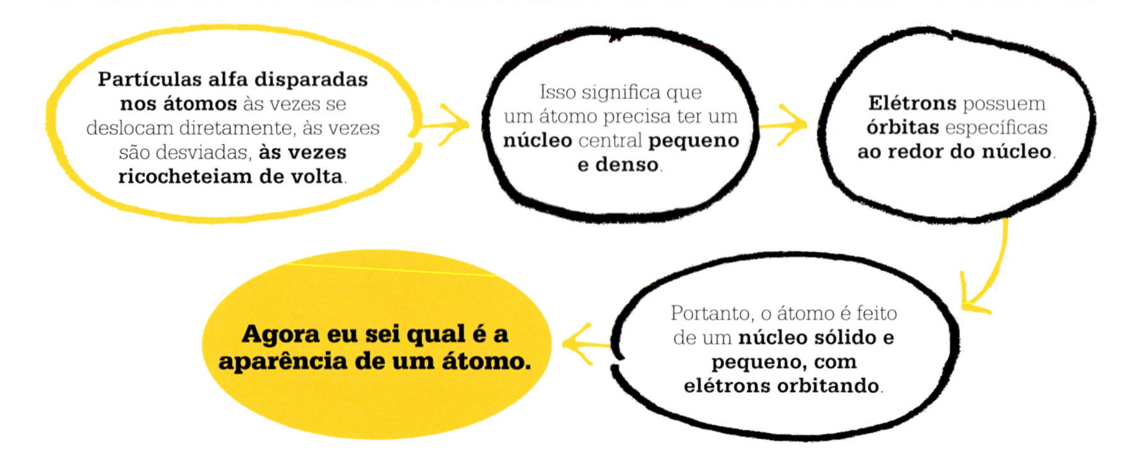

Veja também: John Dalton 112-13 ▪ August Kekulé 160-65 ▪ Wilhelm Röntgen 186-87 ▪ Marie Curie 190-95 ▪ Max Planck 202-05 ▪ Albert Einstein 214-21 ▪ Linus Pauling 254-59 ▪ Murray Gell-Mann 302-07

J. J. Thomson fotografado em seu laboratório, em Cambridge. O modelo de átomo de Thomson, de "pudim de passas", foi o primeiro a incluir o recém-descoberto elétron.

vinham? Becquerel corretamente supôs que essa radiação estava emanando de dentro de sais de urânio. Quando Pierre e Marie Curie estudaram a desintegração do rádio, descobriram uma fonte constante e aparentemente inesgotável de energia dentro de elementos radioativos. Se fosse o caso, isso derrubaria várias leis fundamenteis da física. O que quer que fossem essas radiações, estava claro que eram grandes lacunas nos modelos em uso.

A descoberta do elétron

No ano seguinte, o físico britânico Joseph John (J. J.) Thomson causou sensação quando demonstrou que podia arrancar nacos dos átomos. Enquanto investigava os "raios" emanando de catódios de alta voltagem (eletrodos de carga negativa), descobriu que esse tipo específico de radiação era feito de "corpúsculos" individuais, pois havia momentaneamente criado centelhas de luz ao atingir uma tela fosforescente; tinha carga negativa, já que um facho podia ser desviado por um campo elétrico; e era excessivamente luminoso, pesando menos que um milésimo do átomo mais leve, o hidrogênio. Ademais, o peso do corpúsculo era o mesmo, independentemente do elemento usado como fonte. Thomson tinha descoberto o elétron. Esses resultados foram totalmente inesperados, em teoria. Se um átomo contém partículas carregadas, por que as partículas opostas não tinham uma massa igual? Teorias atômicas anteriores afirmavam que átomos eram pelotas sólidas. Condizentes com seu status de componentes mais básicos da matéria, eles eram inteiros, completos e perfeitos. Mas, quando vistos à luz da descoberta de Thomson, eram claramente divisíveis. Ao serem criadas, essas novas radiações levantavam a suspeita de que a ciência havia fracassado no entendimento dos componentes vitais da matéria e energia.

O modelo "pudim de passas"

A descoberta de Thomson, do elétron, rendeu-lhe o Prêmio Nobel de Física, em 1906. No entanto, ele foi teórico o suficiente para ver que um novo modelo » radical era necessário, no sentido de incorporar sua descoberta adequadamente. Sua resposta, produzida em 1904, foi o modelo "pudim de passas", ou "modelo panetone". Átomos não possuem carga elétrica, e como a massa desse novo elétron era pequena Thomson pressupôs que uma esfera maior, com carga positiva, continha a maior parte da massa do átomo e os elétrons eram incrustados como passas, na massa de um pudim natalino. Sem provas para sugerir o contrário, fazia sentido admitir que o ponto de carga, assim como passas em um pudim, eram arbitrariamente distribuídos pelo átomo.

A revolução Rutherford

Entretanto, as partes de pontos de carga do átomo se recusavam firmemente a se revelar, e começou a caçada pelo membro perdido do par atômico. Essa busca resultou em uma descoberta que viria a produzir uma visualização muito diferente da estrutura interna da unidade básica de todos os elementos.

Nos laboratórios de física da Universidade de Manchester, Ernest Rutherford elaborou e dirigiu um experimento para testar o modelo "pudim de passas" de Thomson. Esse carismático neozelandês era um experimentador talentoso, com um senso aguçado de que detalhes procurar. Rutherford tinha recebido o Nobel de Física, em 1908, por sua Teoria da Desintegração Atômica. A teoria propunha que as radiações emanadas de elementos radioativos eram resultado da ruptura de seus átomos. Com o químico Frederick Soddy, Rutherford havia demonstrado que a radioatividade envolvia um elemento que espontaneamente se transformava em outro. O trabalho deles era sugerir novos meios de sondar o interior do átomo e ver o que havia ali dentro.

Toda ciência ou é física ou coleção de selos.
Ernest Rutherford

Radioatividade

Embora a radioatividade tivesse sido inicialmente encontrada por Becquerel e pelos Curie, foi Rutherford que a identificou e batizou os três tipos diferentes do que hoje chamamos de radiação nuclear. São partículas positivas "alfa", pesadas, de movimento lento; partículas negativas "beta", de deslocamento veloz; e raios "gama" sem carga e altamente energéticos (p. 194). Rutherford classificou essas formas diferentes de radiação segundo seu poder de penetração, partindo das partículas alfa, menos penetrantes, que são bloqueadas com um papel fino, até os raios gama, que exigem uma espessura de chumbo para serem obstruídos. Ele foi o primeiro a usar partículas alfa para pesquisar o reino atômico. Foi também o primeiro a descrever o conceito radioativo de meia-vida e a descobrir que as "partículas alfa" eram núcleos de hélio – átomos isentos de elétrons.

A experiência com o laminado dourado

Em 1909, Rutherford se dispôs a sondar a estrutura da matéria usando partículas alfa. No ano anterior, junto com o alemão Hans Geiger, ele havia desenvolvido as "telas de cintilação" de

Ernest Rutherford

Criado na zona rural da Nova Zelândia, Ernest Rutherford estava trabalhando no campo quando chegou a carta de J. J. Thomson informando que ele havia recebido uma bolsa para a Universidade de Cambridge. Em 1895 ele foi nomeado membro pesquisador dos Laboratórios Cavendish, onde conduziu experiências, junto com Thomson, que o levaram à descoberta do elétron. Em 1898, aos 27 anos, Rutherford assumiu um cargo de professor na Universidade McGill, em Montreal, no Canadá. Foi lá que realizou seu trabalho de radioatividade que lhe rendeu o Nobel de Física em 1908. Rutherford também era um administrador talentoso e durante sua vida chefiou três grandes laboratórios de pesquisas físicas. Em 1907, assumiu uma cadeira no departamento de física da Universidade de Manchester, onde descobriu o núcleo atômico. Em 1919, voltou ao Cavendish, como diretor.

Obras-chave

1902 *The Cause and Nature of Radioactivity, I & II*
1909 *The Nature of the α Particle from Radioactive Substances*

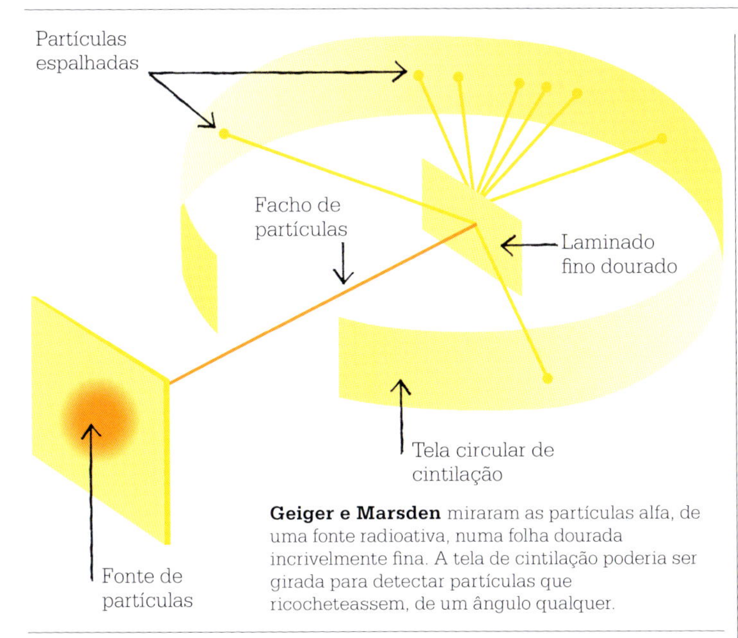

Geiger e Marsden miraram as partículas alfa, de uma fonte radioativa, numa folha dourada incrivelmente fina. A tela de cintilação poderia ser girada para detectar partículas que ricocheteassem, de um ângulo qualquer.

sulfeto de zinco, que possibilitaram a contagem das colisões individuais de partículas alfa, como breves lampejos ou cintilações reluzentes. Com a ajuda do aluno universitário Ernest Marsden, Geiger usaria essas telas para determinar se a matéria era infinitamente divisível ou se os átomos continham elementos básicos fundamentais.

Eles dispararam um facho de partículas alfa de uma fonte de rádio em direção a uma folha dourada extremamente fina, com apenas mil e poucos átomos de espessura. Se os átomos de ouro consistissem numa nuvem difusa de carga positiva com pontos de carga negativa, como estipulava o modelo do pudim de passas, então as partículas alfa sólidas de carga positiva atravessariam diretamente o laminado. A maioria das partículas seria ligeiramente desviada pela interação com os átomos do ouro e seria pulverizada em ângulos rasos.

Geiger e Marsden passaram longas horas sentados no laboratório escuro, olhando os microscópios e contando os minúsculos lampejos de luz, nas telas de cintilação. Então, agindo por instinto, Rutherford os instruiu a posicionar telas que pudessem captar qualquer desvio de ângulos altos, assim como as cintilações já esperadas, de ângulos baixos. Com as novas telas no lugar, eles descobriram que algumas das partículas alfa estavam sendo desviadas em mais de 90° e outras estavam ricocheteando do laminado, de volta ao local de origem. Rutherford descreveu o resultado como o disparo de um projétil de 40 cm, num lenço de papel, que depois ricocheteia.

Foi a coisa mais incrível que aconteceu em minha vida. Foi quase tão incrível como se você disparasse um projétil de 40 cm, num lenço de papel, e ele ricocheteasse e batesse de volta em você.

Ernest Rutherford

O átomo nuclear

Frear partículas alfa pesadas ou desviá-las em ângulos altos só era possível se a carga positiva e a massa do átomo estivessem concentradas em pequeno volume. Diante desses resultados, em 1911 Rutherford publicou sua concepção de estrutura do átomo. O "Modelo Rutherford" é um sistema solar em miniatura, com elétrons orbitando um pequeno núcleo denso de carga positiva. A grande inovação do modelo era o núcleo minúsculo, que forçava a desconfortável conclusão de que o átomo não tem nada de sólido. A matéria, em escala atômica, é primordialmente espaço, governado por energia e força. Isso foi uma ruptura definitiva com as teorias atômicas do século anterior.

Embora o átomo "pudim de passas" de Thomson tenha sido um sucesso instantâneo, o modelo de Rutherford foi amplamente ignorado pela comunidade científica. Suas falhas eram claramente visíveis. Sabia-se bem que cargas elétricas aceleradas emitem energia como radiação eletromagnética. Dessa forma, conforme os elétrons circulam em volta do núcleo – experimentando a aceleração circular que os mantém em suas órbitas –, eles precisam emitir radiação eletromagnética continuamente. Permanentemente perdendo energia ao orbitar, os elétrons entravam em espiral inexorável, ao interior do núcleo. Segundo o modelo de Rutherford, os átomos deveriam ser instáveis, mas não são. »

O átomo quantum

O físico dinamarquês Niels Bohr salvou o modelo do átomo de Rutherford de definhar na obscuridade, ao aplicar novas ideias sobre a quantização da matéria. A revolução do quantum começara em 1900, quando Max Planck havia proposto a quantização da radiação, mas o campo ainda engatinhava em 1913 – e teria de esperar até os anos 1920 por uma estrutura matemática formalizada de mecânica quântica. À época em que Bohr trabalhava nesse problema, a teoria quântica essencialmente consistia em nada além do conceito de Einstein, de que a luz vem em minúsculos "quanta" (pacotes discretos de energia) que hoje chamamos de fótons. Bohr procurou explicar o padrão preciso de absorção e emissão de luz dos átomos. Ele sugeriu que cada elétron fica confinado a órbitas fixas dentro de "cápsulas" atômicas e que os níveis de energia das órbitas são "quantizados" – ou seja, só podem assumir alguns valores específicos.

Nesse modelo orbital, a energia de qualquer elétron individual é intimamente ligada à sua proximidade com o núcleo do átomo. Quanto mais próximo um elétron está do núcleo, menos energia ele tem, mas ele pode ser incitado a níveis maiores de energia pela absorção de radiação eletromagnética de um determinado comprimento de onda. Ao absorver a luz, um elétron salta a uma órbita mais "alta", ou mais externa. Ao atingir esse estado mais alto, o elétron rapidamente cai de volta à órbita de energia mais baixa, liberando um quantum de energia que casa precisamente com o vácuo de energia entre duas orbitais.

Bohr não deu nenhuma explicação quanto ao significado disso ou como poderia ser visualmente – ele simplesmente afirmou que cair da órbita, para dentro do núcleo, era algo impossível para elétrons.

O modelo de Bohr para o átomo era puramente teórico. No entanto, concordava com os experimentos e resolveu muitos problemas associados de modo elegante. A forma como os elétrons tinham de preencher vácuos, em uma ordem rigorosa, afastando-se cada vez mais do núcleo, combinava com o alinhamento de propriedades dos elementos vistos na tabela periódica conforme o número atômico aumenta. Até mais convincente era a maneira como os níveis de energia teórica das cápsulas se encaixavam caprichosamente na "série espectral" – as frequências de luz absorvida e emitida por átomos diferentes. Havia

> Se seu experimento necessita de estatísticas, você deveria ter feito um experimento melhor.
> **Ernest Rutherford**

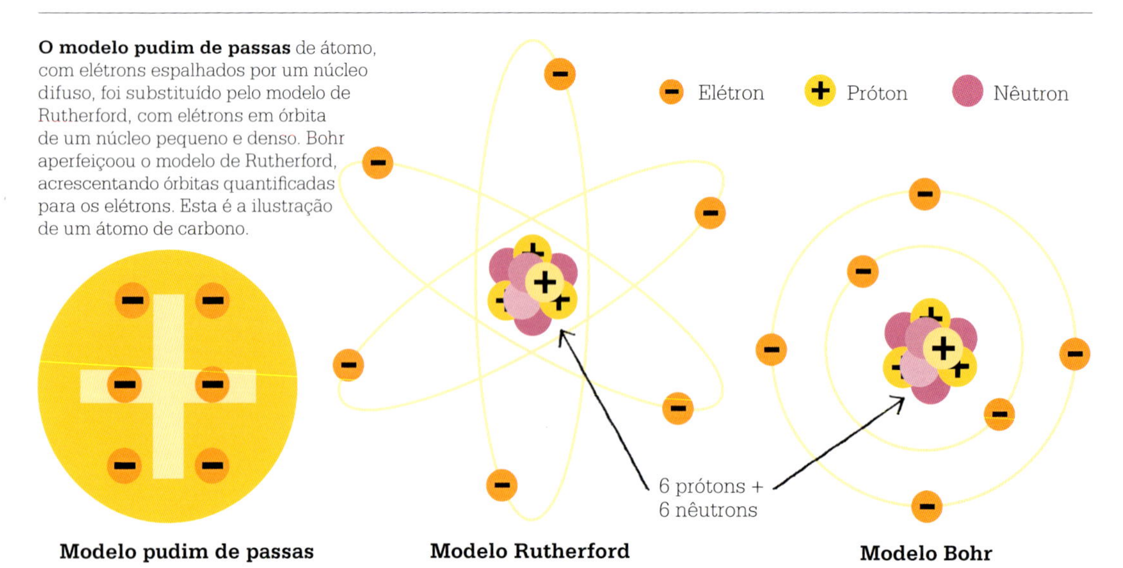

O modelo pudim de passas de átomo, com elétrons espalhados por um núcleo difuso, foi substituído pelo modelo de Rutherford, com elétrons em órbita de um núcleo pequeno e denso. Bohr aperfeiçoou o modelo de Rutherford, acrescentando órbitas quantificadas para os elétrons. Esta é a ilustração de um átomo de carbono.

sido encontrado um meio, havia muito procurado, de casar o eletromagnetismo e a matéria.

Entrando no núcleo

Uma vez que esse desenho do átomo nuclear havia sido aceito, o estágio seguinte era perguntar o que havia dentro do núcleo. Em experimentos relatados em 1919, Rutherford descobriu que fachos de partículas alfa podiam gerar núcleos de hidrogênio a partir de muitos elementos distintos. Havia muito o hidrogênio era reconhecido como o mais simples de todos os elementos e visto como um bloco agregador para todos os outros elementos; portanto, Rutherford propôs que o núcleo do hidrogênio fosse, de fato, sua própria partícula fundamental, o próton.

O avanço seguinte, na estrutura atômica, foi o descobrimento do nêutron por James Chadwick, em 1932, que mais uma vez teve o dedo de Rutherford. Rutherford havia pressuposto a existência do nêutron, em 1920, como meio de compensar o efeito repulsivo de muitos pontos positivos de carga, espremidos em um núcleo minúsculo. Da mesma forma que as cargas se repelem umas às outras, ele teorizava que devia haver outra partícula que, de algum modo, dissipasse a carga ou ligasse os prótons, unindo-os, firmemente. Não havia massa extra nos elementos mais pesados que o hidrogênio, o que poderia ser considerado como uma terceira partícula neutra, mas igualmente maciça e subatômica.

As dificuldades desaparecem ao se presumir que a radiação consiste em partículas de massa 1 e carga 0, ou nêutrons.
James Chadwick

James Chadwick descobriu o nêutron ao bombardear berílio com partículas alfa, de polônio radioativo. As partículas alfa detonaram os nêutrons para fora do berílio. Depois, os nêutrons desalojaram os prótons de uma camada de parafina e esses prótons foram detectados por uma câmara de ionização.

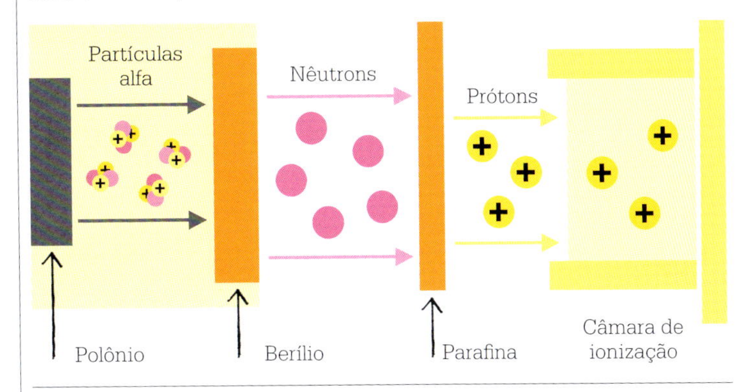

No entanto, o nêutron provou ser difícil de detectar, e foi preciso quase uma década de pesquisa para encontrá-lo. Chadwick estava trabalhando nos Laboratórios Cavendish, sob a supervisão de Rutherford. Orientado por seu mentor, estava estudando um novo tipo de radiação que havia sido descoberto pelos físicos alemães Walther Bothe e Herbert Becker quando eles bombardearam berílio com partículas alfa.

Chadwick duplicou os resultados dos alemães e percebeu que essa radiação penetrante era o nêutron que Rutherford vinha procurando. Uma partícula neutra como o nêutron é muito mais penetrante que uma partícula carregada, como o próton, pois não sente nenhuma repulsão ao passar pela matéria. Contudo, com a massa ligeiramente maior que a de um próton, ele pode facilmente jogar os prótons para fora do núcleo, algo que, de outro modo, só poderia ser feito pela extremamente energética radiação eletromagnética.

Nuvens de elétrons

A descoberta do nêutron completou o panorama do átomo, como núcleo maciço, com elétrons orbitando ao seu redor. Novas descobertas na física quântica viriam aperfeiçoar nossa visão dos elétrons orbitando um núcleo. Modelos modernos de átomos apresentam "nuvens" de elétrons, que representam somente aquelas áreas mais prováveis de encontrarmos um elétron segundo sua função quântica de onda (p. 256).

O quadro ficou bem mais complicado pela descoberta de que nêutrons e prótons não são partículas fundamentais, mas feitos de combinações de partículas menores chamadas quarks. Questões relativas à verdadeira estrutura do átomo ainda são ativamente pesquisadas. ■

A GRAVIDADE É A DISTORÇÃO NO ESPAÇO-TEMPO *CONTINUUM*

ALBERT EINSTEIN (1879-1955)

EM CONTEXTO

FOCO
Física

ANTES
Século XVII A física newtoniana propicia uma descrição de gravidade e movimento, ainda adequada à maioria dos cálculos diários.

1900 Max Planck argumenta, pela primeira vez, que a luz pode consistir de pequenos "lotes" de "quanta" ou energia.

DEPOIS
1917 Einstein usa a relatividade geral para produzir um modelo de universo. Presumindo um universo estático, ele apresenta um fator chamado constante cosmológica para evitar seu colapso teórico.

1971 A dilatação do tempo decorrente da relatividade geral é demonstrada com o voo de relógios atômicos ao redor do mundo em aeronaves a jato.

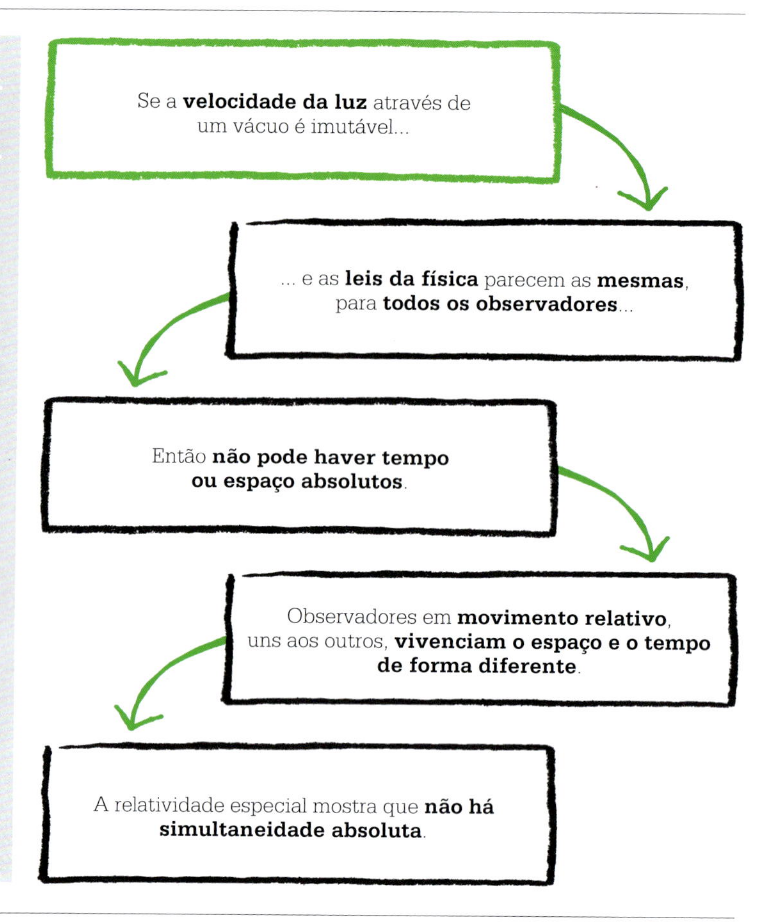

Se a **velocidade da luz** através de um vácuo é imutável...
... e as **leis da física** parecem as **mesmas**, para **todos os observadores**...
Então **não pode haver tempo ou espaço absolutos**.
Observadores em **movimento relativo**, uns aos outros, **vivenciam o espaço e o tempo de forma diferente**.
A relatividade especial mostra que **não há simultaneidade absoluta**.

No ano de 1905, o jornal científico alemão *Annalen der Physik* publicou quatro estudos de um único autor – um físico de 26 anos pouco conhecido chamado Albert Einstein, à época trabalhando no Escritório de Patentes suíço. Juntos, esses estudos viriam a estabelecer a base da física moderna.

Einstein resolveu alguns dos problemas fundamentais que haviam surgido no entendimento científico do mundo físico, no final do século XIX. Um dos estudos de 1905 transformou a compreensão da natureza da luz e energia. O segundo foi uma prova elegante de que um efeito físico longamente observado, chamado movimento browniano, poderia demonstrar a existência dos átomos. O terceiro mostrava a presença de um limite máximo de velocidade do universo e considerava os estranhos efeitos a partir dali, conhecidos como relatividade especial, e o quarto mudou, para sempre, nosso entendimento da matéria, mostrando seu intercâmbio com a energia. Uma década depois, Einstein deu continuidade às implicações desses estudos com uma teoria de relatividade geral que apresentava um novo e mais profundo entendimento da gravidade, espaço e tempo.

Quantizando a luz

O primeiro dos estudos de Einstein, de 1905, abordava um problema de longa data, com o efeito fotoelétrico. Esse fenômeno havia sido descoberto pelo físico alemão Heinrich Hertz, em 1887. Envolvia eletrodos metálicos produzindo um fluxo de eletricidade (ou seja, emitindo elétrons) quando iluminado por determinados comprimentos de ondas de radiação – tipicamente, luz ultravioleta. O princípio por trás da emissão é

Veja também: Christiaan Huygens 50-51 ▪ Isaac Newton 62-69 ▪ James Clerk Maxwell 180-85 ▪ Max Planck 202-05 ▪ Erwin Schrödinger 226-33 ▪ Edwin Hubble 236-41 ▪ Georges Lemaître 242-45

relativamente fácil de descrever, em termos modernos (energia suprida por radiação é absorvida pelos elétrons externos mais afastados, nos átomos da superfície do metal, permitindo que eles se soltem). O quebra-cabeça era que os mesmos materiais teimavam em emitir elétrons quando iluminados por ondas mais longas, independentemente da intensidade da fonte de luz.

Esse era um problema para o clássico entendimento da luz, que presumia que, acima de tudo, a intensidade era o que governava a quantidade de energia liberada por um facho luminoso. Entretanto, o estudo de Einstein aproveitou a ideia de "luz quantizada", recentemente desenvolvida por Max Planck. Einstein mostrou que se o facho de luz é dividido em "quanta de luz" individuais (o que hoje chamamos de fótons), então a energia transportada por cada quantum só depende de seu comprimento de onda – quanto mais curto for o comprimento da onda, mais alta será a energia. Se o efeito fotoelétrico depende da interação entre um elétron e um único fóton, não importa quantos fótons bombardeiem a superfície (ou seja, quão intensa seja a fonte de luz) – se nenhum deles transportar energia suficiente, os elétrons não vão se desprender.

A ideia de Einstein foi rejeitada pelas principais figuras da época, incluindo Planck, mas sua teoria se mostrou correta por experimentos realizados pelo físico americano Robert Millikan, em 1919.

O grande objetivo de toda ciência é cobrir o maior número de fatos empíricos por dedução lógica do menor número de hipóteses ou axiomas.
Albert Einstein

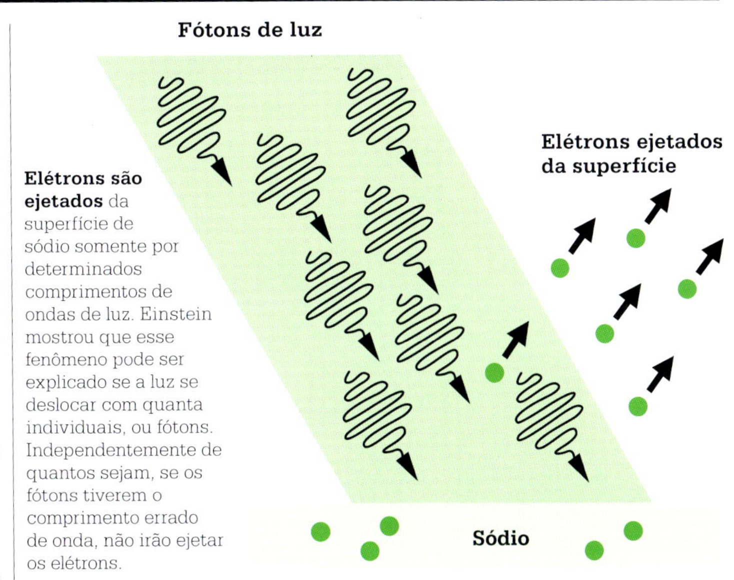

Elétrons são ejetados da superfície de sódio somente por determinados comprimentos de ondas de luz. Einstein mostrou que esse fenômeno pode ser explicado se a luz se deslocar com quanta individuais, ou fótons. Independentemente de quantos sejam, se os fótons tiverem o comprimento errado de onda, não irão ejetar os elétrons.

Relatividade especial

O maior legado de Einstein nasceu do terceiro e quarto estudos de 1905, que também envolviam uma importante reconceituação da verdadeira natureza da luz. Desde o final do século XIX, físicos enfrentaram uma crise em suas tentativas de entender a velocidade da luz. Seu valor aproximado vinha sendo conhecido e calculado com uma precisão cada vez maior desde o século XVII, embora as equações de James Clerk Maxwell tivessem demonstrado que a luz visível é apenas uma manifestação de um espectro mais amplo de ondas eletromagnéticas e todas devem se deslocar pelo universo em uma única velocidade.

Desde que a luz foi compreendida como uma onda transversa presumiu-se que se propagava através de um meio, da mesma forma que as ondas de água se propagam na superfície de um lago. As propriedades dessa substância hipotética, conhecida como "éter luminoso", dariam origem às propriedades observadas das ondas eletromagnéticas e, como elas não podiam se alterar de um lugar para outro, dariam um padrão absoluto para o restante.

Uma consequência esperada do éter fixo era que a velocidade da luz de objetos distantes deveria variar, dependendo do movimento relativo da fonte e do observador. Por exemplo, a velocidade da luz de uma estrela distante deveria variar » significativamente, dependendo se fosse observada de um lado da órbita da Terra conforme nosso planeta se distanciasse dela, a 30 km/s, ou do lado oposto, quando o observador estivesse se deslocando em direção a ela em velocidade semelhante.

Medir o movimento da Terra através do éter se tornou uma obsessão para os físicos do final do século XIX. Tal medição era a única forma de confirmar a existência dessa substância misteriosa, mas a prova continuava a ser evasiva. Por mais preciso que fosse o equipamento de medição, a luz sempre parecia se mover à mesma velocidade. Em 1887, os físicos americanos Albert Michelson e Edward Morley elaboraram um experimento engenhoso para medir com alta precisão o chamado "vento éter", porém mais uma vez não encontraram provas de sua existência. O resultado negativo para a experiência de Michelson-Morley abalou a crença na existência do éter, e resultados semelhantes, dos que tentaram repetir, nas décadas seguintes, só intensificaram a sensação de crise.

O terceiro estudo de Einstein, de 1905, *Sobre a eletrodinâmica de corpos em movimento*, confrontou o problema. A relatividade especial, como ficou conhecida sua teoria, foi desenvolvida de uma aceitação de dois postulados simples – que a luz se desloca através de um vácuo, com velocidade fixa independente do movimento de sua fonte, e que as leis da física devem parecer as mesmas para os observadores em todos os quadros referenciais inerciais, ou seja, os que não estiverem sujeitos às forças externas como a aceleração. Einstein sem dúvida foi ajudado, ao aceitar o primeiro postulado, por sua prévia aceitação da natureza quântica da luz – conceitualmente, quanta de luz são frequentemente imaginados como pequenos lotes contendo energia eletromagnética capaz de se deslocar através do vácuo do espaço com propriedades semelhantes a partículas, embora ainda conservem suas características de onda.

Massa e energia são manifestações da mesma coisa.
Albert Einstein

Ao aceitar esses dois postulados, Einstein considerou as consequências para o restante da física e a mecânica, em particular. Para que as leis da física se portassem da mesma forma em todos os quadros referenciais inertes, elas teriam de parecer diferentes quando vistas de um quadro para outro. Somente o deslocamento relativo interessava, e quando o deslocamento relativo entre dois quadros distintos se aproximava da velocidade da luz (chamadas velocidades "relativísticas"), coisas estranhas começaram a acontecer.

O fator Lorentz

Embora o estudo de Einstein não tivesse feito nenhuma referência formal a outras publicações científicas, ele mencionou o trabalho de um punhado de outros cientistas contemporâneos, pois Einstein certamente não era a única pessoa trabalhando na direção de uma solução não convencional para a crise do éter. Talvez o mais expressivo dentre esses tenha sido o físico holandês Hendrik Lorentz, cujo "Fator Lorentz" foi a essência da

Albert Einstein

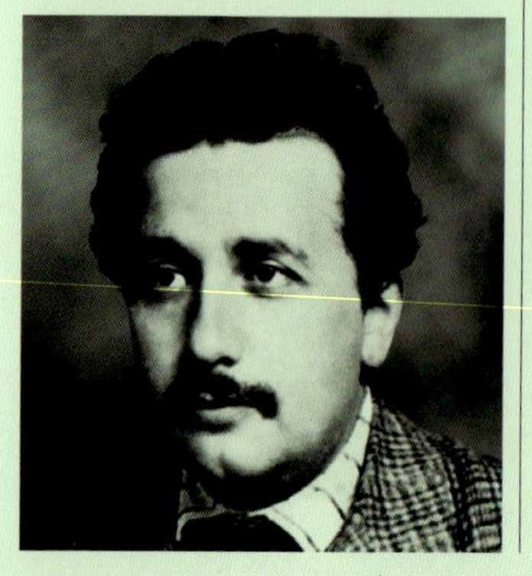

Nascido na cidade de Ulm, no sul da Alemanha, em 1879, Einstein teve uma formação de ensino médio um tanto conturbada, e acabou indo estudar na Zurich Polytechnic para se tornar professor de matemática. Sem conseguir encontrar trabalho como professor, aceitou um emprego do Escritório de Patentes suíço, em Berna, onde tinha tempo de sobra para desenvolver os estudos que publicou em 1905. Ele atribuiu o sucesso desse trabalho ao fato de jamais ter perdido sua curiosidade infantil.

Em seguida à demonstração da relatividade geral, Einstein foi lançado ao estrelato. Continuou a pesquisar as implicações de seu trabalho anterior, contribuindo para inovações na teoria quântica. Em 1933, temendo a ascensão do partido Nazista, Einstein preferiu não regressar à Alemanha de uma viagem ao exterior e acabou se estabelecendo na Universidade Princeton, nos Estados Unidos.

Obras-chave

1905 ***Sobre um ponto de vista heurístico a respeito da produção e transformação da luz***
1915 ***Teoria da gravitação generalizada***

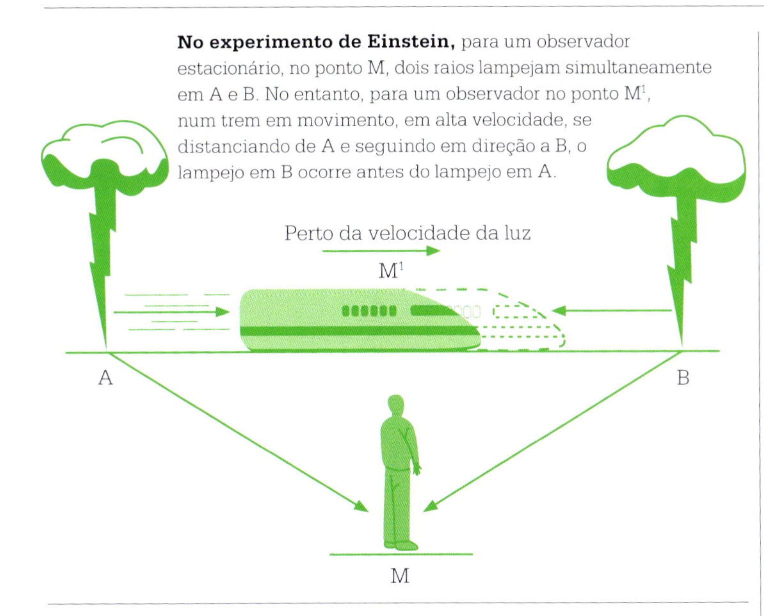

No experimento de Einstein, para um observador estacionário, no ponto M, dois raios lampejam simultaneamente em A e B. No entanto, para um observador no ponto M^1, num trem em movimento, em alta velocidade, se distanciando de A e seguindo em direção a B, o lampejo em B ocorre antes do lampejo em A.

descrição de Einstein sobre a física próxima à velocidade da luz. Ela é definida matematicamente assim:

$$\frac{1}{\sqrt{1 - v^2 / c^2}}$$

Lorentz desenvolveu essa equação para descrever as mudanças nas medidas do tempo e comprimento exigidas para ajustar as equações de Maxwell de eletromagnetismo ao princípio de relatividade. Foi crucial para Einstein, já que lhe forneceu um termo para transformar resultados como vistos por um observador, para mostrar o que parecem para outro observador, em movimento relativo ao primeiro observador. No termo citado acima, o *v* é a velocidade de um observador comparado a outro, e o *c* é a velocidade da luz. Na maioria das situações, *v* será bem pequeno quando comparado a *c*, portanto v^2/c^2 será próximo de zero, e o Fator Lorentz perto de 1, significando que isso praticamente não faz diferença nos cálculos.

O trabalho de Lorentz havia sido recebido friamente, mais por não poder ser incorporado à teoria-padrão do éter. Einstein abordou o problema de outra direção, mostrando que o Fator Lorentz levantava uma consequência inevitável do princípio de relatividade especial e a revisão do verdadeiro significado da medição de intervalos de tempo e distância. Um importante resultado foi a percepção de que os acontecimentos que pareciam simultâneos para um observador em um quadro referencial não eram, necessariamente, para alguém em outro quadro de referência (fenômeno conhecido como relatividade de simultaneidade). Einstein também mostrou como, a partir do ponto de vista de um observador distante, a extensão dos objetos em movimento, em sua direção de deslocamento, ficava comprimida à medida que se aproximavam da velocidade da luz, segundo uma equação simples, norteada pelo Fator Lorentz. Ainda mais estranho, o tempo parece passar mais devagar, quando medido do quadro referencial do observador.

Ilustrando a relatividade

Einstein ilustrou a relatividade especial nos pedindo que pensássemos que em dois quadros referenciais em movimento relativo, um ao outro: um trem em movimento e uma barragem ao seu lado. Dois lampejos de raios, nos pontos A e B, parecem ocorrer simultaneamente, para um observador em pé, na barragem, num ponto central entre eles, o M. Um observador no trem está na posição M^1, num quadro referencial diferente. Quando ocorrem os lampejos, M^1 pode estar passando bem ao lado de M. Porém, até que a luz tenha alcançado o observador no trem, o trem já se deslocou em direção ao ponto B, se distanciando do ponto A. Como Einstein colocava, o observador está "viajando à frente do facho de luz que vem do A". O observador no trem conclui que o raio que atingiu o ponto B ocorreu antes do que caiu no ponto A. Agora Einstein insiste que: "A menos que nos digam a que corpo referencial se refere a afirmação do tempo, não há sentido na afirmação da hora de um acontecimento". Tanto o tempo como a posição são conceitos relativos.

Equivalência de massa-energia

O último dos estudos de Einstein, de 1905, foi chamado *A inércia de um corpo depende de seu conteúdo de energia?* Suas três breves páginas discorrem sobre uma ideia mencionada no estudo anterior – que a massa de um corpo é a medida de sua energia. Aqui, Einstein demonstrou que, se um corpo irradia uma determinada quantidade de energia (E), na forma de radiação eletromagnética, sua massa vai diminuir no equivalente a E/c^2. Essa equação é facilmente reescrita para mostrar que a energia de uma partícula estacionária dentro de um » quadro referencial específico é dada pela equação $E = mc^2$. Esse princípio de "equivalência massa-energia" viria a se tornar a pedra angular da ciência do século XX, com aplicações que variam da cosmologia à física nuclear.

Campos de gravitação

Embora os estudos de Einstein, naquele *annus mirabilis,* inicialmente tenham parecido obscuros demais para causar grande impacto fora do ilustre mundo da física, eles o alçaram à fama dentro daquela comunidade. Ao longo dos anos seguintes, muitos cientistas chegaram à conclusão de que a relatividade especial descrevia melhor o universo do que a desacreditada teoria do éter, e elaboraram experimentos que demonstraram efeitos relativistas em ação. Nesse ínterim, Einstein já estava passando a novos desafios, estendendo os princípios que ele agora estabelecera de modo a considerar situações "não inertes" – as que envolvem aceleração e desaceleração.

Ainda no início de 1907, Einstein tinha se deparado com a ideia de que uma situação de "queda livre", sob a influência da gravidade, é igual a uma situação inerte – princípio da equivalência. Em 1911 ele percebeu que um quadro referencial estacionário influenciado por um campo gravitacional é equivalente a um submetido à aceleração constante. Einstein ilustrou essa ideia imaginando uma pessoa em pé, num elevador lacrado, no espaço vazio. O elevador está sendo acelerado a uma direção, por um foguete. A pessoa sente a força empurrando para cima, a partir do chão, e empurra de volta, contra o chão, com força igual e oposta, segundo a Terceira Lei de Newton. Einstein percebeu que a pessoa no elevador se sentiria exatamente como se estivesse em pé, parada, num campo gravitacional.

Em um elevador submetido a aceleração constante, um facho de luz disparado num ângulo perpendicular à aceleração seria desviado a um trajeto curvo e Einstein ponderou que o mesmo ocorreria em um campo gravitacional. Era esse efeito de gravidade na luz – conhecido como lente gravitacional – que viria a demonstrar, pela primeira vez, a relatividade geral.

Einstein considerou o que isso dizia sobre a natureza da gravidade. Em particular, previu que efeitos relativistas, como a dilatação do tempo,

Nossa **experiência de gravidade** é equivalente à de estar dentro de um quadro referencial de **constante aceleração**.

↓

A aceleração pode ser explicada por uma **distorção** nas **variações do espaço-tempo**.

↓

Se **objetos com massa** distorcem o espaço-tempo, isso explica sua atração gravitacional.

↓

A relatividade geral explica a gravidade como uma distorção da variação espaço-tempo.

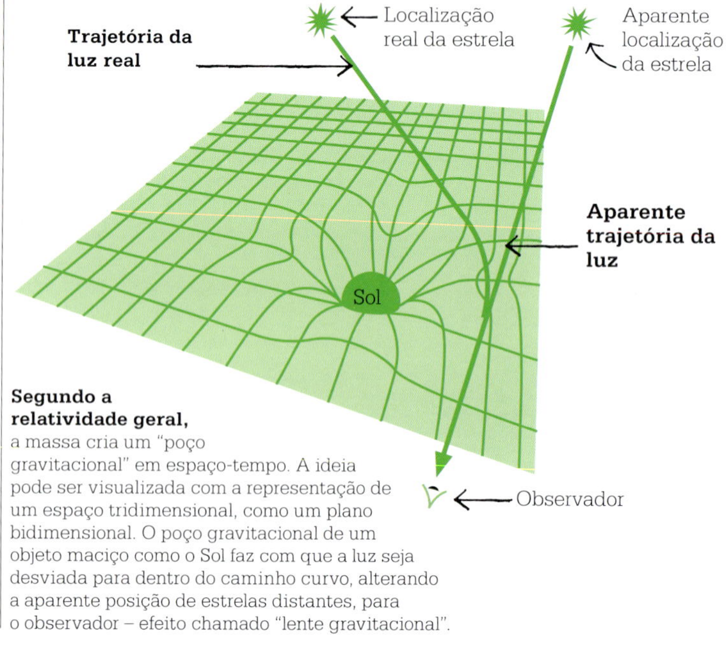

Segundo a relatividade geral, a massa cria um "poço gravitacional" em espaço-tempo. A ideia pode ser visualizada com a representação de um espaço tridimensional, como um plano bidimensional. O poço gravitacional de um objeto maciço como o Sol faz com que a luz seja desviada para dentro do caminho curvo, alterando a aparente posição de estrelas distantes, para o observador – efeito chamado "lente gravitacional".

As fotografias de Arthur Eddington, de um eclipse solar em 1919, deram a primeira prova da relatividade geral. Estrelas ao redor do Sol pareciam fora do lugar, exatamente como Einstein havia previsto.

devem ocorrer em campos gravitacionais fortes. Quanto mais perto um relógio estiver de uma fonte de gravitação, mais lentamente ele irá andar. Esse efeito permaneceu puramente teórico por muitos anos, mas agora foi confirmado com o uso de relógios atômicos.

Multiplicidade espaço-tempo

Enquanto isso, também em 1907, o ex-tutor de Einstein, Hermann Minkowski, havia se deparado com outra parte importante do quebra-cabeça. Considerando as compensações eficazes entre as dimensões de espaço e tempo envolvidas na relatividade especial, desenvolveu a ideia de combinar as três dimensões de espaço com uma de tempo, em uma variação de espaço-tempo. Na interpretação de Minkowski, os efeitos relativistas de movimento observam a variação em um quadro referencial diferente.

Em 1915, Einstein publicou sua teoria de relatividade geral completa. Em seu formato concluído, ela não era nada menos que uma nova descrição da natureza do espaço, tempo, matéria e gravidade. Adotando as ideias de Minkowski, Einstein viu "o negócio do universo", como uma variação de espaço-tempo que poderia ser distorcida, graças ao movimento relativista, mas também podia ser deturpado pela presença de grandes massas como as estrelas e os planetas, de um modo vivenciado como gravidade. As equações que descreviam o elo entre massa, distorção e gravidade eram de uma complexidade diabólica, mas Einstein usou uma aproximação para resolver um mistério de longa data – a forma como, na maior aproximação de Mercúrio do Sol (afélio), ele se move, ou gira ao redor do Sol com muito mais rapidez do que previsto pela física newtoniana. A relatividade geral resolveu a charada.

Lente gravitacional

Einstein publicou numa época em que boa parte do mundo era varrida pela Primeira Guerra, e os cientistas que falavam inglês tinham outras coisas em mente. A relatividade geral era uma teoria complexa e talvez caísse na obscuridade, por muitos anos, não fosse pelo interesse de Arthur Eddington, um consciente oponente à guerra e, por acaso, secretário da Royal Astronomical Society.

Eddington tomou conhecimento do trabalho de Einstein graças às cartas do físico holandês Willem de Sitter e logo se tornou seu maior defensor, na Inglaterra. Em 1919, alguns meses depois do fim da guerra, Eddington liderou uma expedição à ilha de Príncipe, perto da costa africana, para testar a teoria de relatividade geral e sua previsão de lente gravitacional nas circunstâncias mais espetaculares. Einstein havia previsto, ainda em 1911, que um eclipse solar total permitiria que os efeitos da lente gravitacional fossem vistos, na forma de estrelas aparentemente fora do lugar, ao redor do disco do eclipse (um resultado da luz sendo desviada, ao passar pelo espaço-tempo distorcido ao redor do Sol). A expedição de Eddington apresentou imagens impressionantes do eclipse solar e provas convincentes da teoria de Einstein. Quando publicadas no ano seguinte, elas causaram sensação ao redor do mundo, alçando Einstein à fama global e garantindo que nossa ideia sobre a natureza do universo nunca mais fosse a mesma. ■

OS CONTINENTES FLUTUANTES DA TERRA SÃO PEÇAS GIGANTES DE UM QUEBRA-CABEÇA EM ETERNA MUTAÇÃO

ALFRED WEGENER (1880-1930)

EM CONTEXTO

FOCO
Ciência da Terra

ANTES
1858 Antonio Snider-Pellegrini faz um mapa das Américas unidas à Europa e África, para esclarecer fósseis idênticos encontrados em lados opostos do oceano Atlântico.

1872 O geógrafo francês Élisée Reclus propõe que o movimento dos continentes causou a formação dos oceanos e cadeias montanhosas.

1885 Eduard Suess sugere que os continentes meridionais foram um dia ligados por pontes terrestres.

DEPOIS
1944 O geógrafo britânico Arthur Holmes propõe as correntes de convecção no manto terrestre como mecanismo que desloca a crosta para a superfície.

1960 O geólogo americano Harry Hess afirma que o solo marinho empurra e afasta os continentes.

Em 1912, o meteorologista alemão Alfred Wegener combinou várias vertentes de provas para levar adiante a teoria da deriva continental, que sugeria que os continentes da Terra um dia foram unidos, mas se distanciaram ao longo de milhões de anos. Os cientistas só aceitaram depois de desvendarem a causa de deslocamentos terrestres tão vastos.

Olhando os primeiros mapas do Novo Mundo e da África, Francis Bacon notou que, em 1620, a costa leste das Américas era ligeiramente paralela ao litoral da Europa e da África. Isso levou os cientistas a investigar se essas massas terrestres haviam sido unidas, desafiando os conceitos convencionais de um planeta sólido e imutável.

Em 1858, o geógrafo Antonio Snider--Pellegrini, baseado em Paris, mostrou que fósseis de plantas semelhantes haviam sido encontrados em ambos os lados do Atlântico, datando desde a Era Carbonífera, 359-299 milhões de anos antes.

A costa leste da América do Sul se **encaixa** na costa oeste da África, como duas **imensas peças de um quebra-cabeça**.

Fósseis animais e de plantas semelhantes são achados na América do Sul e na África.

Formações rochosas semelhantes são encontradas na América do Sul e na África.

Um dia os continentes devem ter formado uma **única massa terrestre**.

Os continentes flutuantes da Terra são peças gigantes de um quebra-cabeça em eterna mutação.

Veja também: Francis Bacon 45 ▪ Nicolas Steno 55 ▪ James Hutton 96-101 ▪ Louis Agassiz 128-29 ▪ Charles Darwin 142-49

Ele fez mapas mostrando como os continentes americano e africano podem, um dia, ter sido encaixados e atribuiu sua separação ao Dilúvio bíblico. Quando fósseis da samambaia *Glossopteris* foram encontrados na América do Sul, na Índia e na África, o geólogo australiano Eduard Suess argumentou que os continentes devem ter evoluído a uma única grande massa terrestre. Afirmou que os continentes meridionais foram um dia ligados por pontes terrestres cruzando o mar, formando um supercontinente que chamou de Gondwanaland.

Wegener encontrou mais exemplos de organismos semelhantes, separados por oceanos, e também cadeias montanhosas e depósitos glaciais parecidos. Em lugar das primeiras ideias, de que porções de um supercontinente haviam afundado sob as ondas, ele achou que o continente podia ter se cindido. Entre 1912 e 1929, expandiu essa teoria. Seu supercontinente – Pangaea – juntou a Gondwanaland de Suess aos continentes setentrionais da América do Norte e Eurásia. Wegener datou fragmentos de sua massa terrestre única, ao final da Era Mesozoica, 150 milhões de anos atrás, e apontou o Great Rift Valley, na África, como prova para a cisão continental em curso.

Em busca de um mecanismo

A teoria de Wegener foi criticada por geofísicos, por não explicar como os continentes se deslocam. No entanto, nos anos 1950, novas técnicas geofísicas revelaram uma riqueza de novos dados. Estudos do campo magnético passado da Terra indicaram que os antigos continentes tinham um posicionamento diferente em relação aos polos. O mapeamento do leito marinho, feito por sonar, revelou sinais de formações mais recentes no fundo do mar. Descobriu-se que isso ocorre em sulcos mesoceânicos, assim como rocha derretida irrompe pelas fendas da crosta da Terra e se espalha dos sulcos à medida que novas rochas irrompem.

Em 1960, Harry Hess percebeu que, ao se espalhar, o solo marinho fornecia o mecanismo para a deriva continental e apresentou sua teoria de placas tectônicas. A crosta terrestre é feita de placas gigantes que se deslocam continuamente conforme as correntes de convecção do manto abaixo trazem novas rochas à superfície, e é a formação e destruição da crosta oceânica que levam ao deslocamento dos continentes. Essa teoria não somente vingou Wegener, mas é a base da geologia moderna. ■

Pangaea, 200 milhões de anos atrás

75 milhões de anos atrás

Hoje

O supercontinente de Wegener é apenas um em uma longa série. Os geólogos acham que os continentes podem estar convergindo para outro supercontinente em 250 milhões de anos.

Alfred Wegener

Nascido em Berlim, Alfred Lothar Wegener obteve doutorado em astronomia pela Universidade de Berlim, em 1904, mas logo se interessou mais pela ciência terrestre. Entre 1906 e 1930, fez quatro viagens à Groenlândia, como parte de seus pioneiros estudos meteorológicos das massas de ar do Ártico. Ele usou balões meteorológicos para rastrear a circulação do ar e coletou amostras do fundo do gelo, como provas do clima passado. Em 1912, em meio a essas expedições, Wegener desenvolveu sua teoria de deriva continental e publicou um livro, em 1915. Produziu edições revisadas e ampliadas em 1920, 1922 e 1929, mas se frustrou pela falta de reconhecimento ao seu trabalho. Em 1930, Wegener liderou uma quarta expedição à Groenlândia, na expectativa de coletar provas para embasar sua teoria de deriva. Em 1º de novembro, dia do seu aniversário de 50 anos, partiu pelo gelo em busca dos suprimentos tão necessários, mas morreu antes de chegar ao acampamento.

Obra-chave

1915 *A origem de continentes e oceanos*

CROMOSSOMOS TÊM SEU PAPEL NA HEREDITARIEDADE

THOMAS HUNT MORGAN (1866-1945)

EM CONTEXTO

FOCO
Biologia

ANTES
1866 Gregor Mendel descreve a hereditariedade, concluindo que as características herdadas são controladas por partículas discretas, depois denominadas genes.

1900 O botânico holandês Hugo de Vries reafirma as leis de Mendel.

1902 Theodor Boveri e Walter Sutton isoladamente concluem ser os cromossomos envolvidos na hereditariedade.

DEPOIS
1913 Alfred Sturtevant, aluno de Morgan, elabora o "mapa" genético da mosquinha-das-frutas.

1930 Barbara McClintock descobre que os genes podem mudar de posição nos cromossomos.

1953 O modelo de DNA de dupla hélice, de James Watson e Francis Crick, explica como a informação genética é passada durante a reprodução.

Quando as células se dividem, seus **cromossomos** se cindem e replicam de modo a **igualar o surgimento de características herdadas**.

Isso sugere que os **genes** que controlam essas características **atuam nos cromossomos**.

Algumas características dependem **do sexo do organismo**, portanto precisam ser controladas pelos cromossomos que determinam o sexo.

Cromossomos têm um papel na hereditariedade.

Durante o século XIX, biólogos observando as células se dividindo, no microscópio, notaram o surgimento de pequenos pares de fiapos em cada núcleo das células. Esses fiapos podiam ser tingidos por corantes para observação e passaram a ser chamados cromossomos, significando "corpos coloridos". Os biólogos logo começaram a imaginar se cromossomos tinham algo a ver com hereditariedade.

Em 1910, experimentos realizados pelo geneticista americano Thomas Hunt Morgan viriam a confirmar os papéis dos genes e cromossomos na hereditariedade, explicando a evolução em nível molecular.

Partículas herdadas

Até o final do século XX, os cientistas haviam traçado os movimentos precisos na divisão celular e notado que o número de cromossomos variava entre as espécies, mas que no corpo das células da mesma espécie esse número era geralmente o mesmo. Em 1902, o biólogo alemão Theodor Boveri, tendo estudado a fertilização de um ouriço-do-mar, concluiu que os cromossomos de um

Veja também: Gregor Mendel 166-71 ▪ Barbara McClintock 271 ▪ James Watson e Francis Crick 276-83 ▪ Michael Syvanen 318-19

organismo tinham de estar presentes no conjunto completo para que um embrião se desenvolvesse apropriadamente. Mais tarde, naquele mesmo ano, um aluno americano chamado Walter Sutton concluiu, de seu trabalho com gafanhotos, que os cromossomos talvez até espelhassem as "partículas de hereditariedade" propostas por Gregor Mendel, em 1866.

Mendel fizera experiências exaustivas no cruzamento de ervilhas e, em 1866, sugeriu que suas características herdadas eram determinadas por partículas discretas. Quatro décadas depois, para testar a ligação entre cromossomos e a teoria de Mendel, Morgan embarcou numa pesquisa que combinaria os experimentos de cruzamento com a microscopia moderna, no que ficou conhecido como "Fly Room" (sala das moscas), na Universidade Columbia, em Nova York.

De ervilhas à mosquinha-das-frutas

As mosquinhas-das-frutas (*Drosophila*) são insetos quase do tamanho de mosquitos que podem ser criados em pequenos vidros e podem produzir uma geração seguinte – com muitas progênies – em apenas 10 dias. Isso tornou a mosquinha-das-frutas ideal para o estudo da hereditariedade. A equipe de Morgan isolou e cruzou moscas com características específicas, depois analisou as proporções de variações nas progênies – exatamente como Mendel fizera com suas ervilhas.

Morgan finalmente confirmou os resultados de Mendel, depois de avistar um macho de olhos brancos, em vez dos habituais olhos vermelhos. O cruzamento de um macho de olhos brancos com uma fêmea de olhos vermelhos produzia apenas progênies de olhos vermelhos, o que sugeria que o vermelho era um traço dominante e o branco era recessivo. Quando essas progênies eram cruzadas, um em cada quatro, na geração seguinte, tinha olhos brancos e era sempre macho. O "gene branco" tinha de estar ligado ao sexo. Quando surgiram outros traços ligados ao sexo, Morgan concluiu que todos esses traços tinham de ser herdados em conjunto e os genes responsáveis por eles tinham de ser passados adiante pelo cromossomo que determina o sexo. As fêmeas tinham um par de cromossomos X, enquanto os machos tinham um X e um Y. Durante a reprodução, a progênie herda o X da mãe e um X ou um Y do pai. O "gene branco" é levado pelo X.

Trabalhos adicionais levaram Morgan ao conceito de que genes específicos não apenas estavam localizados em cromossomos específicos, mas ocupavam posições particulares neles. Isso originou a ideia de que os cientistas poderiam "mapear" os genes de um organismo. ■

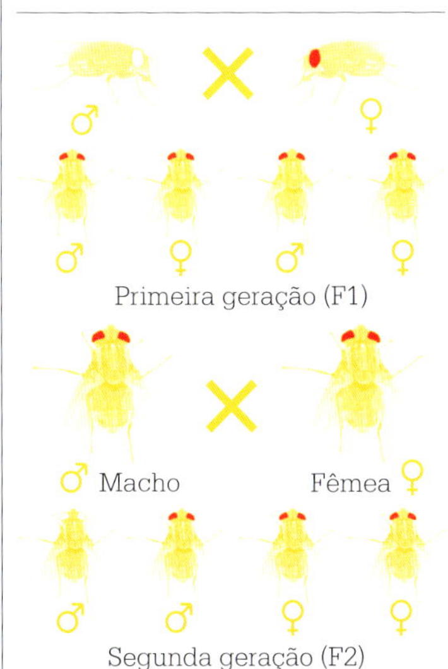

O cruzamento de mosquinhas-das-frutas, mostra como o traço do olho branco passou somente a alguns machos, através do cromossomo do sexo.

Thomas Hunt Morgan

Nascido em Kentucky, EUA, Thomas Hunt Morgan estudou zoologia, antes de estudar o desenvolvimento dos embriões. Ao se transferir para a Universidade Columbia, em Nova York, em 1904, começou a focar o mecanismo da hereditariedade. Inicialmente cético quanto às conclusões de Mendel e até de Darwin, ele dedicou seu empenho ao cruzamento de moscas para testar suas ideias sobre genética. Seu sucesso com a mosquinha-das-frutas levaria muitos pesquisadores a usá-las em experiências genéticas.

As observações de Morgan das mutações estáveis herdadas pela mosquinha-das-frutas acabaram por levá-lo a perceber que Darwin estava certo e, em 1915, ele publicou um trabalho explicando como a hereditariedade funcionava segundo as leis de Mendel. Morgan continuou sua pesquisa no California Institute of Technology (Caltech) e, em 1933, foi agraciado com um Prêmio Nobel de Genética.

Obras-chave

1910 *Sex-limited Inheritance in* Drosophila
1915 *The Mechanism of Mendelian Heredity*
1926 *The Theory of the Gene*

PARTÍCULAS COM PROPRIEDADES SEMELHANTES A ONDULAÇÕES

ERWIN SCHRÖDINGER (1887-1961)

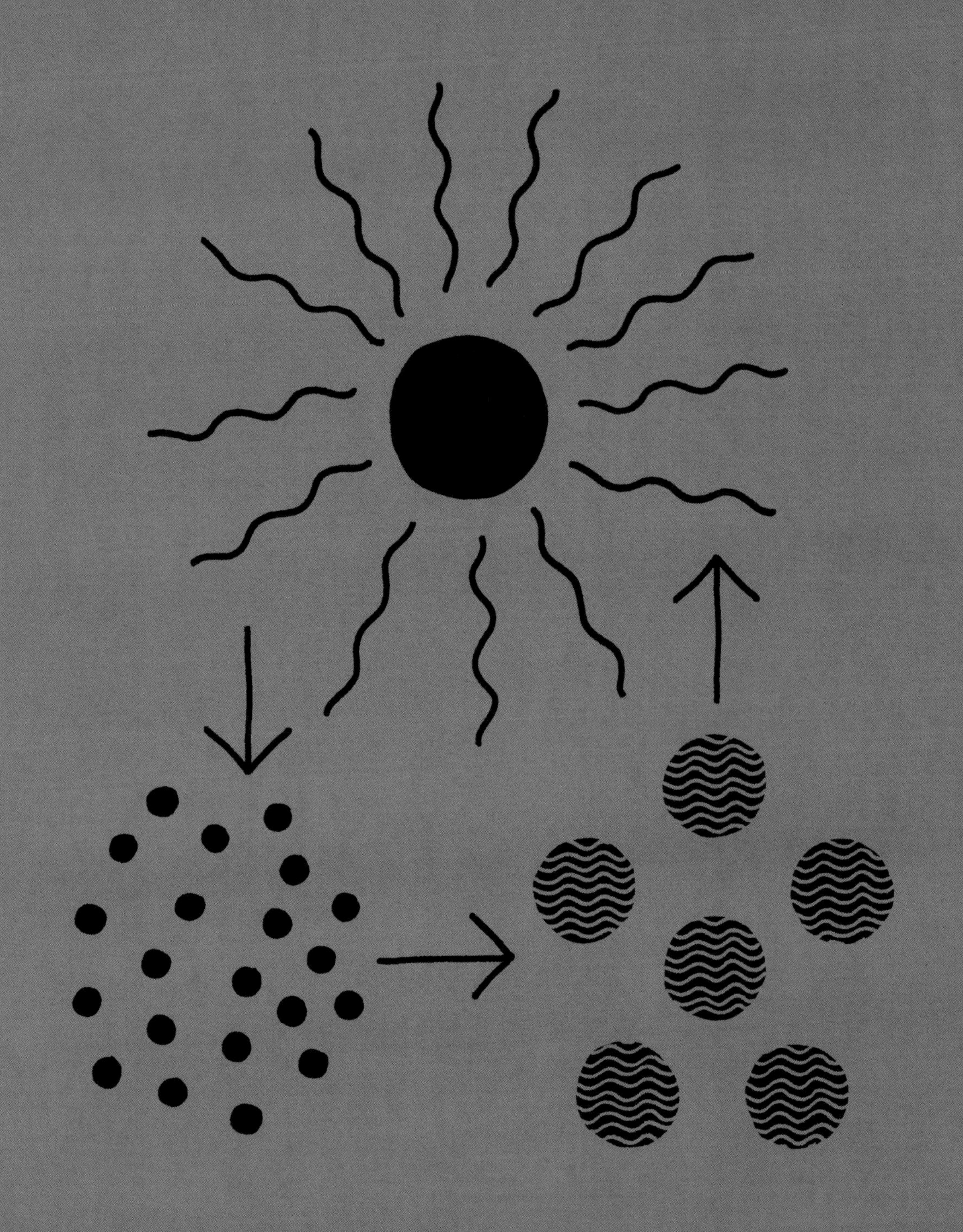

EM CONTEXTO

FOCO
Física

ANTES
1900 Uma crise no entendimento da luz inspira Max Planck a encontrar uma solução teórica que trate a luz como lotes quantizados de energia.

1905 Albert Einstein demonstra a realidade da luz quantizada de Planck, através de sua explicação do efeito fotoelétrico.

1913 O modelo de átomo de Niels Bohr utiliza a ideia de que elétrons se deslocando entre níveis de energia, dentro de um átomo, emitem ou absorvem quanta (fótons) individuais de luz.

DEPOIS
Anos 1930 O trabalho de Schrödinger, junto com o de Paul Dirac e Werner Heisenberg, forma a base da física moderna de partículas.

Erwin Schrödinger foi uma figura-chave no avanço da física quântica – a ciência que explica os minúsculos níveis de matéria subatômica. A grande estrela de sua contribuição foi uma equação que mostrava como as partículas se moviam em ondas. Ela formou a base da atual mecânica quântica e revolucionou nossa forma de ver o mundo. Mas essa revolução não foi repentina. O processo de descoberta foi longo, com muito pioneiros pelo caminho.

A teoria quântica foi originalmente limitada ao entendimento da luz. Em 1900, como parte de uma tentativa para resolver um problema aflitivo na física teórica, conhecido como "catástrofe ultravioleta", o físico alemão Max Planck propôs tratar a luz como se ela viesse em discretos lotes de quanta, ou energia. Albert Einstein deu o passo seguinte, argumentando que os quanta de luz eram mesmo um fenômeno físico real.

O físico dinamarquês Niels Bohr sabia que a ideia de Einstein expressava algo fundamental sobre a natureza da luz e dos átomos e, em 1913, usou-a para resolver um antigo problema – a precisão nos comprimentos de ondas de luz emitidas quando certos elementos eram aquecidos. Ao modelar a estrutura do átomo com elétrons orbitando em discretas "cápsulas", cuja distância do núcleo determinava sua energia, Bohr conseguiu explicar a emissão do espectro (distribuição de ondas de luz) de átomos, em termos de fótons de energia emitida, conforme os elétrons saltavam entre as órbitas. No entanto, o modelo de Bohr carecia de uma explicação teórica e só podia prever as emissões de hidrogênio, o mais simples de todos os átomos.

Átomos ondulantes?

A ideia de Einstein tinha dado um novo sopro de vida na antiga teoria da luz como correntes de partículas, embora tivesse sido provado, através da experiência de dupla fenda de Thomas Young, que a luz também se comporta como uma onda. O enigma de como a luz poderia ser tanto uma partícula quanto uma onda ganhou nova guinada em 1924, com um aluno

Em 1927 ocorreu uma reunião dos grandes, na Solvay Conference de física, em Bruxelas. Dentre outros, estão: **1**. Schrödinger, **2**. Pauli, **3**. Heisenberg, **4**. Dirac, **5**. De Broglie, **6**. Born, **7**. Bohr, **8**. Planck, **9**. Curie, **10**. Lorentz, **11**. Einstein.

Veja também: Thomas Young 110-11 ▪ Albert Einstein 214-21 ▪ Werner Heisenberg 234-35 ▪ Paul Dirac 246-47 ▪ Richard Feynman 272-73 ▪ Hugh Everett III 284-85

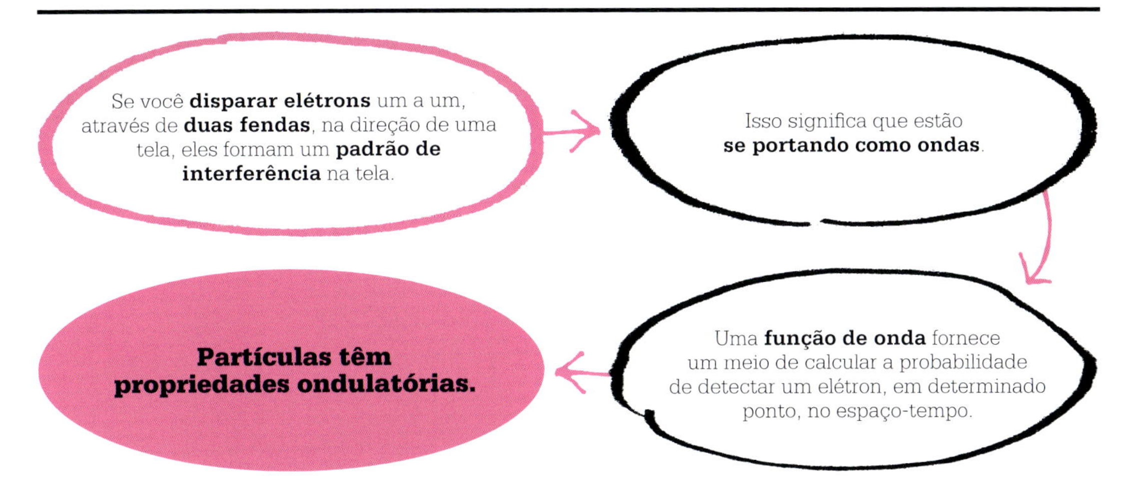

francês de PhD, Louis de Broglie, cuja sugestão levou a revolução do quantum a uma nova e drástica fase. De Broglie não somente demonstrou, com uma simples equação, como as partículas podiam igualmente ser ondas no mundo subatômico, mas também mostrou como qualquer objeto, de qualquer massa, poderia se portar como onda até determinado ponto. Ou seja, se as ondas de luz tinham propriedades ondulatórias, então as partículas de matéria – como os elétrons – tinham de possuir propriedades ondulatórias.

Se você **disparar elétrons** um a um, através de **duas fendas**, na direção de uma tela, eles formam um **padrão de interferência** na tela.
Isso significa que estão **se portando como ondas**.
Uma **função de onda** fornece um meio de calcular a probabilidade de detectar um elétron, em determinado ponto, no espaço-tempo.
Partículas têm propriedades ondulatórias.

Planck havia calculado a energia de um fóton com a simples equação $E = h\nu$, onde E é a energia, ν é a frequência da radiação envolvida, e h é uma constante, hoje conhecida como a constante de Planck. De Broglie mostrou que o fóton também tem *momentum*, algo geralmente associado apenas a partículas de massa e resultante da multiplicação da massa da partícula por sua velocidade. De Broglie mostrou que um fóton de luz tinha *momentum* de h dividida por seu comprimento de onda. No entanto, já que estava lidando com partículas, cuja energia e massa talvez fossem afetadas pelo movimento, em velocidades próximas à da luz, De Broglie incorporou o Fator Lorentz (p. 218) em sua equação. Isso produziu uma versão mais sofisticada considerando os efeitos da relatividade.

A ideia de De Broglie era radical e ousada, mas logo ganhou apoiadores influentes, incluindo Einstein. A hipótese também era relativamente fácil de ser testada.

Duas concepções aparentemente incompatíveis podem, individualmente, representar um aspecto da verdade.
Louis de Broglie

Em 1927, cientistas em dois laboratórios separados conduziram experimentos para mostrar que os elétrons difratavam, interferindo uns nos outros, exatamente como os fótons de luz. A hipótese de De Broglie estava provada.

Importância crescente

Nesse ínterim, inúmeros físicos teóricos estavam suficientemente intrigados pela hipótese de De Broglie, para investigá-la mais a fundo. Eles queriam, particularmente, saber como as propriedades de tais ondas de matéria podiam originar o padrão de níveis específicos de energia, dentre as orbitais de elétrons do átomo de hidrogênio, como proposto pelo modelo de átomo de Bohr. O próprio De Broglie havia sugerido que o padrão surgia porque cada orbital tinha de acomodar um número inteiro de comprimentos de ondas. Como o nível de energia do elétron depende de sua distância do núcleo positivo do átomo, isso significava que somente algumas » distâncias e certos níveis de energia seriam estáveis. No entanto, a solução dada por De Broglie se baseava no tratamento da onda de matéria como uma onda unidimensional presa numa órbita ao redor do núcleo – seria necessária uma descrição completa para explanar a onda em três dimensões.

A equação da onda

Em 1925, três físicos alemães, Werner Heisenberg, Max Born e Pascual Jordan, tentaram explicar os saltos quânticos que ocorriam no modelo de átomo de Bohr, com um método chamado mecânica matricial, no qual as propriedades de um átomo eram tratadas como um sistema matemático que podia mudar com o tempo. Contudo, o método não conseguia explicar o que de fato ocorria dentro do átomo, e sua linguagem matemática obscura não a tornou muito popular.

Um ano depois, um físico austríaco trabalhando em Zurique, Erwin Schrödinger, se deparou com uma abordagem melhor. Ele deu um passo adiante com a dualidade de onda--partícula de De Broglie e começou a pensar se haveria uma equação matemática de movimento de onda que pudesse descrever o movimento de uma partícula subatômica. Para formular sua equação de onda, começou com as leis governando a energia e a cinética na mecânica comum, depois as aperfeiçoou para incluir a constante de Planck e a lei de De Broglie, ligando a cinética de uma partícula ao seu comprimento de onda.

Quando aplicou a equação resultante ao átomo de hidrogênio, ela previu os níveis específicos de energia do átomo que haviam sido observados em suas experiências. Mas ainda permanecia uma questão estranha, porque ninguém, nem mesmo Schrödinger, sabia exatamente o que a equação de onda realmente descrevia.

Schrödinger tentou interpretar isso como a densidade da carga elétrica, mas não foi inteiramente bem--sucedido. Foi Max Born que acabou sugerindo o que realmente era – uma amplitude de probabilidade. Ou seja, a probabilidade da descoberta de uma medição encontrando o elétron naquele lugar específico. Ao contrário da mecânica matricial, a equação de onda de Schrödinger, ou "função de onda", foi abraçada pelos físicos, embora tivesse aberto uma série de novas questões sobre sua interpretação apropriada.

Uma ilustração clássica da dualidade de partículas ondulatórias envolve o disparo de elétrons de uma "arma", através de uma barreira com duas fendas. Se os elétrons conseguirem se acumular com o tempo, é formado um padrão de interferência, exatamente como ocorreria com ondas de luz.

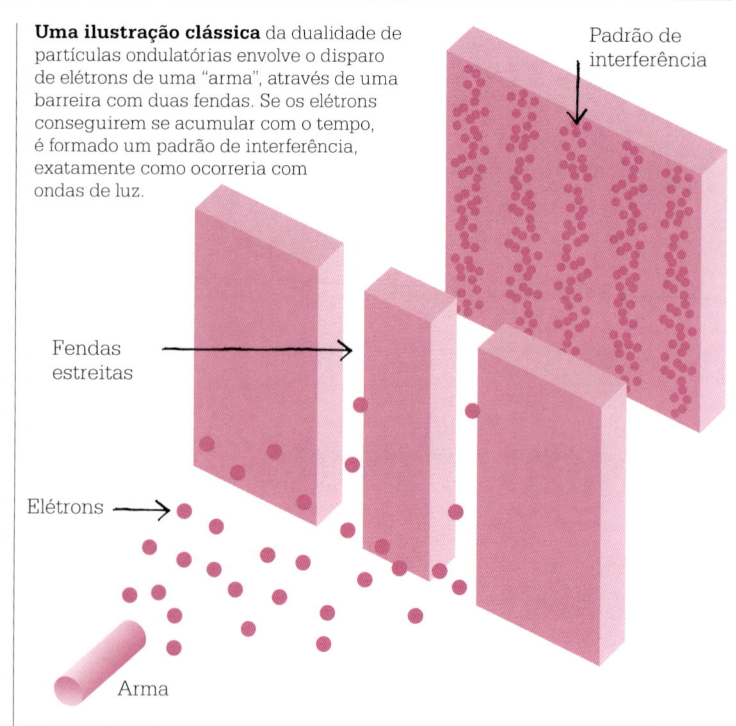

O princípio de exclusão de Pauli

Outra peça importante do quebra--cabeça foi encaixada em 1925, por outro austríaco, Wolfgang Pauli. Para descrever por que os elétrons dentro de um átomo não caíam automaticamente no estado mais baixo de energia, Pauli desenvolveu o princípio de exclusão. Ponderando que o estado quântico geral de uma partícula poderia ser definido por um determinado número de propriedades, cada uma com um número fixo de valores possivelmente discreto, seu princípio afirmava que era impossível que duas partículas dentro do mesmo sistema tivessem o mesmo estado quântico, simultaneamente.

Para explicar o padrão de níveis de energia aparente na tabela periódica, Pauli calculou que os elétrons tinham de ser descritos por quatro números quânticos distintos. Três deles – o principal, o azimutal e o quântico – definem o local preciso do elétron dentro das cápsulas e subcápsulas orbitais disponíveis, com os valores do último par limitados pelo valor do número principal. O quarto número, com dois valores possíveis, era necessário para explicar por que dois elétrons podem existir em cada subcápsula com níveis de energia ligeiramente diferentes. Juntos, os números caprichosamente explicavam a existência de orbitais atômicas que aceitam 2, 6, 10 e 14 elétrons, respectivamente.

Hoje, o quarto número quântico é conhecido como *spin*; ele é uma cinética angular intrínseca de uma partícula (criada por sua rotação e suas órbitas) e tem valores positivos ou negativos que são números inteiros ou meios. Alguns anos depois, Pauli demonstraria que os valores do *spin* dividem todas as partículas em dois grupos principais – férmios, como os elétrons (com spins de valor fracionado ao meio), que obedecem a um conjunto de regras conhecidas como estatísticas Fermi-Dirac (pp. 246-47), e bósons, como fótons (com spin zero, ou de números inteiros), que obedecem a regras diferentes, conhecidas como estatísticas Bose--Einstein. Só os férmios obedecem ao princípio de exclusão, e isso tem implicações importantes no entendimento de tudo, desde estrelas colapsadas até as partículas elementares que compõem o universo.

O sucesso de Schrödinger

Combinada ao princípio de exclusão de Pauli, a equação de onda de Schrödinger permitiu um entendimento novo e mais profundo das orbitais, cápsulas e subcápsulas dentro de um átomo. Em lugar de imaginá-las como órbitas clássicas – caminhos bem definidos nos quais os elétrons circundam os núcleos –, a equação da onda mostra que, na verdade, elas são nuvens de probabilidade – regiões em formato de rosquinhas e lóbulos, nas quais provavelmente será encontrado um elétron específico, com determinado número quântico (p. 256).

Outro grande sucesso da abordagem de Schrödinger foi o fato de oferecer uma explicação para a desintegração radioativa alfa – na qual uma partícula alfa inteiramente formada (consistindo de dois prótons e dois nêutrons) escapa de um núcleo atômico. Segundo a física clássica, para permanecer intacto, o núcleo tinha de ser cercado por um poço de potencial íngreme o suficiente para impedir que as partículas escapassem dele (um poço de potencial é uma região no espaço onde a energia potencial é mais baixa que em seus arredores, significando que ele prende as partículas). Se o poço não fosse suficientemente íngreme, o núcleo desintegraria completamente. Então, como as emissões intermitentes vistas na desintegração alfa poderiam ocorrer, permitindo que o núcleo sobrevivesse intacto? As equações de onda superaram o problema, pois permitiram a variação da energia da partícula alfa dentro do núcleo. Na maior parte do tempo, sua energia seria baixa o suficiente para mantê-lo preso, porém, ocasionalmente, subiria o bastante para saltar a barreira e fugir (efeito hoje conhecido como tunelamento quântico). As previsões prováveis da equação de onda combinavam com a natureza imprevisível da desintegração radioativa. »

A equação de Schrödinger, em sua forma mais genérica, mostra o desenvolvimento de um sistema quântico ao longo do tempo. Ela exige o uso de números complexos.

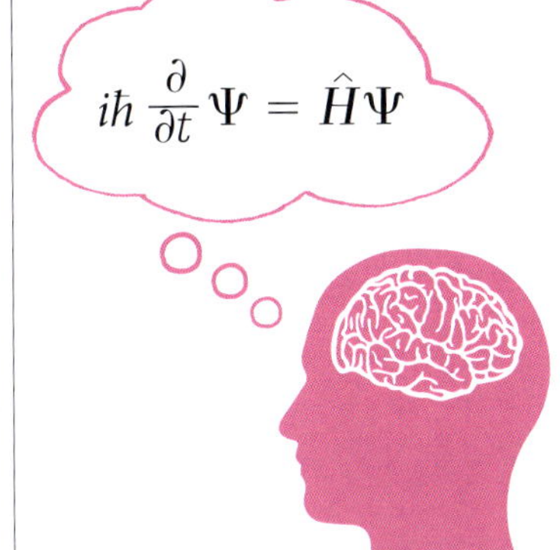

Erwin Schrödinger

Nascido em Viena, Áustria, em 1887, Erwin Schrödinger estudou física na Universidade de Viena, ganhando um posto de assistente, antes de servir na Primeira Guerra. Depois da guerra, ele se mudou primeiro para a Alemanha, depois para a Universidade de Zurique, onde realizou grande parte de seu trabalho mais importante, mergulhando no campo emergente da física quântica. Em 1927, regressou à Alemanha e foi sucessor de Max Planck na Universidade Humboldt de Berlim.

Schrödinger era um oponente manifesto dos nazistas e deixou a Alemanha por um cargo na Universidade de Oxford, em 1934. Foi lá que soube ter sido premiado com o Nobel de Física, em 1933, junto com Paul Dirac, pela equação da onda quântica. Em 1936, estava de volta à Áustria, mas teve de partir novamente, em seguida à tomada alemã do país. Ele se estabeleceu na Irlanda pelo resto de sua carreira, antes de se aposentar, na Áustria, nos anos 1950.

Obras-chave

1920 *Colour Measurement*
1926 *Quantization as an Eigenvalue Problem*

O princípio da incerteza

O grande debate que moldou o desenvolvimento da física quântica, em meados do século XX (e continua inconclusivo, ainda hoje), girava em torno do real significado da função de onda. Ecoando o debate Planck/Einstein, de duas décadas antes, De Broglie via suas equações, e as de Schrödinger, como meras ferramentas matemáticas para descrever movimento: para De Broglie, o elétron ainda era essencialmente uma partícula – apenas tinha uma propriedade ondulatória governando seu movimento e localização. No entanto, para Schrödinger, a equação de onda era muito mais fundamental – ela descrevia como as propriedades do elétron eram fisicamente "borradas" pelo espaço. A oposição à abordagem de Schrödinger inspirou Werner Heisenberg a desenvolver outra das grandes ideias do século – o princípio da incerteza (pp. 234-35).

Essa foi uma percepção de que a função de onda significava que uma partícula nunca poderia ser "localizada" em um ponto no espaço e, ao mesmo tempo, ter um comprimento de onda definido. Por exemplo quanto mais precisa a posição da partícula, mais difícil de medir sua cinética. Consequentemente, as partículas definidas por uma função de onda quântica existiam em um estado geral de incerteza.

Dane Niels Bohr (à esquerda) colaborou com Werner Heisenberg para formular a interpretação de Copenhague da função de onda de Schrödinger.

Deus sabe que eu não simpatizo com a teoria da probabilidade. Eu a odiei desde o primeiro momento, quando nosso falecido amigo Max Born a deu à luz.
Erwin Schrödinger

O caminho a Copenhague

A medição das propriedades de um sistema quântico sempre revelava que a partícula estava numa localização, em lugar de seu borrado ondulatório. Na escala da física clássica e da vida cotidiana, a maior parte das situações envolve medições e resultados definidos, em vez de um leque de possibilidades sobrepostas. O desafio de conciliar a incerteza quântica com a realidade é chamado de problema de medição, e já foram apresentadas inúmeras abordagens para ele, conhecidas como interpretações.

A mais famosa é a interpretação de Copenhague, elaborada por Niels Bohr e Werner Heisenberg, em 1927. Ela simplesmente afirma que é a própria interação entre o sistema quântico e um observador, ou aparato de grande escala (sujeito às leis clássicas da física), que causa o "colapso" da função de onda e um resultado definido. Essa interpretação talvez seja a mais aceita (embora não universalmente) e parece ter sido mostrada por experimentos como a difração do elétron e a experiência da dupla fenda com as ondas de luz. É possível elaborar uma experiência que revele os aspectos ondulatórios da luz ou dos elétrons, mas impossível gravar as propriedades de partículas individuais com o mesmo aparato.

Embora a interpretação de Copenhague pareça sensata, ao lidar com sistemas de pequena escala, como as partículas, sua implicação de que nada é decidido até ser medido incomodava muitos físicos. Einstein fez um comentário famoso dizendo que "Deus não joga dados", enquanto Schrödinger elaborou uma experiência para ilustrar o que via como uma situação ridícula.

O gato de Schrödinger

Analisando sua conclusão lógica, a interpretação de Copenhague resultou em um paradoxo aparentemente absurdo. Schrödinger imaginou um gato lacrado numa caixa contendo um frasco de veneno ligado a uma fonte radioativa. Se a fonte se desintegrar e emitir uma partícula de radiação, um mecanismo vai liberar um martelo que quebra o frasco de veneno. Segundo a interpretação de Copenhague, a fonte radioativa permanece em sua forma de função de onda (chamada de "superposição" de dois desfechos possíveis), até que seja observada. Mas, se esse é o caso, o mesmo tem de ser dito do gato.

Novas interpretações

A insatisfação com aparentes paradoxos como o gato de Schrödinger incitou os cientistas a desenvolver várias interpretações alternativas da mecânica quântica. Uma das mais conhecidas é a "Interpretação de Muitos Mundos", apresentada em 1956 pelo físico americano Hugh Everett III. Ela resolvia o paradoxo sugerindo que, durante qualquer evento quântico, o universo se divide em histórias alternadas, inobserváveis simultaneamente, para cada um dos possíveis desfechos. Em outras palavras, o gato de Schrödinger estaria tanto vivo quanto morto.

A abordagem das "Histórias Consistentes" trata do problema de uma maneira bem menos radical, usando matemática complexa, para generalizar a interpretação de Copenhague. Ela evita as questões em torno do colapso da função de onda e, em vez disso, permite que probabilidades sejam designadas a vários cenários ou "histórias", tanto em escala quântica quanto clássica. A abordagem aceita que só uma dessas histórias corresponda à realidade, mas não permite a previsão de qual desfecho terá – ao contrário, ela simplesmente descreve como a física quântica pode dar origem ao universo que vemos, sem o colapso da função de onda.

O conjunto de abordagem, ou estatística de abordagem, é uma interpretação matemática minimalista e a predileta de Einstein. A teoria De Broglie-Bohm, desenvolvida a partir da reação inicial à equação de onda de Broglie, é a tentativa de uma explanação estritamente casual em vez de probabilista, e pressupõe a existência de uma ordem oculta do universo. A abordagem transacional envolve ondas se deslocando no tempo, tanto para a frente quanto para trás.

A mais intrigante de todas as possibilidades, entretanto, talvez seja a que beira o teológico. Trabalhando nos anos 1930, o matemático húngaro John von Neumann concluiu que o problema de medição inferia que o universo inteiro está sujeito a uma equação de onda englobando tudo, conhecida como a função de onda universal, e está constantemente em colapso conforme medimos seus vários aspectos. Eugene Wigner, colega e conterrâneo de Von Neumann, pegou a teoria e a expandiu, sugerindo que não era simplesmente a interação com sistemas de larga escala (como na interpretação de Copenhague) que causava o colapso da função de onda – era a presença da própria consciência inteligente. ■

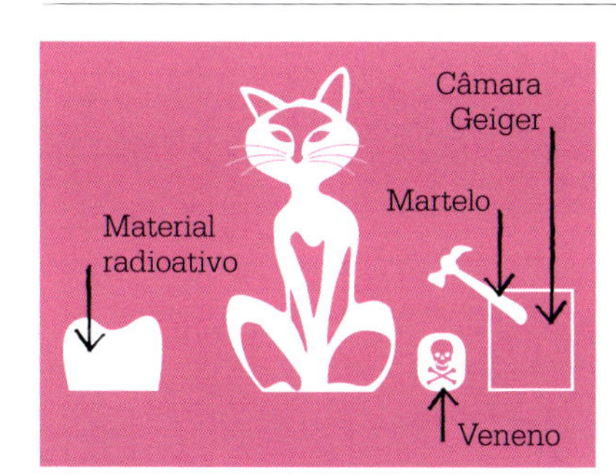

Um gato dentro de uma caixa lacrada permanece vivo, contanto que a fonte radioativa na caixa não se desintegre.

Se a fonte se desintegrar, ela libera veneno e o gato morre.

Temos de medir o sistema para descobrir se a fonte se desintegrou. Até lá, temos de pensar no gato tanto morto quanto vivo.

A experiência do pensamento de Schrödinger cria uma situação em que, segundo uma interpretação cuidadosa de Copenhague, um gato está vivo e morto ao mesmo tempo.

A INCERTEZA É INEVITÁVEL

WERNER HEISENBERG (1901-1976)

EM CONTEXTO

FOCO
Física

ANTES
1913 Niels Bohr usa o conceito de luz quantizada para explicar os níveis específicos de energia associados com elétrons dentro de átomos.

1924 Louis de Broglie propõe que, da mesma forma que a luz pode exibir propriedades semelhantes às partículas, em menor escala as partículas podem ocasionalmente se portar como ondas.

DEPOIS
1927 Heisenberg e Bohr apresentam a influente interpretação de Copenhague de como os eventos em nível quântico afetam o mundo em larga escala (macroscópico).

1929 Heisenberg e Wolfgang Pauli trabalham no desenvolvimento da teoria quântica de campo, cuja base foi elaborada por Paul Dirac.

Em 1924, após a sugestão de Louis de Broglie de que a matéria em menor escala ou partículas subatômicas poderiam apresentar propriedades ondulatórias (pp. 226-33), inúmeros físicos voltaram a atenção ao entendimento de como as propriedades complexas de um átomo poderiam surgir da interação de "ondas de matéria" associadas a suas partículas constituintes. Em 1925, os cientistas alemães Werner Heisenberg, Max Born e Pascual Jordan usaram a "mecânica matricial" para modelar o desenvolvimento do átomo de hidrogênio. Essa abordagem foi posteriormente suplantada pela função de onda de Erwin Schrödinger. Trabalhando com o físico dinamarquês Niels Bohr, Heisenberg aperfeiçoou o trabalho de Schrödinger para desenvolver a "interpretação de Copenhague" sobre a forma como os sistemas quânticos, governados pelas leis da probabilidade, interagem com o mundo em grande escala. Um elemento-chave para isso é o "princípio da incerteza", que limita a precisão com que podemos determinar as propriedades nos sistemas quânticos.

O princípio da incerteza teve origem como uma consequência matemática da mecânica matricial. Heisenberg percebeu que seu método matemático não permitiria que certos pares de propriedades fossem simultaneamente determinados, com precisão. Por exemplo, quanto maior a

Panorama clássico

Panorama quântico

O tunelamento quântico é explicado pelo princípio de Heisenberg. Há uma ínfima chance de que o elétron consiga passar pela barreira, mesmo que pareça ter pouca energia para fazê-lo.

Veja também: Albert Einstein 214-21 ▪ Erwin Schrödinger 226-33 ▪ Paul Dirac 246-47 ▪ Richard Feynman 272-73 ▪ Hugh Everett III 284-85

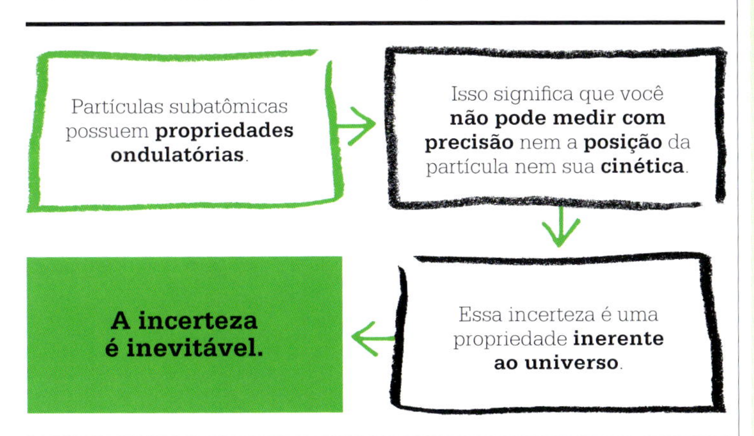

precisão com que for medida a posição de uma partícula, menor precisão haverá para determinar sua cinética, e vice-versa. Heisenberg descobriu que para essas duas propriedades, em particular, a relação poderia ser escrita assim:

$$\Delta x \Delta p \geq \hbar/2$$

onde o Δx é a incerteza da posição, o Δp é a incerteza no momento linear, e o $\hbar$ é uma versão modificada da constante de Planck (p. 202).

Um universo incerto

O princípio da incerteza é frequentemente descrito como consequência das medições em escala quântica – às vezes é dito, por exemplo, que definir a posição de uma partícula subatômica envolve a aplicação de algum tipo de força, o que significa uma pior definição da energia cinética e dinâmica. Essa explanação, primeiro apresentada pelo próprio Heisenberg, levou vários cientistas, incluindo Einstein, a dedicar tempo para idealizar experimentos que pudessem obter uma medição simultânea e precisa da posição e cinética. Contudo, a verdade é bem mais estranha – no fim das contas, a incerteza é um traço inerente aos sistemas quânticos.

Um modo útil de pensar na questão é considerar as ondas de matéria associadas com as partículas: nesse caso, a cinética da partícula afeta sua energia geral e, portanto, seu comprimento de onda – porém, quanto mais proximamente definirmos a posição da partícula, menos informação teremos sobre sua função de onda e,consequentemente, de seu comprimento de onda. Por outro lado, para medir o comprimento de onda com precisão, é preciso que consideremos uma região de espaço mais ampla, abrindo mão da informação sobre a localização precisa da partícula. Tais ideias podem parecer estranhamente contrárias às que vivenciamos no mundo de grande escala, porém, ainda assim, elas têm sido provadas por muitos experimentos, e formam uma base importante da física moderna. O princípio da incerteza explica fenômenos aparentemente estranhos da vida real, como o tunelamento quântico, no qual uma partícula pode "abrir um túnel" na barreira, mesmo que sua energia sugira sua incapacidade de fazê-lo. ■

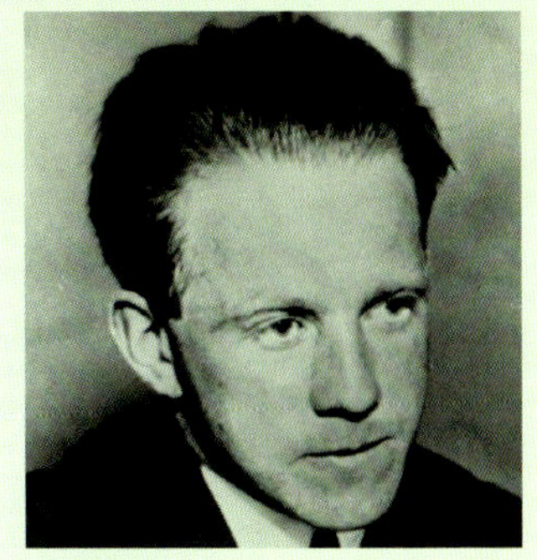

Werner Heisenberg

Nascido na cidade de Würzburg, no sul da Alemanha, em 1901, Werner Heisenberg estudou matemática e física nas universidades de Munique e Göttingen, onde teve Max Born como professor e conheceu Niels Bohr.

Ele é mais conhecido por seu trabalho na interpretação de Copenhague e o princípio da incerteza, mas Heisenberg também deu contribuições importantes à teoria quântica de campo e desenvolveu sua própria teoria de antimatéria. Agraciado com o Nobel de Física, em 1932, ele se tornou um dos mais jovens ganhadores do prêmio, e sua importância permitiu que se manifestasse contra os nazistas depois que assumiram o poder, no ano seguinte. Entretanto, preferiu ficar na Alemanha e liderou o programa de energia nuclear do país, durante a Segunda Guerra.

Obras-chave

1927 *Quantum Theoretical Re-interpretation of Kinematic and Mechanical Relations*
1930 *The Physical Principles of the Quantum Theory*
1958 *Physics and Philosophy*

O UNIVERSO É GRANDE... E ESTÁ AUMENTANDO

EDWIN HUBBLE (1889-1953)

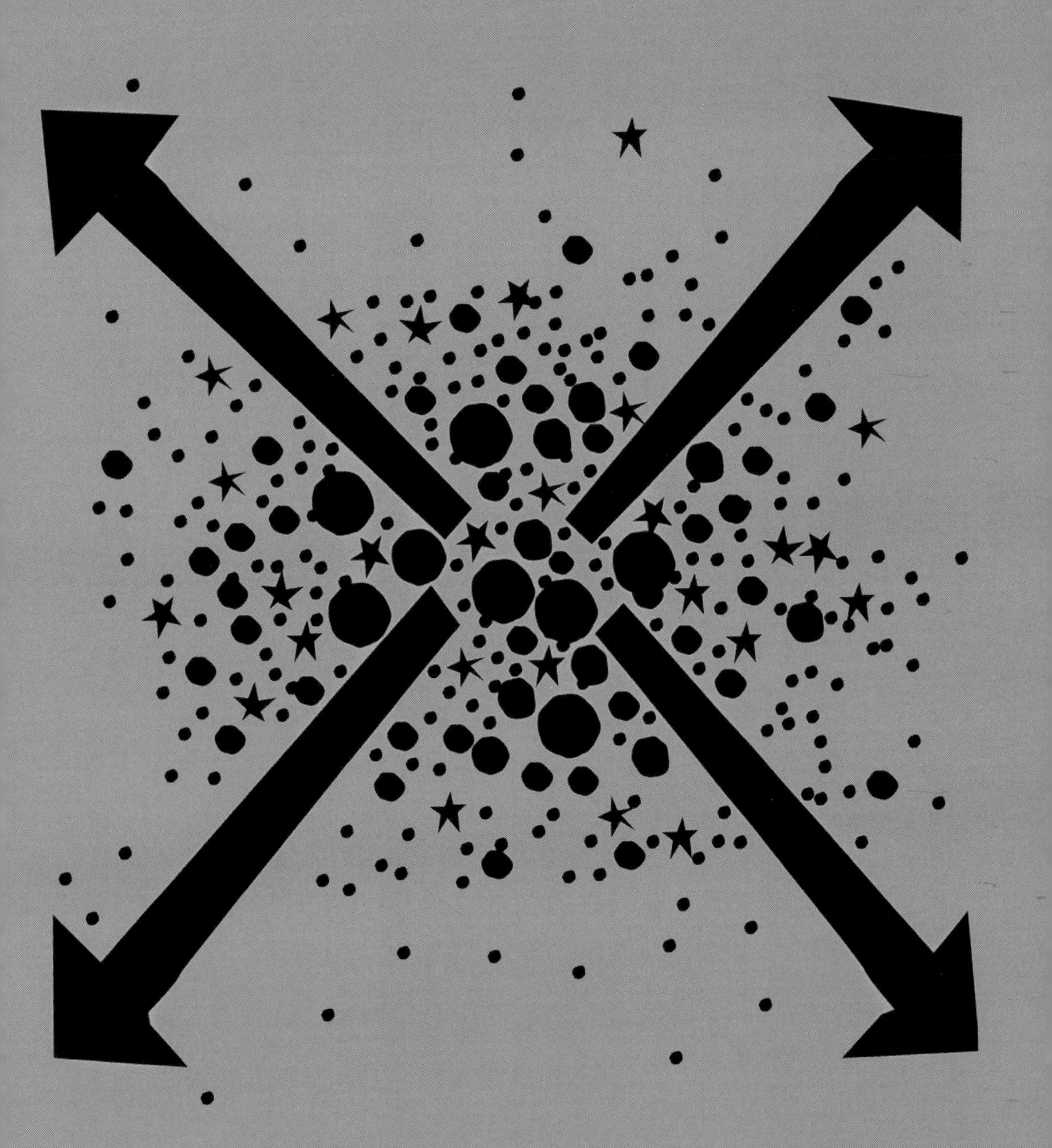

EM CONTEXTO

FOCO
Cosmologia

ANTES
1543 Nicolau Copérnico conclui que a Terra não é o centro do universo.

Século XVII A mudança visual das estrelas, ocasionada pela órbita da Terra ao redor do Sol, dá origem ao método da paralaxe para a medição das distâncias estelares.

Século XIX Avanços do telescópio abrem caminho para o estudo da luz estelar e a ascensão da astrofísica.

DEPOIS
1927 Georges Lemaître propõe que o universo pode ser traçado de volta a um único ponto de origem.

Anos 1990 Os astrônomos descobrem que a expansão do universo está acelerando, conduzida por uma força conhecida por energia escura.

Até o começo do século XX, as ideias sobre a escala do universo dividiam os astrônomos em duas vertentes de pensamento – os que acreditavam que a Via Láctea era, amplamente dizendo, toda a extensão desse universo, e os que achavam que a Via Láctea era apenas uma galáxia dentre muitas outras. Edwin Hubble viria solucionar o enigma e mostrar que o universo é muito maior do que se podia imaginar.

A chave do debate era a natureza das "nebulosas espirais". Hoje, nebulosa é um termo usado para uma nuvem interestelar de pó e gás, porém, à época desse debate, era o nome usado para qualquer nuvem de luz amorfa, incluindo objetos que estivessem galáxias além da Via Láctea, conforme descoberto posteriormente.

> Há uma relação simples entre a luminosidade das variáveis e seus períodos.
> **Henrietta Leavitt**

No século XIX, com o avanço drástico dos telescópios, alguns dos objetos catalogados como nebulosas começaram a revelar características espirais distintas. Ao mesmo tempo, o desenvolvimento da espectroscopia (estudo da interação entre matéria e energia radiante) sugeria que essas espirais eram, na verdade, feitas de incontáveis estrelas individuais que se mesclavam.

A distribuição dessas nebulosas também era muito interessante – ao contrário de outros objetos que se aglomeravam na superfície da Via Láctea, elas eram mais comuns no céu escuro, longe da planície. Como resultado, alguns astrônomos adotaram uma ideia do filósofo alemão Immanuel Kant que, em 1755, sugeria que as nebulosas eram "universos-ilhas" – sistemas semelhantes à Via Láctea, mas muito mais distantes e visíveis somente onde a distribuição de material em nossa galáxia permite visões claras do que hoje chamamos de espaço intergaláctico. Os que continuaram acreditando que o universo era mais limitado em extensão argumentaram que as

Edwin Hubble

Nascido em Marshfield, Missouri, em 1889, Edwin Powell Hubble tinha uma natureza profundamente competitiva e, quando jovem, se revelou como atleta talentoso. Apesar de seu interesse por astronomia, seguiu a vontade do pai e estudou direito, mas aos 25 anos, após a morte de seu pai, ele resolveu seguir sua primeira paixão. Seus estudos foram interrompidos pelo serviço na Primeira Guerra, porém, ao regressar aos Estados Unidos, conseguiu um emprego no Wilson Observatory. Ali realizou seu trabalho mais importante, publicando seu estudo sobre a "nebulosa extragaláctica", em 1924-25, e sua prova da expansão cósmica, em 1929. Em seus últimos anos, fez campanha para que a astronomia fosse reconhecida pelo Comitê do Prêmio Nobel. As regras só mudaram depois de sua morte, em 1953, e ele nunca foi agraciado com um.

Obras-chave

1925 *Cepheid Variables in Spiral Nebulae*
1929 *A Relation Between Distance and Radial Velocity among Extra-galactic Nebulae*

Veja também: Nicolau Copérnico 34-39 ▪ Christian Doppler 127 ▪ Georges Lemaître 242-45

Henrietta Leavitt foi pouco reconhecida durante a vida, mas suas descobertas relativas às estrelas variáveis de cefeida permitiram aos astrônomos medir a distância da Terra até galáxias longínquas.

espirais podiam ser sóis ou sistemas solares em processo de formação, em órbita ao redor da Via Láctea.

Uma **variável de cefeida** é uma estrela cuja luminosidade podemos dar como certa, o que significa que **podemos calcular a que distância ela está**.

Se a variável de cefeida está a milhões de anos-luz de distância, ela só pode estar **numa galáxia muito além da nossa**.

A **luz** proveniente de **outras galáxias** pode ser **blueshifted** (de deslocamento ao azul, vindo em nossa direção), ou **redshifted** (deslocamento ao vermelho, se afastando de nós).

A luz de toda galáxia distante é redshifted e **quanto mais distante** ela for, **maior o redshift**.

O universo é grande... e está aumentando.

Estrelas com pulsação

As respostas para esse antigo enigma vieram em vários estágios. Mas talvez a mais importante tenha sido o estabelecimento de um meio preciso para a medição da distância das estrelas. A descoberta veio com o trabalho de Henrietta Swan Leavitt, uma das astrônomas da equipe feminina da Universidade Harvard que estavam analisando as propriedades da luz estelar.

Leavitt ficou intrigada com o comportamento das estrelas variáveis. Eram estrelas cujo brilho parecia flutuar, ou pulsar, pois eram periodicamente expandidas e contraídas à medida que chegavam ao fim de suas vidas. Ela começou a estudar placas fotográficas da Grande Nuvem de Magalhães, dois pequenos trechos de luz visíveis do céu ao sul que pareciam "punhados" isolados da Via Láctea. Descobriu que cada uma das nuvens continha números imensos de estrelas variáveis e, ao compará-las com várias placas, não somente viu que sua luz variava em um ciclo regular, mas também conseguiu calcular o período do ciclo.

Ao se concentrar nessas estrelas pequenas, pálidas e isoladas, Leavitt pôde seguramente presumir que as estrelas dentro delas estavam todas mais ou menos à mesma distância da Terra. Embora ela não conseguisse descobrir a distância em si, isso foi o suficiente para presumir que as diferenças na "magnitude aparente" (luminosidade observada) das estrelas eram uma indicação de diferenças em sua "magnitude absoluta" (luminosidade real). Ao publicar seus primeiros resultados, em 1908, Leavitt notou que algumas estrelas pareciam mostrar uma relação entre seu período de variabilidade e sua magnitude absoluta, mas foram necessários mais quatro anos para que descobrisse que, relação era essa. Acabou revelando que para um determinado tipo de estrela conhecida como uma variável de cefeida, estrelas com maior luminosidade possuem períodos mais longos de variabilidade.

A lei de Leavitt, do "período de luminosidade", provaria ser a chave para revelar a escala do universo – se você »

Estamos alcançando o espaço, indo cada vez mais longe, até que com a nebulosa mais pálida detectada... chegaremos à fronteira do universo conhecido.
Edwin Hubble

revelar a escala do universo – se você » não conseguisse calcular a magnitude da estrala a partir de seu período de variabilidade, então a distância entre a estrela e a Terra podia ser calculada por sua magnitude aparente. O primeiro passo para calcular isso era calibrar a escala, o que foi feito em 1913, pelo astrônomo sueco Ejnar Hertzprung. Ele calculou as distâncias de 13 cefeidas relativamente próximas, usando o método da paralaxe (p. 39). As cefeidas eram incrivelmente luminosas – milhares de vezes mais que o nosso Sol (na terminologia moderna, elas são "supergigantes amarelas"). Teoricamente, elas eram "standard candle" – estrelas cuja luminosidade podia ser usada para medir as distâncias cósmicas gigantescas. Porém, apesar dos melhores empenhos dos astrônomos, as cefeidas dentro de uma nebulosa espiral teimavam em permanecer evasivas.

O grande debate

Em 1920, o museu Smithsonian, em Washington D.C, foi palco de um debate entre duas escolas cosmológicas rivais, na esperança de resolver, de uma vez por todas, a questão da escala do universo. Harlow Shapley, respeitado astrônomo de Princeton, falou pelo lado do "pequeno universo". Ele havia sido o primeiro a usar o trabalho de Leavitt, sobre as cefeidas, para medir a distância dos aglomerados globulares (densos aglomerados estelares em órbita ao redor da Via Láctea) e descobriu que elas estavam tipicamente a alguns milhares de anos-luz de distância. Em 1918, ele havia usado as estrelas RR Lyrae (estrelas mais pálidas que se comportam como cefeidas) para estimar o tamanho da Via Láctea e mostrar que o Sol não estava em lugar algum de seu centro. Seus argumentos apelaram ao ceticismo do público quanto ao conceito de um universo enorme, com muitas galáxias, mas também citaram provas específicas (mais tarde, provadas imprecisas), como relatos de que alguns astrônomos tinham realmente observado as nebulosas espirais em rotação ao longo de muitos anos. Para que isso fosse verdade sem que partes da nebulosa excedessem a velocidade da luz, elas tinham de ser relativamente pequenas.

Os defensores do "universo-ilha" estavam representados por Heber D. Curtis, do Allegheny Observatory, da Universidade de Pittsburgh. Ele baseou seus argumentos em comparações entre as proporções das explosões da luminosa "nova", em espirais distantes, e em nossa própria Via Láctea. Novae são explosões estelares radiantes que podem servir de indicadores de distância.

Curtis também citou a prova de outro fator de prova crucial – o alto *redshift* exibido por muitas nebulosas espirais. Esse fenômeno tinha sido descoberto por Vesto Slipher, do Flagstaff Observatory, no Arizona, em 1912 – aparentemente através de mudanças distintas no padrão das linhas de espectro de uma nebulosa, em direção ao final vermelho do espectro. Slipher, Curtis e muitos outros acreditavam que fosse causado pelo efeito Doppler (uma mudança no

Ao medir a luz da estrelas variáveis de cefeida, na nebulosa Andrômeda, Hubble estabeleceu que Andrômeda estava a 2,5 milhões de anos-luz de distância – e era uma galáxia por direito.

comprimento de onda da luz, devido ao movimento relativo, entre a fonte e o observador) e, portanto, indicava que as nebulosas estavam se distanciando de nós, em altíssima velocidade – rápido demais para que a gravidade da Via Láctea as contivesse.

Medindo o universo

Em 1922-23, Edwin Hubble e Milton Humason, do Mount Wilson Observatory, da Califórnia, estavam prestes a acabar com o mistério de uma vez por todas. Usando o novo telescópio Hooker, de 2,5 m (o maior telescópio do mundo, à época), eles se propuseram a identificar as variáveis cefeidas brilhando dentro das nebulosas espirais e, dessa vez, foram bem-sucedidos em encontrar as cefeidas em muitas das maiores e mais luminosas nebulosas.

Hubble então calculou seus períodos de variabilidade e, desse modo, suas magnitudes absolutas. A partir daí, uma simples comparação à magnitude aparente de uma estrela revelava sua distância, produzindo números que eram geralmente milhões de anos-luz. Ficou concluído que as nebulosas espirais eram realmente gigantescas, sistemas estelares independentes, muito além da Via Láctea e de tamanho semelhante. Hoje, as espirais nebulosas são corretamente chamadas de galáxias espirais. Como se essa revolução na forma de vermos o universo não fosse o bastante, Hubble passou a estudar as distâncias relativas aos *redshifts* já descobertas por Slipher – e ali ele encontrou uma relação extraordinária.

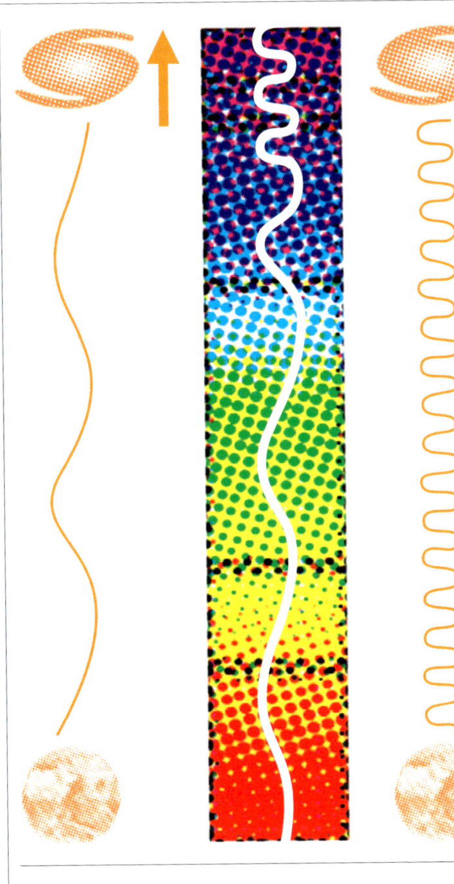

Em 1842, Christian Doppler (p. 127) mostrou que, se uma fonte de luz está se movendo em nossa direção ou se distanciando de nós, as ondas de luz chegam em proporções diferentes. Se a fonte de luz vier em nossa direção, veremos uma cor mais azulada, conforme as ondas se aglomeram, ao final azul do espectro; se ela estiver se distanciando, veremos uma cor mais avermelhada. Hubble supôs que a luz de sódio tivesse a mesma cor em galáxias distantes, como ocorre na Terra, mas o efeito Doppler significava que ela teria um efeito *blueshifted* ou *redshifted*, caso se aproximasse ou se distanciasse de nós.

Ao projetar as distâncias de mais de 40 galáxias em contraste com seus redshifts, ele mostrou um padrão linear: quanto mais distante está uma galáxia, maior é seu redshift e, portanto, mais rapidamente está recuando da Terra. Hubble imediatamente percebeu que isso não podia ser, não porque nossa galáxia é exclusivamente impopular, mas porque tem de ser resultado de uma expansão cósmica geral – em outras palavras, o espaço está se expandindo e levando cada uma das galáxias com ele. Quanto maior a separação entre duas galáxias, mais veloz será a expansão do espaço entre elas. A proporção de expansão de espaço logo se tornou conhecida como a "Constante de Hubble". Ela teve sua medição conclusiva em 2001, pelo telescópio espacial que leva o nome de Hubble.

Muito antes disso, a descoberta de Hubble, do universo em expansão, dera origem a uma das mais famosas ideias na história da ciência – a teoria do Big Bang (pp. 242-45). ■

Equipado com seus cinco sentidos, o homem pesquisa o universo à sua volta e chama a aventura de ciência.
Edwin Hubble

O RAIO DO ESPAÇO PARTIU DO ZERO

GEORGES LEMAÎTRE (1894-1966)

EM CONTEXTO

FOCO
Astronomia

ANTES
1912 O astrônomo americano Vesto Slipher descobre os elevados redshifts de espirais nebulosas, sugerindo que eles estão se distanciando da Terra, em altas velocidades.

1923 Edwin Hubble confirma que as espirais nebulosas são galáxias distantes e independentes.

DEPOIS
1980 O físico americano Alan Guth propõe um breve período de inflação drástica, no começo do universo, para produzir as condições que vemos hoje.

1992 O satélite COBE (Cosmic Background Explorer) detecta, nas minúsculas tremulações da Radiação Cósmica de Fundo em Micro-ondas (*cosmic microwave background radiation* – CMBR), pistas da primeira estrutura que emergiu no começo do universo.

A ideia de que o universo começou com o Big Bang, expandindo de um minúsculo ponto superdenso e extremamente quente no espaço, é a base da cosmologia moderna. Acredita-se que tenha surgido com a descoberta da expansão cósmica, por Edwin Hubble, em 1929. Mas os precursores da teoria antedecem a descoberta de Hubble em vários anos, partindo inicialmente das interpretações da teoria geral de relatividade, de Albert Einstein, aplicada ao universo como um todo.

Quando formulou sua teoria, Einstein recorreu às provas disponíveis à época, para presumir que o universo era estático – nem expandia, nem contraía. A relatividade geral indicava

Veja também: Isaac Newton 62-69 ▪ Albert Einstein 214-21 ▪ Edwin Hubble 236-41 ▪ Fred Hoyle 270

Desde o Big Bang, 13,8 bilhões de anos atrás, a expansão do universo passou por fases diferentes. Houve um período inicial de rápida expansão, conhecido como inflação. Depois disso, a expansão desacelerou e posteriormente voltou a ganhar velocidade.

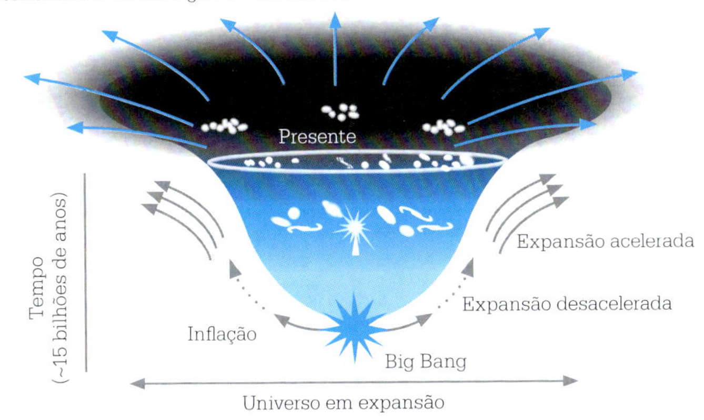

que o universo deveria entrar em colapso sob sua própria gravidade; assim, Einstein inventou suas próprias equações, acrescentando um termo conhecido como a constante cosmológica. A constante de Einstein neutralizava, matematicamente, a contração gravitacional para produzir a estática presumida do universo.

Einstein fez a famosa afirmação de que seu maior equívoco teria sido a constante, porém, à época em que ele a propôs, houve quem a julgasse insatisfatória. O físico holandês Willem de Sitter e o matemático russo Alexander Friedmann sugeriram independentemente uma solução para a relatividade geral, na qual o universo estava se expandindo, e, em 1927, o astrônomo e sacerdote belga Georges Lemaître chegou à mesma conclusão, dois anos antes da prova observacional de Hubble.

Os primeiros estágios da expansão consistiam numa rápida expansão determinada pela massa de átomos iniciais, quase igual à massa atual do universo.
Georges Lemaître

O começo no fogo

Num discurso para a British Association, em 1931, Lemaître levou a ideia da expansão cósmica à sua conclusão lógica, sugerindo que o universo emergira de um único ponto que ele chamou de "átomo primitivo". A reação a essa ideia radical foi mista.

À época, o campo de astronomia era ligado à ideia de que um universo eterno sem fim ou começo, e o prospecto de um ponto distinto de origem (principalmente quando proposto por um padre católico), foi »

Georges Lemaître

Nascido em Charleroi, Bélgica, em 1894, Lemaître estudou engenharia civil na Universidade Católica de Louvain e serviu na Primeira Guerra, antes de retornar aos estudos acadêmicos para cursar física e matemática, e também teologia. A partir de 1923, estudou astronomia, na Inglaterra e nos Estados Unidos. Em seu regresso a Louvain, em 1925, como palestrante, Lemaître começou a desenvolver sua teoria de um universo em expansão, como explicação dos *redshifts* das nebulosas extragalácticas.

Publicadas, inicialmente, em 1927, num pequeno jornal belga, as ideias de Lemaître realmente decolaram após serem traduzidas para o inglês e publicadas com Arthur Eddington. Ele viveu até 1966, tempo suficiente para ver a prova de que suas ideias estavam corretas, com a descoberta da Radiação Cósmica de Fundo em Micro-ondas.

Obras-chave

1927 *A Homogeneous Universe of Constant Mass and Growing Radius Accounting for the Radial Velocity of Extragalactic Nebulae*
1931 *The Evolution of the Universe: Discussion*

A relatividade geral leva Lemaître a prever que o **universo está se expandindo**.

Hubble demonstra a **expansão cósmica**.

Lemaître teoriza que **o universo começou com um "átomo primitivo"**, teoria posteriormente apelidada de "Big Bang".

A descoberta da **Radiação Cósmica de Fundo em Micro-ondas** confirma a teoria do Big Bang.

O raio do espaço partiu do zero.

visto como a introdução de um elemento desnecessário à cosmologia.

No entanto, as observações de Hubble eram inegáveis, e era preciso algum tipo de modelo para explicar o universo. Inúmeras teorias foram apresentadas, nos anos 1930; porém, até o final dos anos 1940, apenas duas continuavam em jogo – o átomo primitivo de Lemaître e o modelo rival, de "estado estacionário", no qual a matéria era continuamente criada, conforme o universo se expandia. O astrônomo britânico Fred Hoyle foi o campeão da ideia do estado estacionário. Em 1949, Hoyle se referiu, com deboche, à teoria rival como um "Big Bang". O nome pegou.

Fazendo os elementos

Até a época em que Hoyle inadvertidamente batizara a teoria, uma prova persuasiva em favor da hipótese de Lemaître havia sido publicada, afastando a estabilidade do universo de estado estacionário. Esse foi um estudo de 1948, escrito por Ralph Alpher e George Gamow, da Johns Hopkins University, nos EUA. Ele foi intitulado *A origem dos elementos químicos* e descrevia, detalhadamente, como as partículas subatômicas e elementos químicos leves podiam ser produzidos a partir de energia bruta do Big Bang, segundo a equação de Einstein $E = mc^2$. Porém essa teoria, mais tarde conhecida como nucleossíntese do Big Bang, explicava um processo que só podia formar os quatro elementos mais leves – hidrogênio, hélio, lítio e berílio. Só mais tarde foi descoberto que os elementos mais pesados do universo são produto da nucleossíntese estelar (processo que ocorre dentro das estrelas). Ironicamente, a prova mostrando como ocorria a nucleossíntese estelar viria a ser desenvolvida por Fred Hoyle.

Contudo, ainda não havia prova observacional direta para determinar a verdade nem de um universo do Big Bang, nem do estado estacionário. Tentativas iniciais para testar as teorias foram feitas nos anos 1950, usando um telescópio básico conhecido com Cambridge Interferometer. Esses testes se baseavam num princípio simples: se a teoria de estado estacionário fosse verdadeira, então o universo teria de ser essencialmente uniforme, tanto no espaço quanto no tempo; mas, se ele se originou de 10 a 20 bilhões de anos atrás, como sugeria a teoria do Big Bang, e evoluiu através de sua história,

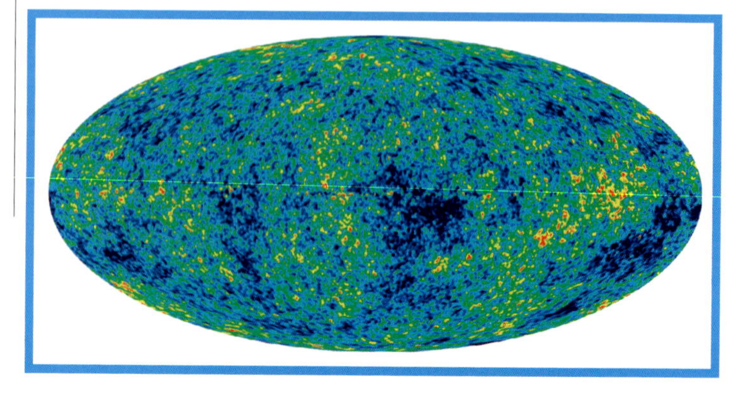

Minúsculas variações foram encontradas na Radiação Cósmica de Fundo em Micro-ondas – as cores diferentes nesta imagem mostram diferenças de temperatura de menos de 400 milionésimos de um Kelvin.

Arno Penzias e Robert Wilson detectaram a Radiação Cósmica de Fundo em Micro-ondas. A princípio, eles acharam que a interferência havia sido causada por fezes de pássaros na antena do rádio.

então os cantos mais distantes do universo, cuja radiação levou bilhões de anos para chegar à Terra, deveriam parecer substancialmente diferentes (esse efeito de tempo cósmico maquinal, através do qual vemos objetos celestiais mais distantes como eram, no passado distante, é conhecido como "lookback time"). Medindo o número de galáxias distantes emitindo radiação acima de determinada luminosidade, deveria ser possível distinguir entre os dois cenários.

A primeira experiência em Cambridge apresentou um resultado que pareceu respaldar o Big Bang. Mas foram descobertos problemas com os detectores de rádio, portanto os resultados precisaram ser descartados. Resultados posteriores se provaram mais equivocados.

Traços do Big Bang

Felizmente, a questão logo se resolveu, por outros meios. Ainda em 1948, Alpher e seu colega Robert Herman tinham previsto que o Big Bang teria um efeito residual de aquecimento universo afora. Segundo a teoria, quando o universo tinha cerca de 380 mil anos, ele esfriou o suficiente para se tornar transparente, permitindo que os fótons de luz se deslocassem livremente pelo espaço, pela primeira vez. Desde então os fótons que existiam nessa época vêm se propagando pelo espaço, ficando mais longos e mais vermelhos à medida que o espaço se expandia. Em 1964, Robert Dicke e seus colegas da Universidade Princeton se propuseram a montar um radiotelescópio que pudesse detectar esse sinal fraco que imaginaram tomaria forma de ondas de rádio de baixa frequência. No entanto, acabaram sendo superados na premiação por Arno Penzias e Robert Wilson, dois engenheiros trabalhando ali perto, no Bell Telephone Laboratories. Penzias e Wilson, tinham construído um telescópio para comunicação via satélite, mas se viram importunados por um indesejado sinal de fundo que não conseguiam eliminar. Vindo de todo lado do céu, o ruído correspondia à emissão de micro-ondas de um corpo a uma temperatura de 3,5K – apenas 3,5 °C acima do zero absoluto. Quando o laboratório Bell contatou Dicke para pedir ajuda com o problema, Dicke percebeu que eles tinham encontrado a reminiscência do Big Bang – hoje conhecida como a Radiação Cósmica de Fundo em Micro-ondas.

A descoberta de que a CMBR permeia o universo – fenômeno para o qual a teoria do estado estacionário não tinha explicação – virou o caso em favor do Big Bang. Medições subsequentes têm mostrado que a verdadeira temperatura média da CMBR é cerca de 2,73K, e medições de satélites de alta precisão revelaram variações de minutos no sinal que nos permite estudar as condições do universo, 380 mil anos atrás, após o Big Bang.

Desenvolvimentos posteriores

Apesar de ter sido provada correta, em princípio, a teoria do Big Bang tem passado por muitas transformações, desde os anos 1960, para acompanhar nosso entendimento cada vez maior do universo. Dentre as mais importantes estão a introdução na história da matéria escura e energia escura e o acréscimo de um jorro violento de crescimento, conhecido como Inflação. Os eventos que originaram o Big Bang ainda permanecem fora de nosso alcance, mas medições da taxa de crescimento da expansão cósmica, auxiliadas por instrumentos como Telescópio Espacial Hubble, hoje nos permitem calcular a época da criação cósmica com grande precisão – o universo passou a existir 13,798 bilhões de anos atrás, com margem de erro de 0,037 bilhão de anos. Existem várias teorias sobre o futuro do universo, mas muitos acham que ele deve continuar a se expandir até chegar a um estado de equilíbrio termodinâmico, ou "heat death" (morte do calor), no qual a matéria terá se desintegrado em partículas subatômicas frias, em cerca de 10^{100} anos. ■

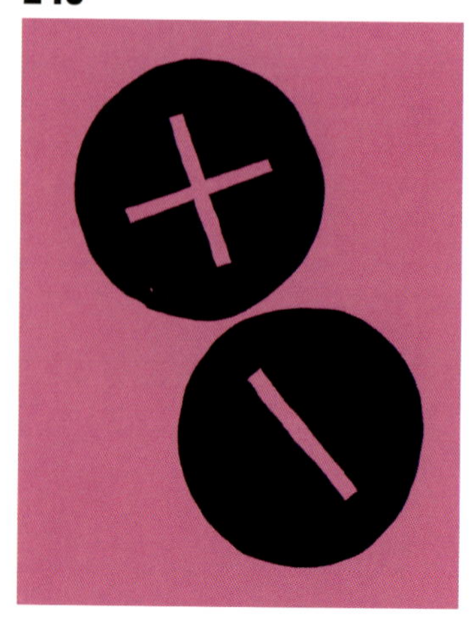

TODA PARTÍCULA MATERIAL POSSUI UM CONTRAPONTO ANTIMATERIAL

PAUL DIRAC (1902-1984)

EM CONTEXTO

FOCO
Física

ANTES
1925 Werner Heisenberg, Max Born e Pascual Jordan desenvolvem a mecânica matricial para descrever o comportamento ondulatório das partículas.

1926 Erwin Schrödinger desenvolve uma função de onda descrevendo a mudança em um elétron, com o passar do tempo.

DEPOIS
1932 A existência do pósitron, a antipartícula do elétron, é confirmada por Carl Anderson.

Anos 1940 Richard Feynman, Sin-Itiro Tomonaga e Julian Schwinger desenvolvem a eletrodinâmica quântica – um meio matemático de descrever a interação entre luz e matéria, que une inteiramente a teoria quântica à relatividade especial.

Dirac corrige a **equação de ondas** de Schrödinger, levando em conta os **efeitos relativistas**.

A **nova equação** prevê a existência de **antimatéria**.

A **antimatéria é descoberta** em seguida, confirmando a previsão de Dirac.

Toda partícula material tem um contraponto antimaterial.

O físico inglês Paul Dirac contribuiu imensamente para a estruturação teórica da física quântica, nos anos 1920, porém hoje é provavelmente mais conhecido por prever a existência de antipartículas através da matemática.

Dirac era aluno de pós-graduação da Universidade de Cambridge quando leu o estudo revelador de Werner Heisenberg, sobre a mecânica matricial, que descrevia como as partículas saltam de um estado quântico para outro. Dirac foi uma das poucas pessoas capazes de dominar as complexidades matemáticas do estudo e notou paralelos entre as equações de Heisenberg e partes da teoria clássica (pré-quântica) de deslocamento de partículas, conhecida como mecânica hamiltoniana. Isso permitiu que Dirac desenvolvesse um método através do qual é possível compreender sistemas clássicos em nível quântico.

Um dos primeiros resultados foi a derivação da ideia de *spin* quântico. Dirac formulou um conjunto de regras, hoje conhecido como "A estatística de Fermi-Dirac" (já que também foi independentemente descoberta por Enrico Fermi). Em homenagem a Fermi, Dirac denominou de "férmions" as partículas que possuem um valor de *spin* semi-inteiro. As regras descrevem

Veja também: James Clerk Maxwell 180-85 ▪ Albert Einstein 214-21 ▪ Erwin Schrödinger 226-33 ▪ Werner Heisenberg 234-35 ▪ Richard Feynman 272-73

como grandes números de férmions interagem uns com os outros. Em 1926, Ralph Fowler, orientador de doutorado de Dirac, usou sua estatística para calcular o comportamento de um núcleo estelar em colapso e explicar a origem das estrelas anãs brancas supercondensadas.

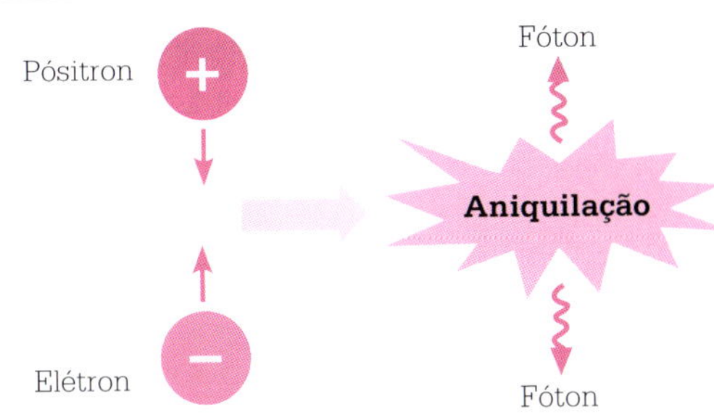

Quando uma partícula e sua antipartícula se encontram, elas se aniquilam. Sua massa se transforma em fótons de energia eletromagnética conforme a equação $E = mc^2$.

Teoria quântica de campos

Embora muitos livros didáticos de física enfoquem as propriedades e dinâmicas de partículas e corpos individuais sob a influência de forças, um entendimento mais profundo pode ser obtido com o desenvolvimento de teorias de campo. Elas descrevem como as forças se fazem sentir pelo espaço. A importância dos campos como entidades independentes foi primeiro reconhecida em meados do século XIX, por James Clerk Maxwell, quando ele desenvolvia sua teoria de radiação eletromagnética. A relatividade geral de Einstein é outro exemplo de teoria de campo.

A nova interpretação de Dirac do mundo quântico foi uma teoria quântica de campo. Em 1928, ela permitiu que ele produzisse uma versão relativista da equação de onda de Schrödinger para o elétron (ou seja, uma versão que poderia levar em conta os efeitos das partículas se aproximando da velocidade da luz e, portanto, modelar o mundo quântico de forma mais precisa que a equação não relativista de Schrödinger). A chamada "equação de Dirac" também previa a existência de partículas com propriedades idênticas às partículas de matéria, porém com carga elétrica oposta. Elas foram chamadas de "antimatéria" (termo que vinha sendo usado em especulações mais extravagantes desde o fim do século XIX).

A partícula antielétron, ou pósitron, foi confirmada experimentalmente pelo físico americano Carl Anderson, em 1932, inicialmente detectada em raios cósmicos (partículas de alta energia banharam a atmosfera da Terra, vindas do fundo do espaço) e, depois, em certos tipos de desintegração radioativa. Desde então, a antimatéria passou a ser assunto de intensas pesquisas físicas e amada pelos escritores de ficção científica (particularmente, por seu hábito de se "aniquilar" com uma explosão de energia ao contato com matéria comum). Porém, talvez mais importante, a teoria quântica de campo de Dirac preparou a base da teoria de eletrodinâmica quântica, consolidada por uma geração posterior de físicos. ■

Paul Dirac

Paul Dirac foi um gênio matemático que deu várias contribuições à física quântica, compartilhando o Prêmio Nobel de Física com Erwin Schrödinger, em 1933. Nascido em Bristol, Inglaterra, de pai suíço e mãe inglesa, ele se formou em engenharia elétrica e matemática, na universidade local, antes de prosseguir seus estudos em Cambridge, onde seguiu seu fascínio pela relatividade geral e pela teoria quântica. Depois de suas grandes inovações, em meados de 1920, prosseguiu seu trabalho em Göttingen e Copenhague, antes de regressar a Cambridge e assumir a cadeira lucasiana de matemática. Boa parte de sua carreira posterior foi focada na eletrodinâmica quântica. Ele também seguiu a ideia de unificar a teoria quântica à relatividade, mas esse empreendimento teve sucesso relativo.

Obras-chave

1930 *Princípios da mecânica quântica*
1966 *Lectures on Quantum Field Theory*

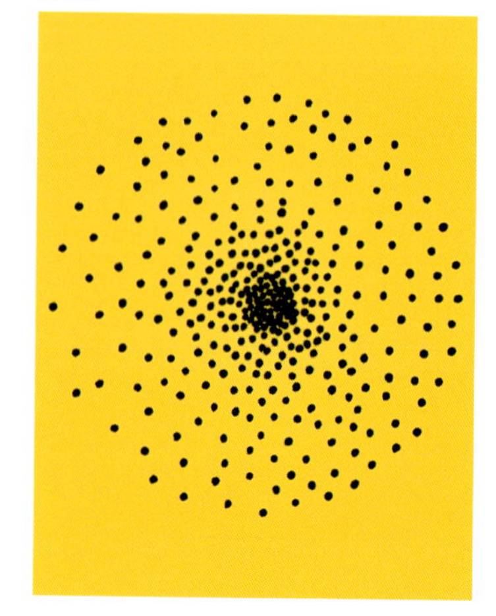

HÁ UM LIMIAR ALÉM DO QUAL UMA ESSÊNCIA ESTELAR SE TORNA INSTÁVEL

SUBRAHMANYAN CHANDRASEKHAR (1910-1995)

EM CONTEXTO

FOCO
Astrofísica

ANTES
Século XIX Estrelas brancas anãs são descobertas quando astrônomos identificam uma estrela com muito mais massa que seu tamanho sugeriria.

DEPOIS
1934 Fritz Zwicky e Walter Baade propõem que as explosões conhecidas como supernova marcam a morte de estrelas maciças e o colapso de seus núcleos forma estrelas nêutrons.

1967 Os astrônomos Jocelyn Bell e Anthony Hewish detectam sinais de rádio de rápida pulsação, de um objeto hoje conhecido como "pulsar" – uma estrela nêutron de rotação rápida.

1971 Emissões de raios X de uma fonte Cygnus X-1 são descobertas como originárias de material quente, em espiral, rumo a um provável buraco negro – primeiro objeto dessa espécie a ser confirmado.

O desenvolvimento da física quântica, nos anos 1920, teve implicações para a astronomia, onde foi aplicado ao entendimento das estrelas supercondensadas, conhecidas como anãs brancas. São núcleos queimados de astros semelhantes ao Sol, que exauriram seu combustível nuclear e ruíram, sob sua própria gravidade, ao tamanho aproximado da Terra. Em 1926, os físicos Ralph Fowler e Paul Dirac explicaram que o colapso cessa nesse tamanho, devido à "pressão degenerativa do elétron" que surge quando elétrons são aglutinados de forma tão condensada que entra em ação o princípio de exclusão de Pauli (p. 230) – de que duas partículas não podem ocupar o mesmo estado quântico.

Formando um buraco negro

Em 1930, o astrofísico indiano Subrahmanyan Chandrasekhar descobriu que havia um limite superior para a massa de um núcleo estelar além do qual a gravidade supera a pressão degenerativa do elétron. O núcleo estelar entraria em colapso num único ponto no espaço, conhecido como singularidade – formando um buraco negro. Hoje se sabe que esse "Limite Chandrasekhar" para um núcleo estelar em colapso é 1,44 massa solar (ou 1,44 vez a massa do Sol). Contudo, há um estágio intermediário entre a anã branca e o buraco negro – uma estrela nêutron do tamanho de uma cidade, estabilizada por outro efeito quântico chamado "pressão degenerativa nêutron". Buracos negros são criados apenas quando o núcleo da estrela nêutron excede um limite superior entre 1,5 e 3 vezes a massa solar. ■

Os buracos negros da natureza são os objetos macroscópicos mais perfeitos do universo.
Subrahmanyan Chandrasekhar

Veja também: John Mitchell 88-89 ▪ Albert Einstein 213-21 ▪ Paul Dirac 246-47 ▪ Fritz Zwicky 250-51 ▪ Stephen Hawking 314

A VIDA É UM PROCESSO DE AQUISIÇÃO DE CONHECIMENTO

KONRAD LORENZ (1903-1989)

EM CONTEXTO

FOCO
Biologia

ANTES
1872 Charles Darwin descreve o comportamento herdado em *The Expression of Emotion in Man and Animals*

1873 Douglas Spalding faz uma distinção entre o comportamento inato (genético) e o aprendido pelos pássaros.

Anos 1890 O fisiologista russo Ivan Pavlov demonstra que os cães podem ser condicionados a salivar através de um meio simples de aprendizado.

DEPOIS
1976 O zoólogo britânico Richard Dawkins publica *The Selfish Gene*, no qual enfatiza o papel dos genes na orientação do comportamento.

Anos 2000 Novas pesquisas revelam provas cada vez maiores da importância do ensinamento em meio a muitas espécies animais, desde insetos até baleias assassinas.

Dentre os primeiros a realizar experiências científicas com o comportamento dos animais estava Douglas Spalding, que estudou os pássaros. A visão prevalecente era de que o complexo comportamento dos pássaros era aprendido, porém Spalding achava que parte do comportamento era inato: era herdado e essencialmente "intrínseco", como a tendência que uma galinha tem de chocar seus ovos.

A etologia moderna – estudo do comportamento animal – aceita que o comportamento inclui tanto os componentes aprendidos como os inatos: comportamento inato é estereotipado e, por ser herdado, pode evoluir por seleção natural, enquanto o comportamento aprendido pode ser modificado pela experiência.

Gansos memorizadores

Nos anos 1930, o biólogo austríaco Konrad Lorenz focou uma forma de comportamento aprendido pelos pássaros, comportamento que chamou de "gravação". Ele estudou o modo como os gansos de pata cinza memorizam ou seguem os primeiros estímulos que veem – geralmente, da mãe – dentro de um período crucial, após serem chocados. O exemplo materno incita um comportamento instintivo, conhecido como "padrão fixo de ação", em sua ninhada.

Essas garças e gansos, chocados e criados por Christian Moullec, gravaram o comportamento dele e o seguem por toda parte. Alçando ao ar em seu ultraleve, ele lhes ensina suas rotas migratórias.

Lorenz demonstrou isso com seus gansinhos, que o adotaram como mãe e o seguiam por toda parte. Eles até gravavam ações de objetos inanimados e seguiam um trenzinho de brinquedo, em círculos. Junto com o biólogo holandês Nikolaas Tinbergen, Lorenz foi agraciado com o Nobel de Psicologia, em 1973. ■

Veja também: Charles Darwin 142-49 ▪ Gregor Mendel 166-71 ▪ Thomas Hunt Morgan 224-25

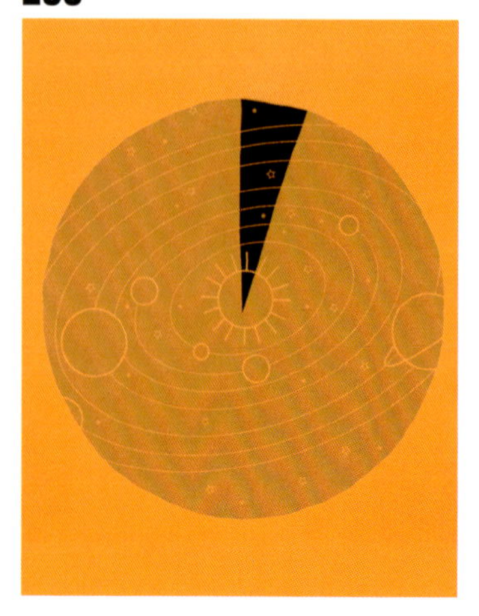

ESTÃO FALTANDO 95% DO UNIVERSO

FRITZ ZWICKY (1898-1974)

EM CONTEXTO

FOCO
Física e cosmologia

ANTES
1923 Edwin Hubble confirma a verdadeira natureza das galáxias como sistemas estelares independentes, a milhões de anos-luz além da Via Láctea.

1929 Hubble estabelece que o universo está se expandindo e que as galáxias se distanciam de nós, com mais rapidez, quanto maior for sua distância (a chamada "Constante de Hubble").

DEPOIS
Anos 1950 O astrônomo americano George Abell compila o primeiro catálogo detalhado de aglomerados galácticos. Estudos subsequentes de aglomerados galácticos confirmaram, repetidamente, a existência de matéria escura.

Anos 1950 até hoje Vários modelos do Big Bang preveem que ele deve ter gerado muito mais matéria do que a visível atualmente.

A ideia de que o universo possa ser dominado por algo além de matéria luminosa detectável foi inicialmente proposta pelo astrônomo suíço Fritz Zwicky. Em 1922-23, Edwin Hubble havia percebido que as "nebulosas" eram, de fato, galáxias distantes. Uma década depois, Zwicky se propôs a medir a massa geral do aglomerado Coma de galáxias. Ele usou um modelo matemático chamado teorema do Virial, que lhe permitiu calcular a massa geral, a partir das velocidades relativas de aglomerados galácticos individuais. Para surpresa de Zwicky seus resultados sugeriram que o

O **universo está se expandindo** em um ritmo sempre crescente.

A expansão é causada por **energia escura**, que responde por **68,3%** da composição de todo o universo.

As **regiões galácticas mais distantes giram mais rapidamente** do que sugerem suas massas visíveis.

Desse modo, elas devem ter **massa adicional oculta** que explicaria sua rotação.

Essa massa adicional é conhecida como **matéria escura** e representa **26,8%** da composição de todo o universo.

Apenas **4,9%** da composição do universo é considerada **matéria visível**.

Veja também: Edwin Hubble 236-41 ▪ Georges Lemaître 242-45

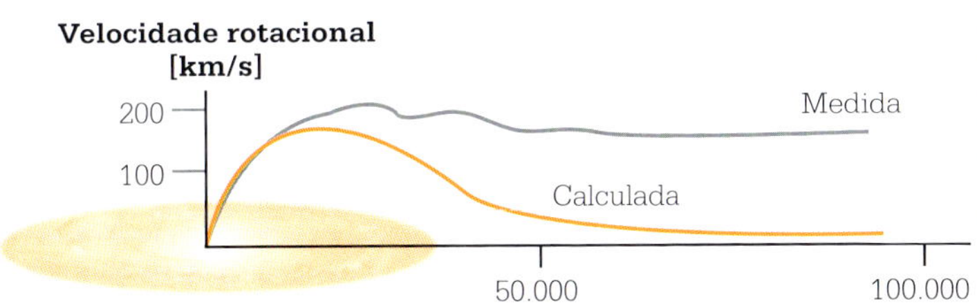

Se a distribuição da massa de nossa galáxia fosse a mesma que a matéria visível, as estrelas no disco externo da galáxia se deslocariam mais lentamente, a distâncias maiores de seu centro massivo. A pesquisa de Vera Rubin descobriu que, além de determinada distância, as estrelas tendem a se deslocar a uma velocidade uniforme, independentemente de sua distância do centro, revelando matéria escura no halo externo da galáxia.

aglomerado continha cerca de 400 vezes mais massa que a sugerida pela luz somada de suas estrelas. Zwicky chamou essa quantidade surpreendente de matéria oculta de "matéria escura".

À época, a conclusão de Zwicky foi negligenciada, mas até os anos 1950 novas tecnologias haviam aberto novos meios para detectar material não luminoso. Ficou claro que grandes quantidades de matéria são frias demais para reluzirem em luz visível, mas ainda irradiam em infravermelho e ondas de rádio. Conforme os cientistas começaram a entender a estrutura visível e invisível da nossa e outras galáxias, a quantidade da "massa faltante" caiu substancialmente.

O invisível é real

A realidade da matéria escura foi finalmente reconhecida nos anos 1970, depois que a astrônoma Vera Rubin mapeou a velocidade das estrelas orbitando a Via Láctea e mediu a distribuição de sua massa. Ela mostrou que grandes quantidades de massa são distribuídas além dos confins visíveis da galáxia, em uma região conhecida como halo galáctico.

Hoje é amplamente aceito que a matéria escura constitui cerca de 84,5% da massa do universo. Quaisquer esperanças de que ela possa ser matéria normal, em formas de difícil detecção, como os buracos negros ou planetas interestelares, não foram comprovadas por pesquisas. Hoje, acredita-se que a matéria escura contém as chamadas partículas massivas que interagem fracamente (Weakly Interacting Massive Particles, ou WIMPs). As propriedades dessas partículas, hipoteticamente subatômicas, ainda são desconhecidas – elas não são apenas escuras e transparentes, mas não interagem com matéria normal, ou radiação, exceto através da gravidade.

Desde o final dos anos 1990, ficou claro que até a matéria escura é apequenada pela "energia escura". Esse fenômeno é a força acelerando a expansão do universo (pp. 236-41), e sua natureza permanece desconhecida – ela pode ser um traço integral do próprio espaço-tempo ou uma quinta força fundamental conhecida com "quintessência". Energia escura supostamente representa 68,3% da composição de todo o universo, com a energia da matéria escura totalizando 26,8% e a matéria normal, meros 4,9%. ■

Fritz Zwicky

Nascido em Varna, Bulgária, em 1898, Fritz Zwicky foi criado pelos avós suíços e mostrou um talento precoce para a física. Em 1925, ele partiu para os EUA, para trabalhar no California Institute of Technology (Caltech), onde passou o resto de sua carreira. Além de seu trabalho sobre a matéria escura, Zwicky também é conhecido por suas investigações das estrelas massivas explosivas, ou supernovas.

Ele e Walter Baade foram os primeiros a mostrar a existência de estrelas nêutrons de tamanho intermediário, entre as anãs brancas e os buracos negros, e cunharam o termo "supernova", para as imensas explosões estelares das quais esses resíduos estelares massivos se originam. Ao mostrarem que uma classe de supernovas sempre chega ao mesmo pico de luminosidade durante suas explosões, eles também forneceram os meios para medir a distância de galáxias distantes, independentemente da Lei de Hubble, abrindo caminho para a posterior descoberta da energia escura.

Obras-chave

1934 *On Supernovae* (com Walter Baade)
1957 *Morphological Astronomy*

UMA MÁQUINA DE COMPUTAÇÃO UNIVERSAL

ALAN TURING (1912-1954)

EM CONTEXTO

FOCO
Ciência da computação

ANTES
1906 O engenheiro elétrico Lee De Forest inventa a válvula tríodo, principal componente dos primeiros computadores eletrônicos.

1928 David Hilbert formula o "problema de decisão", perguntando se algoritmos podem lidar com todo tipo de entrada de dados.

DEPOIS
1943 Computadores Colossus, à base de válvulas, usando algumas das ideias de decodificação de Turing, entraram em funcionamento em Bletchley Park.

1945 John von Neumann descreve a estrutura lógica básica, ou arquitetura do computador moderno com programa armazenado.

1946 É exposto o ENIAC, primeiro computador eletrônico programável, parcialmente baseado nos conceitos de Turing.

A computação das respostas de muitos problemas numéricos pode ser **reduzida** a uma série de passos matemáticos, ou **algoritmo**.

Uma **máquina Turing** pode, com instruções adequadas, computar a solução de qualquer **algoritmo solucionável**.

Tarefas variadas podem ser resolvidas usando conjuntos diferentes de instruções em um **dispositivo programável**.

Isso é uma máquina de computação universal.

Imagine classificar mil números aleatórios, por exemplo, 520, 74, 2.395, 4, 999..., em ordem crescente. Algum tipo de procedimento automático poderia ajudar. Por exemplo:

A Compare os primeiros pares de números.

B Se o segundo número for menor, troque os números e volte a A. Se for o mesmo ou maior, vá para C.

C Torne o primeiro número do último par o primeiro de um novo par. Se houver um número seguinte, torne-o o segundo número do par, vá para B. Se não houver número seguinte, **conclua**.

Esse conjunto de instruções é uma sequência conhecida como um algoritmo. Ele começa com uma condição ou estado inicial; recebe os dados ou a entrada de informações; se executa um número finito de vezes; e apresenta um resultado, ou a emissão de dados conclusivos. A ideia é familiar a qualquer programador de computação de hoje. Ela foi primeiramente formalizada em 1936, quando o matemático e lógico britânico Alan Turing concebeu as máquinas hoje

Veja também: Donald Michie 286–91 ▪ Yuri Manin 317

conhecidas como as máquinas de Turing, para executar tais procedimentos. Seu trabalho foi inicialmente teórico – um exercício de lógica. Ele tinha interesse em reduzir as tarefas com números para a forma mais simples, mais básica e automática.

A máquina-a, ou a-machine

Para ajudar a conjecturar a situação, Turing concebeu uma máquina hipotética. A máquina-a ("a" de automático) era uma longa fita de papel dividida em dois quadrados, com um número, letra ou símbolo, em cada quadrado, e um cabeçote de leitura/impressão da fita. Com instruções na forma de uma tabela de regras, o cabeçote lê o símbolo do quadrado que vê e o altera, apagando e imprimindo outro, ou deixando-o de lado, segundo as regras. Então ele passa ao quadrado à esquerda, ou direita, e repete o procedimento. A cada vez, há uma configuração diferente da máquina, com uma nova sequência de símbolos. Todo o processo pode ser comparado à classificação numérica algorítmica, acima. Esse algoritmo é construído para uma tarefa específica. De forma semelhante, Turing idealizou uma série de máquinas, cada uma com um conjunto de instruções ou regras para uma função particular. Ele acrescentou: "Só precisamos considerar as regras capazes de serem executadas e trocadas por outras e temos algo muito parecido a uma máquina de computação universal".

Hoje conhecido como Universal Turing Machine (UTM), esse dispositivo tem uma armazenagem (memória) infinita, contendo instruções e dados. O UTM poderia, portanto, simular qualquer máquina Turing. O que Turing chamou de mudar as regras hoje pode ser chamado de programação. Desse modo, foi Turing quem primeiro apresentou o conceito de computador programável, adaptável a muitas tarefas, com inserção de dados, processamento de informação e fornecimento de resultados. ■

Um computador mereceria ser chamado de inteligente se pudesse enganar um humano a acreditar que era humano.
Alan Turing

Uma máquina Turing é um modelo matemático de computador. O cabeçote lê um número na fita infinitamente longa, escreve um novo número e se move à esquerda ou direita, segundo as regras contidas na tabela de ação. O registro de estado acompanha as mudanças e insere esses dados de volta na tabela de ação.

Alan Turing

Nascido em Londres em 1912, Turing mostrou na escola um talento prodigioso para matemática. Recebeu seu primeiro diploma em matemática do Kings College, Cambridge, em 1934, e trabalhou na teoria da probabilidade. De 1936 a 1938, estudou na Universidade Princeton, EUA, onde propôs suas teorias sobre uma máquina de computação generalizada.

Durante a Segunda Guerra, Turing projetou e ajudou a construir um computador de funcionamento completo, conhecido como "Bombe", para decifrar códigos alemães feitos pela então chamada máquina Enigma. Turing também se interessava por teoria quântica, formas e padrões na biologia. Em 1945, ele se mudou para o National Physics Laboratory, em Londres, depois para a Universidade de Manchester, para trabalhar nos projetos de computação.

Em 1952, foi julgado por atos homossexuais (ilegais à época) e, dois anos depois, morreu por envenenamento por cianeto – parece provável que tenha sido suicídio, e não por acidente. Em 2013, Turing recebeu o perdão póstumo.

Obra-chave

1939 *Report on the Applications of Probability to Cryptography*

A NATUREZA DA LIGAÇÃO QUÍMICA

LINUS PAULING (1901-1994)

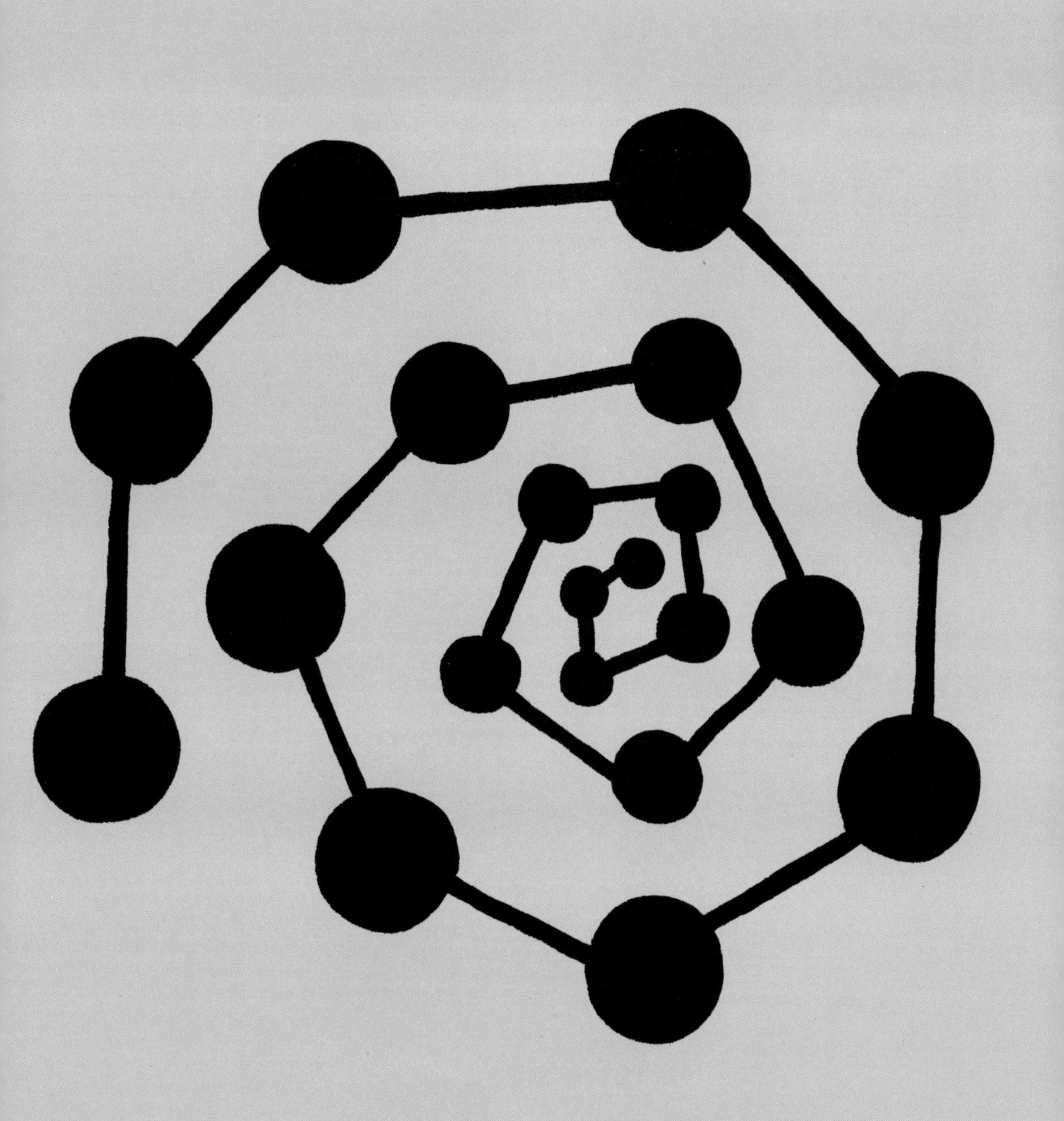

EM CONTEXTO

FOCO
Química

ANTES
1800 Alessandro Volta lista os metais em ordem decrescente de eletropositividade.

1852 O químico britânico Edward Frankland afirma que os átomos possuem poder de combinação definido, o que determina as fórmulas dos compostos.

1858 August Kekulé mostra que o carbono tem uma valência de quatro – forma quatro ligações com outros átomos.

1916 O físico e químico americano Gilbert Lewis mostra que uma ligação covalente é um par de elétrons compartilhado por dois átomos e uma molécula.

DEPOIS
1938 O matemático britânico Charles Coulson calcula uma função de onda orbital molecular precisa para o hidrogênio.

No final dos anos 1920 e começo dos anos 1930, numa série de estudos-referência, o químico americano Linus Pauling elaborou uma explicação mecânica quântica para a natureza das ligações químicas. Pauling havia estudado mecânica quântica na Europa com o físico alemão Arnold Sommerfeld, em Munique, com Niels Bohr, em Copenhague, e com Erwin Schrödinger, em Zurique. Ele já tinha decidido que queria investigar a ligação entre as moléculas e percebeu que a mecânica quântica lhe dava as ferramentas certas para fazê-lo.

Hibridização de orbitais

Ao regressar aos EUA, Pauling publicou cerca de 50 estudos e, em 1929, estabeleceu um conjunto de cinco regras para interpretar os padrões de difração de raios x de cristais complicados, hoje conhecido como regras de Pauling. Ao mesmo tempo, ele voltava sua atenção às ligações entre átomos em moléculas covalentes (moléculas nas quais os átomos são ligados pelo compartilhamento de dois elétrons, uns com os outros), principalmente de compostos orgânicos – baseados em carbono.

A **mecânica quântica** fornece uma nova forma de descrever o comportamento dos **elétrons**.

→ Ela pode ser **modificada** para explicar a estrutura das **moléculas**.

→ **A natureza da ligação química reflete o comportamento da mecânica quântica dos elétrons.**

Órbitas de elétrons

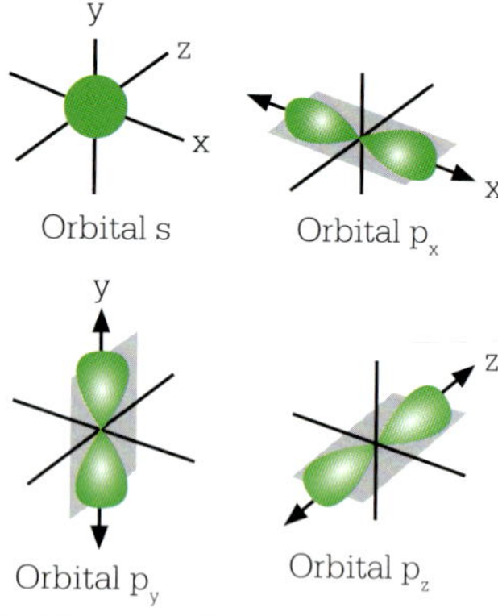

Os **elétrons** orbitam um núcleo atômico de várias maneiras – em cápsulas ao redor do centro ou lóbulo, ao longo de um eixo (p).

Um átomo de carbono tem seis elétrons, no total. Os pioneiros europeus da mecânica quântica designaram os dois primeiros elétrons como "elétron 1s": estes têm uma orbital ou cápsula esférica ao redor do núcleo de carbono – como um balão inflado, com uma bola de golfe no centro. Fora da cápsula do 1s, há outra cápsula contendo "elétrons 2s". A cápsula do 2s é como outro balão maior, fora do primeiro. Por fim, há as orbitais p, que têm grandes lóbulos para fora do núcleo. A orbital p_x fica no eixo x, a p_y no eixo y, e a orbital p_z no eixo z. Os dois últimos elétrons do átomo de carbono ocupam duas dessas orbitais – talvez, uma em p_x e uma em p_y.

A nova imagem de mecânica quântica dos elétrons tratava suas órbitas como "nuvens" de densidades de probabilidade. Já não era tão correto pensar nos elétrons como pontos se deslocando ao redor de suas órbitas; em vez disso, sua existência estava borrada pelas órbitas. Essa nova imagem não local da realidade permitiu algumas novas ideias radicais para ligações químicas. As ligações podem ser fortes, do tipo "sigma", nas quais as orbitais se sobrepõem diretamente, ou mais fracas e

Veja também: August Kekulé 160-65 ▪ Max Planck 202-05 ▪ Erwin Schrödinger 226-33 ▪ Harry Kroto 320-21

difusas, como as ligações "pi", nas quais as orbitais são paralelas umas às outras.

Pauling surgiu com a ideia de que em uma molécula, ao contrário do que acontece com um átomo puro, as orbitais atômicas de carbono podem se mesclar, ou "hibridizar", para dar ligações mais fortes a outros átomos. Ele mostrou que as orbitais s e p podem hibridizar para formar quatro híbridos sp^3, que seriam todos equivalentes e seriam projetados do núcleo, em direção aos cantos de um tetraedro, com ângulos internos da ligação de 109,5°. Cada orbital sp^3 pode formar uma ligação sigma com outro átomo. Isso é consistente com o fato de que todos os átomos de hidrogênio no metano (CH_4) e todos os átomos de cloro no carbono tetracloreto (CCl_4) se comportam da mesma forma.

Conforme as estruturas dos vários compostos de carbono eram estudadas, os quatro átomos mais próximos eram frequentemente encontrados em disposições tetraédricas. A estrutura cristalina de um diamante estava entre as primeiras estruturas a serem resolvidas pela cristalografia de raio X, em 1914. O diamante é puro carbono, e no cristal de cada átomo de carbono estão quatro outras ligações, nos cantos de um tetraedro. Essa estrutura explica a rigidez do diamante.

Em 1935, eu senti que tinha um entendimento essencialmente completo da natureza da ligação química.
Linus Pauling

Outra forma possível para que os átomos de carbono se liguem a outros átomos é que uma orbital s forme três híbridos sp^2. Estes se projetam para fora do núcleo, em plano com ângulos de 120° entre eles. Isso é consistente com a geometria das moléculas como o etileno, que possui a estrutura de ligação dupla $H_2C{=}CH_2$. Aqui, a ligação sigma é formada entre os átomos de carbono, por um dos híbridos sp^2, e uma ligação pi, pela quarta orbital não hibridizada.

Por último, uma orbital s pode se misturar com uma orbital p, para formar dois híbridos sp, cujos lóbulos se projetam para fora, em linha direta a uma distância de 180°. Isso é consistente com a estrutura do dióxido de carbono (CO_2), no qual cada um dos híbridos sp forma uma ligação sigma com o oxigênio e uma segunda ligação »

Metano

Quatro elétrons no átomo de carbono hibridizam para formar quatro orbitais sp^3.

Etileno

Três elétrons nos átomos de carbono hibridizam para formar três orbitais sp^2. As orbitais não hibridizadas remanescentes formam uma segunda ligação pi entre os átomos de carbono.

Dióxido de carbono

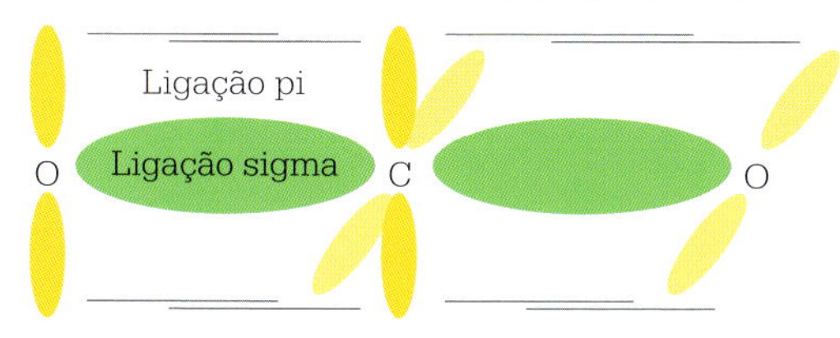

Dois elétrons no átomo de carbono formam duas orbitais sp, e cada uma se liga com um átomo de oxigênio. As duas orbitais remanescentes se ligam ao oxigênio numa ligação pi.

Diamante

Cada átomo de carbono em um diamante está ligado por híbridos sp^3 a quatro outros átomos para formar o canto de um tetraedro. O resultado é uma treliça sustentada por carbono covalente – ligações de carbono imensamente fortes.

pi é formada pelas duas orbitais não hibridizadas remanescentes.

Uma nova estrutura de benzeno

A estrutura do benzeno, C_6H_6, havia preocupado August Kekulé, da primeira vez que ele propôs que ela fosse um anel, mais de 60 anos antes. Ele acabou sugerindo que os átomos de carbono tinham de ser conectados com ligações alternadas entre simples e duplas e que a molécula oscilava entre as duas estruturas equivalentes (p. 164).

A solução alternativa de Pauling foi distinta. Ele disse que os átomos de carbono eram todos sp^2 hibridizados, de modo que as ligações entre eles e os átomos de hidrogênio ficam todas no mesmo plano xy e formam um ângulo de 120°, uns com os outros. Cada átomo de carbono tem um elétron remanescente em uma orbital p_z. Esses elétrons se mesclam para formar uma ligação conectando os seis átomos de carbono. Essa é uma ligação pi, e dentro dela os elétrons permanecem acima e abaixo do anel, e distantes do núcleo de carbono (à direita).

Ligação iônica

O metano e o etileno são gases de temperatura ambiente. O benzeno e muitos outros compostos orgânicos baseados em carbono são líquidos. Eles têm moléculas pequenas e superleves que facilmente se deslocam, em estado gasoso ou líquido. Sais como o carbonato de cálcio e o nitrato de potássio, por outro lado, são quase invariavelmente sólidos e só derretem em altas temperaturas. Entretanto, uma unidade de cloreto de sódio (NaCl) tem um peso molecular de 62, enquanto o benzeno tem um peso molecular de 78.

A diferença em seu comportamento é explicada não por seu peso, mas por sua estrutura. O benzeno é mantido em moléculas simples, por ligações covalentes entre os átomos; ou seja, cada ligação contém um par de elétrons compartilhado entre dois átomos específicos.

O cloreto de sódio tem propriedades um tanto diferentes. O metal prateado sódio queima energeticamente no gás esverdeado cloro para produzir o cloreto de sódio branco e sólido. O átomo de sódio tem uma cápsula total completa e estável de elétrons ao redor do núcleo, além de um elétron a mais, fora dela. O átomo de cloro tem um elétron a menos, para uma cápsula completa. Quando eles reagem, um elétron é transferido do átomo de sódio para o átomo de cloro, e ambos adquirem cápsulas completas estáveis de elétrons, mas, agora, o sódio se tornou um íon de sódio Na^+, e o cloro se tornou um íon de cloreto Cl^- (veja acima). Eles não têm elétrons sobressalentes para formar ligações covalentes, mas agora os íons estão carregados: o átomo de sódio perdeu

Ligação iônica

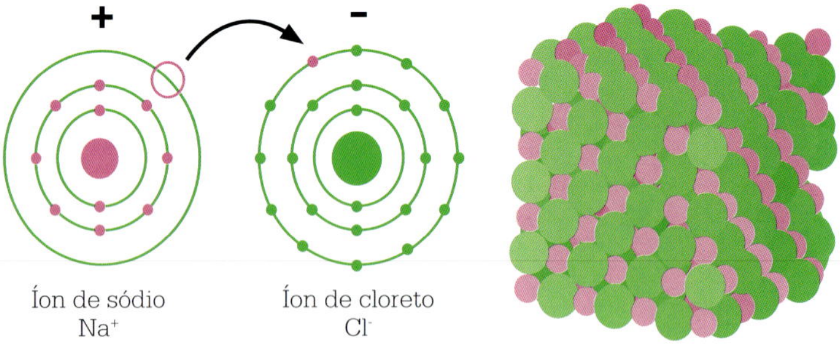

Íon de sódio Na^+ — Íon de cloreto Cl^- — Treliça

Em cloreto de sódio, um elétron no átomo de sódio adentra um átomo de cloreto para formar dois íons carregados e estáveis. Os íons se mantêm juntos por uma atração eletrostática para formar uma treliça estável.

Anel de benzeno

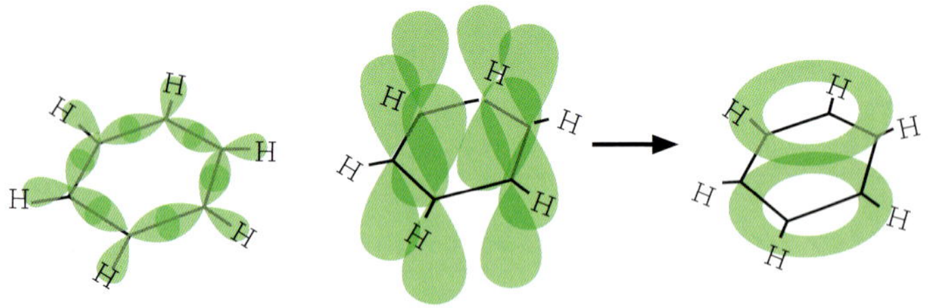

Orbitais sp^2 hibridizadas — 6 orbitais p_z — Ligação Pi

Em um anel de benzeno, os átomos de carbono são ligados uns aos outros e a um átomo de hidrogênio, por orbitais hibridizadas sp^2. Os anéis são ligados uns aos outros por uma ligação pi não localizada, formada por seis orbitais p_z.

Não há nenhuma área do mundo que não deva ser investigada pelos cientistas. Sempre haverá perguntas que ainda não foram respondidas. Geralmente, essas são as perguntas que ainda não foram feitas.
Linus Pauling

um elétron de carga negativa e agora tem uma carga geral positiva; o átomo de cloro ganhou um elétron e tem uma carga negativa. Os íons são mantidos juntos pela atração eletrostática mais com menos – uma ligação forte.

O cloreto de sódio foi o primeiro composto a ser analisado pela cristalografia de raio X. Descobriu-se que, na realidade, não há tal coisa como uma molécula de NaCl. A estrutura contém uma infinidade de íons alternados de sódio e cloreto. Cada íon de sódio é cercado por seis íons de cloreto, e cada cloreto é cercado por seis sódios. Muitos outros sais têm estruturas semelhantes: treliças infinitas de um tipo de íon, com íons diferentes preenchendo todos os vácuos.

Eletronegatividade

Pauling explicou a ligação iônica em compostos com o cloreto de sódio, que é puramente iônica e também nos compostos em que a ligação não é puramente iônica nem puramente covalente, mas um meio-termo. Esse trabalho o levou a desenvolver o conceito de eletronegatividade, que, até certo ponto, ecoava a lista de metais em ordem decrescente de eletropositividade de Alessandro Volta, em 1800. Pauling descobriu que uma ligação covalente formada entre átomos de dois elementos diferentes (ex.: C-O) é mais forte do que se pode esperar das forças de ligações C-C e O-O. Ele achou que tinha de haver algum fator elétrico que fortalecesse a ligação e se dispôs a calcular os valores para esse fator. A escala é hoje conhecida como escala de Pauling.

A eletronegatividade de um elemento (falando estritamente de um composto específico) é a intensidade da força com que um átomo do elemento atrai elétrons em sua direção. O elemento de maior eletronegatividade é o flúor; o elemento de menor eletronegatividade (ou de maior eletropositividade) dos elementos conhecidos é o césio. No composto césio flúor, cada átomo de flúor puxa um elétron para longe de um átomo de césio, resultando em um composto iônico Cs^+f^-.

Em um composto covalente como a água (H_2O), não há íons, mas o oxigênio é bem mais eletronegativo que o hidrogênio, e o resultado é que a molécula da água é polar, com uma pequena carga negativa no átomo de oxigênio e uma pequena carga positiva nos átomos de hidrogênio. As cargas fazem com que as moléculas da água se mantenham firmemente unidas. Isso explica por que a água tem tanta tensão na superfície e um ponto de fervura tão alto.

Pauling inicialmente propôs uma escala de eletronegatividade em 1932, e ele e outros a desenvolveram ainda mais nos anos seguintes. Por seu trabalho elucidando a natureza da ligação química, ele ganhou o Prêmio Nobel de Química, em 1954. ■

Linus Pauling

Linus Carl Pauling nasceu em Portland, Oregon, EUA. Ele ouviu falar da mecânica quântica pela primeira vez ainda no Oregon, e ganhou uma bolsa para estudar o assunto na Europa, sob a tutela de um dos maiores especialistas do mundo, em 1926. Ao regressar, tornou-se professor assistente, no California Institute of Technology, onde permaneceu por grande parte da vida.

Pauling se interessava profundamente pelas moléculas biológicas e descobriu que a anemia falciforme é uma doença molecular. Ele foi um grande defensor da paz e ganhou o Prêmio Nobel da Paz, em 1963, por tentar mediar no conflito EUA X Vietnã.

No fim da vida, sua reputação foi prejudicada em consequência de seu entusiasmo pela medicina alternativa. Ele defendia o uso de altas doses de vitamina C como defesa contra o resfriado comum, tratamento que posteriormente se provou ineficaz.

Obra-chave

1939 *A natureza da ligação química e a estrutura das moléculas e cristais*

HÁ UMA FORÇA IMPRESSIONANTE CONTIDA NO NÚCLEO DE UM ÁTOMO

J. ROBERT OPPENHEIMER (1904-1967)

EM CONTEXTO

FOCO
Física

ANTES
1905 A famosa equação $E = mc^2$, de Albert Einstein, descreve como minúsculas massas armazenam grandes quantidades de energia.

1932 As experiências de John Cockcroft e Ernest Walton, dividindo núcleos de lítio com prótons, dão pistas da gigantesca energia presa dentro de um núcleo.

1939 Leó Szilárd percebe que um único evento de desintegração de urânio-235 libera três nêutrons e sugere ser possível uma reação em cadeia.

DEPOIS
1954 A usina nuclear soviética Obninsk entra em operação. É a primeira usina nuclear a gerar eletricidade para distribuição nacional de um país.

A **divisão do núcleo** de um átomo de urânio **libera três nêutrons**.

Os três nêutrons liberados podem causar **a divisão de até três núcleos de átomos**; porém, se pelo menos um se cindir, uma **reação em cadeia** pode ser iniciada.

Cada vez que um núcleo se divide, uma **fração de sua massa** é transformada em **energia**.

A **reação em cadeia** pode ser **controlada** por nêutrons absorventes (reatores de cisão nuclear).

A **reação em cadeia** pode ser **descontrolada**, liberando energia suficiente para causar uma explosão (bomba nuclear).

Há uma força impressionante contida no núcleo de um átomo.

Em 1938, o mundo estava à beira da era atômica. Um homem viria a liderar a arrancada científica que levaria a essa nova era. Para J. Robert Oppenheimer, essa decisão viria a destruí-lo. Ele foi o administrador do maior projeto científico que o mundo já vira – o Projeto Manhattan – mas veio a se arrepender profundamente por sua participação.

Impulso ao centro

A variada vida profissional de Oppenheimer foi caracterizada por um impulso implacável de "estar onde as coisas acontecem", e essa compulsão levou o recém-formado em Harvard à Europa, centro da física teórica em ascensão. Na Universidade de Göttingen, Alemanha, em 1926, ele proporcionou a Aproximação de Born-Oppenheimer, com Max Born, usada para explicar, segundo Oppenheimer, "por que as moléculas são moléculas". Esse método para descrever a energia dos compostos químicos estendia a mecânica quântica além dos átomos comuns. Foi um exercício matemático ambicioso, já que tinha de ser computado um leque estonteante de possibilidades para cada elétron numa molécula. O trabalho de Oppenheimer na Alemanha se provou crucial no cálculo da energia na química moderna, mas a grande descoberta que levaria à bomba atômica veio após seu regresso aos Estados Unidos.

Cisão e buracos negros

A reação em cadeia que levou à construção da bomba atômica começou em meados de dezembro de 1938, quando os químicos Otto Hahn e Fritz Strassmann "cindiram o átomo", em seu laboratório de Berlim. Eles vinham disparando nêutrons em urânio, porém, em lugar de criar

Veja também: Marie Curie 190-95 ▪ Ernest Rutherford 206-13 ▪ Albert Einstein 214-21

Nós sabíamos que o mundo não seria mais o mesmo. Algumas pessoas riram. Algumas choraram. A maioria ficou em silêncio. Eu me lembrei de uma frase das escrituras hindus: 'Agora eu me tornei a morte, o destruidor dos mundos'.

J. Robert Oppenheimer

elementos mais pesados, por causa da absorção do nêutron, ou elementos mais leves, pela emissão de um ou mais núcleons (prótons ou nêutrons), a dupla descobriu que o elemento mais leve, o bário, era liberado, e este tinha 100 vezes menos núcleons do que o núcleo do urânio. À época, nenhum processo nuclear compreendido podia dar conta da perda de 100 núcleons.

Perplexo, Hahn mandou uma carta aos colegas Lise Meitner e Otto Frisch, em Copenhague. Em um mês, Meitner e Frisch tinham decifrado o mecanismo de cisão nuclear, reconhecendo como o urânio era dividido em bário e criptônio e os núcleons faltantes eram convertidos em energia, e uma reação em cadeia vinha a seguir. Em 1939, o físico dinamarquês Niels Bohr levou a notícia aos EUA. Seu relato, junto com a publicação do estudo de Meitner-Frisch, no jornal *Nature*, deixou a comunidade científica da Costa Leste em polvorosa. Conversas entre Bohr e John Archibald Wheeler, em Princeton, após a Conferência de Física Teórica Anual, levaram à teoria de cisão nuclear Bohr-Wheeler.

Todos os átomos do mesmo elemento possuem núcleos com o mesmo número de prótons, mas o número de nêutrons pode variar, fazendo diferentes isótopos do mesmo elemento. No caso do urânio, há dois isótopos de ocorrência natural. Urânio-238 (U-238) faz até 99,3% do urânio natural. Seus núcleos contêm 92 prótons e 146 nêutrons. O 0,7% restante é feito de urânio-235 (U-235), cujos núcleos contêm 92 prótons e 143 nêutrons. A teoria Bohr-Wheeler incorporava a descoberta de que os nêutrons de baixa energia poderiam causar cisão no U-235, levando à divisão do átomo e liberando energia nesse processo.

Quando a novidade chegou à Costa Oeste, Oppenheimer, agora em Berkeley, ficou encantado. Ele deu uma série de palestras e seminários sobre a teoria novinha em folha, e rapidamente viu o potencial para elaborar uma arma de potencial impressionante – em sua mente "uma forma boa, honesta e prática" para usar a nova ciência. Porém, enquanto os laboratórios das »

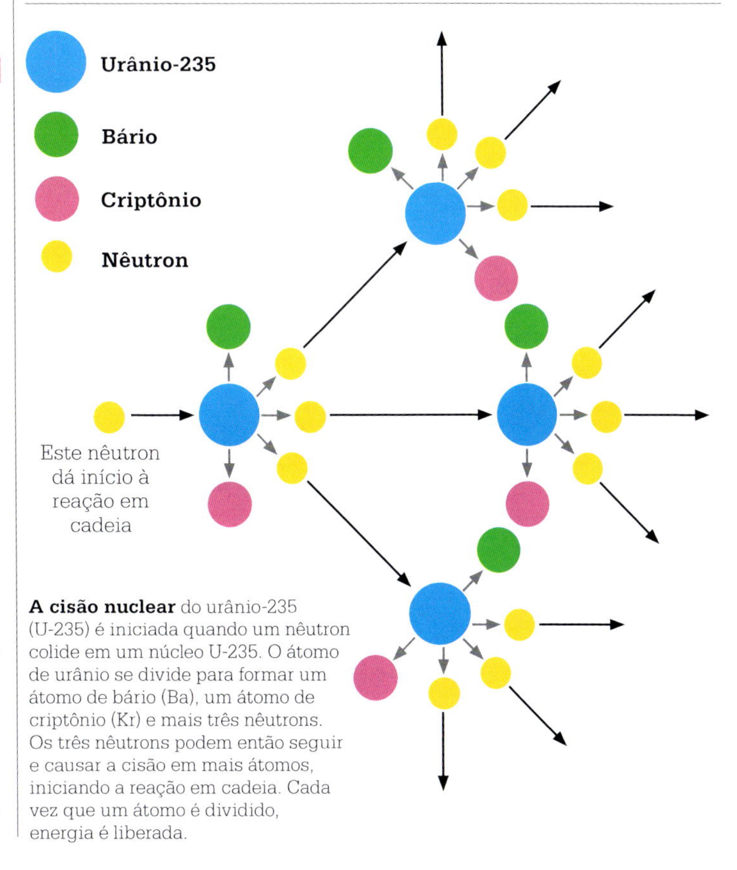

A cisão nuclear do urânio-235 (U-235) é iniciada quando um nêutron colide em um núcleo U-235. O átomo de urânio se divide para formar um átomo de bário (Ba), um átomo de criptônio (Kr) e mais três nêutrons. Os três nêutrons podem então seguir e causar a cisão em mais átomos, iniciando a reação em cadeia. Cada vez que um átomo é dividido, energia é liberada.

universidades da Costa Leste corriam para reproduzir os resultados dos primeiros experimentos de cisão, Oppenheimer concentrava sua pesquisa nas estrelas contraindo e explodindo, sob sua própria gravidade, para formar buracos negros.

Nascimento da ideia

A ideia de uma arma nuclear já estava no ar. Ainda em 1913, H. G. Wells escreveu sobre "tatear a energia interna dos átomos" para fazer "bombas atômicas". Em seu romance *The World Set Free*, a inovação estava programada para acontecer no ano de 1933. No próprio ano de 1933, Ernest Rutherford tocou na grande quantidade de energia liberada durante a cisão nuclear, em um discurso impresso no *The Times*, de Londres. No entanto, Rutherford descartava a ideia de aproveitar essa energia como "balela", já que o processo era tão ineficiente que exigia muito mais energia do que liberava.

Foi um húngaro que vivia na Inglaterra, chamado Leó Szilárd, que viu como isso poderia ser feito e percebeu as consequências horrendas para um mundo que rumava para a guerra. Analisando a palestra de Rutherford, Szilárd viu que os "nêutrons secundários" emergindo da primeira cisão poderiam, eles próprios, criar outros eventos de cisão, resultando numa reação em cadeia de cisão nuclear progressiva. "Em minha cabeça, havia pouca dúvida de que o mundo rumava à desgraça."

Experimentos na Alemanha e nos EUA mostraram que a reação em cadeia era realmente possível, incitando Szilárd e outro emigrante húngaro, Edward Teller, a abordarem Albert Einstein com uma carta. Einstein passou a carta ao presidente Roosevelt, em 11 de outubro de 1939, e apenas dez dias depois o Comitê Consultivo de Urânio foi montado, para investigar a possibilidade de desenvolver a bomba, inicialmente, nos Estados Unidos.

Nascimento da Grande Ciência

O Projeto Manhattan, que surgiu dessa revolução, era a ciência na maior escala imaginável. Uma organização de armas múltiplas que se espalhou por vários locais grandes, nos EUA e Canadá, e inúmeros outros locais menores, empregando 130 mil pessoas, e até seu fechamento tinha consumido US$ 2 bilhões (em moeda corrente de 2014, mais de US$ 26 bilhões, ou 16 bilhões de libras esterlinas) – no mais alto sigilo.

Nós fizemos uma coisa, a mais terrível arma, que alterou abrupta e profundamente a natureza do mundo. E ao fazê-la levantamos novamente a questão de se a ciência é boa para a humanidade.
J. Robert Oppenheimer

No começo de 1941, foi tomada a decisão de se buscar cinco métodos separados de produção de material decomponível para uma bomba: separação eletromagnética, difusão gasosa e térmica para separar isótopos de urânio-235 do urânio-238; e duas linhas de pesquisa da tecnologia de reação nuclear. Em 2 de dezembro de 1942, a primeira reação em cadeia envolvendo a cisão nuclear foi realizada numa quadra de squash,

J. Robert Oppenheimer

Formado na Ethical Culture School da Cidade de Nova York, Julius Robert Oppenheimer era um garoto magro, altamente agitado, com raciocínio veloz. Depois de se formar pela Universidade Harvard, passou dois anos na Universidade de Cambridge, sob a tutela de Ernest Rutherford, depois seguiu para Göttinger, na Alemanha, onde foi apadrinhado por Max Born.

Oppenheimer tinha uma personalidade complexa, cujo grande talento era ser o centro das coisas e fazer amigos influentes, aonde quer que fosse. Apesar disso, tinha uma língua notoriamente afiada e queria ser considerado um intelectual superior. Embora seja mais conhecido por seu trabalho no Projeto Manhattan, sua contribuição mais duradoura à ciência foi a pesquisa realizada na Universidade da Califórnia, Berkeley, sobre as estrelas, nêutrons e os buracos negros.

Obras-chave

1927 *Sobre a teoria quântica das moléculas*
1939 *Sobre a contração gravitacional continuada*

Em 9 de agosto de 1945, a bomba plutônio "Fat Man" foi jogada em Nagasáki, no sudeste do Japão. Cerca de 40 mil pessoas morreram instantaneamente, e muitas outras morreram nas semanas seguintes.

na Universidade de Chicago. O Pile-1, de Enrico Fermi, foi o protótipo para os reatores que viriam a enriquecer urânio e criar o recém-descoberto plutônio – elemento instável ainda mais pesado que o urânio, que também pode causar uma rápida reação em cadeia e ser usado para criar uma bomba ainda mais mortal.

A montanha mágica

Escolhido para encabeçar a pesquisa para o Projeto Manhattan, Oppenheimer aprovou um colégio interno desativado, no Rancho Los Alamos, no Novo México, como local para as instalações de pesquisa dos estágios finais do projeto – a construção de uma bomba atômica. O local "Y" veria a maior concentração de premiados com o Nobel que já se reuniram num só lugar.

Como a maior parte da ciência importante já concluída, muitos dos cientistas de Los Alamos classificaram seu trabalho no deserto do Novo México como meramente um "problema de engenharia". No entanto, foi a coordenação de Oppenheimer, de 3 mil cientistas, que possibilitou a construção da bomba.

A mudança de ideia

O bem-sucedido teste de Trinity, em 16 de julho de 1945, e a subsequente detonação de uma bomba chamada "Little Boy", sobre Hiroshima, no Japão, em 6 de agosto de 1945, deixou Oppenheimer exultante. Contudo, o acontecimento viria lançar sombra no diretor de Los Alamos. Quando a bomba foi lançada a Alemanha já havia se rendido, e muitos cientistas de Los Alamos sentiam que bastava uma demonstração pública da bomba – depois de ver sua potência aterradora, o Japão certamente se renderia. Porém, embora Hiroshima fosse vista por alguns como um mal necessário, a detonação de um dispositivo de plutônio – chamado "Fat Man" – sobre Nagasáki, em 9 de agosto, foi difícil de justificar. Um ano depois, Oppenheimer afirmou publicamente a sua opinião, de que as bombas atômicas haviam sido lançadas sobre um inimigo derrotado.

Em outubro de 1945, Oppenheimer se encontrou com o presidente Harry S. Truman e disse a ele: "Sinto minhas mãos ensanguentadas". Truman ficou furioso. Audiências no Congresso baniram a habilitação de segurança do cientista, em 1954, acabando com sua habilidade de influência em políticas públicas.

Àquela altura, Oppenheimer tinha negligenciado o advento complexo industrial militar e acompanhara uma nova era da Grande Ciência. Ao presidir a criação de um novo terror científico, ele se tornou o símbolo das consequências morais das ações que os cientistas agora tinham de considerar. ■

PILARES FUNDAM 1945-PRESENTE

ENTAIS

1946
Fred Hoyle descreve como novos **elementos são feitos nas estrelas**.

1948
Richard Feynman trabalha na nova disciplina de **eletrodinâmica quântica**.

1951
Barbara McClintock demonstra a **recombinação genética**, mostrando como os genes podem se deslocar por um cromossomo.

1953
James Watson e Francis Crick descobrem **a estrutura química do DNA**.

1953
Harold Urey e Stanley Miller demonstram um possível **mecanismo químico para a origem da vida**.

1957
Hugh Everett III é o primeiro a propor a **interpretação de muitos mundos** (many-worlds interpretations, ou MWI) da física quântica.

1961
Sheldon Glashow apresenta um novo modelo simétrico para as **interações eletrofracas**.

1961
Charles Keeling mostra que a **concentração de dióxido de carbono** do ar está aumentando.

A segunda metade do século XX viu a tecnologia de rápido desenvolvimento sendo empregada em quase todos os campos da ciência, desde telescópios até análises clínicas. A nova tecnologia vinha ampliando as possibilidades para o cálculo e a experimentação. Os primeiros computadores foram construídos nos anos 1940, e uma nova ciência, a inteligência artificial, havia emergido.

O Grande Colisor de Hádrons (*Large Hadron Collider*) do CERN, um acelerador de partículas, é o maior equipamento científico já construído. Microscópios potentes permitiram os primeiros vislumbres diretos dos átomos, enquanto novos telescópios revelavam os planetas além de nosso Sistema Solar. Até o século XXI, a ciência já se tornara uma atividade amplamente realizada em equipe, envolvendo parcerias interdisciplinares e aparatos cada vez mais caros.

O código da vida

Na Universidade de Chicago, em 1953, os químicos americanos Harold Urey e Stanley Miller montam uma experiência engenhosa para descobrir se a vida poderia ter começado na Terra, quando raios deram a centelha para as reações químicas na atmosfera. No mesmo ano, dois biólogos moleculares – o americano James Watson e o britânico Francis Crick –, numa corrida de equipes rivais nos EUA e na União Soviética, desvendaram a estrutura molecular do ácido desoxirribonucleico, ou DNA, fornecendo a chave para o código genético da vida, o que levaria, em menos de meio século, ao mapeamento completo do genoma humano.

Munida de novo conhecimento sobre o mecanismo genético, a bióloga americana Lynn Margulis propôs a teoria aparentemente absurda de que alguns organismos podem ser absorvidos por outros, enquanto ambos continuam a vicejar, e que esse processo havia produzido as células complexas de todas as formas de vida multicelulares.

Depois de anos de ceticismo, ela foi vingada por descobertas na genética, feitas 20 anos após sua proposta. O microbiólogo americano Michael Syvanen mostrou como os genes podem saltar de uma espécie para outra, enquanto, nos anos 1990, a velha ideia lamarckiana de que as características adquiridas podem ser passadas ganhava novo fôlego, com a descoberta da epigenética. O conhecimento dos mecanismos através dos quais a evolução se dá se tornava cada vez mais rico.

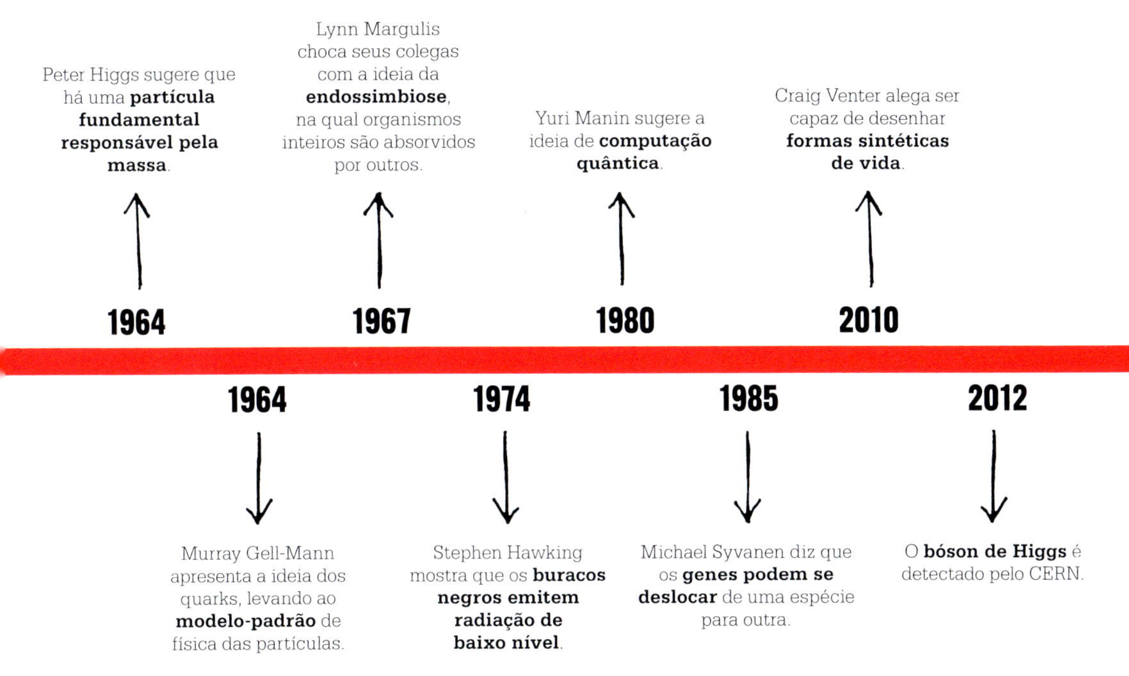

No fim do século, o americano Craig Venter, após realizar seu próprio projeto sobre o genoma humano, havia criado vida artificial ao planejar seu DNA em seu computador. Na Escócia, depois de muitos reveses, Ian Wilmut e seus colegas tiveram êxito em clonar uma ovelha.

Novas partículas

Na física, a estranheza da mecânica quântica foi mais profundamente pesquisada pelo americano Richard Feynman e outros, que explicaram as interações quânticas, em termos de troca "virtual" de partículas. Paul Dirac havia corretamente previsto a existência da antimatéria, nos anos 1930, e nas décadas subsequentes surgiram mais partículas subatômicas novas de colisões de aceleradores cada vez mais potentes. Dessa mistura de partículas exóticas, surgiu o modelo-padrão de partícula física, organizando as partículas fundamentais da natureza segundo suas propriedades. Nem todos os físicos estavam convencidos, mas a potência do modelo-padrão recebeu um grande impulso em 2012, quando o bóson de Higgs, que fora previsto, foi detectado pelo Grande Colisor de Hádrons do CERN.

Nesse ínterim, a busca pela "Teoria de Tudo" – uma teoria que unisse as quatro forças fundamentais da natureza (gravidade, eletromagnetismo e as forças nucleares fracas e fortes) – tomou muitas novas direções. O americano Sheldon Glashow uniu o eletromagnetismo à força nuclear fraca em uma teoria "eletrofraca", enquanto a teoria das cordas tentava unir todas as teorias da física numa só, propondo a existência de seis dimensões escondidas, além das três de tempo e uma de espaço. O físico americano Hugh Everett III sugeriu que pode haver base matemática para a existência de mais de um universo. A teoria de Everett, de um universo múltiplo, constantemente em cisão, foi inicialmente ignorada, mas ganhou defensores ao longo dos últimos anos.

Futuras direções

Enigmas profundos ainda permanecem sem solução, incluindo uma teoria evasiva que uniria a mecânica quântica à relatividade geral. Mas possibilidades provocadoras também estão se abrindo, incluindo uma revolução potencial na computação, por cortesia do qubit de mecânica quântica. É provável que novos problemas que nem imaginamos venham a surgir. Se a história da ciência é um guia, devemos esperar o inesperado. ■

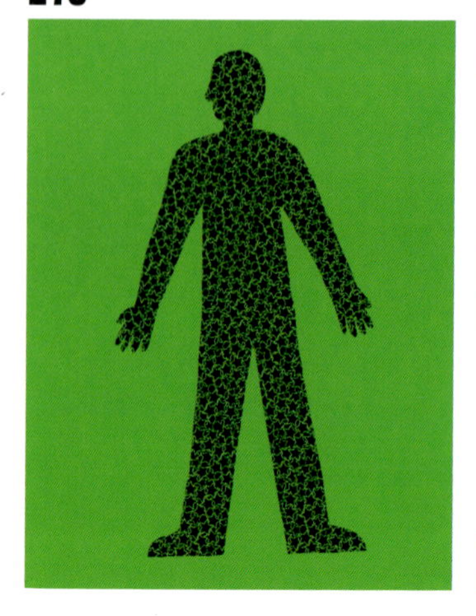

SOMOS FEITOS DE POEIRA ESTELAR

FRED HOYLE (1915-2001)

EM CONTEXTO

FOCO
Astrofísica

ANTES
1854 O físico alemão Hermann von Helmhotz sugere que o Sol gera calor através de lenta contração gravitacional.

1863 A análise espectral das estrelas, feita pelo astrônomo inglês William Huggins, mostra que elas compartilham elementos encontrados na Terra.

1905-10 Astrônomos nos EUA e Suécia analisam a luminosidade das estrelas e as classificam como anãs e gigantes.

1920 Arthur Eddington argumenta que as estrelas transformam hidrogênio em hélio através de fusão nuclear.

1934 Fritz Zwicky cunha o termo "supernova" para o fim explosivo de uma estrela massiva.

DEPOIS
2013 Fósseis do fundo do mar revelam o que podem ser traços biológicos de ferro de uma supernova.

A ideia de que as estrelas geram energia através do processo de fusão nuclear foi inicialmente proposta pelo astrônomo britânico Arthur Eddington, em 1920. Ele argumentava que as estrelas eram fábricas de fusão de núcleos de hidrogênio, transformando-os em hélio. Um núcleo de hélio contém ligeiramente menos massa que os quatro núcleos de hidrogênio necessários para criá-lo. Essa massa é convertida em energia de acordo com a equação $E = mc^2$. Eddington desenvolveu um modelo de estrutura estelar em termos de equilíbrio entre a atração para dentro da gravidade e a pressão para fora, da fuga de radiação, mas ele não desvendou a física das reações nucleares envolvidas.

Fazendo elementos mais pesados

Em 1939, Hans Bethe, físico americano nascido na Alemanha, publicou uma análise detalhada de caminhos diferentes que a fusão do hidrogênio poderia tomar. Ele identificou duas rotas – uma cadeia lenta, de baixa temperatura, que domina astros como o nosso Sol, e um ciclo veloz de alta temperatura, predominante em astros mais massivos.

Entre 1946 e 1957, o astrônomo britânico Fred Hoyle e outros desenvolveram as ideias de Bethe para mostrar até onde as reações de fusões envolvendo hélio poderiam gerar carbono e elementos mais pesados, chegando até a massa de ferro. Isso explicou a origem de muitos outros elementos mais pesados do universo. Hoje sabemos que elementos mais pesados que o ferro se formam em explosões de supernovas. Os elementos necessários para a vida são feitos de estrelas. ■

O espaço não tem nada de remoto. É só um trajeto de carro, de uma hora, se o seu carro pudesse seguir para o alto.
Fred Hoyle

Veja também: Marie Curie 190-95 ▪ Albert Einstein 214-21 ▪ Ernest Rutherford 206-13 ▪ Georges Lemaître 242-45 ▪ Fritz Zwicky 250-51

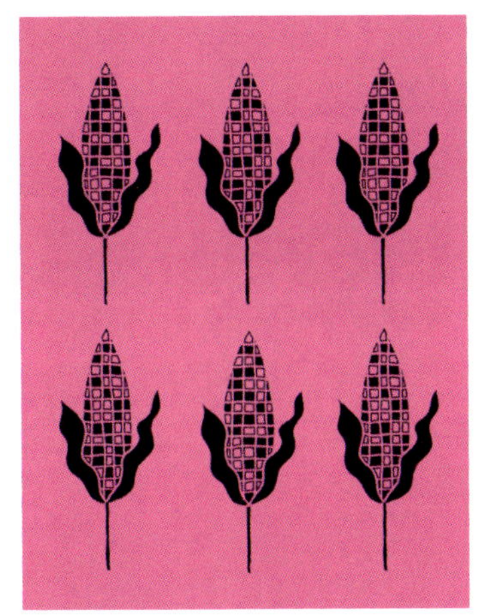

GENES SALTADORES

BARBARA McCLINTOCK (1902-1992)

EM CONTEXTO

FOCO
Biologia

ANTES
1866 Gregor Mendel descreve a hereditariedade como um fenômeno determinado por "partículas" – mais tarde chamadas genes.

1902 Theodor Boveri e Walter Sutton, independentemente, concluem que os cromossomos estão envolvidos na hereditariedade.

1915 Os experimentos da mosquinha-das-frutas, de Thomas Hunt, confirmam teorias e mostram que os genes podem ser ligados ao mesmo cromossomo.

DEPOIS
1953 O modelo de DNA de dupla hélice, gerador de cromossomos, de James Watson e Francis Crick, mostra como o material genético é reproduzido.

2000 É publicado o primeiro genoma humano, catalogando a localização de 20.000-25.000 genes dos 23 pares de cromossomos humanos.

No começo do século XX, as leis de hereditariedade que haviam sido descritas por Gregor Mendel, em 1866, foram aperfeiçoadas à medida que foram feitas novas descobertas sobre a hereditariedade de partículas, identificadas como genes, e os fios microscópicos que as conduzem, chamados cromossomos. Nos anos 1930, a geneticista Barbara McClintock foi a primeira a perceber que cromossomos não eram as estruturas estáveis anteriormente imaginadas e a posição dos genes nos cromossomos podia ser alterada.

Cores variadas na espiga de milho incitaram McClintock a traçar as recombinações genéticas responsáveis por essa variedade, que ela relatou em 1951.

Trocando genes

McClintock estava estudando a hereditariedade em plantas de milho. Um pé de milho tem centenas de grãos, cada um deles de cor amarela, marrom ou rajada, segundo os genes da espiga. Um grão é uma semente – uma única progênie – portanto o estudo de muitas espigas fornece um leque de dados sobre a hereditariedade da cor do grão McClintock combinou experimentos de fertilização com trabalho microscópico sobre cromossomos.

Em 1930, ela descobriu que, durante a reprodução sexual, os cromossomos formam pares, quando as células sexuais são formadas, criando um formato de X. Ela percebeu que essas estruturas em forma de X marcavam os locais onde os pares de cromossomos trocavam segmentos. Os genes que antes eram unidos no mesmo cromossomo eram embaralhados, o que resultava em novos traços, incluindo cores variadas.

Esse baralhamento de genes – chamado recombinação genética – produz uma variedade genética muito maior nas progênies. Como resultado, são ampliadas as chances de sobrevivência em ambientes diferentes. ■

Veja também: Gregor Mendel 166-71 ▪ Thomas Hunt Morgan 224-25 ▪ James Watson e Francis Crick 276-83 ▪ Michael Syvanen 318-19

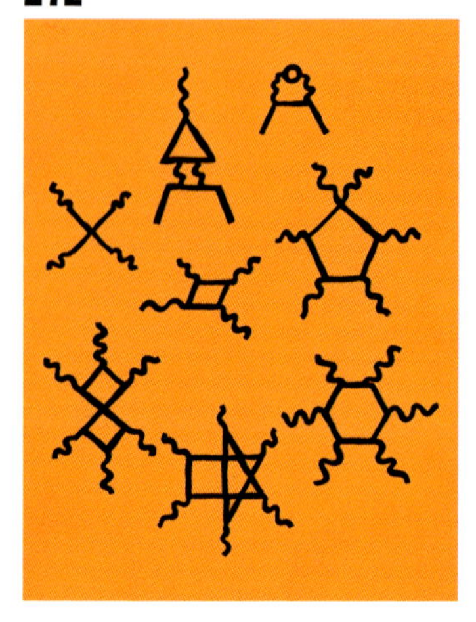

A ESTRANHA TEORIA DE LUZ E MATÉRIA

RICHARD FEYNMAN (1918-1988)

EM CONTEXTO

FOCO
Física

ANTES
1925 Louis de Broglie sugere que qualquer partícula com massa pode se portar como uma onda.

1927 Werner Heisenberg mostra que há uma incerteza inerente em certos pares de valores em nível quântico, tais como a posição e a cinética de uma partícula.

1927 Paul Dirac aplica a mecânica quântica em campos, não somente em partículas.

DEPOIS
Final dos anos 1950 Julian Schwinger e Sheldon Glashow desenvolvem a teoria eletrofraca, que une a força nuclear fraca com o eletromagnetismo.

1965 Moo-Young Han, Yoichiro Nambu e Oscar Greenberg explicam a interação de partículas sob a força forte, em termos de uma propriedade hoje conhecida como "carga de cor".

Uma das questões surgidas da mecânica quântica dos anos 1920 era como partículas de matéria interagiam por meio de forças. O eletromagnetismo também precisava de uma teoria que funcionasse na escala quântica. A teoria que surgiu, eletrodinâmica quântica (EDQ), explicava a interação de partículas através da troca de eletromagnetismo. Ela se provou muito bem-sucedida, embora um de seus pioneiros, Richard Feynman, a tenha chamado de teoria "estranha", porque a imagem do universo que ela descreve é difícil de visualizar.

Partículas mensageiras

Paul Dirac deu o primeiro passo em direção à teoria EDQ, baseada na ideia de que as partículas com carga elétrica interagiam através da troca de quanta, ou "fótons" de energia eletromagnética – mesmos quanta eletromagnéticos que incluem a luz. Os fótons podem ser criados do nada, por períodos breves de tempo, segundo o princípio de incerteza de Heisenberg, e isso permite flutuações na quantidade de energia disponível no espaço "vazio". Tais fótons ocasionalmente são chamados partículas "virtuais" e os físicos posteriormente confirmaram seu envolvimento no eletromagnetismo. De maneira mais genérica, as partículas mensageiras nas teorias quânticas de campo são conhecidas como "bósons de calibre".

No entanto, havia problemas com a EDQ. Mais significativamente, suas equações frequentemente geravam valores infinitos despropositados.

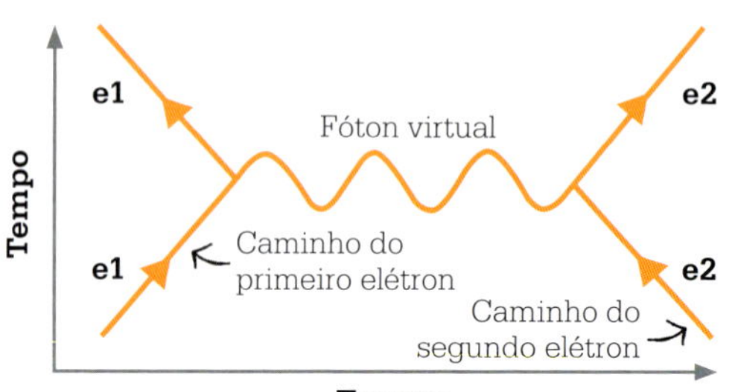

Os diagramas de Feynman mostram as formas como as partículas podem interagir. Aqui, dois elétrons se repelem ao trocarem um fóton virtual.

Veja também: Erwin Schrödinger 226-33 ▪ Werner Heisenberg 234-35 ▪ Paul Dirac 246-47 ▪ Sheldon Glashow 292-93

As **partículas interagem** através da troca de fótons.

Essa troca pode ocorrer de **muitas formas diferentes**, cada uma com sua própria probabilidade.

Somar as probabilidades de todos os acontecimentos possíveis dá uma **descrição precisa** de resultados experimentais.

A estranha teoria de luz e de matéria produz resultados corretos.

Somando as probabilidades

Em 1947, o físico alemão Hans Bethe sugeriu um modo de consertar as equações, para que elas espelhassem os resultados laboratoriais reais. No fim dos anos 1940, o físico japonês Sin-Itiro Tomonaga, os americanos Julian Schwinger e Richard Feynman, e outros, pegaram as ideias de Bethe e desenvolveram-nas, para produzir uma versão matematicamente segura da EDQ. Isso produziu resultados significativos, considerando todas as possibilidades como as interações poderiam ocorrer, segundo a mecânica quântica.

Através de sua invenção dos "diagramas Feynman" – simples representações ilustradas de possíveis interações eletromagnéticas entre partículas, dando uma descrição intuitiva dos processos em ação, Feynman tornou acessível esse assunto complexo. A descoberta-chave foi encontrar um meio matemático de modelar uma interação como soma de probabilidades de cada caminho individual, o que inclui caminhos onde as partículas se deslocam voltando no tempo. Quando somadas, muitas das probabilidades cancelam umas às outras; por exemplo: a probabilidade de uma partícula se deslocar numa determinada direção pode ser a mesma que ela tem de se deslocar em direção oposta; portanto somar essas probabilidades resulta em zero. Somar todas as possibilidades, incluindo as "estranhas", envolvendo voltar no tempo, produz resultados familiares como a luz parecer se deslocar em linhas retas. No entanto, sob determinadas circunstâncias, as probabilidades somadas produzem, sim, resultados estranhos, e os experimentos mostraram que a luz nem sempre se desloca em linhas retas. Dessa forma, a EDQ fornece uma descrição precisa da realidade, mesmo quando parece estranha ao mundo que percebemos.

A EDQ provou ser tão bem-sucedida que se tornou modelo para teorias semelhantes de forças fundamentais – a força nuclear potente foi descrita com êxito pela cromodinâmica quântica (CDQ), enquanto forças eletromagnéticas e forças nucleares fracas foram unificadas em uma teoria combinada de calibre eletrofraco. Até agora, somente a gravitação se recusa à conformidade desse tipo de modelo. ■

Richard Feynman

Nascido em Nova York, em 1918, Richard Feynman mostrou talento para matemática ainda jovem e tirou seu primeiro diploma no Massachusetts Institute of Technology (MIT) antes de gabaritar as provas de matemática e física para seu ingresso em Princeton. Depois de receber seu PhD, em 1942, Feynman trabalhou sob a tutela de Hans Bethe, no Projeto Manhattan, para desenvolver a bomba atômica. Após o final da Segunda Guerra, continuou seu trabalho com Bethe, na Universidade Cornell, onde realizou seu trabalho mais importante de EDQ. Feynman mostrava talento para comunicar suas ideias. Ele promoveu o potencial da nanotecnologia e, mais ao fim da vida, escreveu relatos *best-sellers* sobre a EDQ e outros aspectos da física moderna.

Obras-chave

1950 *Mathematical Formulation of the Quantum Theory of Electromagnetic Interaction*
1985 *QED: The Strange Theory of Light and Matter*
1985 *Deve ser brincadeira, Sr. Feynman!*

A VIDA NÃO É UM MILAGRE

HAROLD UREY (1893-1981) STANLEY MILLER (1930-2007)

EM CONTEXTO

FOCO
Química

ANTES
1871 Charles Darwin sugere que a vida pode ter começado em "algum laguinho aquecido".

1922 O bioquímico russo Alexander Oparin propõe que os compostos complexos talvez sejam formados em uma atmosfera primitiva.

1952 Nos EUA, Kenneth A Wilde passa centelhas de 600 volts por uma mistura de dióxido de carbono e vapor de água e obtém o monóxido de carbono.

DEPOIS
1961 A bioquímica espanhola Joan Oró acrescenta mais químicos semelhantes à mistura Urey-Miller e obtém moléculas vitais para o DNA, dentre outras.

2008 O ex-aluno de Miller Jeffrey Bada e outros usam técnicas mais novas e sensíveis para obter muito mais moléculas orgânicas.

A atmosfera inicial da Terra continha uma **mistura de gases**.

↓

Com **energia suficiente**, aqueles gases talvez **reagissem** juntos.

↓

Mais **moléculas complexas** talvez tenham se formado, fornecendo os **alicerces das primeiras formas de vida**.

↓

A vida não é um milagre.

Os cientistas há muito analisam a origem da vida. Em 1871, Charles Darwin escreveu uma carta ao amigo Joseph Hooker: "Mas, se... pudéssemos conceber num laguinho aquecido, com a presença de todo tipo de amônia e sais fosfóricos, luzes, calor, eletricidade etc., que um composto proteico fosse quimicamente formado e pronto para passar por mudanças ainda mais complexas...". Em 1953, o químico americano Harold Urey e seu aluno Stanley Miller encontraram uma forma de reproduzir a atmosfera inicial da Terra em laboratório e, a partir de matéria inorgânica, geraram compostos orgânicos (à base de carbono) essenciais à vida.

Antes do experimento Urey-Miller, avanços na química e astronomia haviam analisado as atmosferas em outros planetas sem vida do Sistema Solar. Nos anos 1920, o bioquímico soviético Alexander Oparin e o geneticista britânico J. B. S. Haldane independentemente sugeriram que se as condições na Terra prebiótica (pré-vida) lembravam aqueles planetas, então elementos químicos simples poderiam ter reagido juntos, numa sopa primordial para formar mais moléculas complexas, das quais coisas vivas talvez tivessem evoluído.

Veja também: Jöns Jakob Berzelius 119 ▪ Friedrich Wöhler 124-25 ▪ Charles Darwin 142-49 ▪ Fred Hoyle 270

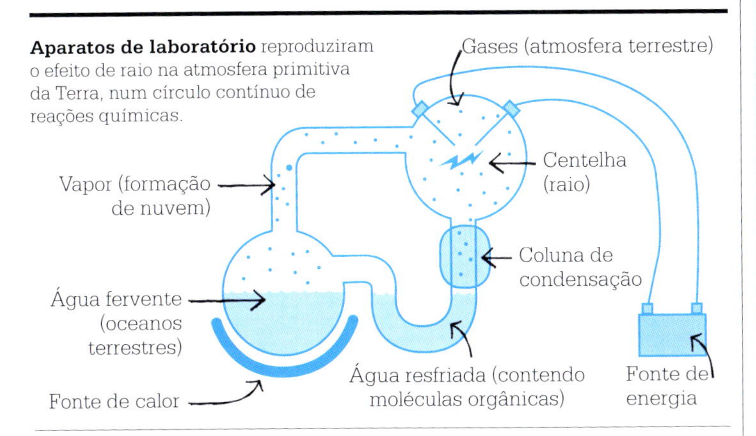

Aparatos de laboratório reproduziram o efeito de raio na atmosfera primitiva da Terra, num círculo contínuo de reações químicas.

Recriando a atmosfera terrestre inicial

Em 1953, Urey e Miller realizaram o primeiro experimento prolongado para testar a teoria Oparin-Haldane. Numa série de frascos de vidro fechados, porém interligados e posicionados próximos uns dos outros e isolados da atmosfera, eles colocaram água e uma mistura de gases supostamente presentes na atmosfera primitiva da Terra – hidrogênio, metano e amônia. A água era aquecida, de modo que o vapor formado percorria o circuito fechado dos frascos. Em um desses frascos havia um par de eletrodos, entre os quais centelhas passavam continuamente, para representar os raios – um dos causadores hipotéticos das reações primordiais. As centelhas forneciam energia suficiente para partir algumas das moléculas e, dessa forma, gerar formas altamente reativas que viriam a reagir com outras moléculas.

Em um dia, a mistura ficou rosa e após duas semanas, Urey e Miller descobriram que pelo menos 10% do carbono (do metano) agora estava na forma de outros compostos orgânicos. Dois por cento do carbono tinha formado aminoácidos, que são a base das proteínas em todas as coisas vivas. Urey incentivou Miller a enviar um estudo sobre a experiência ao jornal *Science*, que o publicou como "Produção de aminoácidos sob possíveis condições primitivas da Terra". O mundo agora podia imaginar como "o laguinho aquecido" de Darwin pode ter gerado as primeiras formas de vida.

Em uma entrevista, Miller disse que "o simples fato de incitar as centelhas em um experimento prebiótico produz aminoácidos". Posteriormente, usando equipamentos melhores que os que havia disponíveis em 1953, os cientistas descobriram que a experiência original produzira pelo menos 25 aminoácidos – mais que os encontrados na natureza. Como a atmosfera inicial da Terra quase que certamente continha dióxido de carbono, nitrogênio, sulfeto de hidrogênio e dióxido de enxofre, liberados dos vulcões, uma atmosfera muito mais rica em compostos orgânicos pode ter sido criada, à época – e, de fato, formada em experiências subsequentes. Meteoritos contendo dúzias de aminoácidos, alguns encontrados na Terra, outros não, também incitaram a busca por sinais de vida nos planetas além do Sistema Solar. ■

Harold Urey e Stanley Miller

Harold Clayton Urey nasceu em Walkerton, Indiana, EUA. Seu trabalho sobre a separação de isótopos levou à descoberta de deutério, o que lhe rendeu o Prêmio Nobel de Química, em 1934. Ele então desenvolveu o enriquecimento de urânio-235, pela difusão gasosa, que foi crucial para o desenvolvimento do Projeto Manhattan, da primeira bomba atômica. Depois de seus experimentos prebióticos, com Stanley Miller, em Chicago, ele se mudou para San Diego e estudou as rochas lunares trazidas pelo foguete Apollo 11.

Stanley Lloyd Miller nasceu em Oakland, Califórnia. Depois de estudar química na Universidade da Califórnia, Berkeley, foi professor assistente em Chicago e trabalhou com Harold Urey. Posteriormente tornou-se professor em San Diego.

Obra-chave

1953 *Production of Amino Acids under Possible Primitive Earth Conditions*

Meu estudo (do universo) deixa pouca dúvida de que houve vida em outros planetas. Eu duvido que a raça humana seja a forma de vida mais inteligente.
Harold C. Urey

QUEREMOS SUGERIR UMA ESTRUTURA PARA O SAL DO ÁCIDO DESOXIRRIBONUCLEICO (DNA)

JAMES WATSON (1928-)
FRANCIS CRICK (1916-2004)

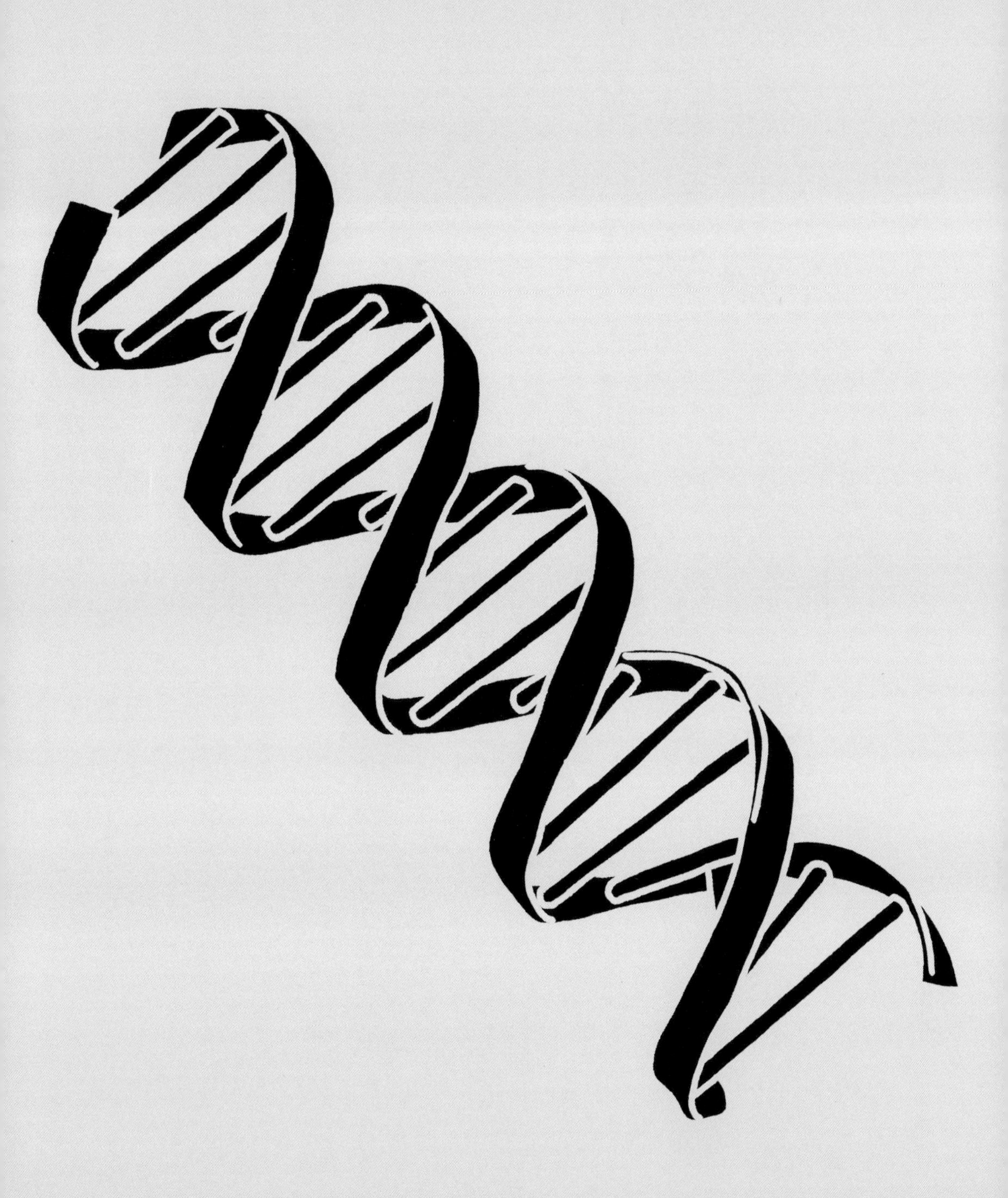

EM CONTEXTO

FOCO
Biologia

ANTES
1869 Friedrich Miescher identifica o DNA, pela primeira vez, nas células do sangue.

Anos 1920 Phoebus Levene e outros analisam os componentes do DNA como açúcares, fosfatos e quatro tipos de base.

1944 Experimentos mostram que o DNA contém dados genéticos.

1951 Linus Pauling propõe a estrutura alfa-hélice de certas moléculas biológicas.

DEPOIS
1963 Frederick Sanger desenvolve métodos de sequência para identificar as bases do DNA.
Anos 1960 O código do DNA é decifrado.
2010 Craig Venter e sua equipe implantam DNA feito artificialmente em uma bactéria viva.

Em abril de 1953, a resposta para um mistério fundamental sobre organismos vivos surgiu em um pequeno artigo publicado, sem estardalhaço, no jornal científico *Nature*. O artigo explicava como as instruções genéticas são mantidas dentro de organismos e como elas são passadas à sua próxima geração. Essencialmente ele descrevia, pela primeira vez, a estrutura dupla hélice do ácido desoxirribonucleico (DNA), a molécula que contém a informação genética.

O artigo foi escrito por James Watson, um biólogo americano de 29 anos, e seu colega mais velho de pesquisa, o biofísico britânico Francis Crick. Desde 1951, juntos, eles vinham trabalhando no desafio da estrutura do DNA, no Cavendish Laboratory, na Universidade de Cambridge, sob a tutela de seu diretor, Sir Lawrence Bragg.

É tão lindo que tem de ser verdade.
James Watson

O DNA era o assunto em voga, à época, e o entendimento de sua estrutura parecia estar tão próximo que no começo dos anos 1950, equipes da Europa, EUA e da União Soviética estavam competindo para serem os primeiros a "decifrar" o formato tridimensional do DNA – o modelo evasivo que permitia que o DNA simultaneamente portasse dados genéticos, em alguma forma codificada quimicamente, e se repetisse de maneira completa e precisa, de modo que os mesmos dados genéticos passassem à progênie, ou células filhas, incluindo as da geração seguinte.

O passado em DNA

A molécula do DNA não foi descoberta em 1953, como geralmente se pensa, nem foram Crick e Watson os primeiros a descobrir do que ela é feita. O DNA tem uma história bem mais longa de pesquisa. Nos anos 1880, o biólogo alemão Walther Flemming havia relatado que corpos semelhantes a um "X" (posteriormente denominados cromossomos) surgiam dentro das células, quando elas estavam se preparando para se dividir. Em 1900, as experiências de Gregor Mendel com a

James Watson e Francis Crick

James Watson (à direita) nasceu em 1928, em Chicago, EUA. Com a idade precoce de 15 anos, ele ingressou na Universidade de Chicago. Depois da pós-graduação em genética, Watson se mudou para Cambridge, Inglaterra, para fazer uma parceria com Francis Crick. Ele posteriormente regressou aos EUA, para trabalhar no Cold Spring Harbor Laboratory, em Nova York. A partir de 1988, ele trabalhou no Projeto do Genoma Humano, mas saiu, após um desacordo sobre patente de dados genéticos.

Francis Crick nasceu em 1916, perto de Northampton, na Inglaterra. Ele desenvolveu minas antissubmarinos, durante a Segunda Guerra. Em 1947, foi para Cambridge estudar biologia e ali começou a trabalhar com James Watson. Mais tarde, Crick se tornou conhecido pelo "dogma central": os dados genéticos fluem nas células essencialmente de um modo. Depois, Crick se voltou para pesquisas do cérebro e desenvolveu uma teoria de consciência.

Obras-chave

1953 *Estrutura molecular dos ácidos nucleicos: uma estrutura para o ácido desoxirribonucleico*
1968 *A dupla hélice*

Veja também: Charles Darwin 142-49 ▪ Gregor Mendel 166-71 ▪ Thomas Hunt Morgan 224-25 ▪ Barbara McClintock 271 ▪ Linus Pauling 254-59 ▪ Craig Venter 324-25

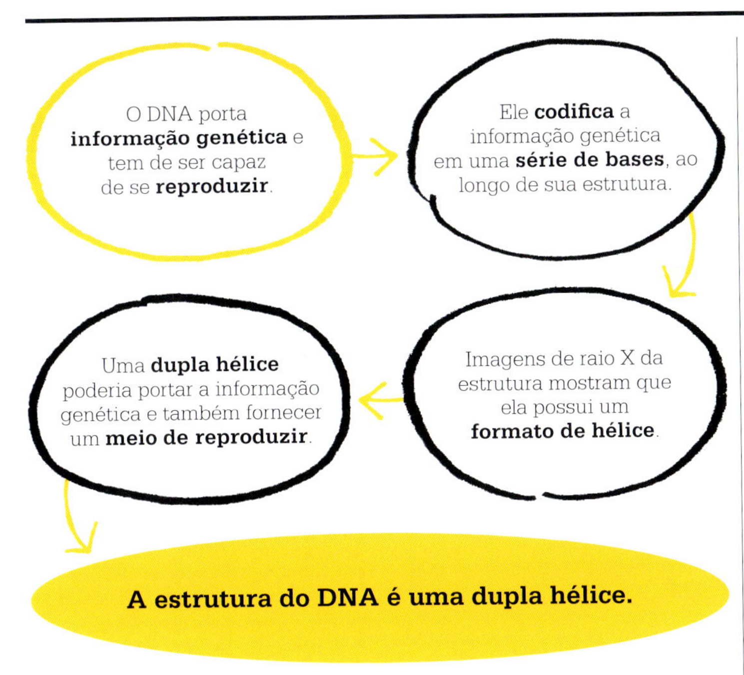

hereditariedade, realizadas com pés de ervilha, foram redescobertas – Mendel havia sido o primeiro a sugerir que havia unidades de hereditariedade que vinham em pares (que mais tarde seriam denominados genes). Mais ou menos à mesma época em que Mendel estava sendo redescoberto, experimentos independentemente realizados pelo médico americano Walter Sutton e o biólogo alemão Theodor Boveri revelaram que conjuntos de cromossomos (estrutura com formato de haste, que contém os genes) passam de uma célula em divisão para cada uma de suas células filhas. A teoria resultante, Sutton-Boveri, propunha que os cromossomos são os portadores do material genético.

O DNA porta **informação genética** e tem de ser capaz de se **reproduzir**.
Ele **codifica** a informação genética em uma **série de bases**, ao longo de sua estrutura.
Imagens de raio X da estrutura mostram que ela possui um **formato de hélice**.
Uma **dupla hélice** poderia portar a informação genética e também fornecer um **meio de reproduzir**.
A estrutura do DNA é uma dupla hélice.

Logo, mais cientistas estavam investigando esses corpos misteriosos em formato de X. Em 1915, o biólogo americano Thomas Hunt Morgan mostrou que os cromossomos eram, de fato, os portadores da informação sobre hereditariedade. O passo seguinte foi observar as moléculas constituintes dos cromossomos – moléculas que talvez fossem candidatas para os genes.

Novos pares de genes

Nos anos 1920, dois tipos de moléculas candidatas foram descobertas: proteínas chamadas histones e ácidos nucleicos, que haviam sido quimicamente descritos, em 1869, como nucleína, pelo biólogo suíço Friedrich Miescher. O bioquímico russo-americano Phoebus Levene e outros gradualmente identificaram os principais componentes do DNA, com cada vez mais detalhes, como unidades nucleotídeas, cada uma delas feita de açúcar desoxirribose, um fosfato, e uma de quatro subunidades chamadas bases. No final dos anos 1940, ficou clara a fórmula básica do DNA como polímero gigante – uma imensa molécula consistindo de unidades repetidas, ou monômeros. Em 1952 as experiências com bactérias haviam mostrado que o próprio DNA, e não seus rivais candidatos, proteínas dentro dos cromossomos, era a incorporação física da informação genética.

Ferramentas capciosas de pesquisa

Os pesquisadores rivais estavam usando várias ferramentas avançadas de pesquisa, incluindo a cristalografia de difração de raio X, na qual os raios X eram passados através dos cristais de uma substância. A geometria única de um cristal, em termos de seu conteúdo atômico, causava a difração ou curva dos fachos de raio X, à medida que eles atravessavam. Os padrões de difração resultantes, com pontos, linhas e borrões, eram capturados em filme fotográfico. Trabalhando de forma inversa, ou seja, de trás para frente, a partir daqueles padrões, era possível decifrar os »

Essa é uma das mais contundentes generalizações da bioquímica... que os vinte aminoácidos e as quatro bases sejam, com pequenas reservas, os mesmos, em toda a natureza.
Francis Crick

detalhes estruturais dentro do cristal. Essa não era uma tarefa fácil. A cristalografia de raio X havia sido ligada ao estudo dos padrões variados de luz, lançado por um lustre de cristal, no teto e nas paredes de uma sala ampla, e para usá-los para calcular as formas e posições de cada pedaço de vidro no lustre.

Pauling na liderança

A equipe britânica de pesquisa do Cavendish Laboratory estava ávida por derrotar os pesquisadores americanos, liderados por Linus Pauling. Em 1951, Pauling e seus colegas Robert Corey e Herman Branson já tinham feito uma descoberta na biologia molecular, quando corretamente propuseram que muitas moléculas biológicas – incluindo a hemoglobina, substância que porta o oxigênio no sangue – têm um formato de hélice em saca-rolha. Pauling denominou esse modelo molecular de hélice-alfa.

A descoberta de Pauling havia derrotado o Cavendish Laboratory na reta final, já que ele estava de posse do formato preciso da estrutura do DNA. Então, no começo de 1953, Pauling propôs que a estrutura do DNA era em forma de hélice tripla.

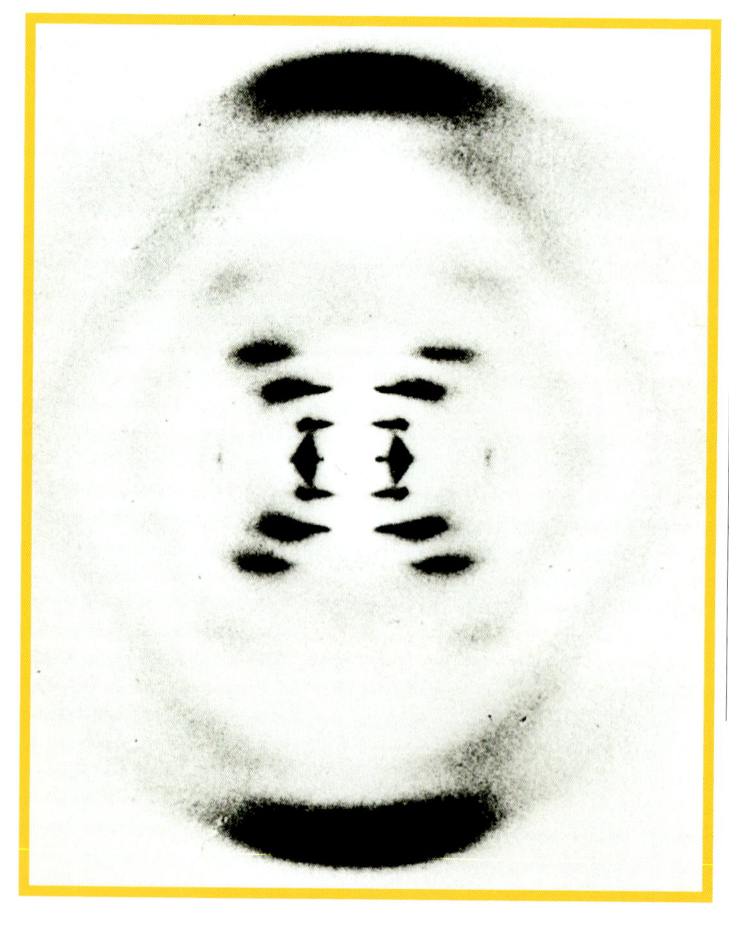

Nessa época, James Watson estava trabalhando no Cavendish Laboratory. Ele estava com apenas 25 anos, mas tinha o entusiasmo da juventude e dois diplomas em zoologia, e havia estudado os genes e os ácidos nucleicos de bacteriófagos – os vírus que infectam a bactéria. Crick tinha 37 anos, era biofísico com interesse no cérebro e na neurociência. Ele havia estudado proteínas, ácidos nucleicos e outras moléculas gigantes em coisas vivas. Ele também tinha observado a equipe de Cavendish correndo para derrotar Pauling na ideia da alfa-hélice, e depois analisou suas suposições equivocadas e empenhos exploratórios que acabaram num beco sem saída.

Tanto Watson quando Crick tinham experiência com a cristalografia de raio X, apesar de ser em áreas distintas e, juntos, eles logo começaram a refletir sobre duas questões que fascinavam a ambos: como o DNA, enquanto uma molécula física, codifica informação genética, e como essa informação é traduzida nas partes de um sistema vivo?

Imagens cruciais de cristais

Watson e Crick sabiam do sucesso de Pauling com o modelo alfa-hélice de proteínas, no qual a molécula enroscava ao longo de um único caminho de formato saca-rolha, repetindo sua estrutura principal, a cada 3,6 voltas. Eles também sabiam que as provas mais recentes de pesquisas não pareciam embasar o modelo de Pauling, de hélice tripla do DNA. Isso os levou a imaginar se o modelo evasivo não seria de hélice única, nem de hélice tripla. Os dois praticamente nem realizaram experimentos. Em vez disso, eles

Esta fotografia de difração de raio X foi obtida por Rosalind Franklin em 1953 e foi a maior pista para decifrar o DNA. A estrutura em hélice do DNA foi determinada a partir do padrão de pontos e traços.

coletaram dados de outros, incluindo os resultados de experiências químicas que forneciam informação sobre os ângulos das ligações, ou elos entre os inúmeros átomos componentes ou subgrupos de DNA. Eles também juntaram seus conhecimentos sobre a cristalografia de raio X e abordaram os pesquisadores que haviam feito as imagens do DNA e de outras moléculas semelhantes, de melhor qualidade. Uma dessas imagens foi a "foto 51", que se tornou a chave para que eles chegassem à sua descoberta.

A foto 51 era uma imagem de difração de raio X do DNA através das fendas de uma persiana – embaçada aos nossos olhos, porém, à época, dentre as imagens mais nítidas e informativas das fotos de raios X do DNA. Existe algum debate sobre a identidade do fotógrafo que tirou essa foto. Ela veio do laboratório de uma biofísica britânica chamada Rosalind Franklin, especialista em cristalografia de raio X, e de seu aluno de graduação, Raymond Gosling, do King's College, em Londres. Cada um deles recebeu o crédito pela imagem, em épocas variadas.

Os rascunhos não publicados de Rosalind Franklin sobre seus modelos teóricos da estrutura do DNA foram a chave para a descoberta de Watson e Crick, da hélice dupla, mas ela recebeu pouco reconhecimento em vida.

Modelos de papelão

Também trabalhando no King's estava Maurice Wilkins, um físico com interesse em biologia molecular. No começo de 1953, no que talvez tenha sido um rompimento com o protocolo científico, Wilkins mostrou a James Watson as imagens tiradas por Franklin e Gosling, sem a permissão ou conhecimento deles. O americano imediatamente reconheceu sua importância e levou as implicações diretamente a Crick. Subitamente, o trabalho deles estava no caminho certo.

Nós descobrimos o segredo da vida.
Francis Crick

A partir desse ponto, a sequência exata de fatos não fica clara e os relatos posteriores da descoberta são conflitantes. Franklin a descrevera em rascunhos não publicados, com suas considerações sobre a estrutura e formato do DNA. Estes também foram incorporados por Watson e Crick, à medida que eles relutavam com suas várias propostas. A ideia principal, derivada do modelo alfa-hélice de Pauling e embasada por Wilkins, se concentrava em alguma forma de padrão helicoidal de repetição da molécula gigante.

Uma das considerações de Franklin foi se a "espinha dorsal" estrutural, uma cadeia de subunidades de fosfato e açúcar desoxirribose, era o centro, com as bases projetadas para fora, ou o contrário. Outro colega que deu ajuda foi o biólogo austro-britânico Max Perutz, que ganharia o Nobel de Química em 1962, por seu trabalho sobre a estrutura da hemoglobina e outras proteínas. Perutz também teve acesso aos relatórios não publicados de Franklin e os repassou a Watson e Crick, que sempre ampliavam sua rede de contatos. Eles seguiram a ideia de que as espinhas dorsais ficavam do lado de fora, com as bases apontando para dentro, e talvez se juntando em pares. Recortavam e embaralhavam formas em papelão que representavam essas subunidades moleculares: fosfatos e açúcares, na espinha dorsal, e os quatro tipos de base – adenina, timina, guanina e citosina.

Em 1952, Watson e Crick haviam se encontrado com o bioquímico Erwin Chargaff, nascido na Áustria, que elaborara o que foi inicialmente chamado de primeira regra de Chargaff. Ela afirmava que no DNA, as quantidades de guanina e citosina são iguais, assim como as quantidades de adenina e timina.

Experimentos haviam ocasionalmente mostrado que todas as quatro quantidades eram praticamente iguais, mas, às vezes, não eram. Descobertas posteriores vieram a ser vistas como erros na metodologia, e quantidades iguais das quatro bases passaram a ser aceitas como regra geral.

Fazendo as peças se encaixarem

Ao dividir as quantidades de base em dois conjuntos de pares, Chargaff tinha lançado luz sobre a estrutura do DNA. Watson e Crick agora começavam a pensar na adenina como única e eterna ligação à timina, e guanina à citosina.

Ao reunirem os pedaços de papelão para seu quebra-cabeça em 3-D, Watson e Crick estavam fazendo malabarismo com uma vasta quantidade de dados, trabalhando com matemática, »

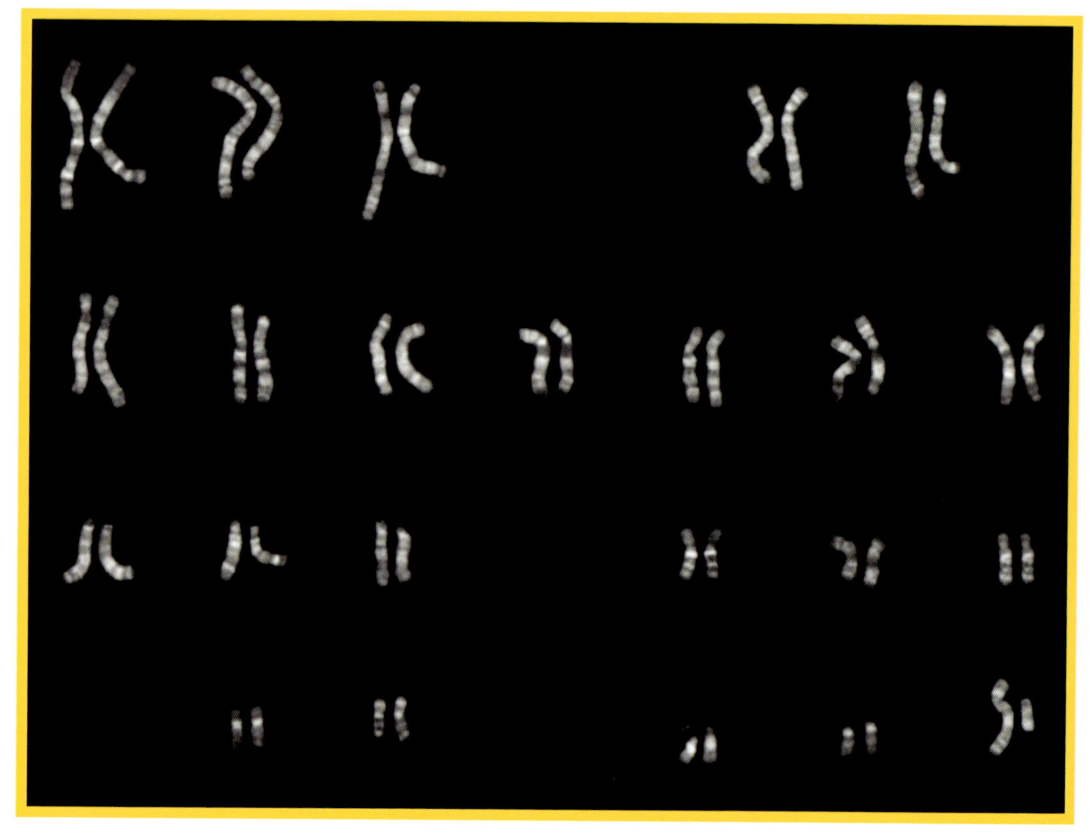

Cromossomos humanos masculinos. Antes da descoberta de Crick e Watson, sabia-se que os cromossomos portam genes que passam de uma célula para sua célula filha.

imagens de raio X, seus próprios conhecimentos sobre elos químicos e seus ângulos, e outros dados – todos aproximados e sujeitos a margens de erros. A descoberta final veio quando eles perceberam que fazendo leves ajustes às configurações de timina e guanina, permitiam que as peças se encaixassem, produzindo uma distinta hélice dupla, na qual os pares de bases são ligados ao longo do centro. Ao contrário da alfa-hélice proteica, que tinha 3,6 subunidades em uma volta completa, o DNA tem cerca de 10,4 subunidades por volta.

O modelo que Watson e Crick descreveram consistia de duas espinhas dorsais helicoidais ou em formato saca--rolha de fosfato de açúcar, enroscadas uma à outra, como duas escadas contorcidas, unidas por pares de bases no papel de degraus. A sequência das bases funcionava como letras de uma frase, portando todas as pequenas unidades de informação que se combinavam para formar uma instrução geral, ou gene – que, por sua vez, dizia à célula como fazer uma determinada proteína ou outra molécula que fosse a manifestação física dos dados genéticos e tivesse um papel específico na construção e função da célula.

Compactar e descompactar

Cada par de bases é unido pelo que os químicos chamam de ligações de hidrogênio. Elas podem ser feitas e rompidas de forma relativamente fácil, de modo que as seções da hélice dupla podem ser "descompactadas", com a dissolução das ligações que, dessa forma, expõem o código de bases como um modelo para que seja feita uma cópia.

Essa compactação/ descompactação permitiu a ocorrência de dois processos. Primeiro podia ser feita uma cópia espelho complementar do ácido nucleico, a partir de uma metade da hélice dupla; depois, portando sua informação genética como a sequência de bases, ela deixaria o núcleo da célula para se envolver na produção de proteína.

Segundo, quando toda a extensão da hélice dupla fosse descompactada, cada parte atuaria como um modelo para construir um novo parceiro complementar – resultando em duas extensões de DNA que fossem idênticas à original e uma à outra. Nesse sentido, o DNA era copiado, enquanto as células se dividiam em duas, para o crescimento e reparação, ao longo da vida do organismo – e, como o esperma e os óvulos, células sexuais portavam seu quociente de genes para fazer um óvulo fertilizado, iniciando, assim, a próxima geração.

"Segredo da vida"

Em 28 de fevereiro de 1953, alegres pela descoberta, Watson e Crick foram almoçar no The Eagle, uma das mais antigas hospedarias de Cambridge, onde colegas do Cavendish e outros laboratórios sempre se encontravam. Dizem que Crick assustou os presentes ao anunciar que ele e Watson tinham descoberto "o segredo da vida" – ou, como Watson depois relembrou, em seu livro *A dupla hélice*, embora Crick tenha negado que isso aconteceu.

Em 1962, Watson, Crick e Wilkins foram premiados com o Nobel de Psicologia, ou Medicina, "pelas descobertas relativas à estrutura molecular dos ácidos nucleicos e sua importância para a transferência de informação em material vivo". No entanto, o prêmio foi cercado de controvérsias. Nos anos anteriores, Rosalind Franklin recebera pouco crédito oficial por produzir as imagens em raio X e por escrever os relatórios que ajudaram a conduzir a pesquisa de Watson e Crick. Ela morreu de câncer de ovário em 1958, aos 37 anos, e, portanto, inelegível ao Prêmio Nobel, em 1962, já que os prêmios não são concedidos postumamente. Alguns disseram que o prêmio deveria ter sido dado antes, com Franklin como uma das colaureadas, mas as regras só permitem o máximo de três pessoas.

Eu nunca sonhei que, em minha vida, meu próprio genoma seria sequenciado.
James Watson

Em seguida ao trabalho significativo, Watson e Crick se tornaram celebridades mundiais. Eles prosseguiram a pesquisa em biologia molecular e receberam um grande número de prêmios e homenagens. Agora que a estrutura do DNA era conhecida, o próximo grande desafio era decifrar o "código" genético. Até 1964, os cientistas descobriram como as sequências de suas bases eram traduzidas para os aminoácidos que formam proteínas específicas e outras moléculas que são os pilares da vida.

Hoje, os cientistas podem identificar as sequências-base para todos os genes de um organismo, coletivamente conhecido como seu genoma. Eles podem manipular DNA para deslocar os genes, apagá-los de determinadas extensões do DNA, e inseri-los em outras. Em 2003, o Projeto do Genoma Humano, maior projeto de pesquisa biológica internacional que já existiu, anunciou que havia concluído o mapeamento do genoma humano – uma sequência de mais de 20 mil genes. A descoberta de Crick e Watson preparou o caminho para a engenharia genética e a terapia de genes. ■

A molécula do DNA é em hélice dupla, formada por pares de base acoplados a uma espinha dorsal feita de fosfatos de açúcar. Os pares de base sempre coincidem em combinações de adenina-timina ou citosina-guanina.

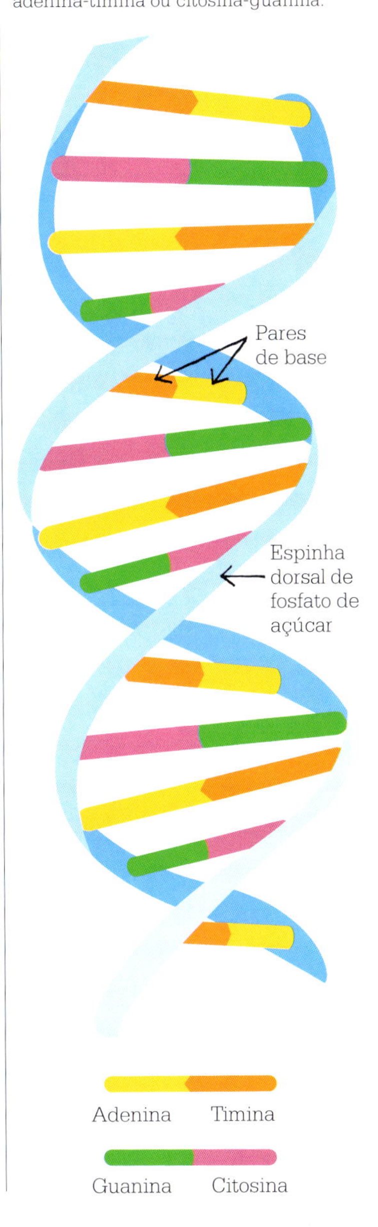

TUDO O QUE PODE ACONTECER ACONTECE

HUGH EVERETT III (1930-1982)

EM CONTEXTO

FOCO
Física e biologia

ANTES
1600 O filósofo italiano Giordano Bruno é queimado vivo, por acreditar numa infinidade de mundos habitados.

1924-27 Niels Bohr e Werner Heisenberg buscam resolver o paradoxo da dualidade da partícula-onda, invocando o colapso da função de onda.

DEPOIS
Anos 1980 Um princípio conhecido como decoerência tenta fornecer um mecanismo através do qual a interpretação de muitos mundos pode funcionar.

Anos 2000 O cosmólogo sueco Max Tegmark descreve uma infinidade de universos.

Anos 2000 Em teoria quântica de computador, a força computacional é oriunda da fonte de superposições que não estão em nosso universo.

Uma carta de baralho equilibrada em sua borda cairá **de cabeça para cima ou de cabeça para baixo**.

A teoria quântica permite que **ambos os desfechos ocorram**. Portanto, cada queda da carta resulta em seu próprio mundo possível.

Repetindo o experimento quatro vezes, teremos criado **16 mundos paralelos (2 x 2 x 2 x2)**.

Uma teoria quântica na qual a natureza não decide entre os desfechos é **consistente com observação**.

Tudo o que pode acontecer acontece.

Hugh Everett III é uma figura *cult* para os entusiastas de ficção científica, porque sua interpretação de muitos mundos (Many Worlds Interpretation, ou MWI) da mecânica quântica mudou as ideias dos cientistas sobre a natureza da realidade.

O trabalho de Everett foi inspirado em uma falha constrangedora no cerne da mecânica quântica. Embora isso possa explicar as interações no nível mais fundamental da matéria, a mecânica quântica também produz resultados bizarros que parecem em desacordo com a experimentação, uma dicotomia no cerne do paradoxo de medição (pp. 232-33).

No mundo quântico, as partículas subatômicas podem existir em qualquer número possível de estados de localização, velocidade e giro, ou "superposições", como descrito pela função de onda de Erwin Schrödinger,

Veja também: Max Planck 202-05 ▪ Werner Heisenberg 234-35 ▪ Erwin Schrödinger 226-33

"Multiverse" é uma instalação com 41 mil lâmpadas LED na National Gallery of Art, em Washington D.C. Ela foi inspirada na interpretação de muitos mundos.

mas o fenômeno de muitas possibilidades desaparece logo que é observado. O próprio ato de medir um sistema quântico parece "desviar" a um estado ou outro, forçando-o a "escolher" uma opção. No mundo com o qual estamos familiarizados, jogar uma moeda tem um resultado definitivo de cara ou coroa, e não um, outro, ou ambos, de uma só vez.

A lorota de Copenhague

Nos anos 1920, Niels Bohr e Werner Heisenberg tentaram evitar o problema da medição com o que se tornou conhecido como a interpretação de Copenhague. Ela sustenta que o ato de fazer uma observação em um sistema quântico faz com que a função de onda "desmorone" num único desfecho. Embora essa ainda seja uma interpretação amplamente aceita, muitos teóricos acham-na insatisfatória, já que ela não revela nada sobre o mecanismo de colapso da função de onda. Isso também incomodou Schrödinger. Para ele, qualquer fórmula matemática do mundo tinha de possuir uma realidade objetiva. Como disse o físico irlandês John Bell: "A função de onda, segundo a equação Schrödinger, ou não é tudo, ou não está certa".

Muitos mundos

A ideia de Everett era explicar o que acontece às superposições quânticas. Ele presumia a realidade objetiva da função de onda e remoeu o colapso (não observado) – por que a natureza deve "escolher" uma versão específica de realidade, toda vez que alguém faz uma medição? Ele então fez outra pergunta: o que acontece às várias opções disponíveis nos sistemas quânticos?

A MWI diz que todas as possibilidades, de fato, ocorrem. A realidade se descasca, ou se divide em novos mundos, mas, como habitamos um mundo onde só ocorre um desfecho, isso é o que vemos. Outros desfechos possíveis são inacessíveis a nós, já que não pode haver interferência entre mundos e somos iludidos a pensar que algo é perdido, toda vez que medimos algo.

Embora a teoria de Everett não tenha aceitação alguma, ela remove o bloqueio teórico para interpretar a mecânica quântica. A MWI não menciona universos paralelos, mas eles são sua previsão lógica. Ela foi criticada por ser instável, mas isso pode mudar. Um efeito conhecido como "decoerência" – através do qual os objetos quânticos "vazam" sua informação de superposição – é um mecanismo pelo qual talvez possa ser provado que a MWI funcione. ■

Hugh Everett III

Nascido em Washington D.C., Hugh Everett foi um menino precoce. Aos 12 anos, escreveu a Einstein perguntando o que sustentava o universo. Enquanto estudava matemática, em Princeton, seguiu para a física. A MWI – sua resposta para o enigma no cerne da mecânica quântica – foi tema de seu doutorado, em 1957, e o levou a ser ridicularizado, por propor múltiplos universos. Uma viagem a Copenhague, em 1959, para discutir a ideia com Niels Bohr, foi um desastre – Bohr rejeitou tudo que Everett disse. Desencorajado, ele deixou a física pela indústria de defesa americana, porém, hoje, a MWI é considerada a tendência atual, na interpretação da teoria quântica – tarde demais para Everett, alcoólatra, que morreu com apenas 51 anos. Ateu por toda a vida, pediu que suas cinzas fossem jogadas no lixo.

Obras-chave

1956 *Wave Mechanics Without Probability*
1956 *The Theory of the Universal Wave Function*

UM JOGO DA VELHA PERFEITO

DONALD MICHIE (1923-2007)

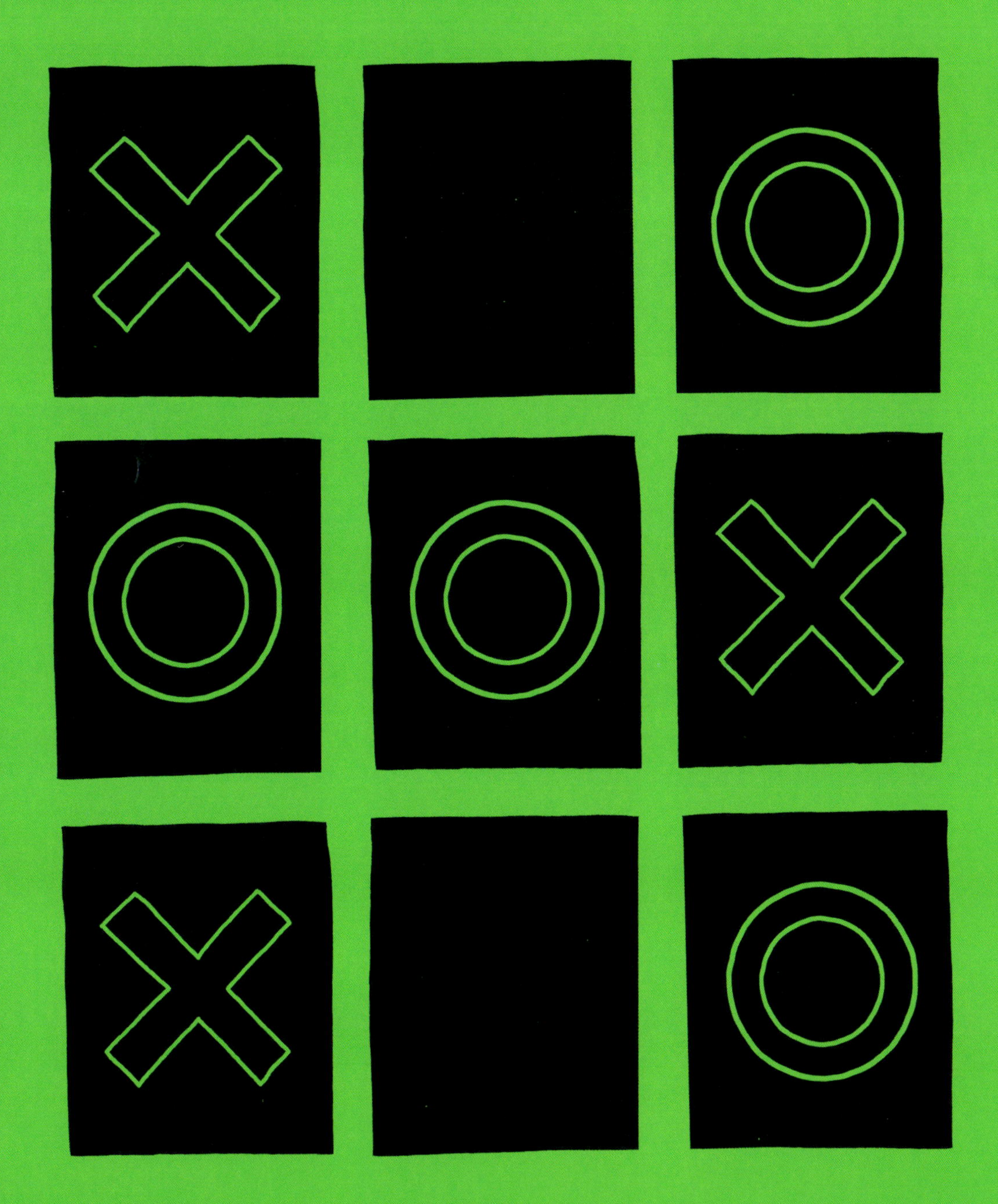

EM CONTEXTO

FOCO
Inteligência artificial

ANTES
1950 Alan Turing sugere um teste para medir a inteligência da máquina (o Teste Turing).

1955 O programador americano Arthur Samuel aperfeiçoa seu programa para jogar damas, escrevendo um programa que aprende a jogar.

1956 O termo "inteligência artificial" é cunhado pelo americano John McCarthy.

1960 O psicólogo americano Frank Rosenblatt faz um computador com redes neutras que aprendem com a experiência.

DEPOIS
1968 MacHack, primeiro programa de xadrez a alcançar um bom nível de habilidade, é criado pelo americano Richard Greenblatt.

1997 O campeão de xadrez Garry Kasparov é derrotado pelo computador Deep Blue, da IBM.

Em 1961, os computadores eram do tipo *mainframe*, do tamanho de uma sala. Os minicomputadores só chegariam em 1965, e os microchips como conhecemos hoje ainda estavam vários anos no futuro. Com hardware computacional tão imenso e especializado, o cientista e pesquisador britânico Donald Michie decidiu usar objetos físicos simples para um pequeno projeto sobre aprendizado de máquinas e inteligência artificial – caixas de fósforo e miçangas de vidro. Ele escolheu uma tarefa fácil – o jogo da velha, também conhecido como tic-tac-toe. Ou, como Michie chamava, "tit-tat-to". O resultado foi o Matchbox Educable Noughts And Crosses Engine (MENACE).

A principal versão do MENACE de Michie englobava 304 caixas de fósforos coladas umas às outras, na mesma disposição que em gavetas de uma cômoda. Um código numérico em cada caixa era colocado num gráfico. O gráfico mostrava desenhos da grade de jogo 3x3, com várias organizações de Os e Xs, correspondendo a possíveis permutações de layout conforme o jogo avançasse. Na verdade, há 19.683 possíveis combinações, mas algumas podem ser giradas para resultar em

As máquinas podem pensar? A resposta mais breve é 'sim: há máquinas que podem fazer o que poderíamos chamar de pensamento, se forem feitas por um ser humano'.
Donald Michie

outras, e algumas são imagens espelhadas, ou simétricas, umas das outras. Isso tornou 304 permutações um número funcional adequado.

Em cada caixa de fósforos havia miçangas de nove tipos e cores diferentes. Cada cor de miçanga correspondia ao MENACE posicionando seu O em um dos nove quadrados. Por exemplo, uma miçanga verde significava o O no quadrado inferior esquerdo, uma miçanga vermelha designava o O no quadrado central, e assim por diante.

A mecânica do jogo

O MENACE abria o jogo usando a caixa de fósforos na grade que não era nem para Os nem para Xs – era a caixa do "primeiro movimento". Na bandejinha de cada caixa de fósforos havia dois pedaços de carta na ponta, fazendo o formato de "V". As miçangas rolavam aleatoriamente, e uma delas se instalava na base do V. Assim escolhida, a cor dessa miçanga determinava a posição do primeiro O do MENACE na grade. Essa miçanga era então colocada de lado, e a bandeja era recolocada em sua caixa, mas deixada ligeiramente aberta. Em seguida o oponente posicionava seu primeiro X. Para a segunda rodada do MENACE, a caixa de fósforos era escolhida de acordo com as posições do X e do O na grade, nesse momento. Novamente era aberta a

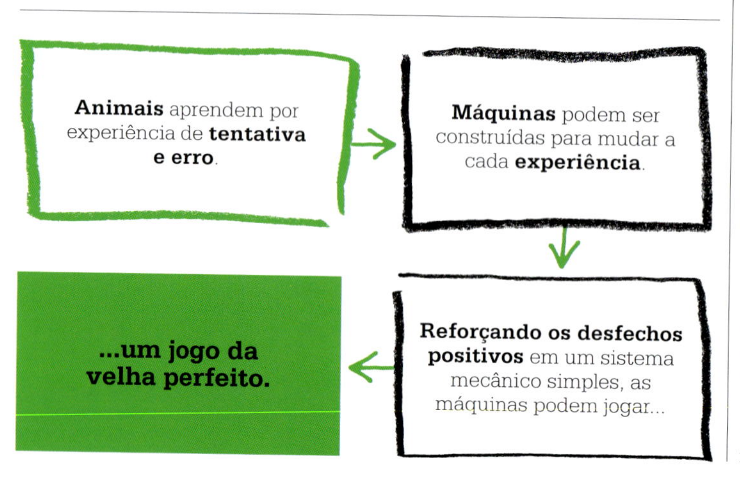

Veja também: Alan Turing 252–53

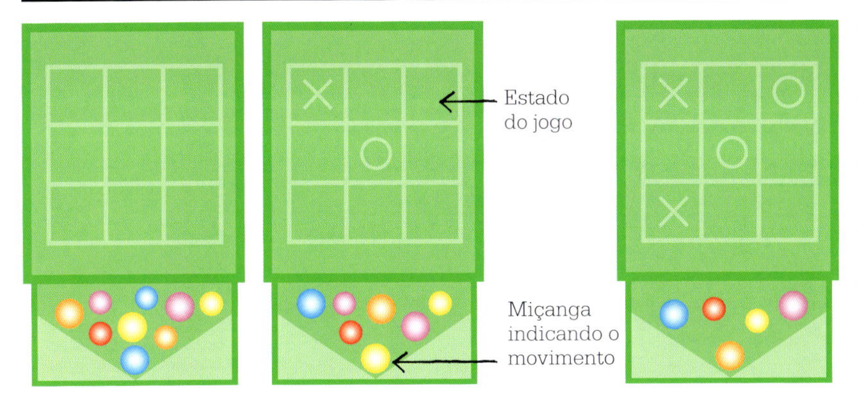

Cada uma das 304 caixas de fósforos no MENACE representava um possível estado do jogo. Cada uma das miçangas dentro das caixas representava um movimento possível, para aquele estado. A miçanga na parte inferior do "V" determinava o movimento. Conforme os jogos prosseguiam, as miçangas vencedoras eram reforçadas e as perdedoras eram removidas, permitindo que o MENACE "aprendesse a partir da experiência".

caixa de fósforos, a bandeja era sacudida e inclinada, e a cor da miçanga, escolhida aleatoriamente, determinava a posição do segundo O do MENACE. O oponente colocava seu segundo X. E assim por diante, registrando a sequência de miçangas do MENACE e seus movimentos.

Ganhar, perder ou empatar

E um resultado acabava surgindo. Se o MENACE ganhasse, ele recebia um reforço, ou uma "recompensa". As miçangas removidas mostravam a sequência de movimentos vencedores. Cada uma dessas miçangas era colocada de volta em sua caixa, identificada pelo código numérico, e a bandeja ligeiramente aberta. A bandeja também recebia três "bônus", da mesma cor. Consequentemente, em um jogo futuro, se a mesma permutação de Os e Xs ocorresse na grade, essa caixa de fósforos entrava novamente no jogo – e tinha mais das miçangas que anteriormente levaram a uma vitória. Aumentavam as chances de escolher aquela miçanga, e portanto o mesmo movimento e outra possível vitória.

Se o MENACE perdesse, ele era "punido", não recebendo de volta as miçangas removidas, que representavam a sequência de movimentos perdedores. Mas isso ainda era positivo. Em jogos futuros, se a permutação de Xs e Os surgisse, as miçangas designando os mesmos movimentos da vez anterior eram em número menor, ou ausentes, dessa forma diminuindo a probabilidade de outra perda. Para um empate, cada miçanga do jogo era substituída em sua caixa relevante, junto com uma pequena recompensa, uma miçanga de bônus da mesma cor. Isso aumentava a probabilidade de que aquela miçanga fosse escolhida se a mesma permutação surgisse outra vez, mas não chegando a ganhar, com três miçangas de bônus.

O Colossus, o primeiro computador eletrônico programável do mundo, foi feito em 1943, para decifrar códigos em Bletchley Park, na Inglaterra. Michie treinou a equipe para usar o computador.

O objetivo de Michie era que o MENACE "aprendesse com a experiência". Para algumas permutações de Os e Xs, quando uma determinada sequência de movimentos havia sido bem-sucedida, ela deveria gradualmente se tornar mais provável, enquanto os movimentos que levavam às perdas se tornariam menos prováveis. Ele deveria avançar pela tentativa e erro, se adaptar com a experiência e, com mais jogos, ter cada vez mais êxito.

Controlando variáveis

Michie considerava os problemas potenciais. E se ele escolhesse uma miçanga de uma bandeja decretando que o O do MENACE deveria ser colocado num quadrado que já estivesse ocupado por um O ou por um X? Michie justificava isso assegurando que cada caixa de fósforos contivesse somente miçangas correspondentes aos quadrados vazios para sua respectiva permuta. Desse modo a caixa para a permutação do O, no alto, à esquerda, e o X inferior, à direita, não continham miçangas para colocar o O seguinte, nesses quadrados. Michie considerava que, colocando miçangas para todas as posições possíveis de O em cada caixa, » fosse "complicar o problema desnecessariamente". Isso significava que o MENACE não somente aprenderia a ganhar ou empatar, mas também teria de aprender as regras, conforme avançasse. Tais condições de início podiam levar a um ou dois desastres iniciais que derrubariam o sistema inteiro. Isso demonstrou um princípio: o aprendizado de máquina se sai bem quando começa simples e vai gradualmente se sofisticando.

Michie também frisou que, quando o MENACE perdia, seu último movimento era aquele 100% fatal. O movimento anterior contribuía para a perda, como se colocasse a máquina encurralada num canto, porém menos – geralmente ainda havia espaço aberto para a possibilidade de fugir à derrota. Trabalhando em reverso, em direção ao início do jogo, cada movimento anterior contribuía menos para a derrota final – ou seja, à medida que os movimentos se acumulavam, aumentava a probabilidade de que cada um fosse o último movimento. Portanto, conforme o número de jogadas aumenta, torna-se mais importante se livrar das escolhas que se provaram fatais. Michie simulou isso com números diferentes de miçangas para cada movimento. Assim, para a segunda jogada do MENACE (terceira do jogo), cada caixa que poderia ser acessada para jogar – aquelas com permutações de um O e um X, já na grade – tinha três miçangas de cada tipo. Para o terceiro movimento do MENACE havia duas miçangas de cada tipo, e para seu quarto movimento (sétimo movimento do jogo), apenas uma miçanga. Uma escolha fatal na quarta jogada resultaria na remoção da única miçanga especificando aquela posição na grade. Sem aquela miçanga, a mesma situação não poderia voltar a ocorrer.

Conhecimento especialista é intuitivo; não é necessariamente acessível ao próprio especialista.
Donald Michie

Humano versus o MENACE

Então, quais foram os resultados? Michie foi o primeiro oponente do MENACE, em um torneio de 220 jogos. O MENACE começou hesitante, mas logo passou a empatar com mais frequência, depois faturou algumas vitórias. Para contrapor, Michie começou a desviar das opções seguras e empregar estratégias incomuns. O MENACE levou tempo para se adaptar, mas depois começou a lidar com isso também, voltando a alcançar mais empates; depois, vitórias. Em determinada altura, numa série de 10 jogos, Michie perdeu oito.

O MENACE forneceu um exemplo simples de aprendizado de máquina e de como alterar as variáveis pode afetar o desfecho. A descrição do MENACE feita por Michie era, na verdade, parte de um relato mais longo que passara a comparar sua performance com o aprendizado animal de tentativa e erro, conforme Michie explicou:

"Essencialmente, o animal faz mais ou menos movimentos aleatórios e escolhe, no sentido de repetições subsequentes, aqueles que produziram o resultado 'desejado'. Essa descrição parece feita sob medida para o modelo de caixa de fósforos. De fato, o MENACE constitui um modelo de aprendizado através de tentativa e erro de forma tão pura que, quando mostra elementos de outras modalidades de aprendizado, nós podemos desconfiar destas,

Donald Michie

Nascido em 1923 em Ragoon, Burma (Mianmar), Michie ganhou uma bolsa de estudos para Oxford, em 1942, mas em vez disso ajudou no esforço de guerra ao se juntar às equipes de decodificadores, em Bletchley Park, tornando-se colega próximo do pioneiro da computação, Alan Turing.

Em 1946 ele regressou a Oxford para estudar genética de mamíferos. No entanto, tinha um interesse crescente pela inteligência artificial, e até os anos 1960 essa tinha se tornado sua atividade principal. Ele se mudou para a Universidade de Edimburgo, em 1967, e se tornou o primeiro presidente do Departamento de Inteligência e Percepção de Máquinas. Michie trabalhou no FREDDY, uma série de robôs de pesquisa, visualmente capacitados. Adicionalmente, realizou uma série de projetos de inteligência artificial e fundou o Turing Institute, em Glasgow.

Michie continuou a ser um pesquisador ativo, mesmo octogenário. Morreu em um acidente automobilístico, em viagem a Londres, em 2007.

Obra-chave

1961 ***Tentativa e erro***

contaminadas por um componente tentativa e erro".

Ponto decisivo

Antes de desenvolver o MENACE, Donald Michie tinha seguido uma notável carreira em biologia, cirurgia, genética e embriologia. Depois do MENACE, ingressou na área de desenvolvimento veloz da inteligência artificial. Ele desenvolveu suas ideias de aprendizado de máquinas transformando-as em "ferramentas de força industrial", aplicadas em centenas de situações, incluindo linhas de montagem, produção industrial e usina siderúrgica. Conforme os computadores se espalharam, seu trabalho com a inteligência artificial foi usado para desenhar programas de computadores e controlar estruturas que pudessem aprender, de maneiras que talvez nem fossem imaginadas, por seus criadores humanos. Michie demonstrou que a aplicação cuidadosa da inteligência humana habilitava as máquinas a se tornarem mais inteligentes. Desenvolvimentos recentes na inteligência artificial usam princípios semelhantes para desenvolver redes que espelham as redes neurais do cérebro dos animais.

Michie também concebeu a noção de memorização, na qual o resultado de cada conjunto de dados inseridos em uma máquina, ou computador, era armazenado com um lembrete ou "memorando". Se o mesmo conjunto de dados se repetisse, o dispositivo ativaria o memo e relembraria a resposta, em lugar de recalcular tudo do zero, poupando, assim, tempo e recursos. Ele contribuiu para a técnica de memorização de linguagens de programação de computador, tais como POP-2 e LISP. ■

A nova tecnologia computacional levou a um rápido desenvolvimento da inteligência artificial e, em 1997, a máquina de xadrez Deep Blue derrotou o campeão mundial Garry Kasparov. O computador aprendeu a estratégia, analisando milhares de padrões de jogos passados.

Ele tinha o conceito de que queria experimentar e achava que talvez pudesse calcular o xadrez computadorizado... Foi a ideia de chegar a um estado constante.

Kathleen Spracklen

A UNIDADE DAS FORÇAS FUNDAMENTAIS

SHELDON GLASHOW (1932-)

EM CONTEXTO

FOCO
Física

ANTES
1820 Hans Christian Orsted descobre que o magnetismo e a eletricidade são aspectos do mesmo fenômeno.

1864 James Clerk Maxwell descreve as ondas eletromagnéticas em um conjunto de equações.

1933 A teoria de Enrico Fermi do decaimento beta descreve a força fraca (ou interação fraca).

1954 A teoria Yang-Mills prepara a base para a unificação das quatro forças fundamentais da natureza.

DEPOIS
1974 Um quarto tipo de quark, o quark "charm", é descoberto, revelando uma nova estrutura oculta da matéria.

1983 Os bósons portadores de força W e Z são descobertos no Super Síncroton de Prótons, no CERN, na Suíça.

A ideia das forças da natureza, ou forças fundamentais, data da época dos gregos. Os físicos atualmente reconhecem quatro forças fundamentais – gravidade, eletromagnetismo e as duas forças nucleares, interações fraca e forte, que mantêm as partículas subatômicas dentro do núcleo de um átomo. Agora sabemos que a força fraca e a força eletromagnética são manifestações diferentes de uma única força "eletrofraca". Descobrir isso foi um passo importante no caminho da descoberta da "Teoria de Tudo", que explicaria a relação entre as quatro forças.

A força fraca

A força fraca foi inicialmente invocada para explicar o decaimento beta, um tipo de radiação nuclear, na qual um nêutron se transforma em próton, dentro do núcleo, emitindo elétrons ou pósitrons, durante o processo. Em 1961, Sheldon Glashow, aluno de graduação de Harvard, recebeu a ousada incumbência de unificar as teorias de interações fracas e eletromagnéticas. Glashow não conseguiu, mas chegou a descrever as partículas portadoras de força que medem a interação via força fraca.

Partículas mensageiras

Na descrição da mecânica quântica de campos, uma força é "sentida" pela troca de um bóson de calibre, tal como o fóton, que porta interação eletromagnética. Um bóson é emitido por uma partícula e absorvido por uma segunda. Normalmente, nenhuma das partículas é fundamentalmente modificada por essa interação – um elétron ainda é um elétron, depois de absorver ou emitir um fóton. A força fraca rompe sua simetria mudando quarks (as partículas de que são feitos prótons e nêutrons) de um tipo para outro.

O decaimento de partículas através da força fraca conduz à reação de fusão próton-próton solar, transformando o hidrogênio em hélio.

Veja também: Marie Curie 190-95 ▪ Ernest Rutherford 206-13 ▪ Peter Higgs 298-99 ▪ Murray Gell-Mann 302-07

Uma "Teoria de Tudo" sugere uma explicação de unidade das forças fundamentais.

É proposto que, em temperaturas estupidamente altas **logo após o Big Bang**, todas as quatro forças foram unificadas como uma "**superforça**".

A uma temperatura de cerca de 10^{32}K, a **gravidade** é separada das outras forças.

A cerca de 10^{27}K, a **força nuclear forte** é separada.

A cerca de 10^{15}K, as **forças eletromagnética** e **fraca** são separadas.

Então que tipo de bóson pode estar envolvido? Glashow imaginou que os bósons associados à força fraca tinham de ser relativamente massivos, porque a força atua em raios minúsculos, e partículas pesadas não se deslocam a tais distâncias. Ele propôs dois bósons carregados, W+ e W-, e um terceiro bóson Z neutro. Os portadores das forças W e Z foram detectados pelo acelerador de partículas do CERN, em 1983.

Unificação

Nos anos 1960, dois físicos, o americano Steven Weinberg e o paquistanês Abdus Salam, trabalhando independentemente, incorporaram o campo Higgs (pp. 298-99) à teoria de Glashow. O modelo Weinberg-Salam resultante, ou teoria eletrofraca unificada, juntou a interação fraca e a força eletromagnética como força única.

Isso foi um resultado estarrecedor, já que as forças fraca e eletromagnética atuam em esferas totalmente diferentes. A força eletromagnética se estende até o limite do universo visível (a força é levada por fótons de luz isentos de massa), enquanto a força fraca mal consegue atravessar um núcleo atômico e é 10 milhões de vezes mais fraca.

A unificação abre a possibilidade tentadora de que, sob determinadas condições de alta energia, tais como as que ocorreram logo após o Big Bang, todas as quatro forças possam ter se aglutinado em uma "superforça". Prossegue a busca pela prova da tal Teoria de Tudo. ■

Sheldon Glashow

Sheldon Lee Glashow nasceu em Nova York em 1932, filho de imigrantes judeus russos. Ele frequentou o segundo grau com o amigo Steven Weinberg, e em 1950, ao concluírem o ensino médio, ambos estudaram física na Universidade Cornell. Glashow fez doutorado em Harvard, onde surgiu com uma descrição dos bósons W e Z. Depois de Harvard, foi para a Universidade da Califórnia, em Berkeley, em 1961, e depois voltou a Harvard para ingressar no corpo docente, como professor de física, em 1967.

Nos anos 1960, Glashow amplificou o modelo de quark Murray Gell-Mann, acrescentando uma propriedade conhecida como "charm" e prevendo um quarto quark, que foi descoberto em 1974. Nos anos recentes, ele tem sido um árduo crítico da teoria das cordas, contestando seu lugar na física por sua falta de previsões testáveis e descrevendo-a como um "tumor".

Obras-chave

1961 *Partial Symmetries of Weak Interactions*
1988 *Interactions: A Journey Through the Mind of a Particle Physicist*
1991 *The Charm of Physics*

SOMOS A CAUSA DO AQUECIMENTO GLOBAL

CHARLES KEELING (1928-2005)

EM CONTEXTO

FOCO
Meteorologia

ANTES
1824 Joseph Fourier sugere que a atmosfera da Terra torna o planeta mais quente.

1859 O físico irlandês John Tyndall prova que o dióxido de carbono (CO_2), o vapor da água e o ozônio retêm o calor na atmosfera terrestre.

1903 O químico sueco Svante Arrhenius sugere que o CO_2 liberado pela queima de combustível fóssil talvez esteja causando o aquecimento atmosférico.

1938 O engenheiro britânico Guy Callendar relata que a temperatura média da Terra aumentou em 0,5 °C, entre 1890 e 1935.

DEPOIS
1988 O Painel Intergovernamental para as Alterações Climáticas (IPCC) é instituído para avaliar a pesquisa e orientar a política global.

O dióxido de carbono é um **gás de efeito estufa** que retém o calor na atmosfera da Terra.

↓

Sua **concentração** no ar está **aumentando**, de acordo com o consumo de combustível fóssil.

↓

A **temperatura** da Terra está **subindo**.

↓

Somos a causa do aquecimento global.

A percepção de que os níveis de dióxido de carbono (CO_2) não estão somente subindo, mas também causam um aquecimento desastroso, inicialmente se espalhou no mundo científico, chegando à atenção pública nos anos 1950. Cientistas do passado haviam presumido que a concentração de CO_2 na atmosfera variava de tempo em tempo, mas sempre ficou em cerca de 0,03%, ou 300 partes por milhão (ppm). Em 1958, o geoquímico americano Charles Keeling começou a medir a concentração de CO_2, usando um instrumento de sensibilidade que ele havia desenvolvido. Foram suas descobertas que alertaram o mundo quanto à implacável elevação do CO_2 e, até os anos 1970, sobre o papel humano na aceleração do chamado "efeito estufa".

Medições regulares

Keeling mediu o CO_2 em vários lugares: Big Sur, na Califórnia, na península Olímpica, em Washington, e nas altas montanhas do Arizona. Ele também registrou medições no polo Sul e fundou uma estação meteorológica a 3.000 m (10.000 pés) acima do nível do mar, no alto do Mauna Loa, no Havaí. Keeling regularmente media o nível de dióxido de carbono na estação e descobriu três coisas.

Veja também: Jan Ingenhousz 85 ▪ Joseph Fourier 122-23 ▪ Robert FitzRoy 150-55

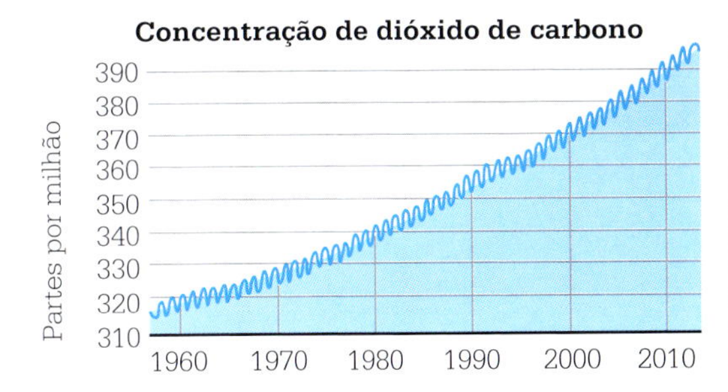

O gráfico de Keeling mostra a elevação dos níveis de CO_2 na atmosfera, ano após ano. A pequena flutuação anual (mostrada pela linha azul) é devida a mudanças sazonais na absorção de CO_2 pelas plantas.

Primeiro, havia uma variação diária local. A concentração atingia o ponto mínimo durante o meio da tarde, quando as plantas estavam em sua mais intensa absorção do CO_2. Segundo, havia uma variação global anual. O hemisfério Norte tinha mais território para o crescimento das plantas e o nível de CO_2 subia lentamente, durante o inverno no norte, quando as plantas não estavam crescendo. Ele chegou ao pico em maio, antes que as plantas começassem a crescer e a sugar novamente o CO_2. O nível caiu ao mínimo em outubro, quando as plantas do norte morreram outra vez, para o inverno. Terceiro e crucial, a concentração estava aumentando inexoravelmente. Núcleos de gelo polar continham bolhas de ar, o que mostrava que durante a maior parte do tempo, desde 9000 a.C., a concentração de CO_2 variou de 275 para 285 ppm por volume. Em 1958, Keeling mediu 315 ppm; até maio de 2013, a concentração média passou, pela primeira vez, de 400 ppm. O aumento de 1958 para 2013 foi de 85 ppm, significando que a concentração tinha aumentado em 27%, em 55 anos. Essa foi a primeira prova concreta de que a concentração de CO_2 está aumentando na atmosfera da Terra. O CO_2 é um gás de efeito estufa, ajudando a reter o calor do sol, portanto o aumento da concentração de CO_2 tende a levar ao aquecimento global. Keeling descobriu o seguinte: "No polo Sul, a concentração aumentou na proporção de 1,3 ppm por ano... a taxa observada de aumento é quase a esperada da combustão do combustível fóssil (1,4 ppm)". Ou seja, os humanos são pelo menos parte da causa. ■

A demanda por energia é inevitável que aumente... à medida que uma população maior lutar para melhorar seu padrão de vida.
Charles Keeling

Charles Keeling

Nascido em Scranton, Pensilvânia, Charles Keeling foi um pianista talentoso e também cientista. Em 1954, com doutorado em geoquímica pelo Caltech – California Institute of Technology, ele desenvolveu um instrumento para medir o dióxido de carbono em amostras atmosféricas. Ele descobriu que a concentração variava de hora em hora, no Caltech, provavelmente por causa de todo o tráfego, então foi acampar na mata virgem de Big Sur e descobriu pequenas mas expressivas variações lá também. Isso o inspirou a começar o que foi seu trabalho de toda a vida. Em 1956, ingressou no Scripps Institution of Oceanography, em La Jolla, Califórnia, onde trabalhou por 43 anos.

Em 2002, Keeling recebeu a Medalha Nacional de Ciência, a mais alta premiação da América pelo conjunto do trabalho na ciência. Desde sua morte, seu filho Ralph assumiu seu trabalho monitorando a atmosfera.

Obra-chave

1997 *Climate Change and Carbon Dioxide: An Introduction*

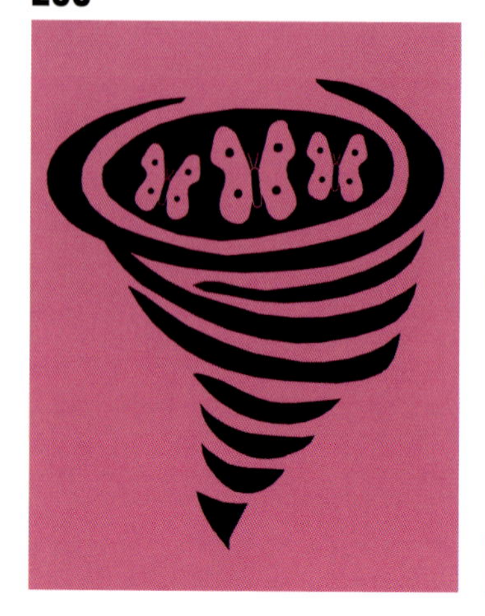

O EFEITO BORBOLETA

EDWARD LORENZ (1917-2008)

EM CONTEXTO

FOCO
Meteorologia

ANTES
1687 As três leis de Newton sustentam que o universo é previsível.

Anos 1880 Henri Poincaré mostra que o movimento de três ou mais corpos interagindo gravitacionalmente em geral é caótico e imprevisível.

DEPOIS
Anos 1970 A teoria do caos é usada para modelar o fluxo de tráfego, a criptografia digital, função e desenhos para carros e aeronaves.

1979 Benoît Mandelbrot descobre o conjunto Mandelbrot, que mostra como podem ser criados padrões complexos para o uso de regras muito simples.

Anos 1990 A teoria do caos é considerada um subconjunto de ciência complexa que busca explicar fenômenos naturais complexos.

Boa parte da história da ciência foi dedicada ao desenvolvimento de modelos simples que preveem o comportamento dos sistemas. Certos fenômenos na natureza, tal como o movimento planetário, prontamente se encaixam nesse esquema. Com uma descrição das condições iniciais – massa do planeta, sua posição, velocidade, e assim por diante –, futuras configurações podem ser calculadas. No entanto, o

Segundo as leis de Newton, **o universo pode ser previsto**.

Calcular as trajetórias de bolas de sinuca, depois de uma tacada, é possível, se tivermos **todos os dados** sobre as bolas e a mesa.

Porém, por mais precisos que sejam nossos dados, é **impossível repetir** a mesma série de colocações de bolas nas caçapas...

... porque **as muitas minúsculas diferenças** na configuração inicial irão causar **grandes variações** na distribuição final das bolas.

Essas pequenas incertezas **nos impedem de saber como um sistema vai mudar**.

Previsões precisas de **fenômenos caóticos** são impossíveis.

Veja também: Isaac Newton 62-69 ▪ Benoît Mandelbrot 316

comportamento de muitos processos, tais como as ondas quebrando na praia, a fumaça subindo de uma vela ou os padrões climáticos, é caótico e imprevisível. A teoria do caos busca explicar tais fenômenos imprevisíveis.

Problema de três corpos

Os primeiros grandes passos na direção da teoria do caos foram dados nos anos 1880, quando o matemático francês Henri Poincaré trabalhou no "problema dos três corpos". Poincaré mostrou que, para um planeta com um satélite orbitando uma estrela – um sistema Terra-Lua-Sol –, não há solução para uma órbita estável. A interação gravitacional entre os corpos não era somente complexa demais para calcular, mas Poincaré descobriu que pequenas diferenças em condições iniciais resultavam em grandes e imprevisíveis mudanças. No entanto, seu trabalho foi vastamente esquecido.

Uma descoberta surpresa

Poucos avanços maiores ocorreram na área até os anos 1960, quando os cientistas começaram a usar novos e poderosos computadores para prever o clima. Eles ponderaram que certamente, com grande volume de dados sobre o estado da atmosfera e suficiente potência computacional para destrinchar os dados, seria possível saber como os sistemas climáticos evoluem. Trabalhando com a suposição de que os computadores cada vez maiores aumentariam a abrangência de previsões, Edward Lorenz, um meteorologista americano do Massachusetts Institute of Technology (MIT), testou simulações envolvendo apenas três simples equações. Ele repassou a simulação várias vezes, em cada uma delas inserindo o mesmo estado inicial, esperando ver os mesmos resultados.

Lorenz ficou estarrecido quando o computador forneceu resultados imensamente diferentes a cada vez. Checando novamente os números, descobriu que o programa havia arredondado os números de seis casas decimais para três. Essa minúscula alteração no estado inicial teve imenso impacto no resultado final. Essa dependência sensível nas condições iniciais foi denominada "efeito borboleta" – a ideia de que uma pequena mudança em um sistema, tão trivial quanto uma colher de chá de moléculas deslocadas pelo bater das asas de uma borboleta no Brasil, pode ser amplificada com o tempo, para criar desfechos imprevisíveis, como um tufão no Texas.

Edward Lorenz definiu os limites de previsibilidade, explicando que a impossibilidade de saber o que vai acontecer, na verdade, está escrita nas regras que governam um sistema caótico. Não somente o clima, mas muitos sistemas do mundo real são caóticos – sistemas de tráfego, flutuações no mercado de ações, o fluxo de fluidos e gases, o crescimento das galáxias –, e todos foram modelados usando a teoria do caos.

A turbulência se forma na ponta de um vórtice deixado pelo rastro da turbina. Estudos do ponto crítico foram a chave para o desenvolvimento da teoria do caos.

Edward Lorenz

Nascido em West Hartford, Connecticut, em 1917, Edward Norton Lorenz recebeu seu mestrado em matemática de Harvard, em 1940. Durante a Segunda Guerra, serviu como meteorologista, prevendo o clima para a Força Aérea Americana. Depois da guerra, estudou meteorologia no Massachusetts Institute of Technology (MIT).

A descoberta de Lorenz da dependência sensível das condições iniciais (SDIC) foi acidental – e um dos grandes momentos de "eureca" da ciência. Fazendo simples simulações computacionais de sistemas climáticos, ele descobriu que seu modelo estava emitindo resultados muito diferentes, apesar de ser abastecido com condições iniciais praticamente idênticas. Seu estudo seminal de 1963 mostrou que a previsão perfeita do tempo era um sonho irreal. Lorenz permaneceu ativo física e profissionalmente durante toda a sua vida, contribuindo com estudos acadêmicos, fazendo trilhas e esquiando, até pouco tempo antes de sua morte, em 2008.

Obra-chave

1963 *Deterministic Nonperiodic Flow*

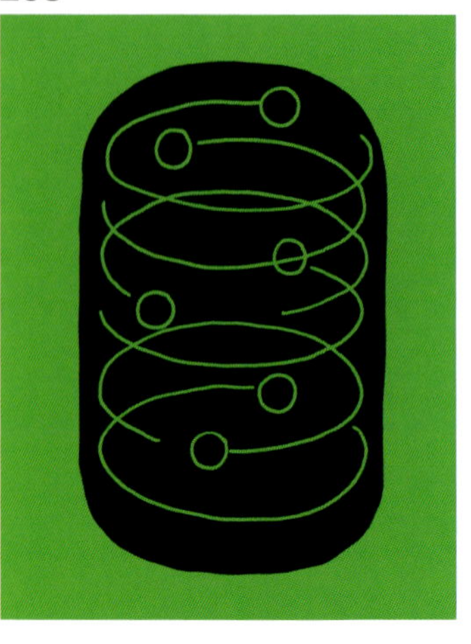

UM VÁCUO NÃO É EXATAMENTE NADA

PETER HIGGS (1929-)

EM CONTEXTO

FOCO
Física

ANTES
1964 Peter Higgs, François Englert e Robert Brout descrevem um campo que fornece massa a todas as partículas elementares e portadores de força.

1964 Três equipes separadas de físicos preveem a existência de uma nova partícula massiva (o bóson de Higgs).

DEPOIS
1966 Os físicos Steven Weinberg e Abdus Salam usam o campo Higgs para formular a teoria eletrofraca.

2010 O Grande Colisor de Hádrons do CERN alcança potência total. Começa a busca pelo bóson de Higgs.

2012 Cientistas do CERN anunciam a descoberta de uma nova partícula, compatível com a descrição do bóson de Higgs.

Imagine uma sala cheia de físicos, numa **festa**. Isso é como o campo de Higgs, que preenche tudo, **até um vácuo**.

Um **cobrador de impostos** entra na festa e segue, sem entraves, até o bar, nos fundos da sala.

E chega **Peter Higgs**. Os físicos gostariam de falar com ele, então se juntam ao seu redor, impedindo que siga adiante.

O cobrador tem **pouca interação** com o "campo" dos físicos e é semelhante a uma **partícula de baixa massa**.

Peter Higgs **interage intensamente** com o "campo" e, devagar, segue adiante pela sala. Ele é como uma **partícula de alta massa**.

Um vácuo não é exatamente nada.

O grande acontecimento científico de 2012 foi o anúncio de cientistas do Grande Colisor de Hádrons do CERN, na Suíça, de que uma nova partícula havia sido encontrada e que talvez pudesse ser o evasivo bóson de Higgs. O bóson de Higgs fornece massa a todas as coisas do universo e é a peça faltante que completa o modelo-padrão da física. Sua existência havia sido suposta por seis físicos, dentre os quais Peter Higgs, em 1964. Encontrar o bóson de Higgs foi de importância fundamental, porque é

Veja também: Albert Einstein 214-21 ▪ Erwin Schrödinger 226-33 ▪ Georges Lemaître 242-45 ▪ Paul Dirac 246-47 ▪ Sheldon Glashow 292-93

respondida a pergunta "por que algumas partículas portadoras de força são massivas, enquanto outras são isentas de massa?".

Campos e bósons

A física clássica (pré-quântica) imagina campos elétricos ou magnéticos como sendo contínuos, ou entidades suavemente mutantes espalhadas pelo espaço. A mecânica quântica rejeita a noção de uma continuidade, de modo que os campos se tornam distribuições de discretas "partículas de campo", onde a força do campo é a densidade das partículas de campo. Partículas passando por um campo são influenciadas por ele, via partículas portadoras de força "virtual" chamadas bósons de calibre.

O campo Higgs preenche o espaço – mesmo um vácuo – e as partículas elementares ganham massa ao interagirem com ele. O desenrolar desse efeito pode ser explicado por uma analogia. Imagine um campo de neve espessa que esquiadores e pessoas com botas de neve devem atravessar. Cada pessoa levará mais ou menos tempo, dependendo da força com que elas

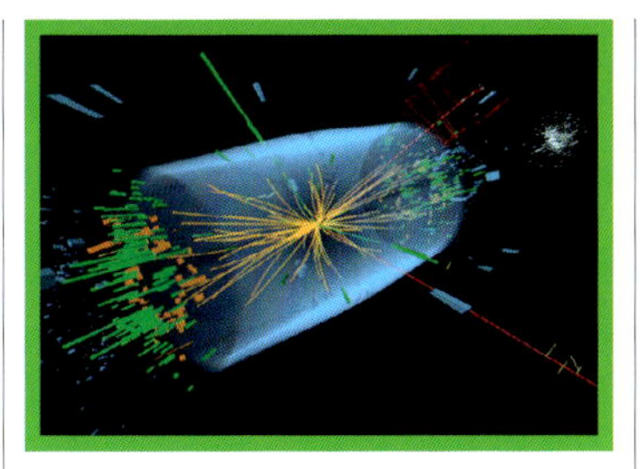

O bóson de Higgs se destrói em trilionésimos de segundo, após nascer. Ele é criado quando outras partículas interagem com o campo de Higgs.

"interagirem" com a neve. Aquelas que deslizarem em esquis serão como partículas de baixa massa, enquanto as que afundarem na neve vivenciarão uma massa maior, ao se deslocarem. Partículas isentas de massa como fótons e glúons – portadores de força eletromagnética e força nuclear forte, respectivamente – não são afetadas pelo campo de Higgs e passam direto, como gansos voando acima do campo.

A caçada pelo Higgs

Nos anos 1960, seis físicos, incluindo Peter Higgs, François Englert e Robert Brout, desenvolveram a teoria de "quebra espontânea de simetria", que explicava como as partículas mediando a força fraca, bósons W e Z, são massivas, enquanto fótons e glúons não têm massa. Essa quebra de simetria foi crucial na formulação da teoria eletrofraca (pp. 292-93). Higgs mostrou como o bóson (ou produtos em decaimento do bóson) deve ser detectáveil.

A busca pelo bóson de Higgs deu origem ao maior projeto científico do mundo, o Grande Colisor de Hádrons (Large Hadron Collider, ou LHC) – um colisor gigante de prótons com 27 km de circunferência, enterrado a 100 metros de profundidade, no solo. Quando em potência máxima, o LHC gera energias semelhantes às que existiam logo após o Big Bang – o suficiente para criar um bóson de Higgs a cada bilhão de colisões. A dificuldade é avistar seus traços em meio a uma vasta chuva de resíduos – e o Higgs é tão massivo que, ao surgir, ele instantaneamente se desintegra. No entanto, depois de quase 50 anos de espera, o Higgs foi finalmente confirmado. ■

Peter Higgs

Nascido em Newcastle-upon-Tyne, Inglaterra, em 1929, Peter Higss obteve seus diplomas de graduação e doutorado no King's College, em Londres, antes de ingressar na Universidade de Edimburgo, como pesquisador sênior. Após um breve período em Londres, ele regressou a Edimburgo, em 1960. Caminhando pelas montanhas de Cairngorm, Higgs teve sua "grande ideia" – um mecanismo que possibilitaria que um campo de força gerasse bósons de calibre, tanto de alta massa quanto de baixa massa. Outros estavam trabalhando em linhas semelhantes, porém hoje falamos do "campo Higgs" em lugar de campo Brout-Englert-Higgs porque seu artigo de 1964 descreveu como a partícula poderia ser avistada. Higgs alega ter uma "incompetência oculta", já que não estudou física de partículas em nível de doutorado. Essa limitação não impediu que, em 2013, ele compartilhasse o Nobel de Física com François Englert, por seu trabalho em 1964.

Obras-chave

1964 *Broken Symmetry and the Mass of Gauge Vector Mesons*
1964 *Broken Symmetries and the Mass of Gauge Bosons*

HÁ SIMBIOSE EM TODA PARTE

LYNN MARGULIS (1938-2011)

EM CONTEXTO

FOCO
Biologia

ANTES
1858 O médico alemão Rudolf Virchow propõe que células surgem somente de outras células e não são formadas espontaneamente.

1873 O microbiólogo alemão Anton de Bary cunha o termo "simbiose", para tipos diferentes de organismos vivendo juntos.

1905 Segundo Konstantin Mereschkowsky, cloroplastos e núcleos foram originados por um processo de simbiose, mas sua teoria carece de provas.

1937 O biólogo francês Edouard Chatton divide as formas de vida por estrutura celular, separando-as em eucariotas (complexas) e procariotas (simples). Sua teoria é redescoberta em 1962.

DEPOIS
1970-75 O microbiólogo americano Carl Woese descobre que o DNA do cloroplasto é semelhante ao da bactéria.

A teoria de evolução de Charles Darwin coincidiu com a teoria celular da vida que emergiu nos anos 1850, afirmando que todos os organismos eram feitos de células, e novas células só podiam vir de outras já existentes, por um processo de divisão. Alguns de seus componentes internos, como os cloroplastos geradores de alimento, aparentemente também se reproduziam por divisão.

Essa última descoberta levou o botânico russo Konstantin Mereschkowsky à ideia de que os cloroplastos podem um dia ter sido formas independentes de vida. Biólogos evolucionários e celulares perguntaram: como surgem as células complexas? A resposta está na *endossimbiose* – teoria inicialmente proposta por Mereschkowsky, em 1905, mas aceita apenas depois que uma bióloga americana chamada Lynn Sagan (depois Margulis) forneceu essa prova, em 1967.

Células complexas com estruturas internas chamadas organelas – o núcleo (que controla a célula), mitocôndrias (que liberam energia) e cloroplastos (que conduzem a fotossíntese) – são encontradas em animais, plantas e muitos micróbios. Essas células, agora chamadas de eucariotas, evoluíram de células bacterianas mais simples, isentas de organelas, e agora são chamadas procariotas. Mereschkowsky imaginou comunidades primordiais de células mais simples – algumas produzindo alimentos por fotossíntese, outras atacando suas vizinhas e devorando-as inteiras. Às vezes, as células engolidas permaneciam não digeridas e, segundo ele, se tornavam cloroplastos – porém, sem provas, essa teoria de endossimbiose (vivendo junto e dentro) desapareceu.

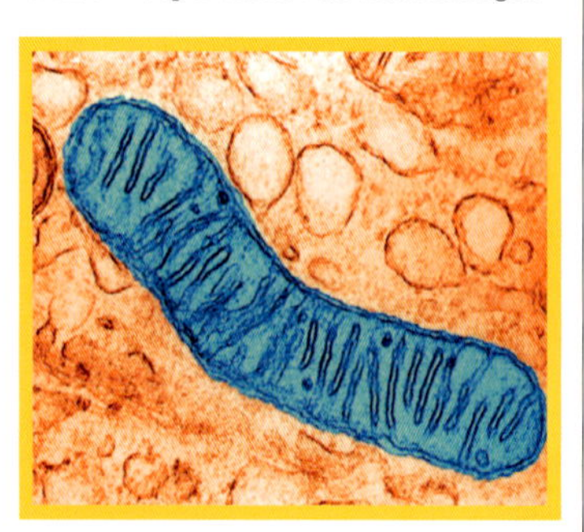

Mitocôndrias são organelas que produzem o químico portador de energia trifosfato de adenosina (ATP) dentro de uma célula eucariota. Essa mitocôndria foi falsamente colorida de azul.

Nova prova

A invenção do microscópio eletrônico, nos anos 1930, junto com os avanços na

Veja também: Charles Darwin 142-49 ▪ James Watson e Francis Crick 276-83 ▪ James Lovelock 315

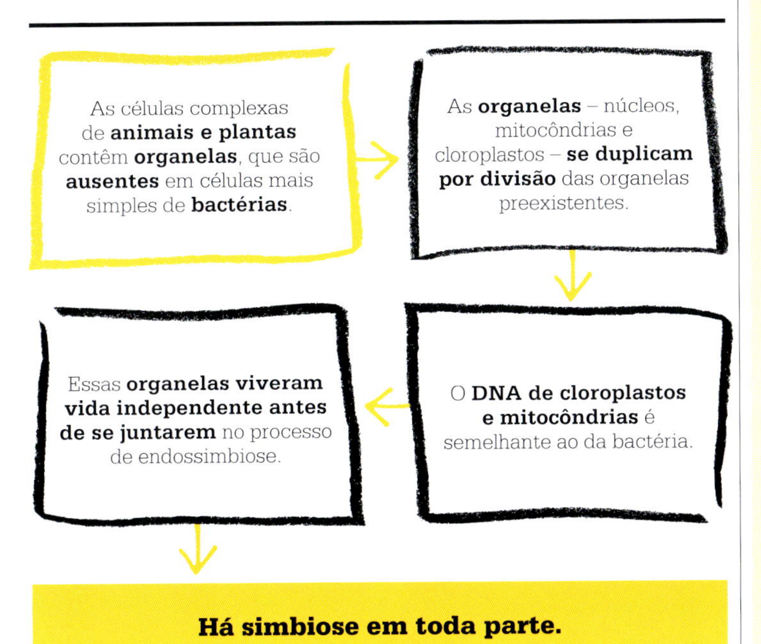

bioquímica, ajudou os biólogos a destrinchar o funcionamento interior das células. Até os anos 1950, os cientistas sabiam que o DNA fornecia instruções genéticas para desenvolverem processos de vida e era passado de geração para geração. Nas células eucariotas, o DNA é guardado no núcleo, mas também é encontrado em cloroplastos e mitocôndrias.

As células complexas de animais e plantas contêm organelas, que são ausentes em células mais simples de bactérias.
As organelas – núcleos, mitocôndrias e cloroplastos – se duplicam por divisão das organelas preexistentes.
O DNA de cloroplastos e mitocôndrias é semelhante ao da bactéria.
Essas organelas viveram vida independente antes de se juntarem no processo de endossimbiose.
Há simbiose em toda parte.

Em 1967, Margulis usou essa descoberta como prova para reviver e substanciar a teoria da endossimbiose. Ela incluiu a sugestão de que houvera um "holocausto" de oxigênio no início da história da Terra. Há cerca de 2 bilhões de anos, à medida que a fotossíntese floresceu, ela saturou o mundo de oxigênio, o que envenenou muitos dos micróbios da época. Micróbios predadores sobreviveram engolindo outros que podiam "sorver" o oxigênio em seus processos de liberação de energia. Estes se tornaram as mitocôndrias, "pacotes energéticos" das células de hoje. A princípio isso pareceu um exagero para a maioria dos biólogos, mas a prova para a teoria de Margulis gradualmente se tornou persuasiva e agora é amplamente aceita. Por exemplo: o DNA das mitocôndrias e dos cloroplastos é feito de moléculas circulares – igual ao DNA de bactérias vivas.

A evolução pela cooperação não era novidade: o próprio Darwin havia concebido a ideia para explicar a interação mutuamente benéfica entre plantas doadoras de néctar e insetos polinizadores. Mas poucos acharam que isso poderia ocorrer tão intimamente – e fundamentalmente – como ocorre quando as células se fundem no surgimento da vida. ■

Lynn Margulis

Lynn Alexander (mais tarde Sagan, depois Margulis) entrou na Universidade de Chicago aos 14 anos, antes de concluir um doutorado na Universidade da Califórnia, Berkeley. Seus interesses na diversidade celular dos organismos a levaram a reviver e dominar a teoria evolucionária da endossimbiose, que o biólogo Richard Dawkins descreveu como "uma das maiores realizações da biologia evolucionária" do século XX.

Para Margulis, as interações cooperativas eram tão importantes quanto a competição na condução da evolução – e ela via as coisas vivas como sistemas de organização próprios. Ela posteriormente apoiou a hipótese Gaia, de James Lovelock, de que a Terra também poderia ser vista com um organismo de autorregulação. Pelo reconhecimento de seu trabalho, ela foi eleita membro da Academia Nacional Americana de Ciências e recebeu a Medalha Nacional de Ciências.

Obras-chave

1967 *On the Origin of Mitosing Cells*
1970 *Origin of Eukariotic Cells*
1982 *Five Kingdoms: An Illustrated Guide to the Phyla of Life on Earth*

QUARKS VÊM EM TRIOS

MURRAY GELL-MANN (1929-)

EM CONTEXTO

FOCO
Física

ANTES
1932 Uma nova partícula, o nêutron, é descoberta por James Chadwick. Agora existem três partículas subatômicas com massa: o próton, o nêutron e o elétron.

1932 A primeira antipartícula, o pósitron, é descoberta.

Anos 1940 e 1950 Aceleradores de partículas, cada vez mais potentes – que esmagam e fundem as partículas em grandes velocidades –, produzem grande número de novas partículas subatômicas.

DEPOIS
1964 A descoberta da partícula ômega (Ω-) confirma o modelo quark.

2012 O bóson de Higgs é descoberto no CERN, acrescentando peso ao modelo-padrão.

O entendimento da estrutura do átomo mudou drasticamente, desde o fim do século XIX. Em 1897, J. J. Thomson deu a sugestão ousada de que os raios de catódio são fluxos de partículas bem menores que o átomo; ele havia descoberto o elétron. Em 1905, trabalhando em cima da teoria quântica da luz, de Max Planck, Albert Einstein sugeriu que a luz deveria ser pensada como um fluxo de minúsculas partículas sem massa, que hoje chamamos prótons. Em 1911, o protegido de Thomson, Ernest Rutherford, deduziu que o núcleo de um átomo é pequeno e denso, com elétrons orbitando ao seu redor. Havia sido destruída a imagem de um átomo como um todo indivisível.

Em 1920, Rutherford denominou o núcleo do elemento mais leve, o hidrogênio, de próton. Doze anos depois, o nêutron foi descoberto, e surgiu um quadro mais complexo dos núcleos, feitos de prótons e nêutrons. Então, nos anos 1930, um vislumbre de outros reinos de partículas surgiu a partir do estudo dos raios cósmicos – partículas de alta energia que se acredita se originaram das supernovas. Os estudos revelaram novas partículas associadas com altas energias e massas mais volumosas, segundo o princípio de Einstein, de equivalência massa-energia ($E = mc^2$).

Buscando explicar a natureza das interações dentro do núcleo atômico, os cientistas dos anos 1950 e 1960 produziram uma imensa obra, fornecendo a estrutura conceitual para toda a matéria do universo. Muitas figuras contribuíram para esse processo, mas o físico americano Murray Gell-Mann teve um papel decisivo na construção de uma sistemática de partículas fundamentais e condutores de força chamada modelo-padrão.

Como pode ser que, escrevendo algumas fórmulas simples e distintas, se possam prever as regularidades universais da natureza?
Murray Gell-Mann

Formular **o modelo-padrão** de partículas físicas leva os teóricos a preverem que os **hádrons** (prótons e nêutrons) **são feitos de** partículas menores chamadas **quarks**.

Os **quarks são detectados** por prótons em colisão, em um acelerador de partículas.

Os quarks se aglutinam em dois e três, para formarem os hádrons.

O zoológico de partículas

Gell-Mann brinca que os objetivos dos físicos de partículas elementares são modestos – eles visam explicar meramente as "leis fundamentais que governam toda a matéria do universo". Segundo ele, os teóricos "trabalham com lápis e papel e um cesto de lixo, e o mais importante é este último". Em contraste, a principal ferramenta de um experimentalista é o acelerador ou colisor de partículas.

Em 1932, os primeiros núcleos atômicos – do elemento lítio – foram explodidos pelos físicos Ernest Walton e John Cockcroft, usando um acelerador de partículas, em Cambridge, Inglaterra. Desde então, aceleradores de partículas cada vez

Veja também: Max Planck 202-05 ▪ Ernest Rutherford 206-13 ▪ Albert Einstein 214-21 ▪ Paul Dirac 246-47 ▪ Richard Feynman 272-73 ▪ Sheldon Glashow 292-93 ▪ Peter Higgs 298-99

mais potentes têm sido construídos. Essas máquinas estimulam minúsculas partículas subatômicas quase à velocidade da luz, antes de lançá-la a alvos ou umas contra as outras. Agora, as pesquisas são conduzidas por previsões teóricas – o maior acelerador de partículas, o Large Hadron Collider (LHC), na Suíça, foi construído para basicamente encontrar o teórico bóson de Higgs (pp. 298-99). O LHC é um anel de 27 km de ímãs supercondutores que levou 10 anos para ser construído. As colisões entre as partículas subatômicas as estilhaçam em seu âmago. A energia liberada é, às vezes, suficiente para produzir novas gerações de partículas que não podem existir sob as condições cotidianas. Chuvas de partículas exóticas de curta duração caem desses amontoados, antes de serem rapidamente aniquiladas ou de se decomporem. Com energia cada vez maior à sua disposição, os pesquisadores visam investigar os mistérios da matéria, chegando ainda mais perto das condições do nascimento da matéria – o Big Bang. O processo parece com a colisão de dois relógios, para depois remexer nos fragmentos, no intuito de descobrir como funciona o relógio.

Até 1953, com colisores chegando a energias cada vez maiores, as partículas exóticas que não eram encontradas em matéria comum pareciam surgir em pleno ar. Mais de 100 partículas de forte interação foram detectadas à época e consideradas fundamentais. Esse alegre circo de novas espécies foi apelidado de "zoológico de partículas". »

O acelerador Linear de Stanford, na Califórnia, construído em 1962, tem 3 km de comprimento – o mais longo acelerador linear do mundo. Ali, em 1968, é que foi demonstrado que os prótons são compostos de quarks.

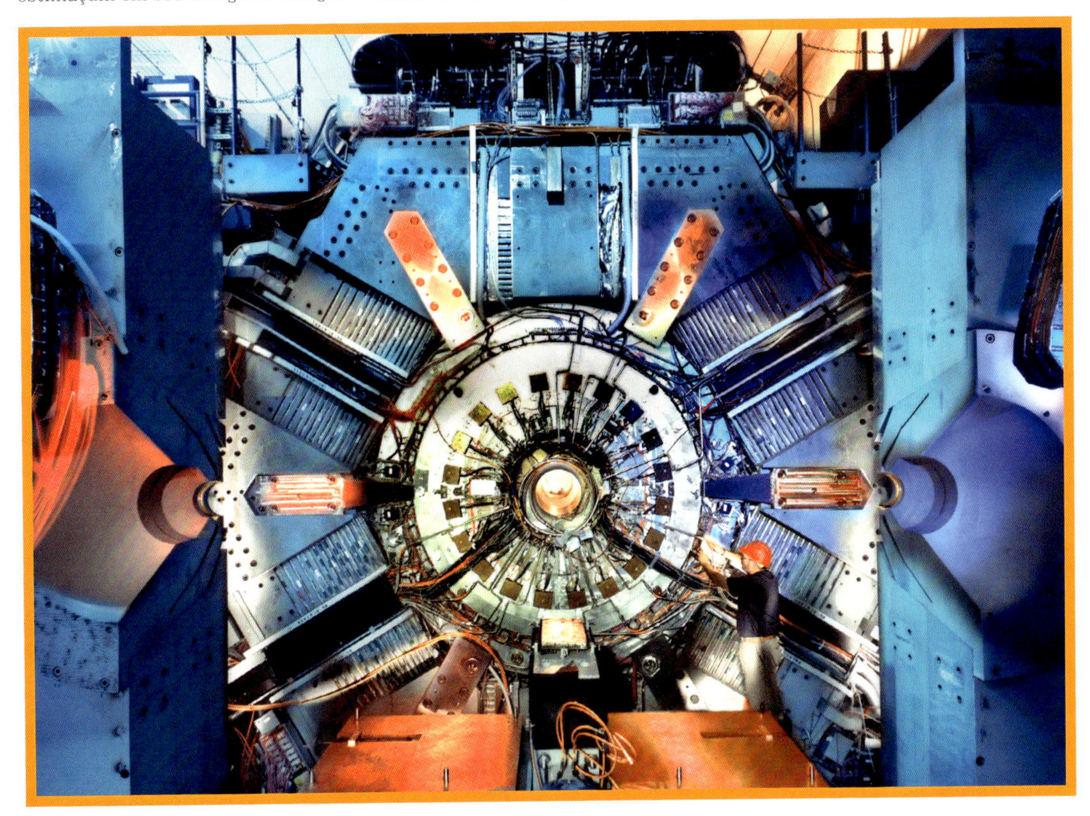

Caminho dos oito preceitos

Até os anos 1960, os cientistas tinham agrupado as partículas segundo o modo como elas eram afetadas pelas quatro forças fundamentais: gravidade, força eletromagnética, força nuclear fraca e força nuclear forte. Todas as partículas com massa são influenciadas pela gravidade. A força eletromagnética atua em qualquer partícula com carga elétrica. As forças forte e fraca operam em raios minúsculos, encontrados dentro dos núcleos atômicos. Partículas pesadas chamadas "hádrons", que incluem o próton e o nêutron, são de "forte interação" e são influenciadas pelas quatro forças fundamentais, enquanto os "léptons", tais como o elétron e o neutrino, não são afetados pela força forte.

Gell-Mann deu sentido ao zoológico de partículas com um sistema de ordenação chamado "sistema de oito preceitos", uma referência ao Nobre Caminho Óctuplo do budismo. Assim como Mendeleev fizera quando organizou os elementos da tabela periódica, Gell-Mann imaginou uma tabela na qual ele colocou as partículas elementares, deixando lacunas para as que ainda não haviam sido descobertas. No empenho de fazer o esquema o mais resumido possível, ele propôs que os hádrons continham uma nova subunidade, oculta, mas fundamental.

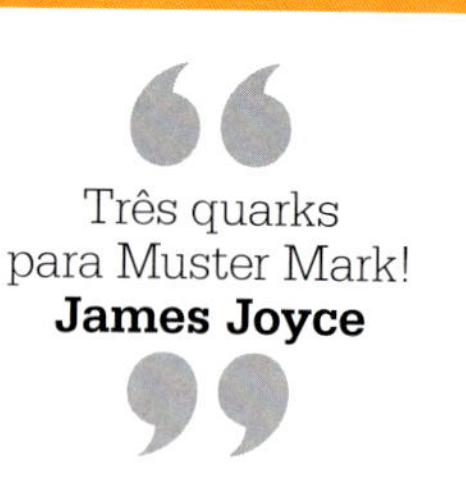

Três quarks para Muster Mark!
James Joyce

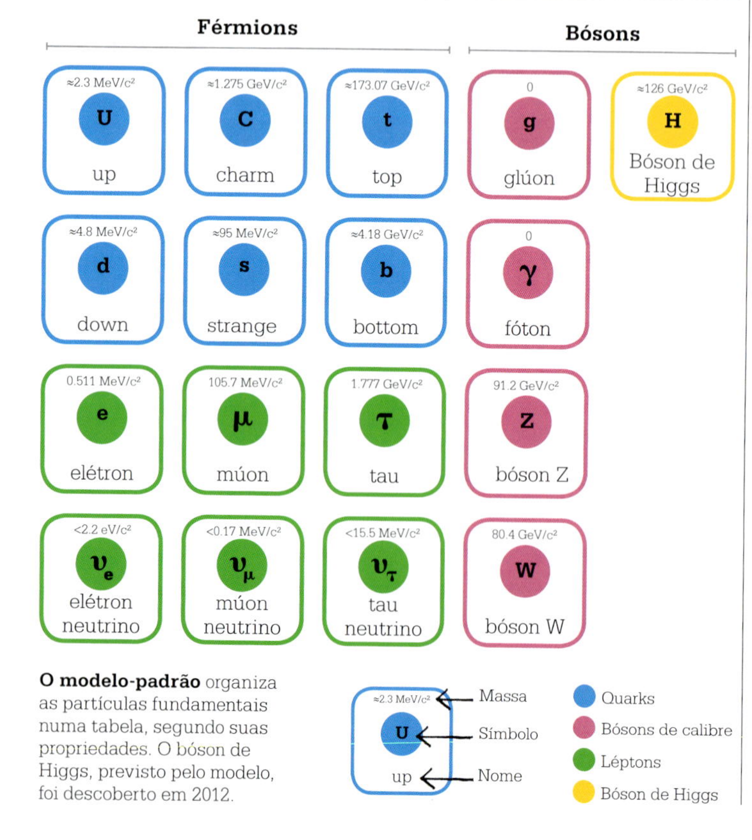

O modelo-padrão organiza as partículas fundamentais numa tabela, segundo suas propriedades. O bóson de Higgs, previsto pelo modelo, foi descoberto em 2012.

Como as partículas mais pesadas já não eram fundamentais, essa mudança reduziu o número de partículas fundamentais para um número menor e administrável – agora os hádrons eram simples combinações de componentes elementares múltiplos. Gell-Mann, com sua inclinação para nomes malucos, apelidou essa partícula de "quark", em homenagem a uma frase favorita do romance *Finnegans Wake*, de James Joyce.

Real ou não?

Gell-Mann não foi a única pessoa a sugerir essa ideia. Em 1964, um aluno da Caltech, Georg Zweig, havia sugerido que hádrons eram feitos de quatro partes básicas chamadas "aces". O jornal do CERN, *Physics Letters*, recusou o estudo de Zweig, porém naquele mesmo ano publicou um estudo de Gell-Mann, mais sênior, descrevendo a mesma ideia.

O estudo de Gell-Mann pode ter sido publicado porque ele não sugeriu a existência de nenhuma realidade oculta no padrão – ele estava simplesmente propondo um esquema de organização. No entanto, esse esquema parecia insatisfatório, já que exigia que os quarks tivessem carga fracionada, como – 1/3 e + 2/3. Essas frações eram despropositadas para teorias aceitas, que só permitiam cargas de números inteiros. Gell-

-Mann percebeu que, se essas subunidades permanecessem escondidas, presas dentro dos hádrons, não tinha importância. A partícula ômega prevista (Ω-), composta de três quarks, foi detectada no Brookhaven National Laboratory, Nova York, logo após a publicação de Gell-Mann. Isso confirmou o novo modelo, que Gell-Mann insistiu que fosse creditado a ele e a Zweig.

Inicialmente, Gell-Mann ficou duvidoso quanto aos quarks poderem ser isolados. No entanto, agora ele estava aflito para dizer, embora tivesse inicialmente visto seus quarks como entidades matemáticas, nunca excluiu a possibilidade de que os quarks pudessem ser reais. Experimentos no Stanford Linear Accelerator Center (SLAC), entre 1967 e 1973, pulverizaram elétrons das partículas granulares dentro do próton, revelando, no processo, a realidade dos quarks.

O modelo-padrão

O modelo-padrão foi desenvolvido a partir do modelo-padrão quark, de Gell-Mann. Nesse esquema, as partículas são divididas em férmions e bósons. Os férmions são os blocos de construção da matéria, enquanto os bósons são partículas condutoras de energia.

Os férmions depois são divididos em duas famílias de partículas elementares – quarks e léptons. Os quarks se agrupam em dois ou três, para fazer as partículas compostas chamadas hádrons. Partículas subatômicas com três quarks são conhecidas como bárions e incluem prótons e nêutrons. Os que são feitos de pares quark e antiquark são chamados méson e incluem píons e káons. No total, há seis "sabores" de quark – up, down, strange, charm, top e bottom.

A característica que define os quarks é o fato de portarem algo chamado "carga de cor", que lhes permite interagir através da força forte. Há seis léptons – o elétron, múon, tau, e elétron, múon, tau neutrinos. Os neutrinos não possuem carga elétrica e só interagem através da força fraca, o que torna sua detecção extremamente difícil. Cada partícula também tem uma antipartícula correspondente de antimatéria.

O modelo-padrão explica as forças em nível subatômico, como resultado de uma troca de partículas condutoras de força, conhecidas como "bósons de calibre". Cada força tem seu próprio bóson de calibre: a força fraca é mediada pelos bósons W+, W-, e Z; a força forte eletromagnética, pelos fótons; e a força forte, pelos glúons.

O modelo-padrão é uma teoria robusta e foi verificada através de experimentos, notavelmente com a descoberta do bóson de Higgs – partícula que dá massa às outras partículas – no CERN, em 2012. No entanto, muitos consideram o modelo grosseiro. E há problemas com ele, como sua incapacidade de incorporar matéria escura ou explicar a gravidade, em termos de interação de bósons. Outras perguntas que permanecem sem resposta são por que há uma preponderância de matéria (em lugar de antimatéria) no universo e por que parece haver três gerações de matéria. ■

Nosso trabalho é um jogo delicioso.
Murray Gell-Mann

Murray Gell-Mann

Nascido em Manhattan, Murray Gell-Mann foi uma criança prodígio. Ele aprendeu cálculo sozinho, aos 7 anos, e entrou em Yale aos 15. Recebeu o doutorado do Massachusetts Institute of Technology (MIT), concluído em 1951 (com 22 anos) e partiu para o California Institute of Technology (Caltech), onde trabalhou com Richard Feynman para desenvolver um número quântico chamado "strangeness". O físico japonês Kazuhiko Nishijima tinha feito a mesma descoberta, mas chamou-a de "eta-charge".

Com um imenso leque de interesses e falando 13 idiomas fluentemente, Gell-Mann gosta de apresentar seu vasto conhecimento polímata brincando com as palavras e fazendo referências enigmáticas. Ele talvez seja o criador da tendência de dar nomes engraçados às novas partículas. Sua descoberta do quark lhe rendeu o Prêmio Nobel de 1969.

Obras-chave

1962 *Previsão da partícula ômega (Ω-)*
1964 *Caminho dos Oito Preceitos: Uma teoria de simetria de forte interação*

UMA TEORIA DE TUDO?

GABRIELE VENEZIANO (1942-)

EM CONTEXTO

FOCO
Física

ANTES
Anos 1940 Richard Feynman e outros físicos desenvolvem a eletrodinâmica quântica (EDQ), que descreve interações em nível quântico devido à força eletromagnética.

Anos 1960 O modelo-padrão de física de partículas revela toda a abrangência de partículas subatômicas até então conhecidas e as interações que as afetam.

DEPOIS
Anos 1970 A teoria de cordas temporariamente cai em desuso à medida que a cromodinâmica parece oferecer uma explicação melhor para a força nuclear forte.

Anos 1980 Lee Smolin e o italiano Carlo Rovelli desenvolvem a teoria de gravidade quântica em *loop*, que elimina a necessidade de teorizar dimensões ocultas.

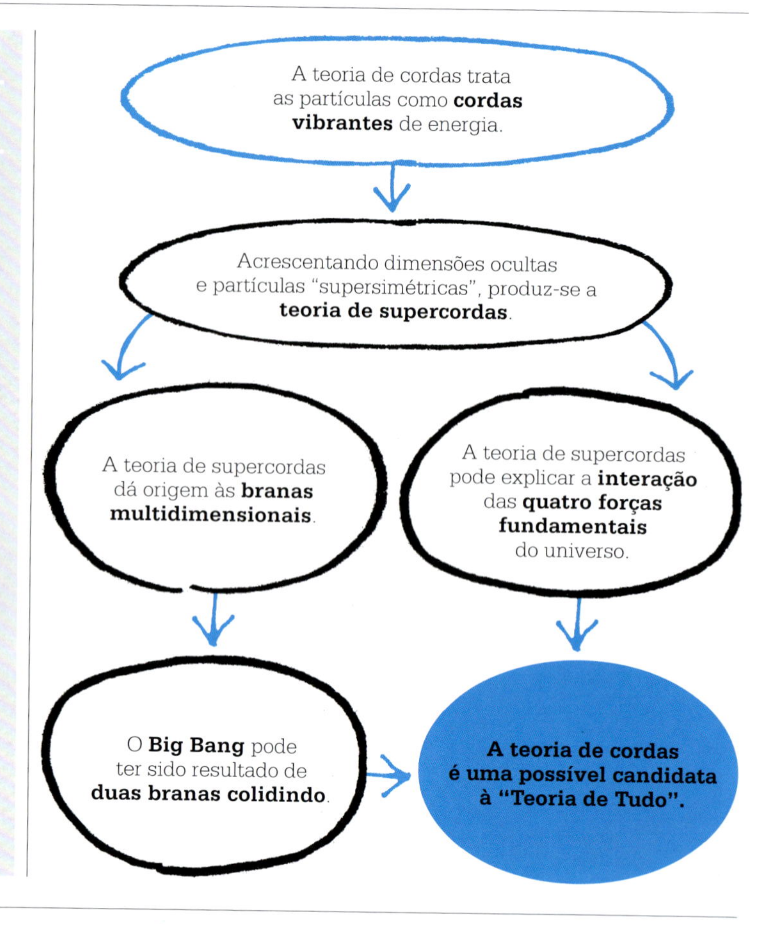

Em termos simples, a teoria de cordas é a ideia notável – ainda que controversa – de que toda matéria do universo é feita não de partículas pontiagudas, mas de "cordinhas" de energia. A teoria apresenta uma estrutura que não podemos detectar, mas que explica todo o fenômeno que vemos. Ondas de vibração dentro dessas cordas dão origem aos comportamentos quantizados (propriedades discretas como carga e *spin* elétricos) encontrados na natureza e espelham a harmonia que pode ser produzida, por exemplo, ao se tanger a corda de um violino. O desenvolvimento da teoria de cordas teve um caminho longo e cheio de percalços, e ela ainda não é aceita por muitos cientistas. Mas o trabalho na teoria prossegue – no mínimo, por ser a única teoria atual tentando unir as teorias de "calibre quântico" das forças eletromagnéticas, força nuclear fraca e forte e a teoria de gravidade de Einstein.

Explicando a força forte

A teoria de cordas começou a vida como um modelo para explicar a força forte que mantém unidas as partículas nos núcleos dos átomos e o comportamento dos hádrons, partículas compostas sujeitas à influência da força forte.

Em 1960, como parte de um estudo em curso sobre as propriedades dos hádrons, o físico americano Geoffrey Chew propôs uma nova abordagem radical – abandonando a concepção de que hádrons fossem partículas no sentido tradicional e modelando suas interações, em termos de um objeto matemático chamado S-matricial. Quando o físico italiano Gabriele Veneziano investigava os resultados do modelo de Chew, ele encontrou padrões sugerindo que as partículas devem surgir em pontos ao longo de

Veja também: Albert Einstein 214-21 ▪ Erwin Schrödinger 226-33 ▪ Georges Lemaître 242-45 ▪ Paul Dirac 246-47 ▪ Richard Feynman 272-73 ▪ Hugh Everett III 284-85 ▪ Sheldon Glashow 292-93 ▪ Murray Gell-Mann 302-07

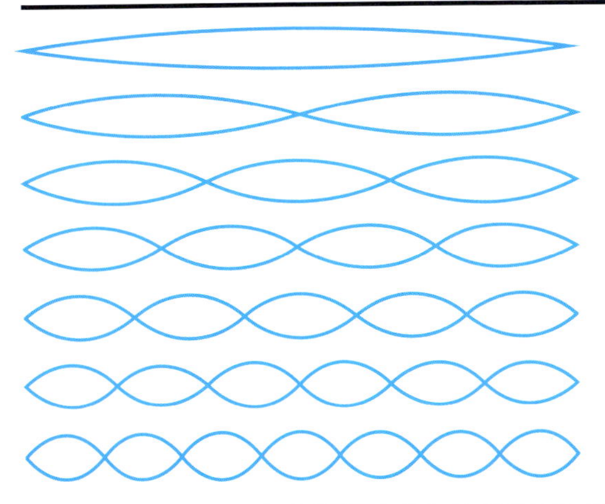

Segundo a teoria de cordas, as propriedades quantizadas que observamos surgem quando uma corda assume estados vibracionais diferentes, semelhantes às notas entoadas por um violino.

uma linha reta unidimensional – primeira pista do que hoje chamamos de cordas. Nos anos 1970, os físicos continuaram a mapear essas cordas e seus comportamentos, mas o trabalho passou a gerar resultados complexos e contraintuitivos. Por exemplo, as partículas têm uma propriedade chamada *spin* (análoga a uma cinética angular), que só pode assumir determinados valores.

Os esboços iniciais da teoria de cordas podiam produzir bósons (partículas com *spins* zero ou de números inteiros) em modelos de força quântica, mas não os férmions (partículas com *spins* de número fracionado ao meio, incluindo todas as partículas de matéria). A teoria também previu a existência de partículas que se deslocam mais depressa que a velocidade da luz, consequentemente, voltando no tempo. Uma complicação final foi que a teoria não podia funcionar apropriadamente sem assumir a existência de nada menos que 26 dimensões separadas (em lugar das quatro habituais – três dimensões de espaço, mais a de tempo). O conceito de dimensões extras já existia havia muito tempo: o matemático alemão Theodor Kaluza tinha tentado unificar o eletromagnetismo e a gravidade, através do uso de uma (quinta) dimensão extra. Matematicamente isso não era problema, mas indagava por que não vivenciamos todas as dimensões. Em 1926, o físico sueco Oscar Klein explicou como as dimensões extras talvez permanecessem invisíveis nas escalas macroscópicas cotidianas, sugerindo que elas talvez se "enroscassem" em círculos de escala quântica.

A teoria de cordas sofre uma queda, em meados dos anos 1970. A teoria de cromodinâmica quântica (QDC), que introduziu o conceito de "carga de cor" para os quarks, para explicar sua interação através da força nuclear forte, oferecia uma descrição muito melhor. Mas, mesmo antes disso, alguns cientistas andaram murmurando que a teoria era »

A teoria de cordas é uma tentativa de descrição mais profunda da natureza ao se pensar numa partícula elementar não como um pontinho, mas como um pequeno loop de corda vibrante.

Edward Witten

Gabriele Veneziano

Nascido em Florença, Itália, em 1942, Gabriele Veneziano estudou em sua cidade natal, antes de obter um doutorado no Weizmann Institute of Science, de Israel, para onde regressou em 1972 como professor de física, depois de um tempo no laboratório europeu de física, o CERN. Enquanto esteve no Massachusetts Institute of Technology (MIT), em 1968, ele usou a teoria de cordas como modelo para descrever a força nuclear forte e começou uma pesquisa pioneira sobre o assunto. De 1976 em diante, Veneziano trabalhou principalmente na Divisão Teórica do CERN, em Genebra, passando a ser seu diretor entre 1994 e 1997.

Desde 1991, ele enfocou a investigação de como a teoria de cordas e a QVD podem ajudar a descrever as condições quentes e densas logo após o Big Bang.

Obra-chave

1968 *Construction of a Cross--Symmetric, Reggebehaved Amplitude for Linearly Rising Trajectories*

conceitualmente falha. Quanto mais trabalhos eles realizavam, mais parecia que as cordas não descreviam, em nada, a força forte.

A ascensão das supercordas

Grupos de físicos continuaram a trabalhar na teoria de cordas, mas eles precisavam encontrar soluções para alguns de seus problemas, para que a comunidade científica mais ampla voltasse a levá-la a sério. No começo dos anos 1980, surgiu uma descoberta com a ideia da supersimetria. Essa é a sugestão de que cada uma das partículas conhecidas encontradas no modelo padrão de física de partículas (pp. 302-05) tem uma "superparceira" não descoberta – um férmion para combinar com cada bóson, e um bóson para combinar com cada férmion. Se esse fosse o caso, então muitos dos problemas eminentes com as cordas instantaneamente sumiriam, e o número de dimensões necessárias para descrevê-las seria reduzido a dez. O fato de que essas partículas adicionais permaneciam não detectadas talvez fosse por só serem capazes de uma existência independente, em energias muito acima daquelas produzidas, mesmo nos mais potentes e modernos aceleradores de partículas.

Essa "teoria de cordas supersimétricas" revisada logo se tornou conhecida mais simplesmente como "teoria da supercorda". No entanto, grandes problemas permaneciam – particularmente o fato de que surgiram cinco interpretações rivais das supercordas. Provas também começaram a se acumular, de que as supercordas deveriam dar origem não somente a cordas bidimensionais e pontos unidimensionais, mas também a estruturas multidimensionais, coletivamente conhecidas como branas. As branas podem ser imaginadas como análogas às membranas bidimensionais, se deslocando ao nosso mundo tridimensional: semelhantemente, uma brana tridimensional poderia se deslocar em um espaço tetradimensional.

A teoria das cordas visiona um universo múltiplo, no qual nosso universo é uma fatia de pão num grande pão cósmico. As outras fatias estariam deslocadas da nossa, em alguma dimensão extra do espaço.
Brian Greene

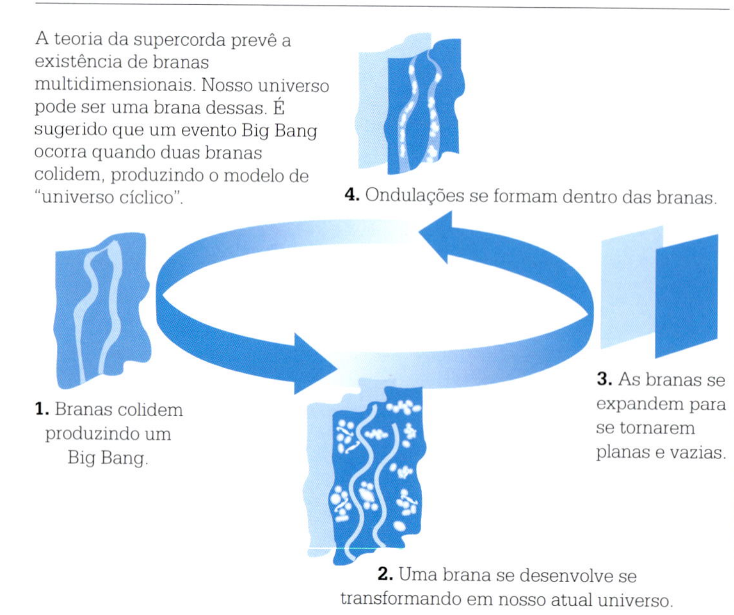

4. Ondulações se formam dentro das branas.
1. Branas colidem produzindo um Big Bang.
3. As branas se expandem para se tornarem planas e vazias.
2. Uma brana se desenvolve se transformando em nosso atual universo.

A teoria da supercorda prevê a existência de branas multidimensionais. Nosso universo pode ser uma brana dessas. É sugerido que um evento Big Bang ocorra quando duas branas colidem, produzindo o modelo de "universo cíclico".

Teoria-M

Em 1995, o físico americano Edward Witten apresentou um novo modelo conhecido como teoria-M, que oferecia uma solução ao problema das teorias rivais de supercorda. Ele acrescentou uma única dimensão, levando a um total de 11, e isso permitiu que todas as cinco abordagens das supercordas fossem descritas como aspectos de uma única teoria. As 11 dimensões de espaço-tempo exigidas pela teoria-M espelhavam as 11 dimensões exigidas pelos modelos então populares de "supergravidade" (gravidade supersimétrica). Segundo a teoria de Witten, as sete dimensões adicionais de espaço exigido seriam "compactadas" – encolhidas em minúsculas estruturas análogas a esferas que atuariam de forma eficaz e pareceriam pontos em todas as escalas, exceto as mais microscópicas.

O grande problema da teoria-M, no entanto, é que o detalhe da teoria é atualmente desconhecido. Na verdade, é uma previsão da existência de uma teoria com certas características que caprichosamente preencheriam uma série de critérios observados ou previstos. Apesar de suas limitações atuais, a teoria-M provou ser uma grande inspiração para vários campos da física e cosmologia. A singularidade dos buracos negros pode ser interpretada como um fenômeno de corda, assim como as primeiras fases do Big Bang. Uma das conclusões intrigantes da teoria-M é o "universo cíclico", modelo proposto por cosmólogos como Neil Turok e Paul Steinhardt. Nessa teoria, nosso universo é apenas uma de muitas branas, separadas umas das outras por pequenas distâncias no espaço-tempo 11-dimensional e flutuando proximamente entre si, em escalas de tempo de 1 trilhão de anos. Já se argumentou que as colisões entre branas poderiam resultar em gigantescas liberações de energia e originar novos Big Bangs.

Teorias de Tudo

A teoria-M foi proposta como possível "Teoria de Tudo" – um meio de unir as teorias quânticas de campo que descrevem, com êxito, o eletromagnetismo e as forças nucleares fracas e fortes, junto com a descrição de gravidade fornecida pela teoria geral de relatividade de Einstein. Até agora, uma descrição quântica de gravitação permanece evasiva. Em sua natureza, a gravidade parece ser radicalmente diferente das outras três forças. Essas três forças atuam entre partículas individuais, mas só em escalas relativamente pequenas, enquanto a gravidade é insignificante, exceto quando números imensos de partículas se aglutinam, porém atua em distâncias enormes. Uma possível explicação quanto ao comportamento incomum da gravidade é que sua influência em nível quântico pode "vazar", adentrando dimensões mais altas, de modo que apenas uma pequena fração é percebida dentro das dimensões familiares de nosso universo.

A teoria de cordas não é a única candidata para a Teoria de Tudo. A gravidade quântica em *loop* (GQL) foi desenvolvida por Lee Smolin e Carlo Rovelli a partir do fim dos anos 1980. Nessa teoria, as propriedades quantizadas de partículas surgem não de sua natureza semelhante à corda, mas de estruturas da pequena escala, de espaço-tempo, que é quantizada em pequenos loops. A GQL e seus vários desdobramentos oferecem várias vantagens intrigantes acima da teoria de cordas, eliminando a necessidade de dimensões adicionais, e foi aplicada com sucesso em grandes problemas cosmológicos. Contudo, o caso para a "Teoria de Tudo" permanece inconclusivo. ■

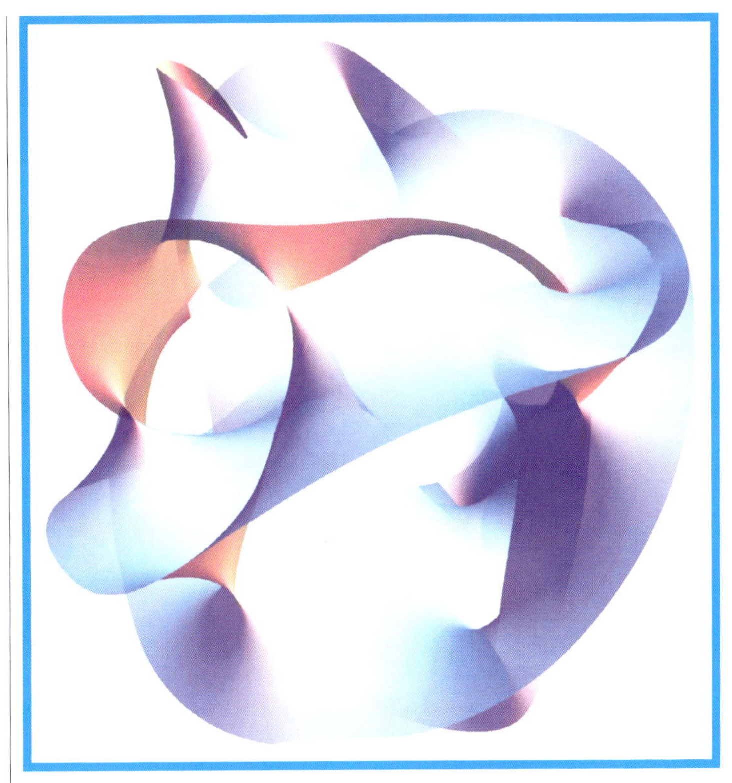

Esta é uma fatia de 2 dimensões de uma estrutura matemática chamada coletor Calabi-Yau. Isso sugere que as 6 dimensões escondidas da teoria de cordas podem ter essa forma.

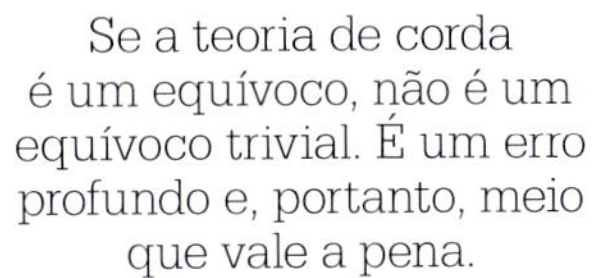

Se a teoria de corda é um equívoco, não é um equívoco trivial. É um erro profundo e, portanto, meio que vale a pena.
Lee Smolin

BURACOS NEGROS EVAPORAM

STEPHEN HAWKING (1942-)

EM CONTEXTO

FOCO
Cosmologia

ANTES
1783 John Michell teoriza sobre objetos cuja gravidade é tão grande que pode prender a luz.

1930 Subrahmanyan Chandrasekhar propõe que o colapso de um núcleo estelar acima de determinada massa poderia dar origem a um buraco negro.

1971 O primeiro buraco negro provável é identificado – Cygnus X-1.

DEPOIS
2002 Observações de astros orbitando perto do centro de nossa galáxia sugerem um buraco negro gigante.

2012 O teórico de cordas americano Joseph Polchinski sugere que o baralhamento quântico produz uma "parede de fogo" superquente no horizonte de um evento de buraco negro.

2014 Hawking anuncia que não acha mais que os buracos negros existam.

Nos anos 1960, o físico britânico Stephen Hawking foi um dentre os vários pesquisadores brilhantes que passaram a se interessar pelo comportamento de buracos negros. Ele escreveu sua tese de doutorado sobre os aspectos cosmológicos de uma singularidade (ponto no espaço-tempo no qual toda a massa de um buraco negro está concentrada) e traçou paralelos entre as singularidades de buracos negros de massa estelar e o estado inicial do universo durante o Big Bang.

Meu objetivo é simples. É um entendimento completo do universo, por que ele é como é e por que existe, afinal.
Stephen Hawking

Por volta de 1973, Hawking passou a se interessar pela mecânica quântica e pelo comportamento da gravidade em escala subatômica. Ele fez uma descoberta importante – que, apesar de seu nome, os buracos negros não apenas engolem matéria e energia mas emitem radiação. A então chamada "radiação Hawking" é emitida no horizonte do evento do buraco negro – a fronteira externa na qual a gravidade do buraco negro se torna tão forte que nem a luz escapa. Hawking mostrou que, no caso de um buraco negro rotacional, a gravidade intensa daria origem à produção de pares virtuais de partícula--antipartícula subatômicas. No horizonte do evento, seria possível que um elemento de cada par fosse tragado para dentro do buraco negro, efetivamente impulsionando a sobrevivente para dentro de uma existência sustentada, como uma partícula real. Para um observador distante, o resultado disso é que o horizonte do evento emite radiação térmica de baixa temperatura. Com o passar do tempo, a energia transportada por essa radiação faz com que o buraco negro perca massa e evapore. ■

Veja também: John Mitchell 88-89 ▪ Albert Einstein 214-21 ▪ Subrahmanyan Chadrasekhar 248

A TERRA E TODAS AS SUAS FORMAS DE VIDA COMPÕEM UM ORGANISMO CHAMADO GAIA

JAMES LOVELOCK (1919-)

EM CONTEXTO

FOCO
Biologia

ANTES
1805 Alexander von Humboldt declara que a natureza pode ser representada como um todo.

1859 Charles Darwin argumenta que as formas de vida são moldadas por seus ambientes.

1866 O naturalista alemão Ernst Haeckel cunha o termo ecologia.

1935 O botânico britânico Arthur Tansley descreve as formas de vida na terra, as paisagens e o clima como um ecossistema gigante.

DEPOIS
Anos 1970 Lynn Margulis descreve o relacionamento simbiótico de micróbios e a atmosfera da Terra; ela posteriormente define Gaia como uma série de ecossistemas interagindo.

1997 O Protocolo de Kyoto estabelece alvos para a redução de gases de efeito estufa.

Durante o começo dos anos 1960, a NASA, em Pasadena, Califórnia, formou uma equipe para pensar em como procurar vida em Marte. Foi perguntado ao cientista ambientalista britânico James Lovelock como ele encararia o problema, o que o incitou a pensar na vida na Terra.

Lovelock logo descobriu uma série de características necessárias para a vida. Toda vida na Terra depende de água. A temperatura média da superfície precisa se manter em 10-16 °C, para que haja a presença de água líquida suficiente, e tem permanecido dentro desses parâmetros há 3,5 milhões de anos. As células exigem um nível constante de salinidade e geralmente não conseguem sobreviver a níveis acima de 5%, e a salinidade do oceano tem permanecido em cerca de 3.4%. Desde que o oxigênio surgiu na atmosfera, cerca de 2 bilhões de anos atrás, sua concentração permaneceu perto de 20%. Se caísse abaixo de 16%, não haveria suficiente para respirar – se subisse, passando de 25%, os incêndios florestais jamais seriam apagados.

A evolução é uma dança bem engendrada, com a vida e o ambiente material como parceiros. Dessa dança emerge a entidade Gaia.
James Lovelock

A hipótese Gaia

Lovelock sugeriu que o planeta inteiro compõe uma única entidade viva e autorreguladora, que chamou de Gaia. A própria presença da vida regula a temperatura da superfície, a concentração de oxigênio e a composição química dos oceanos, otimizando as condições para a vida. No entanto, ele alertou que o impacto humano no meio ambiente pode desorganizar esse equilíbrio delicado. ■

Veja também: Alexander von Humboldt 130-35 ▪ Charles Darwin 142-49 ▪ Charles Keeling 294-95 ▪ Lynn Margulis 300-01

UMA NUVEM É FEITA DE ONDAS SOBRE ONDAS

BENOÎT MANDELBROT (1924-2010)

EM CONTEXTO

FOCO
Matemática

ANTES
1917-20 Na França, Pierre Fatou e Gaston Julia construíram conjuntos matemáticos usando números complexos – ou seja, combinações de reais e imaginários (múltiplos da raiz quadrada de -1). Os conjuntos resultantes são "regulares" (conjuntos Fatou) ou "caóticos" (conjuntos Julia) e são precursores dos fractais.

1926 O matemático e meteorologista Lewis Fry Richardson publica *Does the Wind Possess a Velocity*, com modelos matemáticos pioneiros para sistemas caóticos.

DEPOIS
Atualmente Os fractais formam parte do campo de ciência de complexidade. Eles são usados na biologia marinha, na modelagem de terremotos, em estudos populacionais e na mecânica de óleos e fluidos.

O matemático belga Benoît Mandelbrot usou computadores para modelar os padrões na natureza, nos anos 1970. Ao fazê-lo, lançou um novo campo matemático – a geometria fractal –, que desde então encontrou uso em muitos campos.

Dimensões fracionadas

Considerando que a geometria convencional usa dimensões de números inteiros, a geometria fractal emprega dimensões fracionadas, que podem ser analisadas como uma "medida bruta". Para entender o que isso significa, pense em medir a costa britânica com uma vareta. Quanto mais comprida a vareta, mais curta será a medição, já que ela vai abrandar quaisquer asperezas ao longo de sua extensão. A costa britânica tem uma dimensão fracionada de 1,28, que é um índice de quanto a medição aumenta, à medida que o comprimento da vareta diminui.

Uma característica dos fractais é a autossemelhança – significando que há uma quantidade igual de detalhes em todas as escalas de amplificação. A natureza fractal das nuvens, por exemplo, torna impossível saber a que distância elas estão de nós, sem pistas externas – as nuvens parecem iguais, de todas as distâncias. Nosso corpo contém muitos exemplos de fractais, tal como a forma como os pulmões se enchem para preencher espaço eficientemente. Como as funções caóticas, os fractais demonstram sensibilidade a pequenas mudanças, em condições iniciais, e são usados para analisar sistemas caóticos como o clima. ■

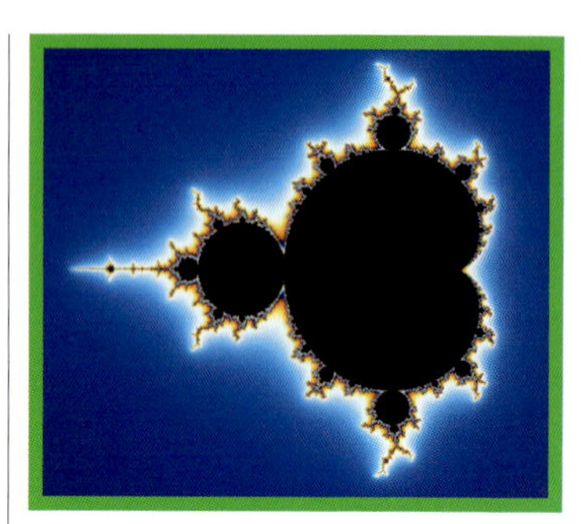

O conjunto Mandelbrot é um fractal gerado usando um conjunto de números complexos e esconde representações ilimitadas de si em todas as escalas. Quando visualizado graficamente, ele produz a forma característica mostrada aqui.

Veja também: Robert FitzRoy 150-55 ▪ Edward Lorenz 296-97

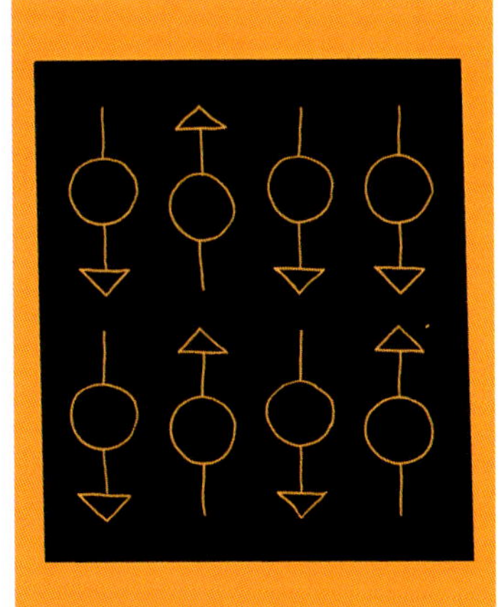

UM MODELO QUÂNTICO DE COMPUTAÇÃO

YURI MANIN (1937-)

EM CONTEXTO

FOCO
Ciência da computação

ANTES
1935 Albert Einstein, Boris Podolsky e Nathan Rosen desenvolvem o paradoxo EPR, provendo a primeira descrição de baralhamento quântico.

DEPOIS
1994 O matemático americano Peter Schor desenvolve um algoritmo que consegue alcançar a fatorização dos números usando um computador quântico.

1998 Usando a interpretação de Hugh Everett, de muitos mundos, para a mecânica quântica, teóricos imaginam um estado de superposição no qual um computador quântico pode estar ligado e desligado.

2011 Uma equipe de pesquisa da Universidade de Ciência e Tecnologia em Hefei, China, corretamente encontra os fatores primordiais de 143, usando um conjunto de quatro qubits.

A informação quântica é um dos campos mais novos da mecânica quântica. O matemático russo-alemão Yuri Manin esteve entre os pioneiros no desenvolvimento da teoria.

Em um computador, o bit é o portador fundamental da informação e pode existir em dois estados: 0 e 1. A unidade fundamental de informação na computação quântica é chamada qubit. O qubit é feito de partículas subatômicas "presas" e também tem dois estados possíveis. Um elétron, por exemplo, pode ser *spin-up* ou *spin-down*, e fótons de luz podem ser polarizados horizontal ou verticalmente. No entanto, a função de onda mecânica quântica permite que os qubits existam em uma superposição de ambos os estados, aumentando a quantidade de informação que eles podem transportar. A teoria quântica também permite que os qubits se tornem "embaralhados", o que aumenta exponencialmente os dados transportados com cada qubit adicional. Esse processamento paralelo poderia teoricamente produzir uma força computacional extraordinária.

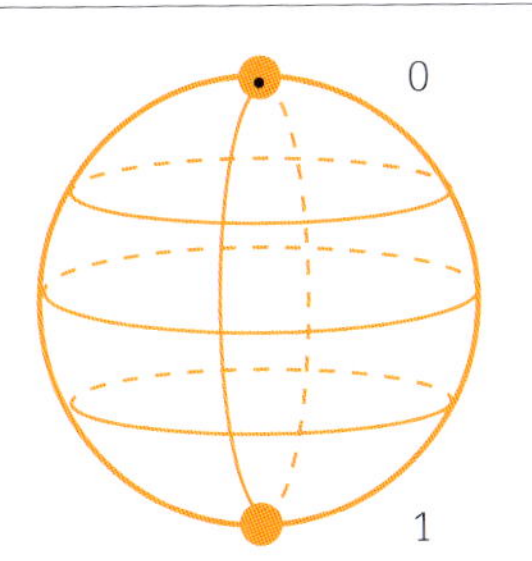

A informação em um qubit pode ser representada como qualquer ponto na superfície de uma esfera – um 0, um 1 ou uma superposição dos dois.

Demonstrando a teoria

Divulgados pela primeira vez nos anos 1980, os computadores quânticos pareciam apenas teóricos. Contudo, recentemente cálculos foram realizados com apenas alguns qubits. Para fornecer uma máquina útil, os computadores quânticos precisam alcançar centenas ou milhares de qubits emaranhados e há problemas na escalada a esse tamanho. Prossegue o trabalho para resolver esses problemas. ■

Veja também: Albert Einstein 214-21 ▪ Erwin Schrödinger 226-33 ▪ Alan Turing 252-53 ▪ Hugh Everett II 284-85

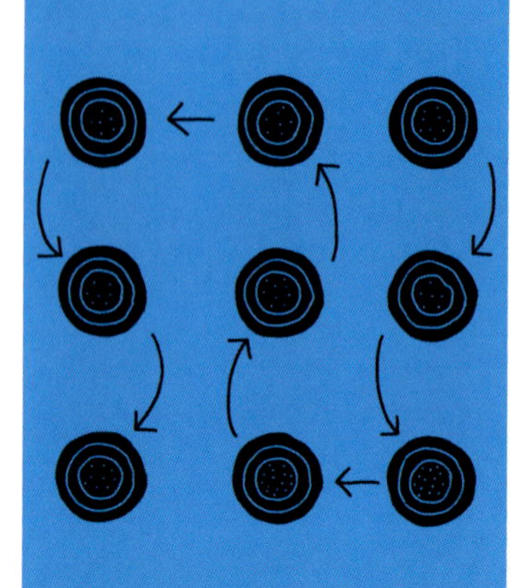

GENES PODEM PASSAR DE UMA ESPÉCIE PARA OUTRA

MICHAEL SYVANEN (1943-)

EM CONTEXTO

FOCO
Biologia

ANTES
1928 Frederick Grifith mostra que uma variedade de bactéria pode ser transformada em outra, pela transferência do que mais tarde seria descoberto como DNA.

1946 Joshua Lederberg e Edward Tatum descobrem a troca natural de material genético nas bactérias.

1959 Tomoichiro Akiba e Kunitaro Ochia relatam que plasmídios (anéis de DNA) resistentes a antibióticos podem se deslocar entre bactérias.

DEPOIS
1993 A geneticista americana Margaret Kidwell identifica exemplos onde os genes atravessaram os limites da espécie, em organismos complexos.

2008 O biólogo americano John K Pace e outros apresentam provas de transferência genética horizontal em vertebrados.

Bactérias mortas pelo calor podem **transferir suas características** a bactérias vivas.

Isso acontece porque os **genes podem se deslocar** entre células bacterianas.

Genes semelhantes foram identificados em **espécies de organismos de parentesco distante**, incluindo vertebrados.

Os genes podem passar de uma espécie para outra.

A continuidade da vida – o crescimento, reprodução e evolução dos organismos – é amplamente vista como um processo vertical, conduzido por genes que passam dos pais para a progênie. Mas, em 1985, o microbiólogo americano Michael Syvanen propôs que, em vez de serem simplesmente repassados abaixo, os genes também podem ser passados horizontalmente, entre as espécies, independentemente de reprodução, e essa transferência horizontal de genes (THG) tem um papel-chave na evolução.

Em 1928, o médico britânico Frederick Griffith estava estudando a bactéria relativa à pneumonia. Ele descobriu que uma espécie inofensiva poderia se tornar perigosa, simplesmente ao misturar suas células vivas com os restos mortais de uma bactéria virulenta, morta pelo calor. Ele atribuiu seus resultados a um "princípio químico" transformador que vazou das células mortas para as vivas. Um quarto de século antes que a estrutura do DNA fosse desvendada por James Watson e Francis Crick,

Veja também: Charles Darwin 142-49 ▪ Thomas Hunt Morgan 224-25 ▪ James Watson e Francis Crick 276-83 ▪ William French Anderson 322-23

O fluxo de genes entre espécies diferentes representa uma forma de variação genética cujas implicações não foram inteiramente avaliadas.
Michael Syvanen

Griffith havia encontrado a primeira prova de que o DNA podia passar horizontalmente, entre células da mesma geração, assim como verticalmente, entre gerações.

Em 1946, os biólogos americanos Joshua Lederberg e Edward Tatum demonstraram que a bactéria troca material genético, como parte de seu comportamento natural. Em 1959, uma equipe de microbiólogos japoneses, liderados por Tomoichiro Akiba e Kunitaro Ochia, mostrou que esse tipo de transferência de DNA explica como a resistência aos antibióticos pode se espalhar através das bactérias.

Transformando micróbios

As bactérias possuem pequenos anéis móveis de DNA chamados plasmídeos, que passam de célula em célula quando entram em contato direto – levando seus genes com eles. Algumas bactérias possuem genes que as tornam resistentes à ação de determinados tipos de antibióticos. Os genes são copiados sempre que os DNAs se reproduzem e podem se espalhar por uma população de bactérias. Esse tipo de transferência horizontal de genes também pode acontecer através de vírus, como descobriu Norton Zinder, aluno de Lederberg. Os vírus são até menores que as bactérias e podem invadir células vivas – incluindo a bactéria. Eles podem interferir com os genes hospedeiros e, quando se deslocam, podem levar genes hospedeiros com eles.

Genes para desenvolvimento

Desde meados dos anos 1980, Syvanen colocou a THG em um contexto mais amplo. Ele percebeu semelhanças na forma como o desenvolvimento de embriões é geneticamente controlado em nível celular e atribuiu isso aos genes se deslocando entre organismos diferentes na história evolutiva. Ele argumentou que o controle genético do desenvolvimento animal havia evoluído para ser semelhante, em grupos diferentes, porque isso maximizava as probabilidades de a troca de genes dar certo.

Conforme as sequências de genomas são completadas para mais espécies e os registros fósseis são reexaminados, as provas sugerem que a THG pode ocorrer não somente em micróbios, mas também em organismos mais complexos, c omo plantas e animais. A árvore da vida, de Darwin, pode parecer mais com uma rede, com múltiplos ancestrais, em vez de um último ancestral comum universal. Com potenciais implicações para taxonomia, doenças e controle de pestes e engenharia genética, a total importância da THG ainda está se revelando. ■

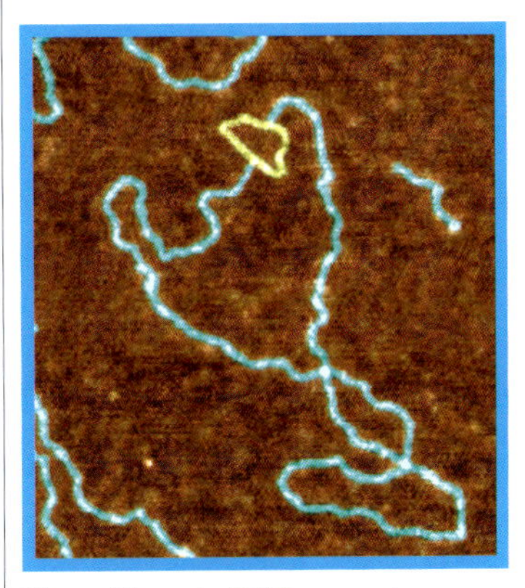

Plasmídeos de DNA, em azul no micrográfico, são independentes dos cromossomos de uma célula, porém podem repetir os genes e ser usados para inserir novos genes em organismos.

Michael Syvanen

Michael Syvanen estudou química e bioquímica nas universidades de Washington e Berkeley, na Califórnia, antes de se especializar no campo de microbiologia. Ele foi nomeado professor de microbiologia e genética molecular, na Escola de Medicina de Harvard, em 1975, onde assumiu as pesquisas no desenvolvimento da resistência a antibióticos nas bactérias, e a resistência a inseticida, nas moscas. Suas descobertas o levaram a publicar sua teoria de transferência genética horizontal (THG) e seu papel na adaptação e evolução.

Desde 1987, Syvanen é professor de microbiologia médica e imunologia, na Escola de Medicina da Universidade da Califórnia, em Davis.

Obras-chave

1985 *Cross-species Gene Transfer: Implications for a New Theory of Evolution*
1994 *Horizontal Gene Transfer: Evidence and Possible Consequences*

A BOLA DE FUTEBOL AGUENTA MUITA PRESSÃO

HARRY KROTO (1939-)

EM CONTEXTO

FOCO
Química

ANTES
1966 O químico britânico David Jones prevê a criação de moléculas ocas de carbono.

1970 Cientistas no Japão e na Inglaterra independentemente preveem a existência da molécula carbono-60 (C_{60}).

DEPOIS
1988 A C_{60} é encontrada na fuligem de velas.

1993 O físico alemão Wolfgang Krätschmer e o físico americano Don Huffman desenvolvem um método para sintetizar "fulerenos".

1999 Os físicos austríacos Markus Arndt e Anton Zeilinger demonstram que a C_{60} tem propriedades ondulatórias.

2010 O espectro da C_{60} é visto em poeira cósmica a 6.500 anos-luz da Terra.

Nós fizemos uma **molécula** que é tão **durona** e **resiliente** que...

... tem **múltiplas aplicações**, em muitos campos de tecnologia e da medicina.

Ela tem o formato de uma bola de futebol.

A bola de futebol aguenta muita pressão.

Por mais de dois séculos, os cientistas acharam que o carbono (C) existia somente em três formas, ou alótropos: diamante, grafite e carbono amorfo – o principal componente de fuligem e carvão. Isso mudou em 1985, com o trabalho do químico britânico Harry Kroto e seus colegas americanos Robert Curl e Richard Smalley. Os químicos vaporizaram grafite com um facho de laser, para produzir vários punhados de carbono, formando moléculas com um número par de átomos de carbono. Os agrupamentos mais abundantes tinham as fórmulas C_{60} e C_{70}. Essas eram as moléculas que nunca tinham sido vistas.

A C_{60} (ou carbono-60) logo mostrou possuir propriedades extraordinárias. Os químicos perceberam que tinha uma estrutura como a de uma bola de futebol – uma gaiola de átomos de carbono, cada um ligado a outros três, de modo que todas as faces do poliedro são pentágonos

Veja também: August Kekulé 160-65 ▪ Linus Pauling 254-59

ou hexágonos. A C_{70} é mais parecida com uma bola de futebol americano; ela tem um anel extra de átomos de carbono ao redor de seu equador.

Tanto a C_{70} quanto a C_{60} lembraram a Kroto as redomas futuristas geodésicas desenhadas pelo arquiteto americano Buckminster Fuller, então ele batizou os compostos de Buckminsterfullere, mas também são chamadas de buckyballs, ou fulerenos.

Propriedades das buckeyballs

A equipe descobriu que o composto C_{60} era estável e poderia ser aquecido em altas temperaturas sem se desintegrar. Ele se transformava em gás, em cerca de 650 °C. Era inodoro e insolúvel em água, mas ligeiramente solúvel em solventes orgânicos. O buckyball também é um dos maiores objetos já encontrados para exibir as propriedades tanto de uma partícula quanto de uma onda. Em 1999, pesquisadores austríacos mandando moléculas de C_{60} por fendas estreitas observaram o padrão de interferência de comportamento ondulatório.

A C_{60} sólida é macia como um grafite, mas quando altamente comprimida ela se transforma num tipo de diamante supersólido. Parece que a bola de futebol pode suportar muita pressão.

A C_{60} pura é um semicondutor de energia, significando que sua condutividade está entre a de um isolador e a de um condutor. Mas quando átomos de metais alcalinos, como sódio ou potássio, são acrescentados a ela, torna-se um condutor, e até um supercondutor, em baixas temperaturas, conduzindo eletricidade sem nenhuma resistência.

A C_{60} também sofre uma grande variedade de reações químicas, resultando em alto número de produto (substâncias químicas) cujas propriedades ainda estão sendo investigadas.

Um novo mundo do nano

Embora a C_{60} tenha sido a primeira dessas moléculas a ser investigada, sua descoberta levou a um campo inteiramente novo da química – o estudo dos fulerenos. Foram feitos nanotubos – fulerenos cilíndricos, de apenas alguns nanômetros de largura, mas de até vários milímetros de comprimento. Eles são bons condutores de calor e eletricidade, quimicamente inativos e imensamente fortes, o que os torna enormemente úteis para o manuseio.

Há muitas outras moléculas sendo pesquisadas para tudo, desde propriedades elétricas até tratamentos para câncer e HIV. O mais recente *spin-off* dos fulerenos é o grafeno, uma folha plana de átomos de carbono, como uma única camada de grafite. Essa substância tem propriedades extraordinárias que estão sendo estudadas intensamente. ■

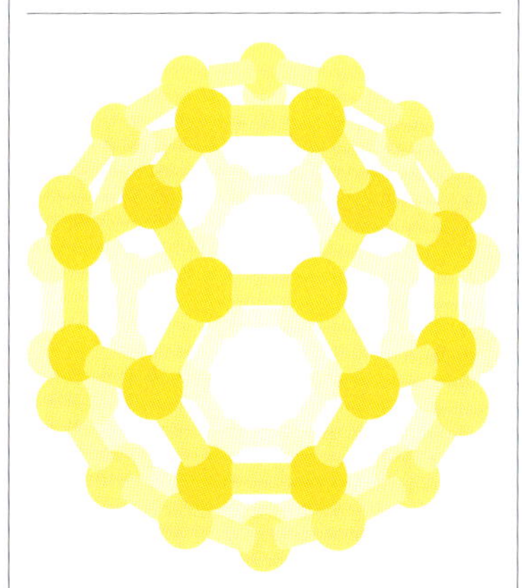

Cada átomo de carbono de uma molécula C_{60} se liga a três outros. A molécula tem 32 faces, das quais 12 são pentágonos e 20 hexágonos, assumindo um formato nítido de bola de futebol.

Harry Kroto

Harold Walter Krotoschiner nasceu em Cambridgeshire, Inglaterra, em 1939. Fascinado pelo brinquedo de blocos de montagem chamado Meccano, ele escolheu estudar química e se tornou professor na Sussex University, em 1975. Interessou-se pela busca de compostos com múltiplas ligações carbono-carbono, tais como H-CXC-CXC-CXC, e encontrou provas usando a espectroscopia (estudando a interação entre matéria e energia radiada). Quando ouviu falar do trabalho de espectroscopia a laser, de Richard Smalley e Robert Curl na Universidade de Rice, ele se juntou a eles, no Texas, e, juntos descobriram a C_{60}. Desde 2004, Kroto vem trabalhando com a nanotecnologia, na Universidade Estadual da Flórida.

Em 1995, ele estabeleceu o Vega Science Trust para fazer a elaboração de filmes de ficção científica, com fins educativos e didáticos. Eles estão disponíveis gratuitamente na internet, em www.vega.org.uk

Obras-chave

1981 *The Spectra of Interstellar Molecules*
1985 *60: Buckminsterfullerene (com Heath, O'Brien, Curl e Smalley)*

INSERIR GENES EM HUMANOS PARA CURAR DOENÇAS

WILLIAM FRENCH ANDERSON (1936-)

EM CONTEXTO

FOCO
Biologia

ANTES
1984 O pesquisador americano Richard Mulligan usa um vírus como ferramenta para inserir genes em células tiradas de ratos.

1985 William French Anderson e Michael Blaese mostram que essa técnica pode ser usada para corrigir células defeituosas.

1989 Anderson realiza o primeiro teste seguro na terapia humana de genes, injetando um marcador inofensivo, em um homem de 52 anos. Ele realiza a primeira experiência clínica, três anos depois.

DEPOIS
1993 Pesquisadores do Reino Unido descrevem os resultados de experimentos bem-sucedidos com animais, propiciando o tratamento de fibrose cística.

2012 Começa a primeira experiência de multidoses da terapia genética de fibrose cística em humanos.

Muitas **doenças** são herdadas e **causadas por genes defeituosos**.

↓

Genes funcionais podem ser isolados de células normais usando enzimas que cortam o DNA.

↓

Genes podem ser transferidos entre células, com o uso de vetores: vírus ou anéis de DNA chamados plasmídeos.

↓

Genes podem ser inseridos em humanos para curar doenças.

O genoma humano – a totalidade de informações hereditárias humanas – consiste em cerca de 20 mil genes. Um gene é a unidade molecular de hereditariedade de um organismo vivo. No entanto, os genes frequentemente funcionam com falhas. Um gene defeituoso surge quando um gene normal não é copiado apropriadamente e o "erro" é transmitido dos pais para a progênie. Os sintomas que surgem dessas chamadas doenças genéticas dependem do gene envolvido. Um gene atua controlando a produção de uma proteína – uma de muitas que desempenham uma vasta variedade de funções nos organismos vivos –, mas essa produção falha se houver um erro. Por exemplo, se um gene coagulante falha, o corpo cessa de produzir a proteína sanguínea que faz o sangue coagular, causando a doença da hemofilia.

Doenças genéticas não podem ser curadas por drogas convencionais, e por um bom tempo só era possível amenizar os sintomas e tornar a vida do sofredor o mais confortável possível. Mas, nos anos 1970, os cientistas começaram a considerar a "terapia genética" para curar doenças – usando genes "saudáveis" para substituir ou sobrepor os defeituosos.

Veja também: Gregor Mendel 166-71 ▪ Thomas Hunt Morgan 224-25 ▪ Craig Venter 324-25 ▪ Ian Wilmut 326

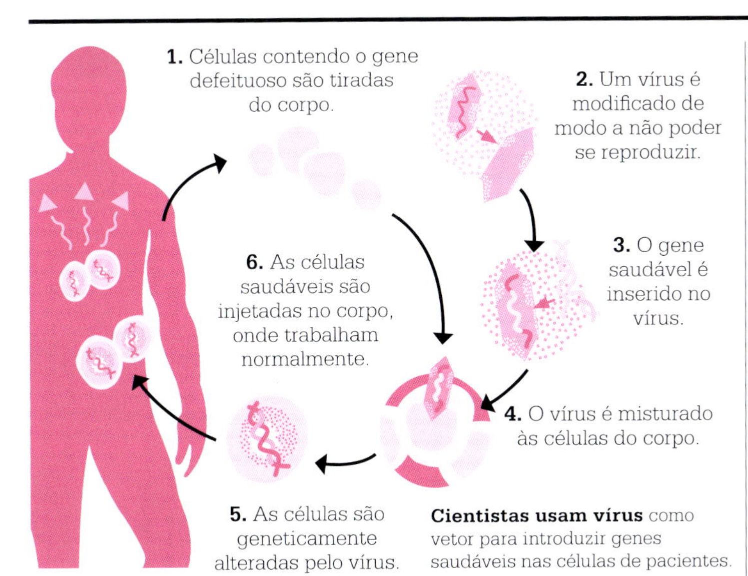

1. Células contendo o gene defeituoso são tiradas do corpo.
2. Um vírus é modificado de modo a não poder se reproduzir.
3. O gene saudável é inserido no vírus.
4. O vírus é misturado às células do corpo.
5. As células são geneticamente alteradas pelo vírus.
6. As células saudáveis são injetadas no corpo, onde trabalham normalmente.

Cientistas usam vírus como vetor para introduzir genes saudáveis nas células de pacientes.

Introduzindo novos genes

Os genes podem ser introduzidos nas partes enfermas do corpo por um vetor – uma partícula que "transporte" o gene à sua fonte. Pesquisadores investigaram várias alternativas para entidades que possam atuar como um vetor – incluindo vírus, que são mais associados com a causa da doença em vez de lutar contra ela. Os vírus invadem células vivas naturalmente, como parte de seu ciclo de infecção, mas será que não poderiam portar os genes terapêuticos?

A terapia genética é ética porque pode ser respaldada pela moral básica do princípio de beneficência: aliviaria o sofrimento humano.
William French Anderson

Nos anos 1980, uma equipe de cientistas americanos, incluindo William French Anderson, teve êxito ao usar vírus para inserir genes em tecidos produzidos artificialmente (em laboratório). Eles o testaram em animais que sofriam de uma doença genética de deficiência imunológica. O objetivo era levar o gene terapêutico até o tutano do osso do animal, que posteriormente produziria células vermelhas saudáveis no sangue e curaria a deficiência. O teste não foi muito eficaz, embora o procedimento tenha funcionado melhor quando as células brancas foram o alvo.

Em 1990, no entanto, Anderson realizou o primeiro experimento clínico, tratando duas meninas que sofriam da mesma deficiência imunológica, conhecida como "doença do menino da bolha" (*bubble-boy disease*). Os portadores dessa doença são muito suscetíveis a infecções e podem ter de passar a vida inteira em um ambiente estéril, ou uma "bolha".

A equipe de Anderson pegou amostras de células das duas meninas, tratou-as com o vírus portador do gene, depois transfundiu de volta para as meninas. O tratamento foi repetido várias vezes ao longo de dois anos – e deu certo. Contudo, seus efeitos foram apenas temporários, já que novas células produzidas pelo corpo ainda herdavam o gene defeituoso. Hoje esse permanece o problema central para os pesquisadores da terapia genética.

Prospectos futuros

Descobertas notáveis têm sido feitas no tratamento de outras doenças. Em 1989, cientistas trabalhando nos EUA identificaram o gene que causa a fibrose cística. Nessa doença, as células defeituosas produzem muco viscoso que entope os pulmões e o sistema digestivo. Após cinco anos da identificação do gene defeituoso responsável, uma técnica havia sido desenvolvida para entregar genes saudáveis usando lipossomas – um tipo de gotícula oleosa – como vetor. Os resultados da primeira experiência clínica sairão em 2014.

Desafios consideráveis ainda têm ser superados para expandir a terapia genética. A fibrose cística é causada por um defeito em apenas um gene. No entanto, muitas doenças com um componente genético – como a doença de Alzheimer, doenças do coração e diabetes – são causadas pela interação de muitos genes diferentes.

Tais doenças são muito mais difíceis de tratar, e prossegue a busca pela terapia genética segura e bem-sucedida. ■

DESENHANDO NOVAS FORMAS DE VIDA NA TELA DE UM COMPUTADOR

CRAIG VENTER (1946-)

EM CONTEXTO

FOCO
Biologia

ANTES
1866 Gregor Mendel mostra que traços herdados em ervilhas seguem determinados padrões.

1902 O biólogo e médico Walter Sutton sugere que cromossomos são portadores de hereditariedade.

1910-11 Thomas Hunt Morgan prova a teoria de Sutton em experimentos com mosquinhas-das-frutas.

1953 Francis Crick e James Watson revelam como o DNA contém instruções genéticas.

1995 O genoma (conjunto completo de genes) de uma bactéria é o primeiro a ser sequenciado.

2000 O primeiro genoma humano é sequenciado.

2007 Craig Venter sintetiza um cromossomo artificial.

DEPOIS
2010 Venter anuncia a primeira síntese de uma forma de vida.

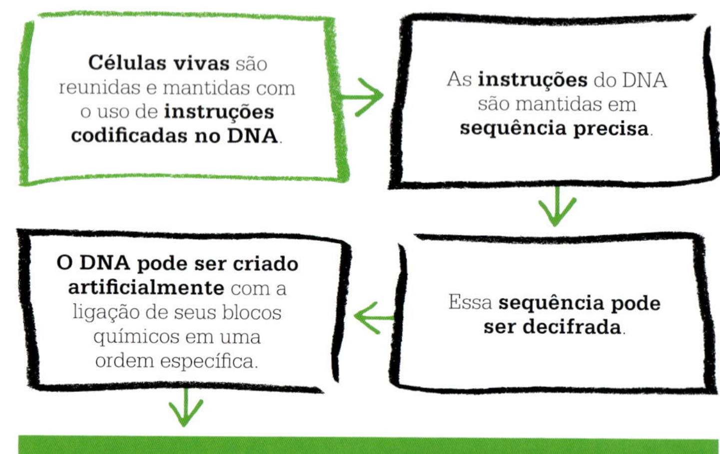

Células vivas são reunidas e mantidas com o uso de **instruções codificadas no DNA**.
As **instruções** do DNA são mantidas em **sequência precisa**.
Essa **sequência pode ser decifrada**.
O DNA pode ser criado artificialmente com a ligação de seus blocos químicos em uma ordem específica.

Um dia poderemos desenhar novas formas de vida na tela de um computador.

Em maio de 2010, uma equipe de cientistas americanos liderada pelo biólogo Craig Venter criou a primeira forma de vida inteiramente artificial. O organismo – uma bactéria de célula única – foi elaborado a partir de seus blocos químicos brutos. Isso foi um testemunho dos avanços em nosso entendimento da vida. O sonho de criar a vida não é nada novo. Em 1771, Luigi Galvani usou a eletricidade para causar um espasmo na perna de um sapo, inspirando a romancista Mary Shelley a escrever *Frankenstein*. Mas os cientistas gradualmente perceberam que a vida depende menos de uma "centelha" e mais dos processos químicos realizados dentro das células. Até meados de 1950, o verdadeiro segredo da vida tinha sido descoberto numa molécula chamada ácido desoxirribonucleico, ou DNA, que existe

Veja também: Gregor Mendel 166-71 ▪ Thomas Hunt Morgan 224-25 ▪ Barbara McClintock 271 ▪ James Watson e Francis Crick 276-83 ▪ Michael Syvanen 318-19 ▪ William French Anderson 322-23

Estamos criando um novo sistema de valores para a vida.
Craig Venter

no núcleo de todas as células. A longa corrente de elementos químicos formadores do DNA foi identificada como código genético que controla os mecanismos da célula. Criar a vida significaria criar DNA – e obter a sequência de elementos-base, chamados nucleotídeos, com precisão. Cada nucleotídeo tem apenas um desses quatro tipos de base, mas eles fazem incontáveis combinações.

Fazendo o DNA

A sequência de nucleotídeos difere em cada organismo e resulta de milhões de anos de evolução. Uma sequência aleatória mandaria uma "mensagem" química absurda que não poderia manter uma coisa viva. De modo a criar a vida, os cientistas tiveram de copiar uma sequência de um organismo naturalmente existente. Em 1990 havia nova tecnologia disponível para decifrar isso através de uma série de métodos, e o Human Genome Project (projeto internacional de genoma humano) foi lançado para sequenciar toda a formação genética humana, ou seu genoma.

O primeiro organismo – uma bactéria – foi sequenciado em 1995. Três anos depois, frustrado com o ritmo lento do Human Genome Project, Venter saiu para formar a empresa privada Celera Genomics para sequenciar o genoma humano mais rapidamente e lançar os dados no domínio público. Em 2007, sua equipe anunciou que havia feito um cromossomo artificial – uma cadeia completa de DNA – baseado na de uma bactéria do gênero *Mycoplasma*. Em 2010, sua equipe havia inserido um cromossomo artificial em outra bactéria, cujo material genético havia sido removido, criando eficientemente uma nova forma de vida.

Vida gerada em computador

O genoma do ser vivo mais simples – como o micoplasma – consiste em sequências de centenas de milhares de nucleotídeos. Esses nucleotídeos precisam ser artificialmente ligados a uma ordem específica, porém fazer isso para um genoma inteiro é uma tarefa excepcional. O processo é automatizado com a ajuda da tecnologia computacional, em máquinas que agora podem decodificar o projeto genético de vida, identificar fatores genéticos em doenças e até como meio para criar novas formas de vida. ■

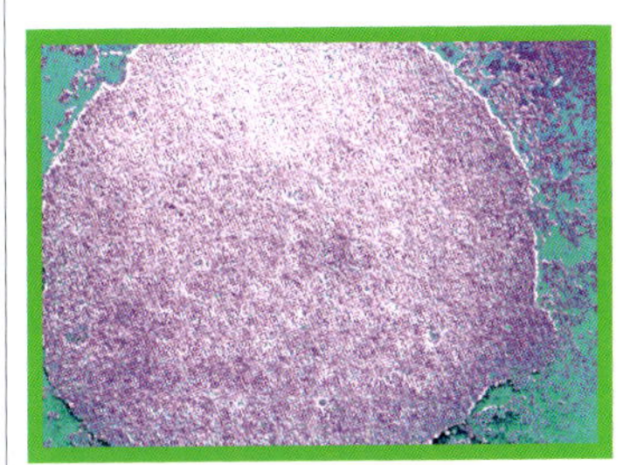

Micoplasmas são bactérias sem parede celular. Elas são a menor forma de vida e foram os primeiros organismos a ter seus cromossomos artificialmente sequenciados por Venter.

Craig Venter

Nascido em Salt Lake City, Utah, EUA, Craig Venter foi um aluno fraco na escola. Levado à Guerra do Vietnã, trabalhou em um hospital campal e foi atraído pela ciência biomédica. Depois de estudar na Universidade da Califórnia, em San Diego, ele ingressou no US National Institute of Health, em 1984. Nos anos 1990, ele ajudou a desenvolver a tecnologia que conseguia localizar genes na formação genética humana, tornando-se pioneiro no campo crescente da pesquisa do genoma. Em 1992, deixou o NIH para montar o Institute of Genomic Research, organização sem fins lucrativos. Ele inventou um meio de sequenciar genomas inteiros, focando primeiro a bactéria *Haemophilus influenzae*. Voltando-se ao genoma humano, montou a empresa Celera e ajudou a montar máquinas avançadas para o sequenciamento. Em 2006, fundou o J. Craig Venter Institute, sem fins lucrativos, para desenvolver pesquisas sobre a criação de formas artificiais de vida.

Obras-chave

2001 *The Sequence of the Human Genome*
2007 *A Life Decoded*

UMA NOVA LEI DA NATUREZA

IAN WILMUT (1944-)

EM CONTEXTO

FOCO
Biologia

ANTES
1953 James Watson e Francis Crick demonstram que o DNA tem uma estrutura de hélice dupla portadora do código genético e pode se reproduzir.

1958 F. C. Stewart clona cenouras a partir de tecidos maduros (diferenciados).

1984 O biólogo dinamarquês Steen Willadsen desenvolve uma nova forma de fundir células embrionárias com células de óvulos que tiveram seu material genético removido.

DEPOIS
2001 O primeiro animal ameaçado, um boi chamado Noah, nasce através da clonagem reprodutiva, nos EUA. Ele morre de disenteria, dois dias depois.

2008 A clonagem terapêutica de tecido se mostra eficaz na cura do mal de Parkinson em ratos.

Clonagem é a produção de um novo organismo geneticamente idêntico a um único pai. Isso ocorre na natureza, por exemplo, um morango dá origem a uma progênie inteira que herda seus genes sem depender de reprodução sexual. No entanto, a clonagem artificial é capciosa, já que nem todas as células têm potencial para crescer como indivíduos completos, e células maduras podem ser relutantes em fazê-lo. A primeira clonagem bem-sucedida de um organismo multicelular foi realizada em 1958 pelo biólogo britânico F. C. Stewart, que cultivou um pé de cenoura de uma única célula madura. A clonagem de animais se provou mais capciosa.

A pressão para a clonagem humana é forte; mas precisamos não presumir que isso algum dia se torne uma característica comum ou significante na vida humana.
Ian Wilmut

Clonando animais

Com animais, os óvulos fertilizados e as células de um jovem embrião estão entre as células totipotentes – células que podem crescer e formar um corpo completo. Nos anos 1980, os cientistas conseguiam produzir clones, separando células de jovens embriões, mas era difícil. Em vez disso, o biólogo britânico Ian Wilmut e sua equipe inseriram o núcleo de células do corpo em óvulos fertilizados cujo material genético havia sido removido – tornando-os, dessa forma, totipotentes.

Usando células férteis de ovelhas como fonte de núcleos, a equipe inseriu os embriões resultantes em ovelhas, para que se desenvolvessem naturalmente. No total, 27.729 dessas células cresceram e se tornaram embriões, e uma delas, chamada Dolly, nasceu em 1996 e sobreviveu até a idade adulta. ■

Veja também: Gregor Mendel 166-71 ▪ Thomas Hunt Morgan 224-25 ▪ James Watson e Francis Crick 276-83

MUNDOS ALÉM DO SISTEMA SOLAR

GEOFFREY MARCY (1954-)

EM CONTEXTO

FOCO
Astronomia

ANTES
Anos 1960 Astrônomos esperam detectar novos planetas através da medição das "oscilações" no caminho das estrelas, mas tais movimentos permanecem além do alcance até dos mais potentes telescópios de hoje.

1992 O astrônomo polonês Aleksander Wolszczan descobre os primeiros planetas confirmados além do Sistema Solar, ao redor de um pulsar (um núcleo estelar queimado).

DEPOIS
2009-13 O satélite Kepler, da NASA, descobre mais de 3 mil candidatos exoplanetas, ao procurar por gotas na radiação das estrelas, quando planetas passam diante delas. Baseado nos dados do Kepler, os astrônomos preveem que pode haver até 11 bilhões de mundos semelhantes à Terra orbitando astros semelhantes ao Sol na galáxia da Via Láctea.

Há muito, os astrônomos analisam a possibilidade de planetas orbitando astros além do nosso Sol, porém até recentemente a tecnologia limitava nossa capacidade de detectá-los. Os primeiros a ser encontrados foram os planetas que orbitavam os pulsares. Então, em 1995, os astrônomos suíços Michel Mayor e Didier Queloz descobriram o 51 Pegasi b – um planeta do tamanho de Júpiter, orbitando um astro semelhante ao Sol, a cerca de 51 anos-luz da Terra. Desde então, mais de mil outros planetas extrassolares ou "exoplanetas" já foram confirmados.

Caçador de planetas

O astrônomo Geoffrey Marcy, da Universidade da Califórnia, Berkeley, detém junto com sua equipe o recorde de mais planetas descobertos por um observador humano, incluindo 70 dos primeiros 100.

Tais planetas distantes têm imagens fracas demais para serem vistos diretamente, mas podem se revelar indiretamente. O efeito da gravidade de um planeta em sua estrela hospedeira produz variações na velocidade radial da estrela – a velocidade com que se desloca se aproximando ou se distanciando da Terra – que pode ser medida a partir das mudanças em sua frequência de luz. Resta saber se algum exoplaneta contém vida. ■

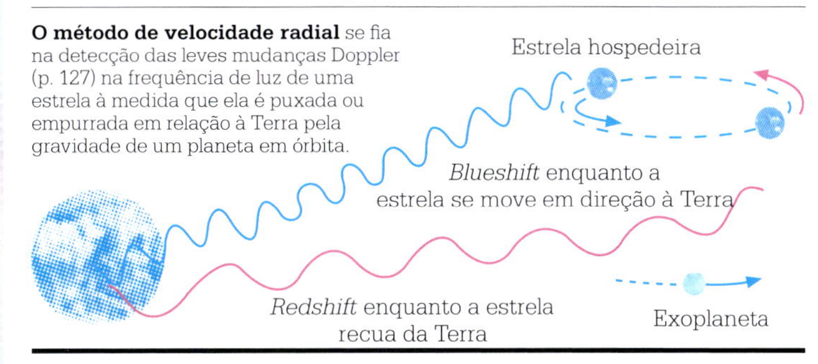

O método de velocidade radial se fia na detecção das leves mudanças Doppler (p. 127) na frequência de luz de uma estrela à medida que ela é puxada ou empurrada em relação à Terra pela gravidade de um planeta em órbita.

Veja também: Nicolau Copérnico 34-39 ▪ William Herschel 86-87 ▪ Christian Doppler 127 ▪ Edwin Hubble 236-41

DIRETÓR

10

DIRETÓRIO

Desde suas raízes, com indivíduos ou pequenos grupos trabalhando, na maior parte, em isolamento, frequentemente na busca de objetivos quase religiosos, a ciência foi transformada em uma atividade prática que é central para o funcionamento da sociedade moderna. Hoje, por natureza, muitos projetos são feitos em parceria, e pode ser difícil – e, de fato, terrível – escolher figuras específicas. Existem mais áreas de pesquisa do que jamais houve, e as fronteiras entre as disciplinas estão se tornando indistintas. Matemáticos fornecem soluções para os problemas da física e físicos explicam a natureza das reações químicas, enquanto químicos sondam os mistérios da vida e biólogos voltam sua atenção para a inteligência artificial. Aqui, listamos apenas algumas das figuras que deram acréscimos ao nosso entendimento do mundo.

PITÁGORAS
c. 570-495 a.C.

Pouco se sabe, ao certo, sobre a vida do matemático grego Pitágoras, que não deixou nenhum trabalho escrito. Ele nasceu na ilha grega de Samos, mas partiu antes de 518 a.C. para Crotone, no sul da Itália, onde fundou uma sociedade secreta filosófica e religiosa chamada Pitagóricos. O círculo interno da sociedade se autodenominava *mathematikoi* e sustentava que a realidade, em nível mais profundo, é matemática por natureza. Os pitagóricos acreditavam que as relações entre todas as coisas poderiam ser reduzidas a números, e seu grupo se dispôs a descobrir essas relações. Dentre suas muitas contribuições à ciência e matemática, Pitágoras estudou a *harmonia de cordas vibrantes* e, provavelmente, forneceu a primeira prova do teorema que hoje leva seu nome: que o quadrado do comprimento da hipotenusa é igual à soma dos quadrados dos catetos.

Veja também: Arquimedes 24-25

XENÓFANES
c. 570-475 a.C.

Xenófanes de Cólofon foi um filósofo itinerante e poeta grego. Seu grande leque de interesses refletia o conhecimento que ele adquiriu através de observações atentas feitas em suas viagens extensas. Ele identificou a energia do Sol que aquece os oceanos para criar nuvens, como força motriz por trás dos processos físicos na Terra. Xenófanes achava que as nuvens eram a origem dos corpos celestes: as estrelas eram nuvens em fogo, enquanto a Lua era feita de nuvem comprimida. Ao descobrir fósseis de restos de criaturas marinhas no continente, ele ponderou que a Terra alternava entre períodos de inundação e seca. Xenófanes produziu um dos primeiros relatos dos fenômenos naturais que não invocavam forças divinas para explicá-los, mas seus trabalhos foram amplamente negligenciados nos séculos depois de sua morte.

Veja também: Empédocles 21 ▪ Zhang Heng 26-27

ARYABHATA
476-550 d.C.

Trabalhando em Kusumapura, um centro de aprendizado no império Gupta, na Índia, o matemático e astrônomo hindu Aryabhata escreveu um breve tratado que, posteriormente, se provaria altamente influente sobre os estudiosos islâmicos. Escrito em versos quando ele tinha apenas 23 anos, o *Arabhatiya* contém seções de aritmética, álgebra, trigonometria e astronomia. Ele inclui uma aproximação do pi (ϖ, o raio da circunferência de um círculo ao seu diâmetro) como 3.1416, que é preciso quatro casas decimais, e a circunferência da Terra como 39.968 km, muito perto do número atualmente aceito, de 40.075 km. Aryabhata também sugeriu que o movimento aparente das estrelas se devia à rotação da Terra e que as órbitas dos planetas eram elipses, mas parece ter deixado de propor um modelo heliocêntrico para o Sistema Solar.

Veja também: Nicolau Copérnico 34-39 ▪ Johannes Kepler 40-41

BRAHMAGUPTA

598-670

O matemático e astrônomo indiano Brahmagupta introduziu o conceito de zero no sistema numérico, definindo-o como resultado da subtração de um número por ele mesmo. Ele também detalhou as regras da aritmética para lidar com números negativos. Escreveu seu trabalho principal em 628, enquanto vivia e trabalhava em Bhillamala, capital da dinastia Gurjara-pratihara. Chamado de *Brahma-sphuta-siddhanta* (O tratado correto de Brahma), o trabalho não continha símbolos matemáticos, mas incluía uma descrição completa da fórmula quadrática, meio de resolver equações quadráticas. O trabalho foi traduzido para o árabe, em Bagdá, no século seguinte e, posteriormente, teve grande influência nos cientistas árabes.

Veja também: Alhazen 28-29

JABIR IBN-HAYAN

c. 722-c. 815

O alquimista persa Jabir Ibn-Hayan, também conhecido pelo nome latinizado Geber, foi um cientista experimental que apresentou métodos detalhados para, dentre outras coisas, produção de ligas, teste de metais e destilação fracionada. Quase 3 mil livros diferentes foram atribuídos a Jabir, mas muitos provavelmente foram escritos no século seguinte ao de sua morte. Alguns dos trabalhos de Jabir foram conhecidos na Europa medieval, mas um trabalho atribuído a ele, chamado *Summa Perfectionis Magisterii* (A soma da perfeição), surgiu no século XIII. Tornou-se um livro *best-seller* sobre alquimia, na Europa, mas provavelmente foi escrito pelo monge franciscano Paul de Taranto. À época, era uma prática comum um autor adotar o nome de um ilustre predecessor.

Veja também: John Daltron 112-13

IBN-SINA

980-1037

Também conhecido como Avicenna, o físico persa Abu 'Ali al-Husayn Ibn--Sina foi uma criança prodígio que havia memorizado o *Corão* inteiro, aos 10 anos. Ele escreveu muito sobre temas como matemática, lógica, astronomia, física, alquimia e música, produzindo dois grandes trabalhos: o *Kitab al-shifa* (O livro da cura), uma imensa enciclopédia de ciências; e *Al-Qanun fi al-Tibb* (O cânon da medicina), que permaneceu em uso nas universidades até o século XVII. Ibn-Sina não descrevia apenas as curas médicas, mas também muitas formas de se manter saudável, enfatizando a importância de exercícios, massagem, dieta e sono. Ele viveu durante um período de turbulência política e frequentemente teve seus estudos interrompidos pela necessidade de sair em viagem.

Veja também: Louis Pasteur 156-59

AMBROISE PARÉ

c. 1510-1590

Ambroise Paré passou 30 anos trabalhando como cirurgião militar no Exército francês, tempo em que desenvolveu muitas técnicas novas, incluindo o uso de ligaduras para amarrar artérias, depois da amputação de um membro. Ele estudou anatomia, desenvolveu membros artificiais e produziu uma das primeiras descrições médicas da doença conhecida como "membro fantasma", na qual o paciente tem a sensação do membro, mesmo depois de tê-lo amputado. Ele também fez olhos artificiais de ouro, prata e vidro. Paré examinava os órgãos internos de gente que havia morrido de forma violenta e escreveu os primeiros relatos médicos legais, marcando o início da patologia forense. O trabalho de Paré elevou o anteriormente baixo status dos cirurgiões, e ele atuou como cirurgião particular de quatro reis franceses. *Les Ouvres* (Os trabalhos), livro detalhando suas técnicas, foi publicado em 1575.

Veja também: Robert Hooke 54

WILLIAM HARVEY

1578-1657

O médico inglês William Harvey produziu a primeira descrição precisa da circulação do sangue, mostrando que ele flui rapidamente pelo corpo, como um sistema bombeado pelo coração. Anteriormente, pensava-se que havia dois sistemas sanguíneos: as veias transportavam o sangue roxo, cheio de nutrientes, do fígado, enquanto as artérias transportavam o sangue escarlate, "doador da vida", dos pulmões. Havey demonstrou o fluxo sanguíneo em inúmeros experimentos e estudou os batimentos cardíacos de diversos animais. No entanto, ele se opunha à filosofia mecânica de Descartes e acreditava que o sangue tinha sua própria força de vida. Inicialmente renegada, a teoria de Harvey da circulação foi mais tarde amplamente aceita. Capilares menores ligando artérias e veias foram descobertos com novos microscópios, no fim do século XVII.

Veja também: Robert Hooke 54 ▪ Antonie van Leeuwenhoek 56-57

MARIN MERSENNE
1588-1648

O monge francês Marin Mersenne é mais lembrado hoje por seu trabalho com números primos, mostrando que se um número 2^n-1 é primo, então o *n* tem de ser primo também. Ele também realizou extensos estudos em muitos campos científicos, incluindo harmonias, das quais ele decifrou as leis que governam a frequência das vibrações de uma corda estendida. Mersenne viveu em Paris, onde colaborou com René Descartes e se correspondeu extensamente com Galileu, cujos trabalhos traduziu para o francês. Ele defendeu fervorosamente o experimento como chave do entendimento científico, ressaltando a necessidade de dados precisos e criticando muitos de seus contemporâneos pela falta de rigor. Em 1635, fundou a Académie Parisienne, associação científica privada com mais de 100 membros espalhados pela Europa, que mais tarde se tornou a Academia Francesa de Ciências.
Veja também: Galileu Galilei 42-43

RENÉ DESCARTES
1596-1650

O filósofo francês René Descartes foi uma figura-chave na Revolução Científica do século XVII, viajando extensivamente pela Europa e trabalhando com muitas das figuras proeminentes de seu tempo. Ajudou cientistas europeus a finalmente superar a abordagem não empírica de Aristóteles, ao aplicar um verdadeiro ceticismo ao conhecimento presumido. Descartes produziu um método de quatro fases de investigação científica, baseado em matemática: não aceite nada como verdade, a menos que seja evidente; divida problemas em partes simples; resolva os problemas passando dos simples aos complexos; e, por último, verifique seus resultados. Ele também desenvolveu o sistema cartesiano de coordenadas – com eixos *x*, *y* e *z* para representar pontos no espaço, usando números. Isso permitiu que formas fossem expressas como números e números expressos como formas, fundando o campo matemático da geometria analítica.
Veja também: Galileu Galilei 42-43 ▪ Francis Bacon 45

HENNIG BRAND
c. 1630-c. 1710

Pouco se sabe do começo da vida do químico alemão Hennig Brand. O que sabemos é que ele lutou na Guerra dos Trinta Anos e que, ao deixar o Exército, se dedicou à alquimia, em busca da pedra filosofal que transformaria metal em ouro. Em 1669, Brand produziu um material branco, com textura de cera, ao aquecer resíduos de urina fervida. Ele chamou o material de "fósforo" ("condutor de luz"), pois ele reluzia no escuro. Fósforo é altamente reativo e nunca foi encontrado em um elemento livre na Terra, e isso marcou a primeira vez que tal elemento havia sido isolado. Brand manteve seu método em segredo, mas o fósforo foi descoberto, independentemente, por Robert Boyle, em 1680.
Veja também: Robert Boyle 46-49

GOTTFRIED LEIBNIZ
1646-1716

O alemão Gottfried Leibniz estudou direito na Universidade de Leipzig. Durante seus estudos, ele se interessou cada vez mais pela ciência, ao descobrir as ideias de Descartes, Bacon e Galileu, que representaram o começo de uma busca que duraria a vida toda para obter todo o conhecimento humano. Mais tarde estudou matemática, em Paris, com Christiaan Huygens, e foi ali que começou a desenvolver o cálculo – meio matemático de calcular taxas de variação que seriam cruciais para o desenvolvimento da ciência. Ele desenvolveu o cálculo ao mesmo tempo que Isaac Newton, com quem se correspondia e com quem depois se zangou. Leibniz promoveu ativamente o estudo da ciência, ao corresponder-se com mais de 600 cientistas pela Europa e montar academias em Berlim, Dresden, Viena e São Petersburgo.
Veja também: Christiaan Huygens 50-51 ▪ Isaac Newton 62-69

DENIS PAPIN
1647-1712

Ainda jovem, o médico e inventor britânico nascido na França Denis Papin foi assistente tanto de Christiaan Huygens quanto de Robert Boyle, em suas experiências com pressão atmosférica, e, em 1679, inventou a panela de pressão. Observando como o vapor da panela tendia a erguer a tampa, Papin surgiu com a ideia de usar o vapor para conduzir um pistão em um cilindro e produziu o primeiro desenho para um motor a vapor. O próprio Papin nunca construiu um motor a vapor, mas em 1709 construiu uma *roda a pedal* que demonstrava a praticidade de usar pedais, em vez de carvão, nos navios a vapor.
Veja também: Robert Boyle 46-49 ▪ Christiaan Huygens 50-51 ▪ Joseph Black 76-77

STEPHEN HALES
1677-1761

O clérigo inglês Stephen Hales realizou uma série de experimentos pioneiros em fisiologia botânica. Ele media o vapor da água emitido pelas folhas das plantas, em um processo chamado *transpiração*, e isso o levou à descoberta de que a transpiração conduz um fluxo contínuo acima do fluido que vem das raízes, transportando nutrientes dissolvidos pela planta inteira. A seiva se desloca de uma área de alta pressão, nas raízes, para áreas de menos pressão, onde o vapor da água está transpirando. Hales publicou seus resultados em 1727, no livro *Vegetable Staticks*. Além disso, realizava experimentos extensos com animais, particularmente cães, medindo a pressão arterial pela primeira vez. Hales também inventou a *calha pneumática*, aparato usado para coletar gases expelidos durante reações químicas.

Veja também: Joseph Priestley 82-83 ▪ Jan Ingenhousz 85

DANIEL BERNOULLI
1700-1782

Daniel Bernoulli talvez tenha sido o mais talentoso de uma família suíça notável de matemáticos – seu tio Jakob e seu pai Johann fizeram trabalhos importantes no desenvolvimento do cálculo. Em 1738, ele publicou *Hydrodynamica*, em que analisava as propriedades dos fluidos. Formulou o princípio de Bernoulli, segundo o qual a pressão de um fluido diminui à medida que a velocidade aumenta. Esse princípio é a chave para o entendimento de como as asas de uma aeronave produzem a decolagem. Ele percebeu que um fluido em movimento só podia trocar parte de sua pressão com a energia cinética, de modo a não violar o princípio de conservação da energia. Além de matemática e física, Bernoulli estudou astronomia, biologia e oceanografia.

Veja também: Joseph Black 76-77 ▪ Henry Cavendish 78-79 ▪ Joseph Priestley 82-83 ▪ James Joule 138 ▪ Ludwig Boltzmann 139

GEORGES-LOUIS LECLERC, CONDE DE BUFFON
1707-1788

De 1749 até o fim de sua vida, o aristocrata e naturalista francês conde de Buffon trabalhou incansavelmente em seu trabalho monumental *Histoire Naturelle* (História natural). Seu objetivo era coletar todo o conhecimento nos campos da história natural e geologia. A enciclopédia tinha 44 volumes quando foi finalmente concluída, por seus assistentes, 16 anos depois de sua morte. Buffon construiu uma história geológica da Terra, sugerindo que era muito mais velha do que anteriormente se presumia. Ele classificou a extinção das espécies e sugeriu um ancestral comum para humanos e macacos, antecedendo Charles Darwin em um século.

Veja também: Carl Lineu 74-75 ▪ James Hutton 96-101 ▪ Charles Darwin 142-49

GILBERT WHITE
1720-1793

O pastor britânico White era um pároco solteiro que vivia uma vida tranquila no pequeno vilarejo de Selborne, em Hampshire. Seu livro *The Natural History and Antiquities of Selborne*, de 1789, foi uma compilação de cartas escritas a seus amigos. Nessas cartas, White expôs um registro de observações sistemáticas da natureza e desenvolveu ideias sobre os inter-relacionamentos dos seres vivos. Ele foi, de fato, o primeiro ecologista. White reconheceu que todas as coisas vivas têm um papel no que hoje chamamos de *ecossistema*, frisando que as minhocas da terra "parecem grandes promotoras da vegetação, que estaria muito mal sem elas". Os métodos de White, incluindo registros dos mesmos lugares ao longo de muitos anos, foram altamente influentes para os biólogos posteriores.

Veja também: Alexander von Humboldt 130-135 ▪ James Lovelock 315

NICÉPHORE NIÉPCE
1765-1833

A fotografia mais antiga já tirada foi pelo inventor francês Nicéphore Niépce, em 1825, dos prédios ao redor de sua propriedade rural, em Saint-Loup-de-Varennes. Niépce vinha fazendo experiências, havia anos, para encontrar uma técnica de fixar a imagem projetada nos fundos de uma câmera escura. Em 1816, produziu uma imagem em negativo, usando papel forrado com cloreto de prata, mas a imagem desaparecia quando exposta à luz do dia. Então, por volta de 1822, ele arranjou um processo que chamou de heliografia, que usava uma placa de vidro ou metal coberta de betume. O betume enrijecia ao ser exposto à luz, e, quando a placa era lavada com óleo de alfazema, somente as partes enrijecidas permaneciam. Era preciso oito horas de exposição para fixar as imagens. Perto do fim de sua vida, Niépce colaborou com Louis Daguerre, de modo a melhorar o processo.

Veja também: Alhazen 28-29

ANDRÉ-MARIE AMPÈRE
1775-1836

Ao ouvir sobre a descoberta acidental de Han Christian Orsted, da ligação entre a eletricidade e o magnetismo, em 1820, o físico francês André-Marie Ampère se dispôs a formular uma teoria matemática e física que explicasse seu relacionamento. No processo, ele formou a *lei de Ampère*, que estabelece a relação matemática entre um campo magnético e a corrente elétrica que a produz. Ampère publicou seus resultados em 1827, em seu livro *Memoir on the Mathematical Theory of Electrodynamic Phenomena*, exclusivamente deduzido da experiência, dando nome a esse novo campo científico – eletrodinâmica. A unidade-padrão de corrente elétrica, o ampere (ou amp), leva seu nome.
Veja também: Hans Christian Orsted 120 ▪ Michael Faraday 121

LOUIS DAGUERRE
1787-1851

O primeiro processo fotográfico prático foi inventado pelo pintor e físico francês Louis Daguerre. Desde 1826, Daguerre colaborou com Nicéphore Niépce em seu *processo heliográfico*, mas isso exigia pelo menos oito horas de exposição. Após a morte de Niépce, em 1833, Daguerre desenvolveu um processo no qual uma imagem numa placa de prata iodada era revelada, pela exposição aos vapores do mercúrio, e fixada com o uso de salina. Isso reduzia o tempo de exposição para 20 minutos, tornando prática a fotografia de pessoas, pela primeira vez. Daguerre escreveu uma descrição completa de seu processo, chamado *daguerreótipo*, em 1839, e isso lhe rendeu uma fortuna.
Veja também: Alhazen 28-29

AUGUSTIN FRESNEL
1788-1827

O engenheiro e físico francês Augustin Fresnel é mais conhecido como inventor da lente Fresnel, que permite que a luz de um farol seja vista a grandes distâncias. Ele estudou o comportamento da luz, aperfeiçoando os experimentos de dupla fenda, de Thomas Young, com quem se correspondia. Fresnel realizou uma grande quantidade de trabalhos teóricos sobre ótica, produzindo um conjunto de equações descrevendo como a luz é refratada e refletida, ao passar de um meio para outro. A importância de boa parte de seu trabalho só foi reconhecida após a sua morte.
Veja também: Alhazen 28-29 ▪ Christiaan Huygens 50-51 ▪ Thomas Young 110-11

CHARLES BABBAGE
1791-1871

O matemático britânico Charles Babbage concebeu o primeiro computador digital. Impressionado com o número de erros nas tabelas matemáticas, Babbage projetou uma máquina para calcular as tabelas automaticamente e, em 1823, contratou o engenheiro Joseph Clement para construí-la. Seu "motor da diferença" seria um mecanismo elegante de rodas dentadas de bronze, mas Babbage só chegou ao protótipo, antes que acabassem seu dinheiro e sua energia. Em 1991, cientistas do Museu de Ciências de Londres construíram um motor da diferença seguindo as especificações de Babbage, usando apenas a tecnologia que estaria disponível à época, e funcionou, embora tivesse a tendência de emperrar, após um ou dois minutos. Babbage também sonhou com um "motor analítico" a vapor que recebesse instruções de cartões perfurados, mantivesse dados "armazenados" e realizasse cálculos em milésimos, depois imprimisse os resultados. Isso talvez fosse um computador real, no sentido moderno. Sua protegida Ada Lovelace (filha do poeta Lord Byron) escreveu programas para ele, que foi chamado de primeiro computador do mundo. No entanto, o projeto do motor analítico nunca decolou.
Veja também: Alan Turing 252-53

SADI CARNOT
1796-1832

Nicolas-Léonard-Sadi Carnot foi um oficial do Exército francês que teve uma meia aposentadoria, com meia pensão, em Paris, para se dedicar à ciência. Torcendo para ver a França alcançar a Inglaterra, na Revolução Industrial, Carnot se propôs a desenhar e construir motores a vapor. Suas investigações o levaram a sua única publicação, em 1824, *Reflections on the Motive Power of Fire*, em que frisava que a eficiência de um motor a vapor dependia, principalmente, da diferença de temperatura entre as partes mais quentes e as mais frias do motor. Esse trabalho pioneiro sobre termodinâmica foi posteriormente desenvolvido por Rudolf Clausius, na Alemanha, e William Thomson, lorde Kelvin, na Inglaterra, mas foi amplamente ignorado durante a vida de Carnot. Ele morreu em relativa obscuridade, numa epidemia de cólera, com apenas 36 anos.
Veja também: Joseph Fourier 122 ▪ James Joule 138

JEAN-DANIEL COLLADON
1802-1893

O físico suíço Jean-Daniel Colladon demonstrou que a luz podia ser presa pelo reflexo total interno, em um tubo, permitindo que ela se deslocasse por um caminho curvo – princípio essencial por trás da fibra ótica atual. Em experimentos realizados no lago de Genebra, Colladon demonstrou que o som percorre a água quatro vezes mais depressa que atravessa o ar. Ele transmitiu o som através da água, a uma distância de 50 km, e propôs o uso desse método como meio de comunicação ao outro lado do canal da Mancha. Também realizou um trabalho importante no campo da hidráulica, estudando a compressibilidade da água.
Veja também: Léon Foucault 136-37

JUSTUS VON LIEBIG
1803-1873

Filho de um fabricante químico em Darmstadt, Alemanha, Justus von Liebig realizou suas primeiras experiências químicas ainda criança, no laboratório do pai. Ele cresceu e se tornou um carismático professor de química cujos métodos de ensino, baseados em laboratório, foram imensamente influentes. Von Liebig descobriu a importância de nitratos para o crescimento das plantas e desenvolveu os primeiros fertilizantes industriais. Também se interessou pela química no alimento e desenvolveu um processo de fabricação para produzir extratos de carne. A empresa que ele fundou, a Liebig Extract of Meat Company, mais tarde viria a produzir o famoso caldo de carne em cubinho Oxo.
Veja também: Friedrich Wöhler 124-25

CLAUDE BERNARD
1813-1878

O médico francês Claude Bernard foi um pioneiro em medicina experimental. Foi o primeiro cientista a estudar a regulação interna do corpo, e seu trabalho viria a conduzir à *homeostase* – mecanismo através do qual o corpo mantém um ambiente interno estável, mesmo que o ambiente externo mude. Bernard estudou os papéis de pâncreas e fígado, na digestão, e descreveu como os elementos químicos são dissolvidos em substâncias mais simples, só para voltarem a se recompor nas moléculas complexas necessárias para fazer os tecidos orgânicos. Seu maior trabalho foi *An Introduction to the Study of Experimental Medicine*, publicado em 1865.
Veja também: Louis Pasteur 156-59

WILLIAM THOMSON
1824-1907

Nascido em Belfast, o físico William Thomson se tornou professor de filosofia natural na Universidade de Glasgow, aos 22 anos. Em 1892, ele foi dignificado e passou a ser o barão Kelvin, pelo nome do rio que corta a Universidade de Glasgow. Kelvin via a mudança da física como uma mudança fundamental na energia, e seu trabalho produziu uma síntese de muitas áreas da física. Desenvolveu a segunda lei da termodinâmica e estabeleceu o valor correto para o "zero absoluto", temperatura em que cessa todo o movimento molecular, em -273,15 °C. A escala Kelvin, que começa no 0, em zero absoluto, leva seu nome. Ele inventou o *espelho galvanômetro* para receber sinais de telégrafo e presidiu a colocação do cabeamento transatlântico, em 1866. Também inventou e aperfeiçoou a bússola náutica e a máquina de previsão de ondas. Lorde Kelvin sempre gostou de controvérsias e rejeitou a teoria de evolução de Darwin, fazendo muitas declarações ousadas – incluindo a previsão de que "nenhuma aeronave jamais será bem-sucedida na prática", feita um ano antes do primeiro voo dos irmãos Wright, em 1903. No entanto, uma citação amplamente atribuída a lorde Kelvin de que "agora não há mais nada de novo a ser descoberto na física" é quase certamente apócrifa.
Veja também: James Joule 138 ▪ Ludwig Boltzmann 139 ▪ Ernest Rutherford 206-13

JOHANNES VAN DER WAALS
1837-1923

O físico holandês Johannes van der Waals deu uma contribuição expressiva ao campo da termodinâmica, com sua tese de doutorado, em 1873, na qual mostrou que há continuidade entre um estado líquido e um gasoso, em nível molecular. Van der Waals não mostrou apenas que esses dois estados da matéria se fundem, mas também que eles devem ser considerados da mesma natureza. Ele postulou a existência de forças entre moléculas, agora chamadas de forças Van der Waals, que explicam as propriedades de elementos químicos, como sua solubilidade.
Veja também: James Joule 138 ▪ Ludwig Boltzmann 139 ▪ August Kekulé 160-65 ▪ Linus Pauling 254-59

ÉDOUARD BRANLY
1844-1940

Professor de física no Instituto Católico de Paris, Édouard Branly foi pioneiro na

telegrafia sem fio. Em 1890, inventou um rádio receptor conhecido como *coesor de Branly*. O receptor era um tubo com dois eletrodos dentro, com uma pequena distância entre si, e revestimentos metálicos no espaço entre os eletrodos. Quando um sinal de rádio era aplicado ao receptor, a resistência do preenchimento era reduzida, permitindo que uma corrente elétrica fluísse entre os eletrodos. A invenção de Branly foi usada em experimentos posteriores, em rádiocomunicação, pelo italiano Guglielmo Marconi, e amplamente usada na telegrafia, até 1910, quando detectores mais sensíveis foram desenvolvidos.
Veja também: Alessandro Volta 90-95 ▪ Michael Faraday 121

IVAN PAVLOV
1849-1936

Filho de um sacerdote, o russo Ivan Pavlov abandonou seus planos de seguir os passos do pai para estudar química e fisiologia na Universidade de São Petersburgo. Nos anos 1890, Pavlov estava estudando salivação em cães quando notou que seus cães salivavam sempre que ele entrava na sala, mesmo que não estivesse trazendo alimento. Pavlov percebeu que isso tinha de ser um comportamento aprendido e começou 30 anos de experiência do que ele chamou de "reações condicionadas". Num experimento, tocava uma campainha toda vez que alimentava os cães. Depois de um período de aprendizado (condicionamento), os cachorros salivavam só de ouvir a campainha. Nesse trabalho, Pavlov abriu caminho para o estudo científico do comportamento, embora os fisiologistas de hoje considerem suas explicações excessivamente simplificadas.
Veja também: Konrad Lorenz 249

HENRI MOISSAN
1852-1907

O químico francês Henri Moissan recebeu o Prêmio Nobel de Química, em 1906, por seu trabalho isolando o elemento flúor, produzido pela eletrólise de uma solução de difluoreto de potássio hidrogenado. Quando Moissan esfriou a solução a -50 °C, hidrogênio puro surgiu no eletrodo negativo, e flúor puro, no positivo. Moissan também desenvolveu uma fornalha de arco elétrico que chegava a uma temperatura de 3.500 °C, que ele usou em suas tentativas de sintetizar diamantes artificiais. Ele não foi bem-sucedido, mas sua teoria de que os diamantes podiam ser feitos ao colocar o carbono sob alta pressão e alta temperatura foi posteriormente provada correta.
Veja também: Humphry Davy 114 ▪ Leo Baekeland 140-41

FRITZ HABER
1868-1934

O legado científico do químico alemão Fritz Haber é misto. Do lado positivo, Haber e seu colega Carl Bosch desenvolveram um processo para sintetizar amônia (NH_3) do hidrogênio e nitrogênio atmosférico. A amônia é um componente essencial em fertilizantes, e o processo Haber-Bosch permitiu a produção industrial de fertilizantes artificiais, aumentando significativamente a produção de alimentos. Pelo lado negativo, Haber desenvolveu cloro e outros gases mortais para uso nas trincheiras de guerra e supervisionou pessoalmente seu uso, nos campos de batalha, durante a Primeira Guerra. Sua esposa, Clara, também química, se matou em 1915, por ser contrária ao envolvimento do marido no uso do cloro gasoso em Ypres.
Veja também: Friedrich Wöhler 124-25 ▪ August Kekulé 160-65

C. T. R. WILSON
1869-1959

Charles Thomson Rees Wilson foi um meteorologista escocês com interesse particular no estudo das nuvens. Para ajudar em seus estudos, desenvolveu um método de expandir o ar úmido em uma câmara fechada para produzir o estado de supersaturação necessário para a formação de nuvens. Wilson descobriu que as nuvens se formavam na câmara com muito maior facilidade na presença de partículas de poeira. Na ausência do pó, as nuvens só se formavam quando a saturação do ar passava de um ponto alto crítico. Wilson acreditava que as nuvens se formavam com íons (moléculas carregadas) no ar. Para testar sua teoria, passou radiação através da câmara, para ver se a formação de íon resultante causaria a formação de nuvens. Descobriu que a radiação deixava um rastro de vapor de água condensada. A câmara de nuvem de Wilson provou ser crucial para os estudos da física nuclear e lhe rendeu o Nobel de Física, em 1927. Em 1932, o pósitron foi detectado pela primeira vez, usando uma câmara de nuvem.
Veja também: Paul Dirac 246-47 ▪ Charles Keeling 294-95

EUGÈNE BLOCH
1878-1944

O físico francês Eugène Bloch realizou estudos em espectroscopia e produziu provas respaldando a interpretação de

Albert Einstein do efeito fotoelétrico, usando a ideia de luz quantizada. Durante a Primeira Guerra, Bloch trabalhou nas comunicações militares, desenvolvendo os primeiros amplificadores eletrônicos para receptores de rádio. Em 1940, foi vítima das leis antissemitas do governo Vichy e dispensado de seu posto, como professor de física, na Universidade de Paris. Ele fugiu para o sul francês, ainda não ocupado, mas foi capturado pela Gestapo, em 1944, e deportado para Auschwitz, onde foi morto.
Veja também: Albert Einstein 214-21

MAX BORN
1882-1970

Nos anos 1920, o físico alemão Max Born, enquanto professor na Universidade de Göttingen, colaborou com Werner Heisenberg e Pascual Jordan para formular a *mecânica matricial*, um meio matemático de lidar com a mecânica quântica. Quando Erwin Schrödinger formulou sua equação de função de onda para descrever a mesma coisa, Born foi o primeiro a sugerir o significado de mundo real da matemática de Schrödinger – ela descrevia a probabilidade de encontrar uma partícula em um ponto específico contínuo de espaço-tempo. Em 1933, Born e sua família deixaram a Alemanha, quando os nazistas dispensaram os judeus de postos acadêmicos. Ele se estabeleceu na Inglaterra, tornando-se cidadão britânico, em 1939. Foi contemplado com o Prêmio Nobel de Física, em 1954, por seu trabalho sobre mecânica quântica.
Veja também: Erwin Schrödinger 226-33 ▪ Werner Heisenberg 234-35 ▪ Paul Dirac 246-47 ▪ J. Robert Oppenheimer 260-65

NIELS BOHR
1885-1962

Um dos primeiros teóricos da física quântica, a primeira grande contribuição de Dane Niels Bohr à revolução quântica foi aperfeiçoar o modelo de átomo de Ernest Rutherford. Em 1913, Bohr acrescentou a ideia de que os elétrons ocupam órbitas quantizadas específicas ao redor dos núcleos. Em 1927, Bohr colaborou com Werner Heisenberg para formular uma explanação do fenômeno quântico que veio a ser conhecido como a interpretação de Copenhague. Um conceito central dessa interpretação foi o princípio complementar de Bohr, que atesta que um fenômeno físico, tal qual o comportamento de um fóton ou um elétron, pode se expressar diferentemente, dependendo da abordagem experimental utilizada para observá-lo.
Veja também: Ernest Rutherford 206-13 ▪ Erwin Schrödinger 226-33 ▪ Werner Heisenberg 234-35 ▪ Paul Dirac 246-47

GEORGE EMIL PALADE
1912-2008

O biólogo celular George Emil Palade se formou em medicina pela Universidade de Bucareste, em 1940. Emigrou para os Estados Unidos no fim da Segunda Guerra e realizou seu trabalho mais importante no Rockefeller Institute, em Nova York. Palade desenvolveu novas técnicas para preparação de tecido que lhe permitiram examinar a estrutura das células, sob um microscópio eletrônico, e seu trabalho alavancou imensamente o entendimento da organização celular. Sua realização mais importante foi a descoberta, em 1950, dos ribossomos – corpos dentro de células antes julgados fragmentos de mitocôndria, mas que na verdade eram sínteses de proteína ligando aminoácidos em uma sequência específica.
Veja também: James Watson e Francis Crick 276-83 ▪ Lynn Margulis 300-01

DAVID BOHM
1917-1992

O físico teórico americano David Bohm aprimorou uma interpretação não ortodoxa da mecânica quântica. Postulou a existência de uma "ordem contida" no universo que era mais uma ordem fundamental da realidade do que um fenômeno que vivenciamos como tempo, espaço e consciência. Escreveu: "Um tipo inteiramente distinto de conexão básica de elementos é possível, a partir do qual nossas noções comuns de espaço e tempo, junto com aquelas de partículas materiais separadas existentes, são abstraídas como formas derivadas de uma ordem mais profunda". Bohm trabalhou com Albert Einstein na Universidade Princeton até o começo dos anos 1950, quando suas visões políticas marxistas o levaram a deixar os EUA – primeiro para o Brasil, depois para Londres, onde passou a lecionar como professor de física no Birkbeck College a partir de 1961.
Veja também: Erwin Schrödinger 226-33 ▪ Hugh Everett III 284-85 ▪ Gabriele Veneziano 308-13

FREDERICK SANGER
1918-2013

O bioquímico britânico Frederick Sanger é um dos quatro cientistas a ganhar dois prêmios Nobel, ambos em

química. Conquistou o primeiro em 1958, por determinar a sequência de aminoácidos que compõem a proteína da insulina. O trabalho de Sanger com a insulina foi a chave para o entendimento de como os códigos do DNA fazem a proteína e têm sua sequência ímpar de aminoácidos. O segundo prêmio de Sanger foi concedido em 1980, por seu trabalho sequenciando o DNA. A equipe de Sanger sequenciou o DNA humano mitocôndrio – um conjunto de 37 genes encontrados na mitocôndria que são herdados só da mãe. O Instituto Sanger, hoje um dos centros líderes de pesquisa de genoma no mundo, foi fundado em sua homenagem, perto de sua casa, em Cambridgeshire, Inglaterra.
Veja também: James Watson e Francis Crick 276-83 ▪ Craig Venter 324-25

MARVIN MINSKY
1927-

O matemático e cientista cognitivo americano Marvin Minsky foi um dos pioneiros na inteligência artificial e cofundador do AI Laboratory, em 1959, no Massachusetts Institute of Technology (MIT), onde passou o resto de sua carreira. Seu trabalho foi focado na geração de redes neurais artificiais – "cérebros" artificiais que podem ajudar a desenvolver e aprender por experiência. Nos anos 1970, Minsky e seu colega Seymour Papert desenvolveram a "Society of Mind", teoria de inteligência, investigando a forma como a inteligência emerge de um sistema feito de peças exclusivamente não inteligentes. Minsky define a inteligência artificial como "a ciência que faz máquinas para fazer coisas que exigiriam inteligência se fossem feitas por homens". Ele foi consultor no filme *2001: uma odisséia no espaço* e já especulou a possibilidade de inteligência extraterrestre.
Veja também: Alan Turing 252-53 ▪ Donald Michie 286-91

MARTIN KARPLUS
1930-

A ciência moderna está cada vez mais usando computadores para modelar resultados. Em 1974, o químico teórico anglo-austríaco Martin Karplus e seu colega americano-israelense Arieh Warshel produziram um modelo de computador da complexa molécula retiniana, que muda de forma quando exposta à luz e é crucial para o funcionamento do olho. Karplus e Warshel usaram tanto a física clássica quanto a mecânica quântica para modelar o comportamento dos elétrons dentro da molécula da retina. O modelo deles foi de grande avanço e sofisticação na precisão da modelagem computacional para sistemas químicos complexos. Karplus e Warshel compartilharam o Prêmio Nobel de Química de 2013 com o químico britânico Michael Levitt pelo progresso nesse campo.
Veja também: August Kekulé 160-65 ▪ Linus Pauling 254-59

ROGER PENROSE
1931-

Em 1969, o matemático britânico Roger Penrose colaborou com o físico Stephen Hawking para mostrar como a matéria em um buraco negro colide numa singularidade. Penrose posteriormente calculou a matemática para descrever os efeitos da gravidade no espaço-tempo ao redor do buraco negro. Penrose voltou sua atenção a um vasto leque de assuntos, propondo uma teoria de consciência baseada em efeitos de mecânica quântica funcionando em nível subatômico no cérebro e, mais recentemente, uma teoria de cosmologia cíclica, na qual a morte por calor (estado final) de um universo se torna o Big Bang de outro, em ciclo infinito.
Veja também: Georges Lemaître 242-45 ▪ Subrahmanyan Chandrasekhar 248 ▪ Stephen Hawking 314

FRANÇOIS ENGLERT
1932 –

Em 2013, o físico belga François Englert compartilhou o Prêmio Nobel de Física com Peter Higgs, por propor, independentemente, o que hoje é conhecido como o *campo Higgs*, que dá às partículas fundamentais a sua massa. Trabalhando com o colega belga Robert Brout, Englert primeiro sugeriu, em 1964, que o espaço "vazio" poderia conter um campo que confere massa à matéria. O Prêmio Nobel foi concedido como resultado da detecção, em 2012, no CERN, do *bóson de Higgs* – uma partícula associada com o campo Higgs –, que confirmou as previsões de Englert, Brout e Higgs. Brout havia morrido em 2011, portanto perdeu o Prêmio Nobel, que não é concedido postumamente.
Veja também: Sheldon Glashow 292-93 ▪ Peter Higgs 298-99 ▪ Murray Gell-Mann 302-07

STEPHEN JAY GOULD
1941-2002

O paleontólogo americano Stephen Jay

Gould se especializou na área de pesquisa da evolução dos caramujos terrestres das Índias Ocidentais, mas escreveu amplamente sobre muitos aspectos da evolução e da ciência. Em 1972, Gould e seu colega Niles Eldredge propuseram que a teoria do "equilíbrio pontuado", que propunha que, em vez de ser um processo constante e gradual, como Darwin havia imaginado, a evolução de novas espécies se dava em rompantes velozes, em períodos curtos como alguns milênios, seguidos por longos períodos de estabilidade. Para respaldar essa alegação, eles citaram provas dos registros fósseis, nos quais padrões de evolução em vários organismos sustentam essa teoria. Em 1982, Gould cunhou o termo "exaptação" para descrever o modo como um traço específico pode ser passado por uma razão, depois ser cooptado para uma função muito diferente. Seu trabalho ampliou o entendimento dos mecanismos através dos quais se dá a seleção natural.
Veja também: Charles Darwin 142-49 ▪ Lynn Margulis 300-01 ▪ Michael Syvanen 318-19

RICHARD DAWKINS
1941-

O zoólogo britânico Richard Dawkins é mais conhecido por seus livros populares, incluindo *The Selfish Gene* (1976). Sua contribuição mais expressiva ao seu campo é seu conceito de "fenótipo estendido". O genótipo de um organismo é a soma de instruções contidas em seu código genético. Seu fenótipo é o que resulta da expressão desse código. Enquanto genes individuais podem simplesmente codificar pela síntese de substâncias diferentes no corpo de um organismo, o fenótipo deve ser considerado como tudo o que resulta dessa síntese. Por exemplo, o monte de um cupinzeiro pode ser considerado parte do fenótipo estendido do cupim. Dawkins vê os fenótipos estendidos como meios através dos quais os genes maximizam suas chances de sobrevivência para a próxima geração.
Veja também: Charles Darwin 142-49 ▪ Lynn Margulis 300-01 ▪ Michael Syvanen 318-19

JOCELYN BELL BURNELL
1943-

Em 1967, enquanto trabalhava como assistente de pesquisas na Universidade de Cambridge, a astrônoma Jocelyn Bell estava monitorando quasares (núcleos galácticos distantes) quando descobriu uma estranha série de pulsos regulares de rádio, vindos do espaço. A equipe com que ela trabalhava brincou, chamando os pulsos de LGM (*little green men*, ou homenzinhos verdes), referindo-se à remota possibilidade de que estivessem tentando uma comunicação extraterrestre. Mais tarde concluíram que as fontes dos pulsos eram estrelas nêutrons girando rapidamente, que foram apelidadas de *pulsares*. Dois dos colegas seniores de Bell receberam o Prêmio Nobel de Física, em 1974, pela descoberta dos pulsares, mas Bell perdeu, porque era apenas uma aluna, na época. Muitos astrônomos proeminentes, incluindo Fred Hoyle, contestaram publicamente a omissão do nome dela.
Veja também: Edwin Hubble 236-41 ▪ Fred Hoyle 270

MICHAEL TURNER
1949-

A pesquisa do cosmólogo americano Michael Turner enfoca o entendimento do que aconteceu diretamente após o Big Bang. Turner acredita que a estrutura do universo atual, incluindo a existência de galáxias e a assimetria entre matéria e antimatéria, pode ser explicada por flutuações de mecânica quântica que ocorreram durante a rápida explosão de expansão chamada *inflação cósmica*, instantes após o Big Bang. Em 1998 Turner cunhou o termo "energia negra" para descrever a energia hipotética que permeia todo o espaço e explica a observação de que o universo se expande em todas as direções, em ritmo acelerado.
Veja também: Edwin Hubble 236-41 ▪ Georges Lemaître 242-45 ▪ Fritz Zwicky 250-51

TIM BERNERS-LEE
1955-

Poucos cientistas vivos causaram tanto impacto na vida cotidiana como o cientista da computação britânico Tim Berners-Lee, que inventou a world wide web. Em 1989, Berners-Lee estava trabalhando no CERN, a organização europeia para pesquisa nuclear, quando teve a ideia de estabelecer uma rede de documentos que pudessem ser compartilhados pelo mundo através de uma rede internacional, a internet. Um ano depois, ele inscreveu o primeiro cliente na web e servidor, e em 1991 o CERN construiu o primeiro website. Hoje, Berners-Lee faz campanhas pelo acesso aberto à internet, livre de controle do governo.
Veja também: Alan Turing 252-53

GLOSSÁRIO

Aceleração – A taxa de mudança da velocidade. A aceleração é causada por uma força que resulta em uma mudança na direção e/ou velocidade de um objeto.

Ácido – Químico que, quando dissolvido em água, libera íons de hidrogênio e se transforma em vermelho-fogo.

Alcalino – Elemento-base que se dissolve em água e neutraliza ácidos.

Algoritmo – Em matemática e na programação de computadores, um procedimento lógico para fazer um cálculo.

Aminoácidos – Químicos orgânicos com moléculas que contêm grupos de amina (NH_2) e grupos de carboxila (COOH). Proteínas são feitas de aminoácidos. Cada proteína contém uma sequência específica de aminoácidos.

Antipartícula – Uma partícula que é como uma partícula normal, exceto por ter uma carga negativa oposta. Toda partícula tem uma antipartícula equivalente.

Átomo – A menor parte de um elemento que tem as propriedades desse elemento. Um átomo foi julgado como a menor parte da matéria, porém, agora, muitas partículas subatômicas são conhecidas.

ATP – Trifosfato de adenosina. Químico que armazena e transporta energia pelas células.

Base – Elemento químico que reage com um ácido para fazer água e sal.

Big Bang – Teoria de que o universo começou a partir de uma explosão de uma singularidade.

Bóson de Higgs – Partícula subatômica associada com o campo Higgs, cuja interação com a matéria lhe dá sua massa.

Bósons – Partículas subatômicas que carregam forças entre outras partículas.

Brana – Na teoria das cordas, um objeto que tem entre zero e nove dimensões.

Buraco negro – Objeto no espaço com tanta densidade que a luz não consegue escapar de seu campo gravitacional.

Campo – Distribuição de uma força pelo espaço-tempo na qual, a cada ponto, pode ser dado um valor para aquela força. Um campo gravitacional é um exemplo de campo no qual a força sentida em determinado ponto é inversamente proporcional ao quadrado da distância da fonte de gravidade.

Carga colorida – Propriedade dos quarks pela qual eles são afetados por uma força nuclear forte.

Carga elétrica – Propriedade das partículas subatômicas que faz com que atraiam ou repilam umas às outras.

Célula – É a menor unidade de um organismo que pode sobreviver por conta própria. Organismos como bactérias e protistas são células únicas.

Cinética (ou momento) angular – Uma medida de rotação de um objeto que leva em conta sua massa, forma e velocidade de spin.

Cladística – Sistema para classificação da vida que agrupa espécies segundo seus ancestrais mais próximos.

Corpo negro – Objeto teórico que absorve toda radiação que recai sobre ele. Um corpo negro irradia energia conforme sua temperatura, portanto pode não parecer negro.

Corrente elétrica – Fluxo de elétrons ou íons.

Cromossomo – Estrutura feita de DNA e proteína que contém a informação genética de uma célula.

Decomposição gama – Uma forma de decomposição radioativa na qual um núcleo atômico expele alta energia, radiação gama de comprimento de onda curta.

Deriva continental – Movimento lento de continentes ao redor do globo, ao longo de milhões de anos.

Difração – Flexão das ondas ao redor de obstáculos e espalhamento das ondas através de pequenas aberturas.

DNA – Ácido desoxirribonucleico. Uma grande molécula em formato de hélice dupla que contém a informação genética em um cromossomo.

Ecologia – Estudo científico dos relacionamentos entre organismos vivos e seus ambientes.

Efeito Doppler – Mudança na frequência de uma onda, vivenciada por um observador em movimento relativo à fonte da onda.

Elemento – Substância que não pode ser dividida em outras substâncias por reações químicas.

Eletrodinâmica quântica(EDQ ou QED) – Teoria que explica a interação de partículas subatômicas em termos de troca de fótons.

Eletrólise – Alteração química numa substância causada pela passagem de uma corrente elétrica por ela.

Elétron – Partícula subatômica com carga elétrica negativa.

Emaranhamento – Na física quântica, a ligação entre partículas de modo que a mudança em uma afeta a outra, independentemente da distância entre elas.

Emissão beta – Forma de desintegração radioativa na qual um núcleo atômico libera partículas beta (elétrons ou pósitrons).

Endossimbiose – Relacionamento entre organismos no qual um organismo vive dentro do corpo ou células de outro organismo, para benefício mútuo.

Energia – Capacidade de um objeto ou sistema para realizar um trabalho. A energia pode existir em muitas formas, como a energia cinética (movimento) e a energia potencial (por exemplo, a energia armazenada em uma mola). Ela pode mudar de uma forma para outra, mas jamais pode ser criada ou destruída.

Energia escura – Força pouco compreendida que atua em direção oposta à gravidade, causando a expansão do universo. Cerca de três quartos da energia em massa do universo é energia escura.

Entropia – Medida de desordem de um sistema. A entropia é o número dos meios específicos para que um determinado sistema possa ser organizado.

Espaço-tempo – As três dimensões de espaço combinadas com uma dimensão de tempo para formar um único *continuum*.

Espécie – Grupo de organismos semelhantes que podem se reproduzir entre si, gerando progênie.

Etologia – Estudo científico do comportamento animal.

Evolução – Processo pelo qual as espécies se modificam com o passar do tempo.

Exoplaneta – Planeta que orbita uma estrela que não é o nosso Sol.

Férmion – Partícula subatômica, tal como um elétron ou um quark, associada à massa.

Força – Impulsão ou tração que move ou muda a forma de um objeto.

Força eletromagnética – Uma das quatro forças fundamentais da natureza. Ela envolve a transferência de fótons entre partículas.

Força nuclear forte – Uma das quatro forças fundamentais que aglutina os quarks para formar nêutrons e prótons.

Força nuclear fraca – Uma das quatro forças fundamentais que atua dentro do núcleo atômico e é responsável pela decomposição beta.

Fóton – Partícula de luz que transfere força eletromagnética de um lugar para outro.

Fotossíntese – Processo pelo qual as plantas usam a energia do Sol, da água e do dióxido de carbono para produzir alimento.

Fractal – Padrão geométrico no qual formas semelhantes podem ser vistas em escalas diferentes.

Gases de efeito estufa – Gases, como dióxido de carbono e metano, que absorvem energia refletida pela superfície da Terra, impedindo que ela escape ao espaço.

Gene – Unidade básica de hereditariedade dos organismos vivos que contêm instruções codificadas para a formação de elementos químicos como as proteínas.

Geocentrismo – Modelo de universo com a Terra em seu centro.

Gravidade – Força de atração entre objetos com massa. Fótons sem massa também são afetados pela gravidade, que a relatividade geral descreve como curva do espaço-tempo.

Heliocentrismo – Modelo de universo com o Sol em seu centro.

Hidrocarboneto – Elemento químico cujas moléculas contêm uma das muitas combinações possíveis de átomos de hidrogênio e carbono.

Horizonte de eventos – Uma fronteira cercando um buraco negro dentro do qual uma atração gravitacional vinda do buraco negro é tão forte que a luz não consegue escapar. Nenhuma informação sobre o buraco negro consegue atravessar seu horizonte de eventos.

Íon – Átomo ou grupo de átomos que perdeu ou ganhou um ou mais de seus elétrons para se tornar eletricamente carregado.

Léptons – Férmions afetados pelas quatro forças da natureza, exceto a força nuclear forte.

Ligação covalente – Ligação entre dois átomos na qual eles compartilham elétrons.

Ligação iônica – Uma ligação entre dois átomos na qual eles trocam um elétron para se tornarem íons. A carga elétrica oposta dos íons faz com que atraiam uns aos outros.

Ligação pi – Ligação covalente na qual os lóbulos das orbitais ou dois ou mais elétrons se sobrepõem lateralmente, em vez de diretamente, entre os átomos envolvidos.

Ligação sigma – Ligação covalente formada quando orbitais de elétrons se encontram entre os átomos. Essa é uma ligação relativamente forte.

Luz polarizada – A luz na qual todas as ondas oscilam em apenas um plano.

Magnetismo – Uma força de atração ou repulsão exercida por ímãs. O magnetismo é produzido por campos magnéticos ou pela propriedade de momento magnético das partículas.

Massa – Propriedade de um objeto que é uma medida da força necessária para acelerá-la.

Matéria escura – Matéria invisível que só pode ser detectada por seu efeito gravitacional em matéria visível. A matéria escura mantém as galáxias unidas.

Mecânica clássica – Também conhecida como mecânica newtoniana. Conjunto de leis que descrevem o movimento dos corpos sob a ação de forças. A mecânica clássica fornece resultados precisos para objetos macroscópicos que não estão se deslocando perto da velocidade da luz.

Mecânica quântica – Ramo da física que estuda as interações de partículas subatômicas em discretos lotes ou quanta de energia.

Mitocôndrias – Estruturas dentro da célula que suprem energia à célula.

Modelo-padrão – Modelo teórico de física de partículas no qual há 12 férmions básicos, seis quarks e seis léptons.

Momentum – Medida da força necessária para parar um objeto em movimento. É igual ao produto da massa do objeto e sua velocidade.

Morte térmica – Um possível estado final para o universo em que não há diferenças de temperatura pelo espaço e nenhum trabalho pode ser realizado.

Multiverso – Conjunto hipotético de um conjunto de universos no qual ocorre todo tipo de evento.

Neutrino – Partícula subatômica eletricamente neutra que tem pouquíssima massa. Os neutrinos podem atravessar a matéria sem ser detectados.

Núcleo – Parte central de um átomo que engloba prótons e nêutrons. O núcleo contém quase toda a massa de um átomo.

Número atômico – Número de prótons do núcleo de um átomo. Cada elemento tem um número atômico diferente.

Onda – Oscilação que se desloca pelo espaço, transferindo energia de um lugar para outro.

Ótica – Estudo da visão e do comportamento da luz.

Paralaxe – O aparente movimento de objetos em distâncias relativas umas às outras quando um observador se move.

Partícula – Minúsculo fragmento de matéria que pode ter velocidade, posição, massa e carga.

Partícula alfa – Uma partícula feita de dois nêutrons e dois prótons, emitida durante uma forma de desintegração radioativa chamada desintegração alfa. Uma partícula alfa é idêntica ao núcleo de um átomo de hélio.

Pi (π) – O raio entre a circunferência de um círculo e seu diâmetro. É praticamente igual a 22/1 ou 3,14159.

Polímero – Substância cujas moléculas são em forma de longas correntes de subunidades chamadas monômeros.

Pósitron – Antipartícula de um elétron, com a mesma massa, mas uma carga elétrica positiva.

Pressão – Força contínua contra um objeto. A pressão de gases é causada pelo movimento de suas moléculas.

Princípio da incerteza – Propriedade da mecânica quântica que significa que, quanto mais precisas as medições de determinadas características, tal como momentum, menos se sabe sobre outras características, como posição, e vice-versa.

Princípio de exclusão de Pauli – Na física quântica, o princípio de que dois férmions (partículas com massa) não podem ter o mesmo estado quântico, no mesmo ponto, no espaço-tempo.

Próton – Partícula no núcleo de um átomo que tem carga positiva. Um próton contém dois quarks up e um quark down.

Quark – Partícula subatômica da qual os prótons e os nêutrons são feitos.

Química orgânica – A química de compostos que contêm carbono.

Radiação – Onda eletromagnética ou facho de partículas emitidas por uma fonte radioativa.

Radiação eletromagnética – Forma de energia que se desloca pelo espaço. Possui tanto um campo elétrico quanto um campo magnético, que oscilam em ângulos perpendiculares entre si. A luz é uma forma de radiação eletromagnética.

Radioatividade – Processo no qual núcleos atômicos instáveis emitem partículas ou radiação eletromagnética.

Redshift, ou desvio para o vermelho – Extensão de luz emitida por galáxias se distanciando da Terra devido ao efeito Doppler. Isso faz com que a luz visível se desloque em direção ao lado vermelho do espectro.

Refração – Curva de ondas eletromagnéticas ao se deslocarem de um meio para outro.

Relatividade especial – Resultado da consideração de que tanto a velocidade da luz quanto as leis da física são iguais para todos os observadores. A relatividade especial elimina a possibilidade de um tempo ou espaço absoluto.

Relatividade geral – Descrição teórica do espaço-tempo na qual Einstein considera quadros de referência de aceleração. A relatividade geral fornece uma descrição da gravidade como curva do espaço-tempo pela matéria. Muitas de suas previsões foram demonstradas empiricamente.

Respiração – Processo pelo qual organismos inalam oxigênio e o utilizam para desmembrar alimento em energia e dióxido de carbono.

Sal – Composto formado pela reação de um ácido com uma base.

Seleção natural – Processo através do qual as características que aumentam as probabilidades de reprodução de um organismo são repassados.

Singularidade – Ponto no espaço--tempo com comprimento zero.

Sistema caótico – Sistema cujo comportamento muda radicalmente com o tempo, em resposta a pequenas mudanças em sua condição inicial.

Spin – Característica de partículas subatômicas análoga ao momento angular.

Superposição – Na física quântica, o princípio de que, até que seja medida, uma partícula como um elétron existe ao mesmo tempo em todos os estados possíveis.

Tabela periódica – Tabela contendo todos os elementos organizados segundo seu número atômico.

Teoria das cordas – Modelo teórico da física no qual partículas puntiformes são substituídas por cordas unidimensionais.

Teoria das placas tectônicas – Estudo da deriva continental e do modo como o solo oceânico se espalha.

Teoria eletrofraca – Teoria que explica a força eletromagnética e a força nuclear fraca como uma força "eletrofraca".

Termodinâmica – Ramo da física que estuda o calor e sua relação com a energia e o trabalho realizado.

Transpiração – O processo pelo qual as plantas emitem vapor de água na superfície de suas folhas.

Uniformitarianismo – Suposição de que as mesmas leis de física atuam o tempo todo em todo lugar.

Valência – Número de ligações químicas que um átomo pode ter com outros átomos.

Velocidade – Medida da rapidez de deslocamento de um objeto.

Vitalismo – Doutrina segundo a qual a matéria viva é fundamentalmente distinta da matéria não vivente. O vitalismo pressupõe que a vida depende de uma "energia vital". Hoje é rejeitado pela ciência convencional.

Zero absoluto – A menor temperatura possível: 0K ou -273,15 °C.

ÍNDICE

Números em negrito indicam pontos principais

B

C

E

H

I J

L

M

N

Q

R

S

T

U V

W

X Y Z

AGRADECIMENTOS

A Dorling Kindersley e a Tall Tree Ltd. agradecem a Peter Frances, Marty Jopson, Janet Mohun, Stuart Neilson e Rupa Rao pela assistência editorial; a Helen Peters, pelo índice; e a Priyanka Singh e Tanvi Sahu, pela assistência com as ilustrações. A lista de cientistas foi escrita por Rob Colson. Arte adicional por Ben Ruocco.

CRÉDITOS DAS IMAGENS

A editora agradece às pessoas a seguir pela gentileza de concederem permissão para a reprodução de suas fotografias:

(Legenda: a-alto; b-abaixo, embaixo; c-centro; f-fora; e-esquerda; d-direita; t-topo)

25 Wikipedia: Courant Institute of Mathematical Sciences, New York University (be). **27 J. D. Maddy:** (be). Science Photo Library: (td). **38 Getty Images:** Time & Life Pictures (t). **39 Dreamstime.com:** Nicku (td). **41 Dreamstime.com:** Nicku (td). **43 Dreamstime.com:** Nicku (be). **47 Dreamstime.com:** Georgios Kollidas (bc). **48 Chemical Heritage Foundation:** (be). **Getty Images:** (cd). **51 Dreamstime.com:** Nicku (be); Theo Gottwald (tc). **54 Wikipedia:** (cdb); **55 Dreamstime.com:** Matauw (cd). **56 Science Photo Library:** R. W. Horne / Biophoto Associates (bc). **57 US National Library of Medicine, History of Medicine Division:** Images from the History of Medicine (td). **61 Dreamstime.com:** Georgios Kollidas (be); Igor3451 (td). **65 NASA:** (bd). **68 Wikipedia:** Myrabella (te). **69 Dreamstime.com:** Georgios Kollidas (td). **NASA:** Johns Hopkins University of Applied Physics Laboratory / Carnegie Institution of Washington (be). **74 Dreamstime.com:** Isselee (cdb). **75 Dreamstime.com:** Georgios Kollidas (be). **77 Dreamstime.com:** Georgios Kollidas (td). **Getty Images:** (be). **79 Getty Images:** (be). **Library of Congress, Washington, D.C.:** (cd). **81 NOAA:** NOAA Photo Library (cd). **83 Dreamstime.com:** Georgios Kollidas (td). **Wikipedia:** (be). **85 Getty Images:** Collin Mirkins / Oxford Scientific (cd). **87 Dreamstime.com:** Georgios Kollidas (be). **89 Science Photo Library:** European Space Agency (te). **92 Getty Images:** UIG via Getty Images (be). **94 Getty Images:** UIG via Getty Images. **95 Dreamstime.com:** Nicku (td). **99 Dreamstime.com:** Adischordantrhyme (b). **100 Dreamstime.com:** Nicku (be). **101 Getty Images:** National Galleries of Scotland (td). **103 Dreamstime.com:** Deborah Hewitt (te). **The Royal Astronomical Society of Canada:** Image courtesy of Specula Astronomica Minima (be). **104 Dreamstime.com:** Es75 (cdb). **111 Wikipedia:** (td). **113 Dreamstime.com:** Georgios Kollidas (be). **Getty Images:** SSPL via Getty Images (cd.) **114 Getty Images:** SSPL via Getty Images (cd). **117 Getty Images:** After Henry Thomas De La Beche / The Bridgeman Art Library (be); English School / The Bridgeman Art Library (td). **121 Getty Images:** Universal Images Group (cd). **123 Wikipedia:** (be). **124 iStockphoto.com:** BrianBrownImages (cb). **125 Dreamstime.com:** Georgios Kollidas (td). **129 Dreamstime.com:** Whiskybottle (be). **Library of Congress, Washington, D.C.:** James W. Black (td). **132 Corbis:** Stapleton Collection (be). **135 Science Photo Library:** US Fish And Wildlife Service (td). **Wikipedia:** (be). **137 Wikipedia:** (be) **138 Getty Images:** SSPL via Getty Images (cdb). **141 Corbis:** Bettmann (td). **Dreamstime.com:** Paul Koomen (cb). **145 Dreamstime.com:** Georgios Kollidas (bc). **146 Dreamstime.com:** Gary Hartz (be). **147 Image courtesy of Biodiversity Heritage Library**. http://www.biodiversitylibrary.org: MBLWHOI Library, Woods Hole (tc). **148 Getty Images:** De Agostini (be). Wikipedia: (td). **149 Getty Images:** UIG via Getty Images. **152 Getty Images:** (be). **153 NASA:** Jacques Descloitres, MODIS Rapid Response Team, NASA / GSFC (te). **154 Getty Images:** SSPL via Getty Images (te). **155 Dreamstime.com:** Proxorov (bd). **157 Science Photo Library:** King's College London (cd). **159 Dreamstime.com:** Georgios Kollidas (td). **164 Science Photo Library:** IBM Research (td). **165 Dreamstime.com:** Nicku (be). **Wikipedia:** (td). **168 Getty Images:** (be). **iStockphoto.com:** RichardUpshur (td). **171 Getty Images:** Roger Viollet (te). **172 Dreamstime.com:** Skripko Ievgen (cd). **176 Alamy Images:** Interfoto (cd). **178 iStockphoto.com:** Cerae (td). **179 iStockphoto.com:** Popovaphoto (td). **183 123RF.com:** Sastyphotos (bd). **185 Dreamstime.com:** Nicku (td). **187 Getty Images:** SSPL via Getty Images (ceb); Time & Life Pictures (td). **192 Getty Images:** (be). **193 Wikipedia:** (bd). **195 Dreamstime.com:** Sophie Mcaulay (b). **197 US Department of Agriculture: Electron and Confocal Microscope Unit, BARC:** (cd). Wikipedia: Delft University of Technology (be). **204 NASA:** NASA / SDO (td). **205 Getty Images:** (be). **209 Getty Images. 210 Getty Images:** SSPL via Getty Images (be). **218 Bernisches Historisches Museum:** (be). **221 Wikipedia:** (td). **223 Wikipedia:** Bildarchiv Foto Marburg (be). **225 US National Library of Medicine, History of Medicine Division:** Images from the History of Medicine (td). **228 Wikipedia:** Princeton Plasma Physics Laboratory (b). **231 Getty Images:** SSPL via Getty Images (td). **232 Getty Images:** Gamma-Keystone via Getty Images (td). **235 Getty Images:** (td). **238 Getty Images:** (be). **240 NASA:** JPL-Caltech (bd). **243 Corbis:** Bettmann (td). **244 NASA:** WMAP Science Team (bd). **245 NASA:** (td). **247 Getty Images:** Roger Viollet (be). **249 Wikipedia:** © Superbass/CC-BY-3.0 – https://creativecommons.org/licenses/by-sa/3.0/deed (via Wikimedia Commons) - http://commons.wikimedia.org/wiki/File:Christian_Moullec_5.jpg (cd). **252 Corbis:** Bettmann (td). **253 Alamy Images:** Pictorial Press Ltd (td). **259 National Library of Medicine:** (td). **264 Wikipedia:** U.S. Department of Energy (be). **265 USAAF.271 123RF.com:** Kheng Ho Toh (cd). **273 Corbis:** Bettmann (td). **278 Wikipedia:** © 2005 Lederberg and Gotschlich / Photo: Marjorie McCarty (be). **280 Science Photo Library. 281 Alamy Images:** Pictorial Press Ltd (tc). **282 Wikipedia:** National Human Genome Research Institute. **285 Getty Images:** The Washington Post (te). **289 Getty Images:** SSPL via Getty Images (cb). **290 University of Edinburgh:** Image from Donald Michie Web Site, used with permission of AIAI, University of Edinburgh, http://www.aiai.ed.ac.uk/~dm/donald-michie-2003.jpg (be). **291 Corbis:** Najlah Feanny / CORBIS SABA. **292 SOHO (ESA & NASA):** (bd). **293 Getty Images:** (td). **295 National Science Foundation, USA:** (be). **297 NASA:** NASA Langley Research Center (cb). **Science Photo Library:** Emilio Segre Visual Archives / American Institute Of Physics (td). **299 © CERN:** (tc). **Wikipedia**: Bengt Nyman. File licensed under the Creative Commons Attibution 2.0 Generic Licence: http://creativecommons.org/licenses/by/2.0/deed.en (be). **300 Science Photo Library:** Don W. Fawcett (cb). **301 Javier Pedreira:** (td). **305 Getty Images:** Peter Ginter / Science Faction. **307 Getty Images:** Time & Life Pictures (td). **313 Wikipedia:** Jbourjai. **316 Dreamstime.com:** Cflorinc (cd). **319 Science Photo Library:** Torunn Berge (cd). **321 Wikipedia:** Trevor J. Simmons (td). **325 Getty Images:** (be). UIG via Getty Images (cd).

Conheça todos os títulos da série:

DK | Penguin Random House | GLOBOLIVROS

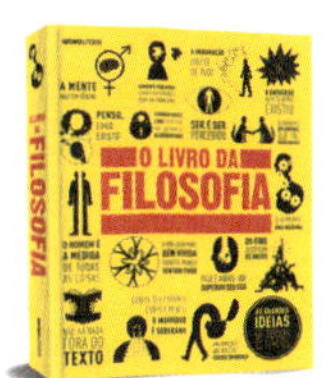

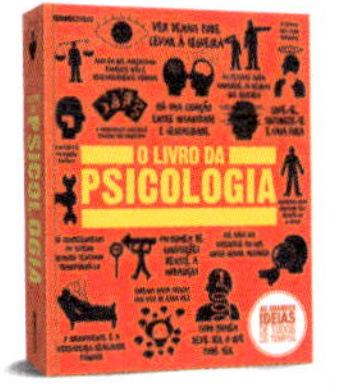

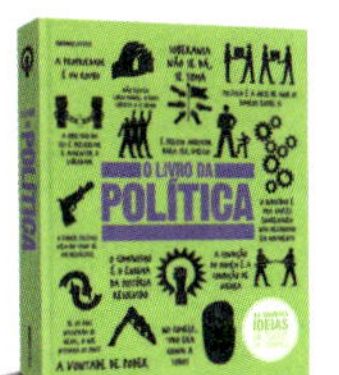

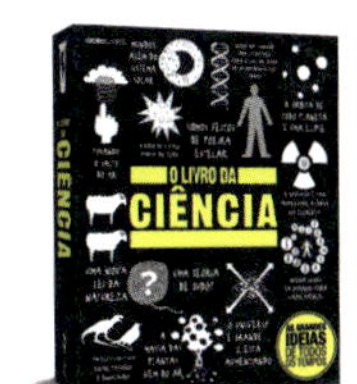

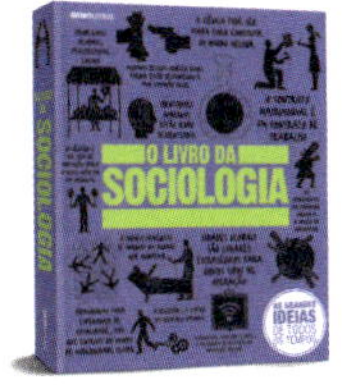

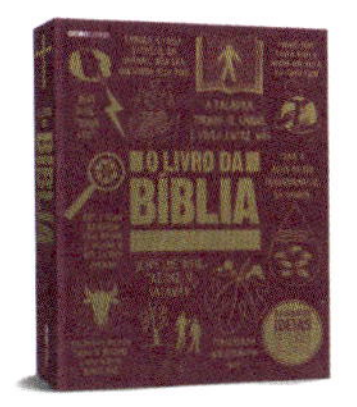

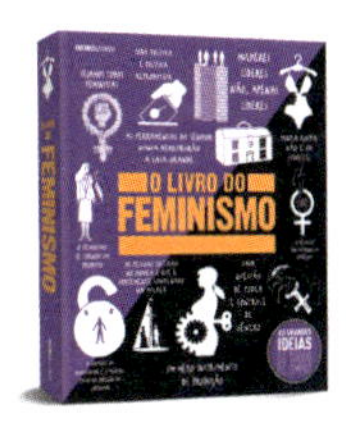

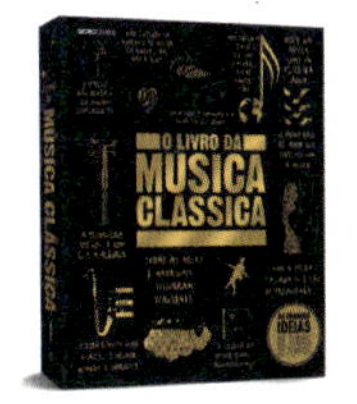

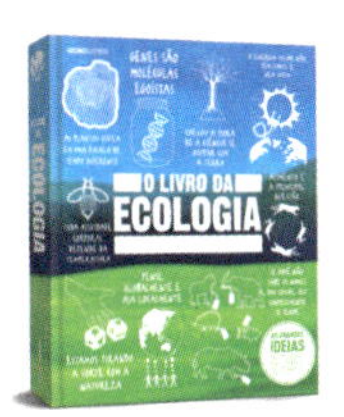

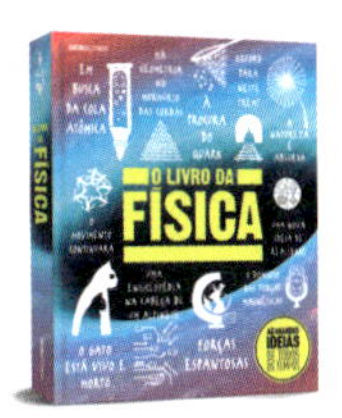

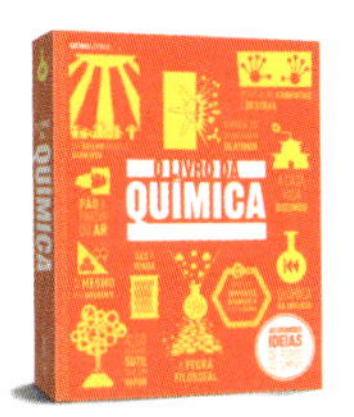

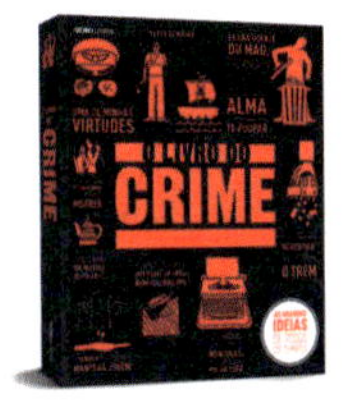

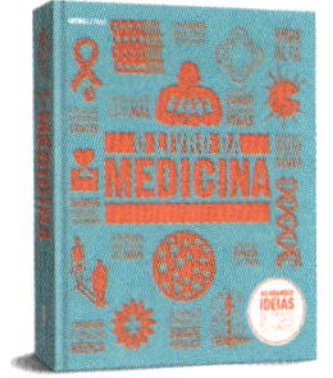

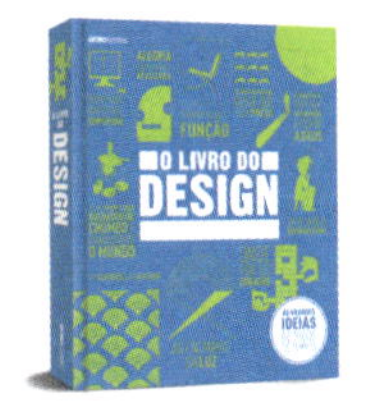